Electrochemistry
Science and Technology of Electrode Processes

개정3판

전기화학

계면과 전극과정의 과학 · 기술

백운기·박수문 지음

교문사

청문각이 교문사로 새롭게 태어납니다.

머 리 말

전기화학은 비교적 긴 역사를 가진 화학의 한 핵심 분야로 자리잡아 오래된 과학이라 할 수 있으나, 최근 반세기 동안에 괄목할 만한 변화들이 전기화학에서 일어났고, 계속하여 빠른 속도로 새로운 내용들이 더해지고 있다. 또한 이로부터 파생하는 기술은 오늘날 최첨단 산업에 의한 사회 변화에도 크게 기여하고 있다. 한국 내에서도 대학이나 산업체 연구실에서 이 분야 연구에 종사하는 사람의 수가 많이 늘고 있다. 그럼에도 불구하고 우리에게는 새롭게 변모된 전기화학의 기본을 정리하여 보여주고 광범위한 응용을 소개해 주는 책이 없다는 데 저자들은 공감하였다. 이런 점에서는 국외의 간행물들을 포함하여도 균형 있게 짜여진 책이 드물다. 이 책은 이러한 이유로 생기는 수요에 부응하기 위하여 구상되었다.

책의 앞부분에서는 기본적 원리의 뼈대를 다루고 점차로 구체적인 문제를 다루는 순서로 썼다. 따라서 일반적 전지의 개관과 열역학적 기본을 다루는 데서 시작하여 전극과 전해질 및 이들의 계면을 이해하도록 하고, 그 다음 전극과정(반응)의 속도와 이에 영향을 미치는 요인들을 다루었다. 그 다음 실험적 연구방법들을 소개하고 여러 가지 전기화학적 현상과 응용 분야를 소개하는 순서로 하였다. 이 부분에서는 특히 분석과학의 큰 부분을 이루고 있는 분야인 분석 전기화학을 포함시켰다. 생명체와 건강에 대한 관심의 증대에 따라 새로이 중요성이 더해가고 있는 생체 전기화학을 다루는 것으로 끝맺음하였다.

다양한 학문적 배경을 가지고 전기화학에 관계되는 연구를 하는 독자들을 위한 참고서가 될 것을 염두에 두었고, 학부나 대학원에서 배우는 학생을 위한 교재로서의 성격도 갖추도록 하였다.

우리 두 저자가 과거 여러 해 동안 대학에서 전기화학 과목을 가르쳐온 내용을 중심으로 하여 쓰기 시작하였으나, 최소한 필요하다고 생각되는 내용들을 포함해 나가다 보니 처음 생각했던 것보다 큰 책이 되었다. 취사선택과 욕심의 자제가 어려운 문제였다. 원고의 일부는 가제본하여 대학원 과목의 강의록으로 써 보았으며 이때 학생들이 제시해준 의견들을 참고하여 수정하기도 하였다. 강영구 박사와 그 외 의견을 주신 분들도 도움이 되어 고맙게 생각한다. 아직도 미진한 부분이 많을 것으로 여겨지며, 앞으로 책을 개선하기 위하여 독자 여러분들께서 좋은 지적을 많이 해 주시기를 부탁드린다.

이 책의 저술 작업은 한국학술협의회를 통한 대우재단의 연구비 지원으로 이루어졌다. 이 지원에 대하여 감사한다. 또한 책이 훌륭한 모양을 갖추도록 정성을 다해준 교문사 류원식 사장님과 관계 직원 여러분에게도 감사드린다.

2001년 2월
백운기 · 박수문

새 訂正版을 만들며…

책이 처음 나온 뒤 두 차례의 수정을 거쳤으면서도 여러 해 동안 책을 사용하면서 오자와 오류가 적지 않게 발견되었다. 조심한다고 해도 오류 없는 책을 만들기가 힘들다는 것을 절감하면서 다시 수정작업에 착수하였다. 틀린 글자와 수식의 기호들을 고치는 것 이외에도 설명의 명확성을 위하여 다시 쓴 부분도 있고, 색인의 항목을 좀더 늘렸다. 초판에는 없던 연습문제의 답을 군데군데 추가하였다. 부족함이 많던 종전 판의 책을 갖추신 독자들에게 미안한 마음 금할 수 없다. 서강대학교와 포스텍의 학생들이 공부하면서 오류를 찾아준 것이 고맙고, 역시 오류를 찾고 개선 의견을 제시해 준 한국화학연구원의 강영구 박사와 동국대학교의 여인형 교수, 그 외 여러분에게도 감사한다. 교문사의 편집진은 치밀한 교정작업을 하여 주셨다.

2012년 8월
저자 씀

기호 설명

A	(계면의) 면적
$a(a_i)$	(화학종 i의) 활동도
b	Tafel 기울기
C	(미분) 커패시턴스
$c(c_i)$	(물질 i의) 농도
c^*	전극 표면에서의 반응물의 농도
C_d	확산 전기이중층의 커패시턴스
C_e	전기전도도
C_i	내부(조밀) 전기이중층의 커패시턴스
E	(표준 수소전극에 대한) 전극 전위
$\mathbf{E}$	전기장 벡터
e	기본 전하
e^-	전자
$E(E_{cell})$	전지의 전압 (두 전극의 전위차)
E_{eq}	평형 전극 전위
E_L	액간접촉전위(차)
E°	(표준 수소전극에 대한) 표준 전극 전위
$E^\circ(E^\circ_{cell})$	전지의 표준전압 (두 전극의 전위차)
$E^{\circ\prime}$	(전극의) 형식전위
E_z	영전하 전위
$E_{1/2}$	반파 전위
f	F/RT
F	패러데이 상수
G	깁스 자유에너지
G°	표준 깁스 자유에너지
I	전류
I	이온세기
i	전류 밀도
i_a	양극 전류 밀도

i_c	음극 전류 밀도
i_L	한계 전류 밀도
i°	교환 전류 밀도
$i^{\circ\circ}$	교환 전류 밀도(표준농도)
j	$\sqrt{-1}$
$k_a(k_c)$	양극 (음극) 반응의 속도 상수
$k_c^{\circ\circ}$	활성화에너지가 0일 때의 가상적 속도 상수
N_A	아보가드로 수
n	이동 전자수
n_i	화학종 i의 몰 수
$n_i^{(\sigma)}$	화학종 i의 표면과잉 몰 수
q	계면 전기량 밀도
Q	전기량
r	반지름
r_D	데바이 길이
R	1)저항, 2)기체상수
R_{CT}	전하전이 저항
R_o	저항도
R_p	편극 저항
Z	임피던스
$Z'(Z_{real})$	임피던스의 실수 부분
$Z''(Z_{imag})$	임피던스의 허수 부분
Z_w	Warburg 임피던스
$z,\ z^*$	전하 수
$[X]$	용액 내부(bulk)에 있는 물질 X의 농도
$[X]'$	전극 반응 단계에 있는 반응물 X의 농도
Γ_i	화학종 i의 면적당 표면과잉
α	전자 전달 계수, 대칭인자
α_a	양극 반응의 전자 전달 계수

α_c	음극 반응의 전자 전달 계수	ε_v	결합띠의 최고 에너지 수준
$\tilde{\alpha}$	전체적 전자전달 계수	η	1) 과전위, 2) 점성도 계수
γ	표면(계면)장력	η_c	결정화 과전위
ε	유전율 $\varepsilon = \varepsilon_r \varepsilon_0$	η_{ct}	전자전달 (활성화) 과전위
$\varepsilon_a^{\dagger}$	양극반응의 활성화 에너지	μ_i	(화학종 i의) 화학 퍼텐셜
$\varepsilon_c^{\dagger}$	음극반응의 활성화 에너지	μ_i°	표준 화학퍼텐셜
$\varepsilon_c^{\dagger\circ}(\varepsilon_a^{\dagger\circ})$	전기장이 없을 때의 활성화 에너지	$\tilde{\mu}_i$	(화학종 i의) 전기화학 퍼텐셜
ε_0	진공의 유전율	ρ	전기밀도
	$= 8.854 \times 10^{-12}\, \mathrm{N^{-1}m^{-2}C^2}$	ω	각진동수
ε_r	유전상수	χ	표면전위
$\varPhi$	내부(galvani) 전위	ψ	외부(volta) 전위
σ	전기 전도율	$\varLambda$	몰전도도
ν_i	화학종 i의 화학양론 계수	λ_i	i 이온의 몰전도도
ε	에너지	$\mid$	상과 상 사이의 계면
ε_c	전도띠의 최저 에너지 수준	$\vdots$	두 액체 상 사이의 계면
ε_g	띠간격 (에너지)	$\vdots$	액간 접촉전위차를 제거한 계면

차 례

1

서 론

1.1 전기화학이라는 과학

전기화학이란 어떤 것인가? 전지의 작용이나 전기분해를 다루는 일은 전기화학에 속한다. 물 속에 또는 혈액 속에 들어 있는 산소의 농도, 포도당의 농도를 측정할 때 전류나 전극의 전위 측정을 이용하는데, 이런 방법을 이해하고 더 좋은 방법을 고안하는 것도 전기화학에 속하는 일이다. 특정한 물질의 농도나 pH 를 측정하기 위한 감응 전극들의 기능을 이해하고 개선하는 일, 한 금속 위에 다른 금속을 입히는 도금, 불순한 물질을 순수하게 정제하는 일, 금속의 부식 과정의 조사와 부식 방지기술도 전기화학적인 원리에서 시작되는 일들이다. 전류를 통하여 한 물질이 다른 물질로 변하게 하는 반응 ― 즉, 전기화학 반응 ― 을 이용하여 물질을 생산하는 일로는 공업적으로 중요한 수산화 나트륨과 염소의 제조, 나일론66의 원료인 아디포니트릴의 생산 과정, 금속의 제련과 정제 공정들도 있다. 많은 종류의 생리적 현상, 예컨대 신경이 감각을 전달하고 근육을 수축시키는 메카니즘이나 생체 내 대사작용들을 이해하는 데에도 전기화학이 쓰인다. 이처럼 전기화학 (electrochemistry)은 물질과 전기 사이의 작용으로 일어나는 현상을 다루는 분야로서 그 안에 어떤 것이 있는가를 위와 같이 나열하기는 그 폭이 끝없이 넓다.

전기화학은 과학과 기술의 여러 다른 분야와 비교하면 비교적 오래된 역사를 가지고 있으면서도 1950년대 이후에 꽤 많은 변화를 겪어서 지금에 와서는 거의 새로운 분야라 할 만큼 변모된 분야이다. 즉, 새로운 얼굴을 가진 오래된 과학이라 할 수 있다. 전기화학의 역사는 1790년경에 개구리의 근육이 전기에 의해서 수축된다는 것을 발견한 Luigi Galvani와 1800년에 처음으로 전지의 원형을 만든 Alessandro Volta, 1807년부터 용융 염의 전기분해로 알칼리 금속들을 얻은 Humphry Davy, 그리고 전기분해 반응의 진행정도가 전기량에 비례함을 알아낸 Michael Faraday(1830년대) 등의 업적으로부터 그 시작을 찾을 수 있다. 고대 바빌로니아 문명의 유적에서 전지로 볼 수 있는 것이 발견되었다고 하나 그때의 업적이 현대 전기화학에 이어지지 못하였으니 그것은 전기화학 역사 이전의 일이라고 할 것이다. 19세기말에 이뤄진 Walter Nernst의 열역학적 업적으로 고전적인 전기화학은 그 전성기가 시작되었다. 많은 열역학적 측정이나 분석방법의 원리로서 물리화학에서도 큰 자리를 차지하여 왔다. 20세기에 들어와서는 Debye-Hückel의 이론이나 L. Onsagar의 이론적 업적이 있어 용액 중 이온의 활동도나 이동도가 농도에 따라서 어떻게 변하는지, 용액의 전기 전도도, 기타의 물리화학적 성질이 어떻게 되는지도 알 수 있게 되었다.

그러나 지금에 와서 볼 때 이상의 과거 업적들은 모두 현대 전기화학의 중심 과제와는 다소 동떨어진 것이라고 할 수 있을 만큼 전기화학은 그 대상과 방법에 있어 많은 변화를 겪었다. 과거의 업적들이 지금에 와서 부정되거나 가치가 인정되지 않는 것은 아니나 그때의 주제들은 큰 변화 없는 정체에 머물고 있는 반면, 지금은 새로운 과제와 연구 방법들의 등장으로 활발한 연구 활동이 전개되고 있다. 그러므로 전기화학은 오랜 역사와 새로운 면모를 동시에 지닌 활성 있는 분야라 할 수 있다.

1.2 새로운 경향의 전기화학

전극의 전위나 전지의 효용이 열역학적 관계로만은 파악되기 어렵다는 것이 이미 오래전에 인식되었으며, 따라서 필연적으로 전극 반응의 속도에 관심을 두고 새로운 경향의 전기화학이 1950년대부터 발전하기 시작하였다. 20세기 전반까지의 전기화학의 특징을 평형 상태에 대한 전기화학(equilibrium electrochemistry)이었다고 한다면 지금의 전기화학의 특징은 동적인 전기화학(dynamic electrochemistry)이라고 할 수 있다. 또한 이온의 활동도나 이동도를 다루는 전해질 용액의 물리화학도 지금은 활발한 전기화학의 중심과제라고 보기 어렵고, 현대 전기화학의 중심은 전극과 전해질 사이의 계면에서 일어나는 과정의 화학에 있다. 앞의 것을 ionics라는 별명으로, 뒤의 것을 electrodics라는 별명으로 부르기도 한다. 표면(계면)과 얇은 막에 대한 연구 방법들이 발달하고 있는 지금에 와서는 전극 반응이 전극 표면의 미세한 구조와 조성에 따라 영향받는 것을 이해하고 이용하는 것이 중요하게 되었다. 현대 전기화학의 중심은 화학에 있다고 하겠으나 전통적인 물리학이니 화학이니 전기공학이니 하는 학제의 벽을 넘어 넓은 범위의 기초과학의 토대 위에 기술적 창의성과 학제간 접근을 요하는 분야라고 볼 수 있다.

오늘날 전기화학이 급속도로 변모·발전하는 이유는 *첫째*로 현대적 물질과학인 *화학의 발달*로 인하여 전기화학적인 계에 대한 관점의 진화가 온 데 있다. 예컨대 화학 반응에 대한 반응속도론과 반응역학의 발달이 있었기 때문에 전극 반응의 속도와 전극 전위 등 요인사이의 관계를 이해할 수 있게 되었다. 또한 양자역학과 분광학적 지식의 발달에 의하여 전자 전달 반응의 메카니즘과 반도체 전극에서 일어나는 광화학적 전극 반응을 이해하게 된 것이다.

전기화학이 급속도로 변모·발전하는 *둘째* 이유는 전자공학과 표면 분석 기술의 발달로 인하여 종래에 생각하지 못했던 *연구 방법의 발달*이 가능하게 된 데 있다. 즉 발달된 전자 장비를 써서 전극의 퍼텐셜(전극 전위)을 일정하게 유지하거나 복잡하고 빠르게 변하는 퍼텐셜 프로그램을 써서 실험할 수 있고, 빠른 속도로 움직이는 전극으로 실험할 수도 있으며, 아주 표면적이 작은 미세 전극을 쓸 수도 있다. 전극 반응을 하는 활성 물질들의 느린 확산이 반응속도를 제한하고 전극 근처에 농도의 분포가 복잡하게 되어 취급이 어려워지는 것을 이런 방법들로 극복할 수 있었다. 계면의 조성과 구조의 조사를 위하여 최근에 발달된 미시적 방법들은 대단히 유용한 것들이 많다. 표면의 원자·분자들의 모양과 배치를 막연한 추론에서 그치지 않고 눈으로 보듯이 그려냄으로써 계면에서 일어나는 일을 규명하는 데 쓰이는 **주사터널링미시법**(Scanning tunneling microscopy, STM)과 그로부터 변형된 새로운 실험 방법들이 1980년대에 실용화되기 시작하였다(8장 이동탐침법 참조). 단결정 전극을 만드는 손쉬운 기술을 전기화학자들이 쓸 수 있게 되고 같은 금속의 전극이라도 금속의 단결정 표면에 따라 반응이 달라짐을 알게 되었다. 결정표면에 흡착하는 분자들의 배열은 결정면의 영향을 받고, 흡착된 분자들의 배열에 의하여 전극의 성질이 달라진다. 이런 것을 다루는 **전기표면과학**(electrochemical surface science)이 새로운 분야로 자리잡은 것은 1990년대의 일이다. 타원편광 실험(ellipsometry), 전극면 근처를 겨냥하는 분광학적 측정, 푸리에변환 적외선분광법(FTIR), 전극 표면에서 일어나는 극미량의(nanogram 영역) 질량변화까지 조사하는 데 쓰이는 수정 진동자를 이용하는 미량계량 실험(quartz crystal microgravimetry), 전자스핀 분광 실험(esr), 방사광 가속기에서 나오는 광선의 회절이나 흡수를 이용하는 X-선 실험 등이 모두 전극과 전해질 간의 계면에 대한 구체적 연구가 가능하게 하고 있다.

전기화학이 급속도로 발전·변모하게 하는 *셋째* 요인은 *광범위한 응용가능성*이다. 폴라로그래피와 퍼텐셜 측정법 등으로 시작된 여러 가지 전기화학적 분석 기술은 다양하게 발전하여 전체 분석화학의 상당히 큰 부분을 **전기분석화학**(electroanalytical chemistry) 분야가 차지하게 되었다. 여러 가지의 **센서**(sensor) 기술도 거기서 나오고 있다. 이처럼 다양한 도구를 가지고 접근할 수 있는 것이 현대 전기화학의 특징이기도 하거니와 이제 전기화학에서 발달한 연구 방법들 중 일부는 무기화학 실험실로부터 재료과학, 생명과학 실험실까지 흔히 쓰이는 연구 수단이 되고 있다.

새로운 기술 시대에 당면하는 새 물질에 대한 수요, 환경과 에너지 문제 등에 관한 각

성으로 전기화학적 기술에 의한 문제 해결에 대한 기대가 싹텄다. 환경보전을 위하여 폐기물의 처리, 유해 물질의 검출, 금속 부식의 방지, 공해가 적은 에너지 생산(변환)을 위하여 전기화학적 기술이 큰 응용 가능성을 가지고 있다. 새로운 반도체, 전도성 고분자, 자기조립 분자층 등 새로운 기능을 가진 소재 물질에 대한 연구도 활발하다. 고체 표면의 구조와 성질을 조사하거나 무기 및 유기물질의 반응을 연구하는 전기화학적 방법, 생리적 활성 물질들의 전기화학도 활발하며 생명과학의 새로운 발전에도 큰 역할이 있을 것이다. 에너지밀도와 출력이 큰 새로운 전지들을 만들어야 하는 실용적 필요성 때문에 새로운 전극물질을 찾는 노력은 전극 촉매작용과 반응 메카니즘의 규명과 함께 절실하게 요구되는 것이다. 에너지 문제와 환경 문제 해결의 희망이라 할 연료전지(fuel cell)의 보편적 실용화 여부도 이런 연구와 개발의 성과에 달려 있는 것으로 보인다.

1.3 이 책에 대한 일러두기

이 책은 대학의 학부 고학년 또는 대학원 학생을 위한 전기화학 전반에 걸친 소개서로, 또한 전기화학에 관한 실무자들로서 화학, 재료공학, 화공학, 환경공학, 물리학 등 다양한 배경을 가진 독자들을 위한 기초적 지침서로 생각하고 썼다. 연구자의 책상머리에 두고 손쉽게 찾아볼 수 있는 참고자료로서 사용할 수 있도록 하였고, 학부에서의 전기화학에 관한 고급과목 내지 대학원 과목의 교재로서 쓰일 것도 염두에 두었다. 그런 이유로 각 장의 끝에 연습문제들을 넣어 공부에 도움이 되도록 하였다. 학생들은 스스로 문제 풀이를 해봄으로써 내용의 핵심에 대한 착실한 이해에 도달하기를 부탁한다.

이 책에서 다룬 내용의 뼈대를 이해하는 데에 꼭 필요한 것은 아니나 도움이 될만한 자료나 흥미거리를 군데군데 〈참고자료〉 또는 〈보충자료〉로 소개하였다. 특정한 주제에 관련된 문헌은 해당하는 쪽의 각주로 넣었고 본문의 해당 부분에 위첨자[*] 번호로 표시하였다. 각 장의 끝에는 그 장의 내용에 밀접하게 관련된 읽을거리를 참고문헌으로 소개하였으며 본문 중에는 [   ] 속의 번호로 표시하였다.

수식 중 중요한 것은 상자(☐)속에 넣어 표시하였다. 기본적인 중요성이 있거나 자주 이용되는 것들이므로 기억해둘 만한 것들이다.

우리말 술어는 아직 잘 정착되지 않아 어려움이 많지만 가능한 한 대한화학회에서 제정한 술어 (대한화학회 발행 화학술어집 제4판)를 따랐고, 괄호 속에 영어 술어를 병기하였다. 부록 끝에 가나다순의 우리말 찾아보기와 ABC 순의 영어 술어의 색인을 넣었다. 색인된 어휘는 본문에 고딕 글꼴로 표시하였다.

참고문헌 (책, 학술지, Website)

◆ 전기화학 전반에 걸친 참고 서적으로, 각 장의 끝에 소개하는 주제별 참고문헌과 별도로, 다음을 소개한다.

1. J. Koryta, J. Dvorak, and L. Covan, *Principles of Electrochemistry*, 2nd Ed., Wiley, 1993.

2. C. M. A. Brett and A. M. O. Brett, *Electrochemistry: Principles, Methods, and Applications*, Oxford Univ. Press, 1993.

3. P. H. Rieger, *Electrochemistry*, Prentice-Hall, 1987.

4. H. R. Thirsk and J. A. Harrison, *A Guide to the Study of Electrode Kinetics*, Academic, 1972.

5. N. Hush Ed., *Reactions of Molecules at Electrodes*, Wiley, 1971.

6. E. Gileady, *Electrode Kinetics for Chemists, Chemical Engineers, and Materials Scientists*, VCH, 1993.

7. J. O'M Bockris and A. K. N. Reddy, *Modern Electrochemistry*, Vol. 1, 2, Plenum, 1970 ; 2nd Ed., Vol. 1 (*Ionics*), Plenum, 1998, Vol. 2A (Fundamentals of Electrodics), coauthored with M. Gamboa-Aldeco, Kluwer Academic/Plenum publisher, 2000, Vol. 2B (Electrodics in Chemistry, Engineering, Biology, and Environmental Science) Kluwer Academic /Plenum publisher, 2000.

8. A. J. Bard and L. R. Faulkner, *Electrochemical Methods, Fundamentals and Applications*, 2nd Ed., Wiley, 2001.

9. J. O'M. Bockris and S. U. M. Khan, *Surface Electrochemistry; A Molecular Level Approach*, Plenum, 1993.

10. D. Pletcher and F. C. Walsh, *Industrial Electrochemistry*, 2nd Ed., Chapman-Hall, 1993.

11. K. B. Oldham and J. C. Myland, *Fundamentals of Electrochemical Science*, Academic Press, 1994.

12. D. R. Crow, *Principles and Applications of Electrochemistry*, Blackie, 1994.

13. I. Rubinstein, Ed., *Physical Electrochemistry, Principles, Methods, and Applications*, Marcel-Dekker, 1995.

14. D. Brynn Hibbert, *Introduction to Electrochemistry*, Macmillan, 1993.

15. R. N. Adams, *Electrochemistry at Solid Electrodes*, Marcel Dekker, 1969.

16. N. Sato, *Electrochemistry at Metal and Semicondutor Electrodes*, Elsevier, 1998.

17. D. T. Sawyer, A. Sobkowiak, and J. L. Roberts, Jr., *Electrochemistry for Chemists*, 2nd Ed. Wiley, 1995.

18. C. H. Hamann, A. Hammett, W. Vielstich, *Electrochemistry*, Wiley-VCH, 1998.

◆ 다음은 도서관에서 볼 수 있는 고전적인 문헌들이다. 지금은 전기화학의 중심 과제에서 멀어진 내용으로서 요즘의 문헌에서 찾아보기 어려운 것일지라도 과거에 구체적이고 엄밀한 취급을 한 주제들에 대하여 알아 보려할 때 참고가 된다.

1. H. Harned and B. Owen, *Physical Chemistry of Electrolytic Solutions*, 3rd Ed., Reinhold, 1958.

2. G. Kortum, *Treatise on Electrochemistry*, 2nd English Ed., Elsevier, 1965.

3. P. Delahay, *Electrical Double Layer and Electrode Kinetics*, Wiley, 1965.

4. B. E. Conway, *Electrode Processes*, Ronald, 1965.

5. K. Vetter, *Electrochemical Kinetics; Theoretical and Experimental Aspects*, Academic Press, 1967.

6. D. A. MacInnes, *The Principles of Electrochemistry*, Dover, 1961.

◆ 국내 저자에 의하여 우리말로 쓰인 전기화학 책에 다음의 단행본들이 있다.

1. 오승모, *전기화학*, 자유아카데미, 2010.

2. 이주성 지음, *電氣化學*, 보성문화사, 1992.

3. 변수일, 최신 재료전기화학, 청문각, 2003.

◆ 전기화학의 첫걸음을 위한 요점을 정리하여 간단히 쓴 다음 세 책이 있다.

1. R. G. Compton and G. H. W. Sanders, *Electrode Potentials*, Oxford Univerity Press, 1996.

2. A. C. Fisher, *Electrode Dynamics*, Oxford Univerity Press, 1996.

3. C. M. A. Brett and A. M. O. Brett, *Electroanalysis,* Oxford University Press, 1998.

◆ 우리 말로 된 번역서들을 소개한다.

1. 오사까, 오야마, 오샤까 저, *전기화학 측정법*, 장재만, 이치우 공역, 자유아카데미, 1994.

2. 고자와 기획, *현대의 電氣化學*, 남종우 역, 청문각 1995.

◆ 전기화학에 관한 시리즈로 다음 것들이 있다. 권 번호와 출판연도는 각 시리즈의 마지막 나온 책에 대한 것이다.

1. *Comprehensive Treatise of Electrochemistry,* Vol. 10 , S. Srinivasan, Yu. A. Chizmadzhev, J. O'M Bockris, B. E. Conway, E. Yeager, Eds., Plenum, 1985.

2. *Modern Aspects of Electrochemistry*, No. 33, R. E. White , J. O'M Bockris, B. E. Conway, Eds., Plenum, 1999.

3. *Electroanalytical Chemistry*: A Series of Advances, Vol 20, A. J. Bard, I. Rubinstein, Eds., Marcel Dekker, 1998.

4. *Encyclopedia of Electrochemistry of Elements*, A. J. Bard, Ed., Marcel Dekker, Vol. I~XIV 1997.

◆ 전기화학에 관련된 주요 학술지 이름과 발행기관/출판사와 그 Website는 다음과 같다.

1. *Electrochimica Acta* (A journal of the International Society of Electrochemistry) Elsevier Science, Ltd., The Boulevard, Langford Lane, Kidlington, Oxford OX5 1GB, UK, www.elsevier.nl/locate/electacta

2. *Journal of the Electrochemical Society*

   The Electrochemical Society, Inc., Pennington, NJ 08534-2896, USA.
   www.electrochem.org/ecs/journal.html

3. *Electrochemical and Solid-State Letters*

   The Electrochemical Society, Inc., Pennington, NJ 08534-2896, USA.
   www.electrochem.org/ecs/journal.html

4. *The Electrochemical Society Interface* (A magazine)

   The Electrochemical Society, Inc., Pennington, NJ 08534-2896, USA.
   www.electrochem.org/ecs/journal.html

5. *Journal of Electroanalytical Chemistry* (formerly *Journal of Electroanalytical Chemistry and Interfacial Electrochemistry*)

   Elsevier Science S.A. P.O.Box 564, 1001 Lausanne, Switzerland.
   www.elsevier.nl/locate/jelechem

6. *Denki Kagaku oyobi Kogyo Butsuri Kagaku* (Electrochemistry and Industrial Physical Chemistry) (A journal of the Electrochemical Society of Japan),
   The Electrochemical Society of Japan, Tokyo 100, Japan.

7. *Elektrokhimiya*

   Vol. 1-29 (1965-1993) translated as *"Russian Journal of Electrochemistry,"*
   Interperiodica/Plenum/Consultants Bureau, 233 Spring St, New York, NY 10013, USA

8. *Journal of Applied Electrochemistry*

   Chapman & Hall, 2-6 Boundary Row, London SE1 8HN, UK,
   www.thomson.com:8866/journals/jae.html

9. *Electrochemistry Communications*

   Elsevier Science S. A. P. O. Box 564, 1001 Lausanne, Switzerland.
   www.elsevier.nl

10. *Journal of Power Sources*

    Elsevier Science S.A. P.O.Box 564, 1001 Lausanne, Switzerland.
    www.elsevier.nl

11. 한국전기화학회지

    www.kecs.or.kr

◆ 전기화학관련 웹사이트

1. Electrochemical Science and Technology Information Resource (ESTIR)
   http://electrochem.cwru.edu/estir

2. Electrochemistry Encyclopedia
   http://electrochem.cwru.edu/encycl/

3. The Electrochemical Society, Inc.

   www.electrochem.org

연 습 문 제

1. 우리 생활 주변에서 볼 수 있는 전기화학적 현상들을 생각나는 대로 들어보아라.

2. 일반화학 등의 과목을 통해서 배운 것 중에서 전기화학이라고 할 수 있는 것의 내용의 골자들을 적어 보아라.

3. 흔히 쓰는 "전극(electrode)"이란 말의 뜻을 생각해 보자. 전지의 전극과 형광등이나 네온사인 장치에 쓰는 전극, 축전기(capacitor) 전극 사이에 공통점과 다른 점은 무엇인가?

2

전기화학 셀, 전극 전위

2.1 전기화학 반응

전기화학 반응의 대표적인 것으로 전지에서 일어나는 반응들을 들 수 있다. 예컨대 아연으로 된 전극에서 아연 원자는 다음과 같이 전자를 내놓으면서 수산화아연 이온으로 변한다.

$$Zn + 4OH^- \rightarrow Zn(OH)_4^{2-} + 2e^-$$

이산화망간으로 된 전극에서 일어날 수 있는 반응은 다음과 같다.

$$MnO_2 + e^- + H_2O \rightarrow MnOOH + OH^-$$

이상의 두 반응은 실제로 "**알칼리 전지**"에서 일어나는 주된 반응으로 알려졌는데, 첫째 반응은 아연이 전자를 잃고 산화되는 반응이며, 둘째 반응은 이산화망간이 전자를 얻는 환원 반응이다. 이들 예에서 보는 바와 같이 **전기화학적 반응은 산화 반응이거나 환원 반응이다**. 전기화학 반응이 진행될 때 한 전극에서 산화가 일어나고 다른 전극에서 환원이 일어난다. 보통의 화학적인 산화·환원 반응과 다른 점은 산화되는 물질과 환원되는 물질 사이에 직접 전자를 주고받는 것이 아니고 전자는 전지의 밖에 연결된 도선을 따라 한 전극에서 다른 전극으로 옮겨간다. 위 예의 첫째 반응에서 나오는 전자는 아연에서 밖으로 연결된 도선을 따라서 도체(탄소 막대)를 통하여 MnO_2에 전달되는 것이다.

위의 예에서 Zn과 같이 산화가 일어나는 쪽의 전극을 **산화전극**(anode)이라 하고, 탄소/ MnO_2와 같이 환원이 일어나는 쪽의 전극을 **환원전극**(cathode)이라고 한다(전지의 경우는 anode와 cathode에 해당하는 우리말을 "**양극**", "**음극**"이라고 하면 한자의 陽, 陰이 가지는 의미 때문에 각각 +극, −극과 혼동이 될 수 있어 이들을 사용하지 않도록 권장한다. 전지가 사용될 때 산화전극은 −극이 되고 환원전극이 +전극이 되기 때문이다).

또 하나의 전지를 예로 들면 아연과 은 전극으로 이루어진 전지로서 다음과 같은 반응
이 일어나는 전지이다.

$$\text{산화전극(anode, } -극) \qquad Zn(s) \ \rightarrow \ Zn^{2+}(aq) + 2e^-$$

$$\text{환원전극(cathode, } +극) \qquad AgCl(s) + e^- \ \rightarrow \ Ag(s) + Cl^-(aq)$$

여기서 환원전극은 표면에 AgCl의 거친 가루가 붙어 있는 은 막대이다.

2.2 전기화학 셀

전기화학적 반응은 **전기화학 셀**(electrochemical cell)에서 일어난다. 셀은 전해질과 그
에 담겨 있는 전극들로 구성되어 있다고 볼 수 있다. 흔히 전지, 배터리 등으로 불리는 장
치가 전기화학 셀에 포함되는 것은 물론이고, 전기분해나 도금을 할 때 쓰는 전극들과 이
들이 담겨 있는 전해질 통도 셀에 속한다. 또한 생체 내에서나 금속 표면에서 우연히 또
는 자연적으로 일어나는 전기화학적 반응이 일어나는 곳에는 전기화학 셀이 있다고 볼 수
있다. '전지'란 말은 우리가 상식적으로 아는 바와 같이 직류 전원으로 쓰는 것을 부르는
말로서 자발적으로 일어나는 화학반응으로부터 전기적 에너지를 얻는 장치이며, 이를 **갈
바니 전지**(galvanic cell)라고 부른다. 그러나 넓은 의미로 쓰일 때는 갈바니 전지와 전기
분해 장치들을 포함하여 모든 전기화학적 셀을 전지라고도 한다.

셀의 기본 구성 요소는 그림 2.2.1과 같이 두 개 또는 그 이상의 전극과 이것들이 동시
에 담겨 있는 전해질(용액)이다. 전극은 보통 금속과 같은 도체이며 주변에 전해질과 함
께 다른 물질로 둘러싸인 전극도 있다. 전해질은 수용액, 기타의 용액, 또는 고분자 물질
들이다. 2.1절의 끝 쪽에서 예로든 아연 전극과 은 전극으로 된 전지는 그림 2.2.2와 같은
구조를 하고 있다.

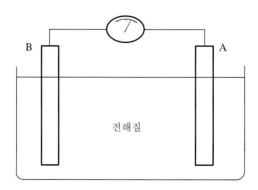

그림 2.2.1 기본적인 전지의 구조

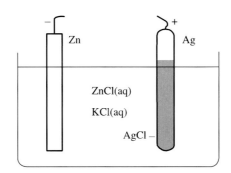

그림 2.2.2 Zn | Zn^{2+}, Cl$^-$ | AgCl | Ag 전지

이런 그림 대신에 같은 전지를

$$Zn \mid Zn^{2+}, \; Cl^- \mid AgCl \mid Ag$$

와 같이 간단히 나타내기도 한다. 여기서 짧은 수선(|)은 서로 다른 상(相) 사이의 계면을 나타낸다. Zn^{2+}과 Cl$^-$ 사이의 점(comma ,)은 같은 액체 상 안에 두 가지 이온이 공존함을 나타내고, 이 용액 상이 한편으로는 고체인 Zn과, 다른 한편으로는 고체 AgCl과 접촉하고 있는 것을 양쪽의 수직 막대가 나타내는 것이다.

이처럼 전지는 대체로 각 전극을 중심으로 하는 두 부분으로 구성되어 있다고 볼 수 있으며, 그런 이유로 각각의 전극을 **반전지**(half cell)라고도 한다.

전해질 용액이 두 부분으로 나뉜 전지의 예는 그림 2.2.3에 있는 Daniel 전지이다. 두 용액은 **염다리**(salt bridge)에 의해서 연결되어 있는데, 염다리 안에 채워진 진한 KCl(또는 NH$_4$NO$_3$) 용액은 이온의 이동으로 전기가 통하도록 하는 역할을 한다. 이 전지를 간단히 Zn | Zn^{2+} ‖ Cu^{2+} | Cu로 나타낼 수 있는데, 수직한 두 평행 점선 ‖은 염다리를 나타낸다. 염다리를 쓰지 않고 두 액체 사이에 이온 투과성 격막을 두었을 경우에는 하나의 점선 | 으로 나타낸다.

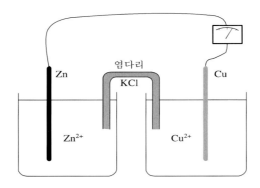

그림 2.2.3 염다리를 갖춘 Daniel 전지   Zn | Zn^{2+} ‖ Cu^{2+} | Cu

2.3 전극 전위와 전극 전위차

전지의 두 전극 사이의 전위(potential)의 차이는 두 전극이 서로 다르기 때문에 생기는 것이다. 다르다는 것은 대체로 전극을 구성하는 물질이 다른 것을 말한다. 그림 2.2.1에 나타낸 전지의 전위차는 전극 A의 **퍼텐셜**에서 전극 B의 퍼텐셜을 뺀 값이다.

$$E_{cell} = E_A - E_B \qquad\qquad (2.3.1)$$

(퍼텐셜이 높은 전극을 오른쪽에 그림으로써 전지의 전압이 + 값이 되도록 하는 것이 관례이다.)

전지에서 두 전극의 전위차를 간단히 **전지의 퍼텐셜**(cell potential) 또는 **전압**이라고도 하는데, 정확히는 퍼텐셜의 차이(cell potential difference)인 것이다. 사실은 두 전극 사이에 전류가 흐를 때는 그 전류의 세기에 따라서 전지의 퍼텐셜은 변하는데, 전류가 정확히 0이면 전지는 평형 상태에 있는 것이다. 이 평형 상태에서의 전위차를 전통적으로 "기전력(起電力, electromotive force)"이라고 부르고 emf 로 쓰기도 하였으나 이는 잘못 붙여진 이름(misnomer)이기 때문에 그 사용을 피하는 것이 좋다. 전지의 평형 전위차 또는 간단히 평형 전압(equilibrium potential)이라고 부르는 것이 적절하다.

그런데 각 전극의 퍼텐셜의 절대값은 잴 수가 없다. 각 전극은 전해질 용액을 기준으로 할 때 그보다 높거나 낮은 어떤 전위값을 가질 것이다. 그러나 그 전해질과의 차이를 잴 수가 없는 것이다. 그 이유는 전위차를 재기 위해서는 항상 측정 장치로부터 도선을 각 부분에 접촉시켜야 하는데, 용액에 도선을 접촉시킬 때 또 하나의 전극이 이루어지며, 이 전극과 전해질과의 사이에도 퍼텐셜 차이가 생기기 때문이다. 그러므로 측정이 되는 것은 항상 두 전극 사이의 차이일 뿐이다(보충자료 2 참조).

그러므로 어떤 특수한 전극을 전극 전위의 기준으로 쓰는 것이 편리하다. 그림 2.3.1과 같이 제3의 전극 R을 같은 전해질 용액에 넣으면 이 전극은 A, B 두 전극의 어느 것에 대해서나 공통인 기준이 될 수 있다. 이런 목적으로 쓰이는 전극이 **기준전극**(reference electrode)이다. 그림 2.3.1에서 기준전극 R에 대하여 A 전극은 가령 1.0 volt 높고 B전극은 0.5 volt 낮다면 A전극과 B전극의 전위차는 1.0 - (-0.5) = 1.5V이다.

실제로는 여러 가지 기준전극을 사용하지만 전극 전위의 기준값의 표준으로 쓰는 것은 표준수소전극이다. 산 용액 속에 잠긴 백금의 표면에 수소 기체를 접촉시키면 수소와 수소 이온 사이의 산화환원 평형이 이루어진다

$$H_2 \rightleftharpoons 2H^+ + 2e^- (Pt)$$

괄호 속에 Pt를 쓴 것은 전자가 백금으로 들어감을 나타낸다.

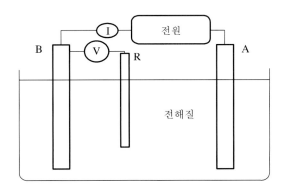

그림 2.3.1 전극 전위의 측정. 제3의 전극 R은 기준전극이다.

위의 평형이 이루어지도록 만든 수소기준전극은 그림 2.3.2와 같다. 이것을

$$(Pt) H_2 (1\ bar) \mid H^+ (aq.\ a=1)$$

로 나타낼 수 있는데, 여기서 Pt는 수소와 수소 이온 사이의 반응에 대한 촉매 역할을 하며 전자의 전달체(도체) 역할을 하나 반응하는 물질이 아니기 때문에 괄호 속에 표시한다. 수소의 압력(정확히는 퓨가시티)이 1 bar이고 용액의 수소 이온의 활동도가 1일 때이 전극을 **표준수소전극**(standard hydrogen electrode, SHE로 줄임)이라 하고 이의 퍼텐셜을 모든 온도에서 0 V라고 규약을 정하였다. 농도가 1 N인 염산 용액을 쓰면 수소 이온의 활동도가 정확히는 1이 아니므로 표준수소전극이라고 할 수는 없으나 실험 현장에서 쉽게 재현할 수 있으므로 이렇게 만든 수소 전극을 기준전극으로 하는 경우도 있는데, 이를 NHE(**노르말 수소전극**, normal hydrogen electrode의 줄임)라고 표시한다.

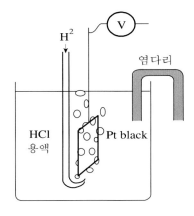

그림 2.3.2 수소 전극

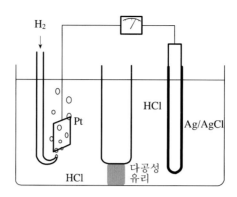

그림 2.3.3   (Pt) H_2 | HCl | AgCl | Ag 전지

그림 2.3.3에 나타낸 것과 같이 수소전극과 Ag/AgCl 전극을 짝지어 만든 전지 (Pt) H_2(1 bar) | HCl | AgCl | Ag 의 전위차는 염산 농도가 약 1 M일 때 0.22 V이다. 그러므로 Ag/AgCl 전극의 전위는 0.22 V이다. 이처럼 수소 전극을 기준으로 하여 여러 가지 전극의 전극 전위를 측정할 수 있다. 이처럼 표준수소전극을 기준으로 하여 측정된 값을 "**전극 전위**(electrode potential)"라 한다. 전극 전위는 E로 나타내고 그 전극에 관여되는 모든 물질의 농도가 1 mol kg^{-1}일 때(엄밀히는 활동도가 1일 때)의 E값을 **표준 전극 전위** $E°$로 나타낸다.

수소 전극 이외에도 몇 가지 전극들은 실험적으로 재현성 있게 안정한 전위를 나타내기 때문에 기준전극으로 사용한다. SHE나 NHE 전극은 제작하기도 어렵고 취급하기도 어려우므로 더 편리한 기준전극을 사용하는 경우가 많다. 자주 사용되는 기준전극에 Ag | AgCl 전극과 칼로멜 전극 등이 있다. 몇 가지 기준전극들의 전위값을 표 2.1에 정리했으며 표준수소전극에 대한 각 기준전극의 전위값을 나타내었다. 이 표에서 $E°$는 전해질 용액 중의 음이온 활동도가 1인 때의 전위 즉 표준 전극전위값이고 E는 특별히 표시한 농도에서의 값이다.

이런 기준전극들은 수소 전극을 제외하고는 모두 물에 거의 녹지 않는 금속염을 이용한 것이고 음이온이 가역 반응에 참여하는 것이 공통점이다.[1] 기준전극들의 전위, E 또는 $E°$는 전류가 거의 흐르지 않는 조건, 즉 전극 반응이 어느 한쪽으로 진행되지 않는 평형에서의 전위값이다. **칼로멜 전극**과 다른 불용성의 수은염을 쓰는 전극들에서는 수은염을 전해질과 함께 섞어 만든 반죽이 수은과 접촉되도록 하여 만든다. 약간의 전류가 흐르더라도 용액이 수은염으로 포화되어 전위를 일정하게 유지하도록 한다.

---

1) D. J. Ives and G. J. Janz, Eds. *Reference Electrodes, Theory and Practice*, Academic Press, 1961; R. G. Compton and G. H. W. Sanders, *Electrode Potentials*, Oxford University Press, 1996.

표 2.1 몇 가지 기준전극

전 극	전극 반응	$E°/V$	E/V
(Pt) H$_2$ | H$^+$	$2H^+(aq) + 2e^- \rightleftarrows H_2$	0	
Ag | AgCl	$AgCl(s) + e^- \rightleftarrows Ag(s) + Cl^-(aq)$	0.222	
			포화 KCl, 0.197
Hg | Hg$_2$Cl$_2$	$Hg_2Cl_2 + 2e^- \rightleftarrows 2Hg + 2Cl^-$	0.280	
(칼로멜 전극)			포화 KCl, 0.2412 (SCE)
			1 N KCl, 0.2801 (NCE)
			0.1 M KCl, 0.3337
Hg | Hg$_2$SO$_4$	$Hg_2SO_4 + 2e^- \rightleftarrows 2Hg + SO_4^{2-}$	0.613	
Hg | HgO	$HgO + H_2O + 2e^- \rightleftarrows Hg + 2OH^-$	0.098	

2.3.1 농도와 전극 전위

한 전극의 전위가 어떤 요인으로 결정되는가를 살펴보자. 물에 Fe(NO$_3$)$_2$와 Fe(NO$_3$)$_3$를 녹이고 거기에 백금선을 넣었다고 하자. 용액 속의 Fe^{2+}, Fe^{3+} 이온들 사이의 다음과 같은 반응의 평형에 의하여 백금의 전위가 결정된다.

$$Fe^{2+} \rightleftarrows Fe^{3+} + e^- (Pt)$$

전자 e$^-$ 옆 ( ) 속에 금속 Pt를 표시한 것은 전자가 그 금속에 전달됨을 나타낸다. 만일 Fe^{2+}염을 더 넣어 그 몰농도 [Fe^{2+}]를 증가시키면 위의 반응 평형은 오른쪽으로 이동하여 Pt선에 더 많은 전자가 모임으로써 Pt 전극의 전위 E가 −쪽으로 내려간다. 반대로 [Fe^{3+}]를 증가시키면 전극의 전위가 +쪽으로 올라간다. 이의 정량적 관계는 대략 다음 식과 같다(엄밀한 관계식은 2.4절에서 다룬다. 이런 관계식을 Nernst 식이라 한다).

$$E = 0.77 + \frac{RT}{F} \ln \frac{[Fe^{3+}]}{[Fe^{2+}]} \tag{2.3.2}$$

즉, 산화 상태가 낮은 이온 농도에 대한 산화 상태가 높은 이온의 농도의 비가 증가하면 전위도 증가한다. 다니엘 전지의 구리 전극과 아연 전극의 평형 반응은 각각

$$Cu(s) \rightleftarrows Cu^{2+}(aq) + 2e^-(Cu)와 \quad Zn(s) \rightleftarrows Zn^{2+}(aq) + 2e^-(Zn)$$

이며, 산화 상태의 양이온들의 농도가 클수록 전자가 소모되는 쪽으로 평형이 이동할 것이므로 이 전극들의 전위는 각각 다음과 같이 된다.

$$E_{Cu} = 0.34 + \frac{RT}{2F} \ln [\,Cu^{2+}\,]$$

$$E_{Zn} = -0.76 + \frac{RT}{2F} \ln [\,Zn^{2+}\,] \qquad (2.3.3)$$

위 (2.3.2)식과 (2.3.3)식에서 오른쪽의 첫번째 항의 수치들은 각 반응계의 고유한 volt 단위의 값으로 반응이 환원쪽으로 일어나려는 경향이 큰 경우 +쪽으로 큰 값을 가진다. 이 고유한 값들을 E°로 나타내면 각 경우 전극의 전위 E는 산화된 이온의 농도를 $[\,C\,]$라고 나타낼 때 다음과 같은 Nernst 식으로 정해진다.

$$E = E^\circ + \frac{RT}{nF} \ln[\,C\,] \qquad (2.3.4)$$

위 식에서 n은 1몰의 반응에서 주고받는 전자의 몰 수이다. (2.3.2)식의 경우는 Fe^{2+}와 Fe^{3+}의 농도의 비가 $[\,C\,]$인 셈이다. 그러나 이 식들은 근사식이며 엄밀하게는 몰농도가 아닌 활동도를 써서 나타내야 되는데, 이런 것은 다음 절에서 열역학적으로 다룬다.

엄밀하게 얘기하면 전지의 전압은 위 다니엘 전지의 경우 $Zn \mid Zn^{2+} \,\vdots\, Cu^{2+} \mid Cu$의 오른쪽에 표시된 Cu의 전위와 왼쪽에 표시된 Zn의 전위의 차가 아니고 왼쪽 아연에도 구리 (Cu′)을 연결한 (Cu′) $Zn \mid Zn^{2+} \,\vdots\, Cu^{2+} \mid Cu$ 구조에서 Cu와 Cu′의 전위차이다. 전위차를 측정하는 실험 장치 — voltmeter — 는 양쪽의 입력 단자가 같은 금속의 도선이기 때문이다. Cu와 Cu′은 화학적 조성은 같고 전기적 퍼텐셜만 다른 것이다. 도선의 중간에 다른 금속을 끼워 넣는 것은 아무런 영향이 없다. (Cu′)과 같은 표시가 들어 있지 않은 전지의 표기에서도 이것은 생략된 것이라고 보아야 한다. 그림 2.3.3과 같이 수소 전극과 Ag/AgCl 전극을 짝지어 만든 전지는 (Pt)$H_2 \mid HCl \mid AgCl \mid Ag$(Pt′)으로 나타내는 것이 엄밀하며, 흔히 그런 것처럼 오른쪽의 (Pt′)을 생략해도 같은 전지를 의미한다. 이 전지의 전압은 오른쪽 백금의 전위에서 왼쪽 백금의 전위를 뺀 것이다. 양쪽에 구리선을 연결하고 측정해도 같은 값이 얻어진다.

보충자료 1   편리한 기준전극

수소 전극은 수소 공급원이 있어야 하고 쓰고 남은 수소의 안전한 처리 문제도 있어 편리하지 못하다. 산성 용액일 경우에는 거기에 두 개의 백금선을 서로 가까이 넣고 그 둘 사이에 작은 전지를 연결해 주면 −전극에서 수소가 발생하는데, 이 전극의 전위는 가역적인 수소 전극의 전위와 거의 같다. 그것은 수소가 발생하는 백금 전극에서는 분극 정도가 작아서 전지의 전압의 대부분이 반대쪽 백금 전극의 분극에 쓰이기 때문이다. 즉 전류가 흐르는 비평형 상태이면서도 가역적 기준전극의 역할을 하기 때문에 아주 정밀한 측정의 경우가 아니면 기준전극으로 사용하는 것이 가능하다. 이런 전극을 dynamic hydrogen electrode라고 부른다. 또 한 가지 실험실에서 편리하게 만들어 쓸 수 있는 전극은 팔라듐-수소전극이다. 팔라듐은 수소를 잘 흡수하여 PdH/PdH_2의 평형이 표면에 가까운 고체상 속에서 이루어지므로 팔라듐 선을 산 용액에서 −극으로 삼아 전기분해를 계속하면 표면에서 생긴 수소가 흡수되어 가역적인 전극이 된다. 상당히 안정한 전위를 나타내므로 이 팔라듐 선을 그대로 기준전극으로 사용할 수 있다. 가역수소전극에 비하여 −0.05 V 정도의 값을 나타낸다. 무수용매로 된 전해질 용액에서는 단순한 은(Ag) 선을 기준전극으로 사용하는 것이 가능한데, 이 경우에는 가역적인 산화·환원쌍이 없으므로 유사기준전극 (pseudo-reference 또는 quasi-reference electrode)이라 한다. 한 실험을 하는 동안은 전위의 변화가 거의 없이 상당한 안정성을 나타낸다. 그러나 셀이 바뀔 때마다 가역적인 전극에 대한 보정을 하여 사용해야 한다.

보충자료 2 전위, 퍼텐셜

전극 전위는 그 전극의 내부 전위값과 기준전극으로 쓰는 표준수소전극의 내부 전위값의 차이라고 할 수 있다. '내부 전위'는 다음과 같이 정의된다.

- 내부 전위(inner potential, Galvani potential, ϕ) : 어떤 상의 표면으로부터 무한히 떨어져 있는 지점에서 그 상의 내부까지 단위 전하를 가져가는 데 필요한 에너지. 그 상이 가지고 있는 전하량과 상의 표면에 있는 쌍극자들의 배열에 의하여 정해진다. 외부 전위 ψ와 표면 전위 χ의 합이다. $\phi = \psi + \chi$

- 외부 전위 (outer potential, Volta potential, ψ) : 상이 띠고 있는 전하량에 의해서 상이 나타내는 전기적 퍼텐셜. 즉 상의 표면에 쌍극자가 없는 경우 상으로부터 무한히 멀리 떨어져 있는 지점으로부터 단위 전기량을 상의 내부로 가져가는 데 필요한 에너지. 예컨대 전기량 q를 띠고 있는 반지름 r의 공 모양 금속 내부의 외부 전위는 $\psi = q/4\pi\varepsilon_0 r$이고, 이 값은 금속 내부로부터 표면에 아주 가까운(곡률 반지름에 비하여) 외부에까지 일정하게 유지된다.

- 표면 전위(surface potential, χ) : 상의 표면에 배치된 쌍극자모멘트로 결정되는 상의 내부와 외부 사이의 전위차. 전기이중층에 의한 것도 이에 포함된다. 표면 넓이당 n개의 쌍극자가 있고 쌍극자모멘트의 표면에 대한 수직방향 성분을 p라 하면,

$$\chi = np$$

- 표면 전위의 존재로 인하여 내부 전위값은 측정이 안 된다. 이것이 각 전극의 전위의 절대값을 잴(알)수 없는 이유이다.

- 추가 : 어떤 화학종 i가 z_i의 전하를 띠고 내부 전위 ϕ인 α상 안에 있을 때 i의 **화학 퍼텐셜**이 μ_i이면 i의 **전기화학 퍼텐셜**(electrochemical potential)은 $\tilde{\mu}_i = \mu_i + z_i F\phi$이다.

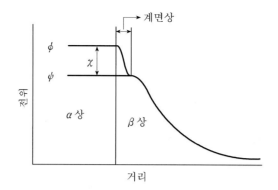

그림 2.3.4   상간 계면 근처에서의 전위 변화

2.4   전지의 열역학

2.4.1   반응의 자유에너지와 전지 전압

다니엘 전지 $\mathrm{Zn} \mid \mathrm{Zn^{2+}} \parallel \mathrm{Cu^{2+}} \mid \mathrm{Cu}$ (그림 2.2.3)의 산화전극 반응과 환원전극의 반응은 동시에 일어나므로 전지 전체의 반응은 다음과 같다.

$$\mathrm{Zn(s)} + \mathrm{Cu^{2+}(aq)} \ \rightarrow \ \mathrm{Zn^{2+}(aq)} + \mathrm{Cu(s)}$$

한 화학종 i 의 화학 퍼텐셜(chemical potential μ_i)은 몰 수에 따른 Gibbs 자유에너지 G 의 증가율을 의미하는 것으로서 $(\partial G / \partial n_i)_{T,p}$ 로 정의된다. 화학종 i 가 두 상에 함께 존재하고 그들의 농도가 평형에 있으면 μ_i 의 값은 두 상에서 같다. 화학 퍼텐셜은 활동도 a_i 에 따라 $\mu_i = \mu_i^{\circ} + RT \ln a_i$ 와 같이 증가한다(**활동도**는 농도에 비례하는 양으로서 묽은 용액에서는 근사적으로 농도를 표준농도로 나눈 크기를 갖는 것이다. 이에 대하여는 5장 2절을 참조하기 바란다. 기체의 경우에는 **퓨가시티**(fugacity)가 활동도에 해당하는데, 그다지 높지 않은 압력에서는 부분압력을 표준압력으로 나눈 값과 같다. 즉 $\mu_i = \mu_i^{\circ} + RT \ln p_i$). 위 전지 반응식에 나타나는 $\mathrm{Zn^{2+}(aq)}$ 와 $\mathrm{Cu^{2+}(aq)}$ 의 화학 퍼텐셜은 각각의 활동도에 따라 다음과 같다.

$$\mu_{\mathrm{Zn^{2+}}} = \mu_{\mathrm{Zn^{2+}}}^{\circ} + RT \ln a_{\mathrm{Zn^{2+}}}$$
$$\mu_{\mathrm{Cu^{2+}}} = \mu_{\mathrm{Cu^{2+}}}^{\circ} + RT \ln a_{\mathrm{Cu^{2+}}}$$

(2.4.1)

고체인 $\mathrm{Zn(s)}$, $\mathrm{Cu(s)}$의 화학 퍼텐셜은 농도 변화가 없어 각각 $\mu_{\mathrm{Zn}}^{\circ}$, $\mu_{\mathrm{Cu}}^{\circ}$ 로 일정하므로 이 반응의 Gibbs 자유에너지 G 의 변화 ΔG 는 관여 이온들의 활동도에 따라 다음과 같다.

$$\Delta G = \mu_{Zn^{2+}} + \overset{\circ}{\mu}_{Cu} - \mu_{Cu^{2+}} - \overset{\circ}{\mu}_{Zn}$$

$$= \overset{\circ}{\mu}_{Zn^{2+}} + RT\ln a_{Zn^{2+}} + \overset{\circ}{\mu}_{Cu} - (\overset{\circ}{\mu}_{Cu^{2+}} + RT\ln a_{Cu^{2+}} + \overset{\circ}{\mu}_{Zn}) \qquad (2.4.2)$$

$$= \Delta G^{\circ} + RT\ln \frac{a_{Zn^{2+}}}{a_{Cu^{2+}}}$$

여기에서 $a_{Zn^{2+}}$와 $a_{Cu^{2+}}$는 용액 속에 있는 두 화학종의 활동도를 나타내고, ΔG°는 관여되는 물질 각각의 활동도가 모두 1일 때의 ΔG를 나타낸다. 활동도의 비는 묽은 용액에서 농도의 비와 거의 같으므로 위 식에서 $a_{Zn^{2+}}$와 $a_{Cu^{2+}}$는 농도 $[Zn^{2+}]$와 $[Cu^{2+}]$로 바꾸어 써도 크게 틀리지 않는다.

$$\Delta G \cong \Delta G^{\circ} + RT\ln \frac{[Zn^{2+}]}{[Cu^{2+}]} \qquad (2.4.3)$$

오른쪽 전극(Cu)에서는 전자가 소모되므로 +극이 되고 왼쪽 전극(Zn)에서는 전자가 발생하므로 −극이 된다. 그런데 이 자유에너지의 감소는 전지가 주위에 하는 전기적인 일(net work)과 같아야 하므로 오른쪽 전극의 전위는 왼쪽보다 높고, 그 차이는 이 전지의 전압(cell potential)으로서 E_{cell}로 나타낸다. 주고 받는 전자 몰 수를 n이라면 다음과 같이 될 것이다.

$$\Delta G = -nFE_{cell}$$
$$\Delta G^{\circ} = -nF\overset{\circ}{E}_{cell} \qquad (2.4.4)$$

$\overset{\circ}{E}_{cell}$은 활동도가 모두 1일 때의 E_{cell}을 나타내며 표준전지전압이라 한다. 그러므로 위의 관계들로부터 Daniel 전지의 전압에 대하여 다음과 같은 Nernst 식을 얻는다.

$$E_{cell} = \overset{\circ}{E}_{cell} + \frac{RT}{2F} \ln \frac{a_{Cu^{2+}}}{a_{Zn^{2+}}}$$

$$= \overset{\circ}{E}_{cell} + 2.303 \frac{RT}{2F} \log \frac{a_{Cu^{2+}}}{a_{Zn^{2+}}} \qquad (2.4.5)$$

$$\cong \overset{\circ}{E}_{cell} + 2.303 \frac{RT}{2F} \log \frac{[Cu^{2+}]}{[Zn^{2+}]}$$

이 식들에서 $T = 298.15\,K$일 때 RT/F의 값은 $0.02569\,V$이며 $2.303\,RT/F$의 값은 $0.05916\,V$이다. 따라서

$$E_{cell} = \overset{\circ}{E}_{cell} + \frac{0.0592}{2} \log \frac{a_{Cu^{2+}}}{a_{Zn^{2+}}} \qquad (2.4.6)$$

$(Pt)H_2 \mid HCl \mid AgCl \mid Ag(Pt')$ 전지(그림 2.3.3)의 반응은 $AgCl(s) + \frac{1}{2} H_2 \rightarrow Ag(s) + Cl^-(aq) + H^+(aq)$이며, E_{cell}°은 0.2223 V이므로 전지의 전위차는 다음과 같다.

$$E_{cell} = 0.2223 + \frac{RT}{F} \ln \frac{(p_{H_2})^{1/2}}{a_{H^+} \, a_{Cl^-}} \tag{2.4.7}$$

이 식은 수소 전극이 포함되는 전지에 대하여 다음에 유도되는 일반적인 관계식의 한 예이다. 앞서 예를 든 $Fe^{3+} + e^-(Pt) \rightleftharpoons Fe^{2+}$ 반응을 포함하여 전극에서 일어나는 모든 산화·환원 반응을 일반적으로 다음과 같이 나타낸다.

$$\nu_O O + n e^- \rightleftharpoons \nu_R R$$

(O는 산화된 화학종, R은 환원된 화학종을 나타낸다.) 이 반응을 하는 어떤 전극의 전위를 수소 전극을 기준전극으로 하여 측정하려할 때 다음과 같은 전지가 이루어질 것이다.

$(Pt)H_2(1 \text{ bar}) \mid HCl(a=1) \mid O, R(M)$ (M은 전자전달 역할을 하는 금속)

이 전지의 왼쪽 수소 전극의 반응은

$$\frac{1}{2} n H_2 \rightleftharpoons n H^+ + n e^-$$

이므로 전체 셀 반응은 다음과 같다.

$$\frac{1}{2} n H_2 + \nu_O O \rightleftharpoons n H^+ + \nu_R R$$

자유에너지 변화는 다음과 같다.

$$\begin{aligned}
\Delta G &= \nu_R \mu_R^\circ + \nu_R RT \ln a_R + n \mu_{H^+}^\circ + n RT \ln a_{H^+} \\
&\quad - \left(\frac{n}{2} \mu_{H_2}^\circ + \frac{n}{2} RT \ln p_{H_2} + \nu_O \mu_O^\circ + \nu_O RT \ln a_O \right) \\
&= \Delta G^\circ + RT \ln \frac{a_R^{\nu_R} \, a_{H^+}^n}{a_O^{\nu_O} \, p_{H_2}^{n/2}}
\end{aligned} \tag{2.4.8}$$

$-\Delta G/nF = E_{cell}$, $-\Delta G^\circ / nF = E_{cell}^\circ$이므로, 위 식의 양변을 $-nF$로 나누면

$$E_{cell} = E_{cell}^\circ + \frac{RT}{nF} \ln \frac{a_O^{\nu_O} \, p_{H_2}^{n/2}}{a_R^{\nu_R} \, a_{H^+}^n} \tag{2.4.9}$$

가 되어 한쪽에 수소 전극을 가지는 전지의 전압이 반응물질들의 활동도에 의존하는 것을 나타내는 Nernst 식을 얻는다.

화학종이 전하를 띠는 이온일 경우에는 화학 퍼텐셜에 전기적 에너지, 즉 $z_i F \phi$를 더한

것이 **전기화학 퍼텐셜**(electrochemical potential) $\tilde{\mu}_i$이다. ϕ는 그 이온이 들어 있는 상의 전기 퍼텐셜이다.

$$\boxed{\begin{aligned} \tilde{\mu}_i &= \mu_i + z_i F\phi \\ \tilde{\mu}_i &= \overset{\circ}{\mu}_i + RT \ln a_i + z_i F\phi \end{aligned}} \qquad (2.4.10)$$

금속 M 속에 들어 있는 전자 $e^-(M)$의 전하가 -1이므로 전기화학 퍼텐셜은 다음과 같다.

$$\tilde{\mu}_{e(M)} = \mu_{e(M)} - F\phi_M \qquad (2.4.11)$$

두 금속이 접촉해 있으며 전류의 흐름이 없을 때는 (즉, 전자가 두 금속 사이 평형에 있을 때는) 전자의 전기화학 퍼텐셜은 같다. 예컨대 구리와 아연이 연결된 경우 $\tilde{\mu}_e(Cu) = \tilde{\mu}_e(Zn)$이다.

반응에 참여하는 모든 화학종들에 대한 전기화학 퍼텐셜을 써서 (2.4.5)~(2.4.7)식들과 같은 Nernst 식을 간단하게 얻을 수도 있다. 그러기 위하여 전자의 전기화학 퍼텐셜도 포함하여야 한다. 다니엘 전지 $(Cu')Zn \mid Zn^{2+} \parallel Cu^{2+} \mid Cu$를 예로 들면 다음의 두 반응이 함께 일어난다.

$$Cu^{2+}(aq) + 2e^-(Cu) \rightarrow Cu(s) \quad \text{반응과} \quad Zn(s) \rightarrow Zn^{2+}(aq) + 2e^-(Zn)$$

위 반응에서 2개의 전자가 아연에서 나오고 구리에서 소모되므로 전체 반응은

$$Zn(s) + Cu^{2+}(aq) + 2e^-(Cu) \rightarrow Zn^{2+}(aq) + Cu(s) + 2e^-(Zn)$$

이다. $z_{Cu^{2+}} = z_{Zn^{2+}} = 2+$이므로 반응에 대한 Gibbs 에너지 변화는

$$\begin{aligned} \widehat{\Delta G} &= \mu_{Cu} + \mu_{Zn^{2+}} + 2F\phi_{soln} + 2\tilde{\mu}_{e(Zn)} \\ &\quad - (\mu_{Zn} + \mu_{Cu^{2+}} + 2F\phi_{soln} + 2\tilde{\mu}_{e(Cu)}) \end{aligned} \qquad (2.4.12)$$

μ_{Cu}는 $\overset{\circ}{\mu}_{Cu}$로, μ_{Zn}은 $\overset{\circ}{\mu}_{Zn}$으로 바꾸어 놓고, Cu'과 Zn이 닿아 있기 때문에 전자의 전기화학 퍼텐셜은 두 금속에서 같아야 하므로 $\tilde{\mu}_{e(Zn)} = \tilde{\mu}_{e(Cu')} = \mu_{e(Cu)} - F\phi_{Cu'}$임을 이용하면,

$$\begin{aligned} \widehat{\Delta G} &= \overset{\circ}{\mu}_{Cu} + \overset{\circ}{\mu}_{Zn^{2+}} + RT \ln a_{Zn^{2+}} + 2F\phi_{soln} + 2(\overset{\circ}{\mu}_{e(Cu)} - F\phi_{Cu'}) \\ &\quad - [\overset{\circ}{\mu}_{Zn} + \overset{\circ}{\mu}_{Cu^{2+}} + RT \ln a_{Cu^{2+}} + 2F\phi_{soln} + 2(\overset{\circ}{\mu}_{e(Cu)} - F\phi_{Cu})] \qquad (2.4.13) \\ &= \Delta G^\circ + RT \ln a_{Zn^{2+}} - RT \ln a_{Cu^{2+}} + 2F\phi_{Cu} - 2F\phi_{Cu'} \end{aligned}$$

여기서 $\Delta G°$는 농도나 전위에 관계없는 모든 항들, 즉 위첨자 °가 붙은 항들의 합을 나타 낸다. 전지가 평형 상태에 있으면 가상적 반응에 대한 Gibbs 자유에너지의 증가는 $\Delta G = 0$이어야 한다.* 또한 ϕ_{Cu}와 $\phi_{Cu'}$의 차이 $E_{cell} = \phi_{Cu} - \phi_{Cu'}$는 전지의 전압이므로, 위 식으로부터 다음을 얻는다.

$$E_{cell} = -\frac{\Delta G°}{2F} + \frac{RT}{2F} \ln \frac{a_{Cu^{2+}}}{a_{Zn^{2+}}} \qquad (2.4.14)$$

$-\Delta G°/2F = E_{cell}°$이므로 위 식은 (2.4.5)식과 같은 결과이다.

2.4.2 전지 전압과 전극 전위

위에서 설명한 수소 전극을 가지는 전지에서 왼쪽 전극 $(Pt) H_2 (1 bar) | HCl(a = 1)$의 전위는 0으로 정했으므로 $p_{H_2} = 1 bar$, $a_{H^+} = 1$일 때 전지의 전위차는 바로 오른쪽 전극 의 **"전극 전위"** E가 되며 E의 농도 의존성은 다음과 같다.

$$E = E° + \frac{RT}{nF} \ln \frac{a_O^{\nu_O}}{a_R^{\nu_R}} \qquad (2.4.15)$$

$E°$는 $a_O = a_R = 1$일 때의 전위, 즉 **표준전극전위**(standard electrode potential)이다. 이 식에서 지수 ν_O와 ν_R은 각각 산화된 화학종과 환원된 화학종의 화학량론적 계수를 나타낸다. 모든 전극 각각에 대하여 위와 같은 식이 성립한다. 이것이 전극 전위에 대 한 Nernst 식 표현이다. **이 식의 둘째 항의 앞에 +기호가 있을 때 ln 함수의 변수의 분자에 는 산화의 결과로 나타나는 화학종들의 활동도, 분모에는 환원의 결과로 나타나는 화학종들의 활동도가 들어가며**, n은 반응식에 나타나는 전자의 계수이다. 이 책에서 전지의 전압, 즉 두 전극 사이의 전위차는 E_{cell}로, 표준수소전극에 대한 하나 하나의 전극의 전위값은 E 로 구별하여 나타내기로 한다. (2.3.2)식은 활동도 대신에 농도를 썼으므로 근사식이며, (2.3.3)식들도 역시 근사식들이다. 환원된 화학종들은 각각 구리와 아연 금속으로서 그 농도는 변함이 없이 일정한 값이며 고체 금속에 대한 표준농도와 같으므로 식에서 이들의 활동도가 1이기 때문에 표시하지 않았다.

구리 전극	$Cu^{2+}(aq) + 2e^- \rightleftharpoons Cu(s)$
아연 전극	$Zn^{2+}(aq) + 2e^- \rightleftharpoons Zn(s)$
Ag/AgCl 전극	$AgCl(s) + e^- \rightleftharpoons Ag(s) + Cl^-(aq)$

---

* 여기서의 ΔG 는 참여하는 전자를 포함하는 모든 화학종들의 전기화학 퍼텐셜들의 차이로서 화학퍼텐 셜만을 포함하는 ΔG(2.4.2, 2.4.4식)와는 다르다는 것을 주의하여야 한다.

수소 전극 $\qquad$ $H_2 \rightleftharpoons 2H^+ + 2e^- \text{(Pt)}$

들에 대한 전극 전위 E에 관한 관계식은 각각 다음과 같다.

$$E_{Cu} = 0.34 + \frac{RT}{2F} \ln a_{Cu^{2+}}$$

$$E_{Zn} = -0.763 + \frac{RT}{2F} \ln a_{Zn^{2+}}$$

$$E_{Ag} = 0.2223 + \frac{RT}{F} \ln \frac{1}{a_{Cl^-}}$$

$$E_{H_2/H^+} = \frac{RT}{2F} \ln \frac{(a_{H^+})^2}{p_{H_2}} = \frac{RT}{F} \ln \frac{a_{H^+}}{(p_{H_2})^{1/2}}$$

$\qquad$ (2.4.16)

일반적으로 반응식의 양쪽에 여러 가지 화학종이 있을 경우에는 위 (2.4.15)식의 대수함수($\ln$) 항의 분자와 분모에는 그 여러 화학종의 활동도가 다 들어가야 완전한 Nernst식이 된다. 반응식의 산화된 쪽의 화학종들의 활동도가 증가하면 전극 전위는 +쪽으로, 환원된 쪽의 화학종들의 활동도가 증가하면 전극 전위는 −쪽으로 변한다.

$$E = E° + \frac{RT}{nF} \ln \frac{\Pi a_{O_i}^{\nu_{O_i}}}{\Pi a_{R_i}^{\nu_{R_i}}} \qquad (2.4.17)$$

이산화망간 전극을 예로 들면 반응은 $MnO_2(s) + 4H^+(aq) + 2e^- \rightleftharpoons Mn^{2+}(aq) + H_2O$이므로 이 전극의 전위는 다음과 같다.

$$E = E° + \frac{RT}{2F} \ln \frac{(a_{H^+})^4}{a_{Mn^{2+}}} \qquad E° = 1.23 \, V \qquad (2.4.18)$$

위에서도 MnO_2는 고체로서 그 활동도가 1이기 때문에 분자에 표시하지 않았다. 또 한 가지 전극을 예로 들면,

$$Cr_2O_7^{2-}(aq) + 14H^+(aq) + 6e^- \rightleftharpoons 2Cr^{3+}(aq) + 7H_2O$$

의 반응이 있는 $[\,(Pt)Cr_2O_7^{2-},\ Cr^{3+}]$ 전극에 대하여는 다음과 같이 된다.

$$E_{Cr} = E° + \frac{RT}{6F} \ln \frac{a_{Cr_2O_7^{2-}}(a_{H^+})^{14}}{(a_{Cr^{3+}})^2} \qquad E° = 1.36 \, V \qquad (2.4.19)$$

즉, $Cr_2O_7^{2-}$ 이온과 Cr^{3+} 이온이 공존하는 용액에 넣은 백금선이 나타내는 전위는 용액의 pH에 따라 전극 전위가 민감하게 변하는 예인데, pH 1단위 변화에 대하여 $(14/6)$ $(2.303\,RT/F)\,V$ 만큼씩 약 $-140 \, mV/pH$의 기울기로 변하는 전위값을 나타낸다.

모든 전지는 두 개의 전극으로 이루어지므로 전지의 전압 E_{cell}은 한쪽 전극, ①번 전극의 전위 E_1을 다른 쪽 전극, ②번 전극의 전위 E_2에서 빼어 구할 수 있다(여기서 ①, ②의 번호를 붙인 것은 임의적이다. 그러나 전위값이 높은 쪽에서 낮은 쪽을 빼면 전지의 전압이 +의 값을 갖게 되어 거북함이 없다. 따라서 높은 쪽을 ②번 전극, 낮은 쪽을 ①번 전극이라 하면 편리하다). 다음 식으로 표시할 수 있는데 이는 (2.3.1)식과 같은 것이다.

$$E_{cell} = E_2 - E_1 \tag{2.4.20}$$

즉, 각 전극에 대한 Nernst 식인 (2.4.17)식으로부터 전지의 전압을 나타내는 (2.4.5)나 (2.4.7)식과 같은 전지에 대한 Nernst 식들을 쉽게 얻을 수 있다.

진한 염산 용액과 묽은 염산 용액이 서로 맞닿아 있으면 그 경계면 양쪽의 전위값이 달라진다. 두 용액이 거름종이나 이온투과성 막을 사이에 두고 접촉해 있을 수 있는데, 이런 경우 그 계면을 경계로 하여 양쪽의 농도 차와 전위차는 오랫동안 유지될 수 있다. 또한 경계면 양쪽에 서로 다른 종류의 전해질이 있을 때도 일반적으로 두 용액 사이에는 전위차가 생긴다. 이런 전위차를 **액간접촉전위(차)**(liquid junction potential)라 한다. 크기는 큰 경우 수십 mV에 이르기도 한다.

그림 2.3.3과 같은 전지에서 양쪽 그릇 안의 HCl 농도가 다르든지 왼쪽에는 HCl, 오른쪽에는 KCl 용액이 들어 있다면 아래쪽에 있는 다공성 칸막이의 양쪽 사이에 액간접촉전위차 $\Delta\phi = E_L$이 생겨 전지의 전압에 이것이 포함된다.

$$E_{cell} = E_{Ag/AgCl} - E_{H_2/H^+} + E_L \tag{2.4.21}$$

열역학적 측정을 위한 전지를 구성할 때 염다리를 쓰는 목적은 액간접촉전위차를 최소화하여 전지의 전압이 두 전극의 전극 전위값으로만 결정되도록 하기 위함이다. 염다리 안에는 KCl이나 NH_4NO_3 같이 양이온, 음이온의 이동성의 크기가 거의 같은 염들을 진하게 녹여 넣은 용액으로 채워서 만드는 것이 보통이다. 6장에서 자세히 설명하겠지만 이런 염다리를 쓰면 액간접촉전위 E_L을 수 mV 이하로 줄일 수 있어 이를 무시하고 실험할 수가 있다.

보충자료 3   그릇된 명칭: "산화 전위", "환원 전위"

전극 전위값의 앞에 붙는 +, −의 기호는 해당하는 전극이 수소기준전극에 대하여 나타내는 실제 전기적 극성과 일치한다. 즉 전압 측정장치로 측정되는 +, −극성과 같다. 그런데 종래에는 "산화 전위(oxidation potential)"와 "환원 전위(reduction potential)"란 말을 써서 서로 다른 기호를 붙여 사용하였고 [산화 전위 = −(환원 전위)], 이로 인한 혼란이 심했다. 예컨대 $Zn(s) + 2e^- \rightleftharpoons Zn^{2+}(aq)$ 반응의 전극에 대하여 환원 전위는 -0.763 V, 산화 전위는 +0.763 V라 하였는데, 언뜻 보기에는 아연이 산화되기 쉽고 Zn^{2+} 가 환원되기는 어려운 것이므로 그렇게 하는 것이 합리적인 것 같기도 하였다. 그러나 전극의 dc 극성(polarity)이 산화할 때와 환원할 때 뒤바뀌는 일이 없으므로 전위값의 부호를 바꾸는 것은 혼돈을 가져온다. 1953년 IUPAC의 Stockholm 회의에서 실제 측정되는 전극의 dc 극성에 맞는 부호를 따르고 "전극전위(electrode potential)" 또는 "전극 반응의 전위(potential of electrode reaction)"로 부르기로 정함으로써 종전의 불편과 혼란은 사라지게 되었다*. 이 IUPAC의 규약에 따른 전위값의 부호는 종전의 "환원 전위"와 같은 것이며, 근년에 나오는 거의 모든 물리화학과 전기화학 교과서나 문헌에서는 이 규약을 따르고 있다.

* International Union of Pure and Applied Chemistry, *Quantities, Units and Symbols in Physical Chemistry*, 2nd ed., Blackwell Scientific Publications, 1993, p.60.

Gibbs 에너지의 온도에 따른 변화율 $(\partial G/\partial T)_p$ 는 엔트로피의 $-$ 값 $(-S)$ 이므로 전지 반응의 Gibbs 에너지는 다음과 같이 온도에 따라서 변한다.

$$\left(\frac{\partial \Delta G}{\partial T}\right)_p = -\Delta S \tag{2.4.22}$$

따라서 전지의 전압도 온도에 따라 변한다.

$$\left(\frac{\partial E_{\text{cell}}}{\partial T}\right)_p = \frac{\Delta S}{nF} \tag{2.4.23}$$

위의 관계를 써서 전지의 전체 반응(산화 반응과 환원 반응의 합)의 엔트로피(entropy) 변화를 계산할 수 있다. 반응 엔트로피가 플러스인 전지는 온도가 높을수록 전지 전압이 커진다. 전지 반응의 엔탈피(enthalpy, $\Delta H = \Delta G + T\Delta S$)는 다음과 같이 계산된다.

$$\Delta H = -nFE_{\text{cell}} + nFT\left(\frac{\partial E_{\text{cell}}}{\partial T}\right)_p \tag{2.4.24}$$

하나의 전극 전위의 온도의존성에 대하여도 (2.4.23)식과 같은 형식의 관계가 있다.

$$\left(\frac{\partial E}{\partial T}\right)_p = \frac{\Delta S}{nF} \tag{2.4.25}$$

그러나 여기서 주의할 점은 E 는 측정 대상 전극과 같은 온도에 있는 기준수소전극에 대하여 측정된 것이므로(수소기준전극의 정의는 모든 온도에서 0이라고 약속한 것을 상기하기 바람) 위의 $(\partial E/\partial T)_p$ 가 한 전극 퍼텐셜의 절대적인 온도계수가 아닌 것이다.

2.4.3 가역 전극들의 몇 가지

앞에서 본 바와 같이 전지를 이루고 있는 전극들은 산화와 환원이 가역적으로 일어날 수 있는 물질들로 이루어진다. 여러 가지의 전극을 그 형태에 따라 다음과 같이 대별할 수 있다.

■ **제1종 전극** : 그림 2.2.3의 Cu 전극과 Zn 전극, 그림 2.3.2의 수소 전극 등이 이에 속한다. 이들 전극은 금속 또는 분자와 그들의 산화된 양이온이 서로 가역 반응을 하는 짝을 이룸으로써 성립된다. 또 분자와 그의 환원생성물인 음이온이 짝을 이루는 전극들도 있다. 가장 간단한 전극에 속하는 것들이다.

■ **제2종 전극** : 그림 2.2.2와 그림 2.3.3에 나타난 Ag/AgCl/Cl⁻ 전극은 전극물질이 세 개의 상을 이루고 있는 것이 특징이며 그 중 하나는 용매에 녹지 않는 고체이다. 용액 속에는 필요한 음이온이 있다. 이런 전극은 제2종 전극이라 하며 칼로멜 전극도 이에 속한다. 이 종류의 전극들은 전위가 안정적으로 일정하게 유지되는 특징이 있기 때문에 기준 전극으로 쓰이는 것이 많다.

■ **산화·환원 이온 전극** : 산화 상태가 다른 한 원소의 두 가지 이온 사이의 가역반응에 의하여 이뤄지는 전극들이다. 예를 들면 Fe^{2+} 이온과 Fe^{3+} 이온이 함께 들어 있는 용액에 백금을 넣은 경우 두 이온 사이의 산화 또는 환원이 일어나며 백금은 그 자체가 반응을 하는 것이 아니고 전자를 내주거나 받아들이는 역할만 한다. 전극 전위는 식 (2.3.1)과 같이 두 이온의 농도 비에 의해서 결정된다. 간단히 산화환원 전극(redox electrode)이라 부르기도 한다.

위와 같은 전극의 분류는 상당히 임의적이며 본질적인 차이에 근거를 둔 것도 아니다. 양이온 전극, 음이온 전극, 용융염 전극, 기체 전극, 아말감 전극 등과 같이 다른 분류도 흔히 볼 수 있다.

2.5 형식 전위

앞 절에서 본 Nernst 식들은 반응물의 활동도로 전극 전위를 나타내는 엄밀한 식들이나 근사적으로는 활동도 대신에 농도를 쓸 수 있다.

$$E = E^{\circ\prime} + \frac{RT}{nF} \ln \frac{[\,O\,]^{\nu_O}}{[\,R\,]^{\nu_R}} \tag{2.5.1}$$

여기에 쓴 $E^{\circ\prime}$ 은 이 전극의 표준전극전위 E° 와는 약간 다르다. 활동도와 농도 사이의 관계를 활동도 계수를 써서 $a_O = \gamma_O[\text{O}]$, $a_R = \gamma_R[\text{R}]$와 같이 나타내면(5.2절 참조),

$$E^{\circ\prime} = E^\circ + \frac{RT}{nF} \ln \frac{\gamma_O^{\nu_O}}{\gamma_R^{\nu_R}} \qquad (2.5.2)$$

의 관계가 있다. 예컨대 위에서 본 이산화망간 전극의 전위는 대략적으로 다음과 같다.

$$E = E^{\circ\prime} + \frac{RT}{2F} \ln \frac{[\text{H}^+]^4}{[\text{Mn}^{2+}]} \qquad (2.5.3)$$

$E^{\circ\prime}$을 이 전극의 **형식 전위**(formal potential)라고 한다. 형식 전위가 표준전극전위와 다른 이유는 활동도 값이 농도와 다르기 때문이다. 또 용액 중에 이온들과 착이온(complex)을 형성하는 리간드가 있을 때는 리간드와 결합하지 않고 독립적으로 있는 이온의 활동도는 용액을 만들 때 넣어준 양으로 계산된 농도보다는 훨씬 작을 수 있다. 그러므로 착이온 형성도 형식 전위값이 표준전극전위값과 다르게 하는 요인이다. $\text{Fe}^{2+} \rightleftharpoons \text{Fe}^{3+} + e^-$ 반응에 대한 형식 전위의 값이 HCl 용액이나 H_2SO_4 용액에서 표준전극전위값과 각각 조금씩 다른 것도 철 이온들이 Cl^- 이온이나 SO_4^{2-} 이온과 착이온을 형성하기 때문이다.

2.6 막전위

보통의 전극과 달리 특수하게 처리해야 되는 전위값에 얇은 막을 사이에 두고 생기는 전위차가 있다. 예컨대 그림 2.6.1과 같이 고분자 음이온 R^-는 통과할 수 없으나 보통의 무기 이온들은 쉽게 통과하는 반투막(semipermeable membrane)을 사이에 두고 양쪽에 KCl 용액이 있고 그 농도가 다르며 그 중 한쪽에는 고분자 전해질(polyelectrolyte) KR이 들어 있다고 하자(단백질이나 합성 고분자 전해질에서 하나의 고분자에는 여러 개의 음전하가 있을 수 있다. 여기서 R은 한 개의 음전하를 가지고 있는 고분자의 한 부분을 나타낸다).

막을 통과할 수 없는 R^- 이온을 제외하고 나머지 이온 각각은 양쪽 용액의 상 I, II에서 같은 전기화학적 퍼텐셜을 가져야 평형이 이루어진다. 이온의 이동에 의하여 평형이 이루어지는데 이렇게 도달된 평형이 **도난평형** 또는 **도난 막 평형**(Donnan membrane equilibrium)[2]이며, 다음과 같은 등식이 성립한다.

$$\widetilde{\mu}_+^{(\text{I})} = \widetilde{\mu}_+^{(\text{II})}, \qquad \widetilde{\mu}_-^{(\text{I})} = \widetilde{\mu}_-^{(\text{II})} \qquad (2.6.1)$$

---

2) 막평형에 관한 연구에 공헌이 있는 영국의 Frederick G. Donnan (1870-1956)의 이름을 땄다.

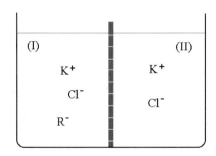

그림 2.6.1 Donnan 막 평형

양이온에 대한 식을 풀어쓰면,

$$RT \ln a_+^{(I)} + F\phi^{(I)} = RT \ln a_+^{(II)} + F\phi^{(II)}$$

$$RT \ln \frac{a_+^{(I)}}{a_+^{(II)}} = F(\phi^{(II)} - \phi^{(I)})$$

(2.6.2)

음이온에 대한 식을 풀어쓰면,

$$RT \ln a_-^{(I)} - F\phi^{(I)} = RT \ln a_-^{(II)} - F\phi^{(II)}$$

$$RT \ln \frac{a_-^{(II)}}{a_-^{(I)}} = F(\phi^{(II)} - \phi^{(I)})$$

(2.6.3)

위 식들에 나타난 $(\phi^{(II)} - \phi^{(I)})$는 **도난 막전위(차)**(Donnan membrane potential)라고 하는 것으로서 한쪽에만 있는 R^- 이온의 존재로 인하여 나머지 이온들이 이동하여 생긴 전위차이다. 위 두 식 (2.6.2)식과 (2.6.3)식에 나타난 **막전위** $(\phi^{(II)} - \phi^{(I)})$는 같은 것이므로 다음과 같이 이온농도의 분포에 대한 식을 얻는다.

$$\frac{a_+^{(I)}}{a_+^{(II)}} = \frac{a_-^{(II)}}{a_-^{(I)}} = \lambda$$

(2.6.4)

또는

$$a_+^{(I)} \, a_-^{(I)} = a_+^{(II)} \, a_-^{(II)}$$

(2.6.4′)

λ는 Donnan 분포계수라 한다. 또한 I, II 각 상에서 전기적 중성이 유지되어야 하기 때문에 각 상에서 양이온과 음이온의 농도는 같아야 한다.

$$c_+^{(I)} = c_-^{(I)} + c_{R^-}^{(I)}, \quad c_+^{(II)} = c_-^{(II)}$$

양이온과 음이온의 활동도는 각각의 농도와 거의 같다고 할 수 있다. 따라서 $a_-^{(II)} = a_+^{(II)}$, $a_-^{(I)} = a_+^{(I)} - a_R^{(I)}$이며 (2.6.4)식으로부터 분포계수 λ는 다음과 같이 나타낼 수 있다.

$$\lambda^2 = \frac{a_+^{(I)}}{a_+^{(II)}} \frac{a_-^{(II)}}{a_-^{(I)}} = \frac{a_+^{(I)}}{a_+^{(I)} - a_R^{(I)}} \tag{2.6.5}$$

따라서 λ는 1보다 크며 막전위는 $(\phi^{(II)} - \phi^{(I)}) > 0$이다. 처음 시작할 때의 농도로부터 λ와 막전위의 크기를 추산할 수 있다.

2.7 전위 측정(Potentiometry)

전지의 전위를 측정하는 일은 일반적으로 그 전지로부터 전류가 흐르지 않는 조건에서 측정해야만 된다. 전류가 흐르면 전극 반응이 일어남으로써 평형이 깨어져서 전위값이 달라지기 때문이다. 다시 말하면 전지가 사용중일 때의 전압이 아니고 전류를 쓰는 장치에 연결되지 않은 상태의 전압, 즉 "열린 회로 전압 (open circuit voltage)"이 평형 전압인 것이다.

Electronic voltmeter 또는 electrometer로 불리는 장치로서 전압을 정밀하게 측정할 수 있다. 이 장치들의 핵심은 그림 2.7.1과 같이 **연산증폭기**(operational amplifier, op로 약함)를 이용하는 것이다 (연산증폭기에 대하여는 부록의 설명을 참조하기 바람). 그림에서 op의 +, -로 표시된 두 입력단계는 유효저항(input impedance)이 대단히 커서 측정대상 전지로부터 전류가 들어가지 않는다. 출력부분(output)에서는 입력 전위와 똑같은 전위가 나타나도록 되어 있는데, 이 출력은 증폭기 자체 전원의 에너지를 전달받은 데서 나오므로 출력 부분에 전류가 흐르더라도 측정대상 전지에는 영향을 미치지 않는다. 즉 여기에 쓰인 연산증폭기는 potential follower의 기능을 나타내는데, 이 출력 부분에 전압계를 연결하면 전압계의 바늘이나 디지털 표시장치로 측정 대상 전지의 전압을 나타낸다. 측정 대상 전지로부터는 전류를 쓰지 않고 연산증폭기 출력 에너지로 표시장치가 돌아가게 되는 것이다. 정확성을 위해서는 표준전지를 써서 보정된 것을 써야 한다. 연산증폭기의 기능과 응용 방법에 대하여 부록에서 자세히 설명하였다.

Digital voltmeter라고 불리는 장치나 pH meter, ion meter 등도 이런 전자식 전압계 (electronic voltmeter)에 속한다.

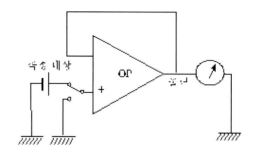

그림 2.7.1   전지의 전압측정. voltage follower를 기본으로 하는 voltmeter.

보충자료 4   Potentiometer

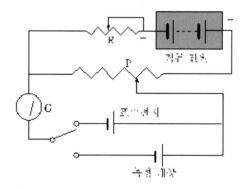

그림 2.7.2   퍼텐시오미터의 기본 구조

전통적으로 전지의 평형 전압 ("emf")의 측정은 퍼텐시오미터(potentiometer)를 써서 하는 것이었다. 퍼텐시오미터는 전위 크기를 정밀한 가변저항(P)을 써서 조절할 수 있는 직류 전원이 구조의 중심이다(그림 2.7.2). 조절 손잡이에는 눈금이 그어져 있다. 그 조절된 전위와 측정대상 전지의 전위에 대하여 크기를 비교하는 것인데, 그림과 같이 민감한 검류계(G)를 써서 전위 크기의 차이가 있는지를 검사하는 것이다. 크기가 다르면 같아질 때까지 직류전원의 전압 크기를 조절하여 조절 손잡이의 눈금을 읽는 것이다.

전압이 정밀하게 알려진 표준전지를 써서 눈금이 올바른 전위값을 나타내도록 또 하나의 가변저항(R)을 조절한다. 표준전지로 쓰이는 전지에는 Weston cell이라 부르는 다음과 같은 전지가 있다.

$$12.5\% \, Cd-amalgam \mid CdSO_4(satd.) \mid Hg_2SO_4(s) \mid Hg$$

$$E_{cell} = 1.01830\,V - 4.06 \times 10^{-5}(t-20)\,(t는 \, 섭씨 \, 온도)$$

전압계의 눈금 보정에 대한 불확실성이 완전히 배제되도록 엄밀한 측정을 위해서는 이런 퍼텐시오미터를 써서 측정하는 것이 확실한 방법이다. 그러나 증폭장치가 발달된 요즘에 와서는 전자식 전압계가 보정까지 잘된 것들이 많으므로 실제적 측정에서 potentiometer는 거의 쓸 필요가 없어졌다.

2.8 유리 전극(glass electrode): pH 및 이온 농도의 측정

수용액의 pH를 측정할 때 가장 많이 쓰는 **유리 전극**은 얇은 유리막 안에 염산 용액이 들어 있고 용액 안에 Ag/AgCl 전극이 들어 있는 그림 2.8.1과 같은 구조를 가지고 있다. 유리막의 양쪽 표면은 사용하는 동안 수화된 겔의 얇은 막으로 덮여 있다. 이 얇은 막은 실리콘산 나트륨과 실리카로 조성된 겔(gel)에 물이 배어 있는 것이다.

그러므로 유리 전극을 다음과 같이 나타낼 수 있다.[3]

$$\text{Ag} \mid \text{AgCl} \mid \text{HCl} \ \blacksquare \ \text{glass} \ \blacksquare \ \text{H}^+ \ (\text{test soln})$$

여기에서 유리의 양쪽에 회색 $\blacksquare$으로 나타낸 부분은 수화된 얇은 유리의 겔로 된 상을 나타낸다. 이 겔 안에는 Na^+와 H^+ 이온이 차지할 수 있는 자리가 있는데, 겔 속에 있는 Na^+는 측정하려는 용액에 있는 H^+와 자리바꿈을 할 수가 있다. 즉 다음과 같은 이온교환 평형을 생각할 수 있고 평형상수는 활동도의 비로 주어진다.

$$\text{Na}^+(\text{G}) + \text{H}^+(\text{aq}) \ \rightleftarrows \ \text{Na}^+(\text{aq}) + \text{H}^+(\text{G})$$

$$K = \frac{a_{\text{H}^+(G)} \, a_{\text{Na}^+}}{a_{\text{Na}^+(G)} \, a_{\text{H}^+}} \tag{2.8.1}$$

여기서 (G)는 수화된 유리막 속의 화학종을 나타낸다. 유리막 단위 부피 속의 Na^+ 이온과 H^+ 이온의 자리수의 합 (N)은 일정하며 몰랄농도는 활동도와 근사하므로 다음과 같이 놓을 수 있다.

$$m_{\text{Na}^+(G)} + m_{\text{H}^+(G)} = a_{\text{Na}^+(G)} + a_{\text{H}^+(G)} = N \tag{2.8.2}$$

이를 위 식과 결합하면 다음 식이 얻어진다.

$$K = \frac{a_{\text{H}^+(G)} \, a_{\text{Na}^+}}{(N - a_{\text{H}^+(G)}) a_{\text{H}^+}} \tag{2.8.3}$$

3) W. E. Morf, *The Principles of Ion-Selective Electrodes and of Membrane Transport*, Elsevier, 1981.

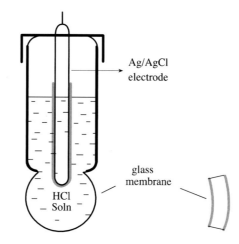

$$\text{Ag} \mid \text{AgCl} \mid \text{HCl} \mathbf{|} \text{glass} \mathbf{|} \text{H}^+(\text{test soln})$$

그림 2.8.1   유리전극

정리하면,

$$\frac{a_{\text{H}^+}}{a_{\text{H}^+(\text{G})}} = \frac{a_{\text{Na}^+} + K\, a_{\text{H}^+}}{NK} \tag{2.8.4}$$

한편 평형에 의하여

$$\tilde{\mu}_{\text{H}^+(\text{G})} = \tilde{\mu}_{\text{H}^+(\text{soln})} \tag{2.8.5}$$

이므로,

$$\mu^{\circ}_{\text{H}^+(\text{G})} + RT\,\ln a_{\text{H}^+(\text{G})} + F\phi^{\text{G}} = \mu^{\circ}_{\text{H}^+(\text{soln})} + RT\,\ln a_{\text{H}^+} + F\phi^{\text{soln}} \tag{2.8.6}$$

유리막의 안과 밖에 있는 두 기준전극 사이의 퍼텐셜 차이를 E_g라 할 때, E_g는 $\phi^{\text{G}} - \phi^{\text{soln}}$을 포함할 것이므로 위 식을 이용하여 다음 관계를 얻는다.

$$\begin{aligned}
E_g &= E^{\circ} + \frac{RT}{F}\,\ln\frac{a_{\text{H}^+}}{a_{\text{H}^+(\text{G})}} \\
&= E^{\circ} + \frac{RT}{F}\,\ln\frac{1}{NK} + \frac{RT}{F}\,\ln(a_{\text{Na}^+} + K\,a_{\text{H}^+}) \\
&\cong E^{\circ\prime} + \frac{RT}{F}\,\ln K\,a_{\text{H}^+} \quad (a_{\text{Na}^+} \ll K\,a_{\text{H}^+} \text{ 일 때})
\end{aligned} \tag{2.8.7}$$

E°와 $E^{\circ\prime}$은 유리막의 안쪽과 바깥쪽 계면이 비대칭인 데서 생길 수 있는 퍼텐셜 차이, 즉 비대칭 퍼텐셜 (asymmetry potential)을 포함한다. 이 식은 유리 전극의 퍼텐셜 E_g를

읽음으로써 pH를 잴 수 있는 근거가 된다. pH = $-\log a_{H^+}$이므로 위 식의 마지막 줄에서

$$\boxed{\text{pH} \cong \frac{F}{2.303RT}(E^{\circ''} - E_g) + \log K}$$

(2.8.8)

즉, 용액의 pH가 높으면 E_g가 낮아진다. pH가 그리 높지 않은 용액에서는 $a_{Na^+} \ll K a_{H^+}$의 근사 때문에 생기는 문제가 없으나 높은 pH에서는 오차를 가져올 수 있는데, 이를 "알칼리 오차(alkaline error)"라 한다. K의 값은 보통 유리 전극의 재료에 대하여 10^{12}보다 크다. 높은 pH용 유리 전극은 알칼리 오차를 줄이기 위하여 Li-유리를 써서 만든다. 반대로 Na^+이온에 대한 감도를 크게 만들어 Na^+이온의 농도 측정에 쓰이는 전극이 나트륨 선택성 전극이다. 그밖에도 여러 가지 이온 농도의 로그(logarithm)에 비례하여 전극 전위를 나타내는 전극들을 **이온선택성 전극**(ion-selective electrodes)이라 하여 높은 실용성을 가진 것들이 있다. 이에 관하여 9.5.1절에서 좀더 자세히 다룬다.

2.9 산화·환원 반응

산화·환원 반응은 전자의 주고받음을 통하여 일어나기 때문에 두 개의 전극 반응들로 나누어 일어날 수 있는 반응이다. 예컨대 질산은 용액에 구리 막대를 넣을 때 구리는 녹고 구리 표면에 은이 석출하는 $Cu + 2Ag^+ \rightarrow Cu^{2+} + 2Ag$ 반응은 다음 두 반응으로 나누어 생각할 수 있다.

$$Cu \rightarrow Cu^{2+} + 2e^- \qquad E^\circ = +0.34$$

$$2Ag^+ + 2e^- \rightarrow 2Ag \qquad E^\circ = +0.80$$

실제로 이 두 반응은 두 개의 전극에서 따로 일어날 수 있고, 이 때 Cu 전극에서 생기는 전자는 전지의 외부 회로를 통하여 Ag 전극에 전달되어 소모된다. 용액 중에서 단순한 화학반응으로 일어날 때는 전극과 외부회로를 거치지 않고 직접 전자를 주고받아 일어날 뿐이다. 위의 두 전극반응 중에서 Ag 전극의 전위가 Cu 전극의 전위보다 높고, Ag^+이온이 전자를 받아드림으로써 산화제의 역할을 하고 Cu는 전자를 내주는 환원제의 역할을 한다.

표준 전극전위의 값이 +의 큰 값을 갖는 산화·환원 쌍의 산화형의 물질(예 : F_2, O_3)들은 강력한 산화제이다. 반대로 표준 전극전위의 값이 크게 −인 환원형의 물질(예 : Li, Na)들은 강력한 환원제이다. 부록1에 표준 전극전위의 값들이 실려있으며 그 중 몇 가지를 표 2.2에 요약하였다. 산화제 혹은 환원제로서의 강도가 전극전위에 따라 좌우됨을 알 수 있다.

표 2.2 몇 가지 산화 · 환원 쌍의 전극전위(부록 1에 많은 값이 실려있음)

산화제	반응	$E°/V$	환원제
	$Li^+ + e^- \rightleftharpoons Li(s)$	-3.045	Li
	$K^+ + e^- \rightleftharpoons K(s)$	-2.926	K
	$Ca^{2+} + 2e^- \rightleftharpoons Ca(s)$	-2.84	Ca
	$Na^+ + e^- \rightleftharpoons Na(s)$	-2.714	Na
	$Zn^{2+} + 2e^- \rightleftharpoons Zn(s)$	-0.76	Zn
	$Fe^{2+} + 2e^- \rightleftharpoons Fe(s)$	-0.44	
	$H^+(aq) + e^- \rightleftharpoons \frac{1}{2}H_2(g)$	0	
	$Cu^{2+} + 2e^- \rightleftharpoons Cu$	$+0.34$	
	$Fe^{3+} + e^- \rightleftharpoons Fe^{2+}$	$+0.771$	
	$Ag^+ + e^- \rightleftharpoons Ag$	$+0.80$	
O_2	$O_2 + 4H^+ + 4e^- \rightleftharpoons 2H_2O$	$+1.229$	
$Cr_2O_7^{2-}$	$Cr_2O_7^{2-} + 14H^+ + 6e^- \rightleftharpoons 2Cr_3^+ + 7H_2O$	$+1.36$	
Ce^{4+}	$Ce^{4+} + e^- \rightleftharpoons Ce^{3+}$	$+1.72$	
O_3	$O_3(g) + 2H^+ + 2e^- \rightleftharpoons O_2 + H_2O$	$+2.07$	
F_2	$F_2(g) + 2e^- \rightleftharpoons 2F^-$	$+2.866$	

보충자료 5   전위차 적정

산화제와 환원제 사이의 반응을 이용하는 **산화 · 환원 적정**의 한 예로, 농도를 모르는 Fe^{2+} 이온이 들어있는 용액을 농도를 아는 Ce^{4+} 용액으로 적정할 수 있다. 다음 두 산화 · 환원 쌍의 전위가 다른 것을 이용하는 것이다.

$$Fe^{3+} + e^- \rightleftharpoons Fe^{2+} \quad E° = 0.771\ V$$

$$Ce^{4+} + e^- \rightleftharpoons Ce^{3+} \quad E° = 1.72\ V$$

Fe^{2+} 용액에 Ce^{4+} 용액을 조금씩 가하면 다음 반응이 진행된다.

$$Fe^{2+} + Ce^{4+} \rightarrow Fe^{3+} + Ce^{3+}$$

처음 들어 있던 Fe^{2+} 몰수와 같은 몰수의 Ce^{4+}가 들어가면, 즉 당량점에 이르면 반응이 완결된다. 당량점에 도달하는 것을 전위 측정으로 알아내는 방법을 전위차 적정(potentiometric titration)이라 한다. Fe^{2+}와 Fe^{3+}가 함께 들어있는 용액 속에 백금 선과 하나의 기준전극을 넣고 그 백금의 전위를 재면 백금이 나타내는 전위는 Fe^{2+}와 Fe^{3+}의 농도의 비에 의하여 다음과 같이 된다.

$$E = 0.771 + \frac{RT}{nF} \ln \frac{[Fe^{3+}]}{[Fe^{2+}]}$$

적정이 시작될 때는 $[Fe^{2+}]$가 $[Fe^{3+}]$보다 월등히 많으므로 E는 0.771V보다 훨씬 낮은 값을 나타낸다. 적정이 당량점의 절반에 이르면 $[Fe^{2+}]$와 $[Fe^{3+}]$의 농도가 같아지므로 전위는 0.771V이다. 당량점에 가까워지면 $[Fe^{2+}]$는 0에 가까워지므로 E는 급격히 높아진다. 당량점을 지나서 Ce^{4+} 용액이 더 들어가면 백금 선이 나타내는 전위는 Ce^{4+}과 Ce^{3+}의 농도 비로 결정된다.

$$E = 1.72 + \frac{RT}{nf} \ln \frac{[Ce^{4+}]}{[Ce^{3+}]}$$

Ce^{4+} 용액이 당량점보다 두 배정도 들어가면 위 식의 분자와 분모가 같아지므로 전위는 1.72V가 된다. 전위가 넣어준 적정액의 부피에 따라 변하는 모양은 그림 2.9.1과 같다.

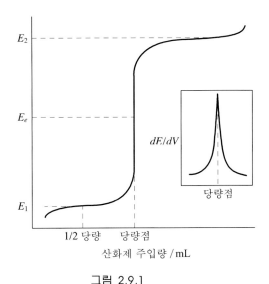

그림 2.9.1

그림에서 E_1, E_2는 각각 환원제와 산화제의 표준 전극전위이다. 당량점은 전위가 E_1, E_2의 중간 값 (E_e)을 지나는 급격한 변화가 일어나는 점인 데 전위를 산화제의 부피에 대하여 미분하면 그림2.9.1의 속그림과 같이 당량점이 더욱 뚜렷한 도함수 dE/dV의 최대점으로 나타난다. 전위차 적정을 자동으로 하는 기계장치는 이처럼 dE/dV의 최대점을 찾아 적정의 당량점을 찾는다. 전위차 적정은 산화·환원 적정만이 아니고 산·염기 중화적정이나 침전형성 적정 등에도 적용된다. 중화적정의 당량점은 pH의 급격한 변화로 나타나므로 pH를 재는 전극을 쓰면 역시 전위의 급격한 변화를 읽어 쉽게 적정을 실행할 수 있다.

참 고 문 헌

1. R. G. Compton and G. H. W. Sanders, *Electrode Potentials*, Oxford University Press, 1996.

2. D. R. Crow, *Principles and Applications of Electrochemistry*, 3rd Ed., Chapman and Hall, 1988.

3. D. B. Hibbert, *Introduction to Electrochemistry*, MacMillan, 1993, Chapt. 4.

4. D. T. Sawyer, A. Sobkowiak, and J. L. Roberts, *Electrochemistry for Chemists*, 2nd edn., Wiley 1995, Chapt. 2, 5, 6.

5. A. J. Bard, R. Parsons, and J. Jordan, Eds. *Standard Potentials in Aqueous Solution*, Marcel-Dekker, 1985.

6. P. J. Morgan and E. Gileadi, "Alleviating the common confusion caused by polarity in electro-chemistry", *J. Chem. Educ.*, 66, 912 (1989).

연 습 문 제

1. 다음과 같은 반응들을 이용하는 전지를 구상해 보고, 그림으로 나타내고 전지를 기호로 표시하는 방법에 따라 나타내어라.

    (a) $Al(s) \rightarrow Al^{3+}(aq) + 3e^-$, $Cu^{2+}(aq) + 2e^- \rightarrow Cu(s)$

    (b) $Ag_2O(s) + 2e^- + H_2O \rightarrow 2Ag(s) + 2OH^-$, $Zn(s) \rightarrow Zn^{2+}(aq) + 2e^-$

2. 수소 압력이 1 bar인 조건에서 한 수소 전극의 전위는 포화 칼로멜 전극에 대하여 -0.327 V로 측정되었다. 용액의 pH는 얼마인가?

    ☞ 1.45

3. O_2/OH^-와 H^+/H_2의 평형 전위가 각각 pH에 따라 어떻게 변하는지를 수식과 그림으로 나타내라.

4. pH = 2.0인 수용액에서 $Cr_2O_7^{2-}$와 Cr^{3+}의 활동도가 각각 0.010, 0.0010일 때 이 용액에 넣은 백금 전극의 전위값은 얼마인가(표준수소전극에 대하여)?

$$E^{\circ}(Cr_2O_7^{2-}/Cr^{3+}) = 1.36\,V$$

    ☞ 1.12 V

5. 다음 표준전극전위들로부터 염화은의 용해도와 용해도곱을 구하라.

$$\text{Ag/Ag}^+ \qquad E° = 0.7991 \text{ V}$$

$$\text{Ag/AgCl, Cl}^- \qquad E° = 0.2223 \text{ V}$$

6. 열역학 데이터의 표를 찾아 다음 전지에서 일어나는 반응의 $\Delta G°$를 구하고 이로부터 $E°$를 계산하여라.

   (a) $(\text{Pt}) \text{H}_2(\text{g}) \mid \text{HCl}(\text{aq}) \mid \text{Cl}_2(\text{Pt})$ (b) $\text{Zn} \mid \text{ZnSO}_4(\text{aq}), \ \text{H}_2\text{SO}_4(\text{aq}) \mid \text{H}_2 \mid \text{Pt}$

7. 납 축전지에서 일어나는 반응은 다음과 같다. 이 전지로 1 A의 전류를 10시간 동안 생산할 때 소모되는 PbO_2와 H_2SO_4의 양을 계산하라.

$$+\text{극} \quad \text{PbO}_2 + 4\text{H}^+ + \text{SO}_4^{2-} + 2\text{e}^- \rightarrow \text{PbSO}_4 + 2\text{H}_2\text{O}$$

$$-\text{극} \quad \text{Pb} + \text{SO}_4^{2-} \rightarrow \text{PbSO}_4 + 2\text{e}^-$$

☞ 0.187 mole, 0.373 mole

8. 물의 표준 생성 자유에너지는 $\Delta G_f° = -237.13 \text{ kJ mole}^{-1}$이다. 물을 전기분해할 때 최소한 필요한 전압은 얼마인가?

9. 생체 내에서는 글루코오스의 산화에 의하여 에너지가 일어진다. 이 반응이 전기화학적으로 일어난다면 해당하는 전지의 평형 전압은 얼마나 될까? 열역학적 데이터를 이용하여라.

10. 전지 $\text{Pt} \mid \text{H}_2(\text{g}) \mid \text{HBr}(\text{aq}) \mid \text{AgBr}(\text{s}) \mid \text{Ag}$의 표준전압은 온도에 따라 다음과 같이 알려졌다. 이 전지 반응의 표준 반응 엔트로피와 표준 반응 엔탈피를 구하라.

$$E°/V = 0.07131 - 4.99 \times 10^{-4} (T/K - 298) - 3.45 \times 10^{-6} (T/K - 298)^2$$

☞ $-96.4 \text{ JK}^{-1}\text{mol}^{-1}$, -21.2 kJmol^{-1}

11. 수소전극 $\text{Pt} \mid \text{H}_2(\text{g}) \mid \text{H}^+$의 전위도 온도에 따라서 변할 것이라고 예측할 수가 있다. 이것을 측정할 수 있겠는가? 임의의 온도에서 모든 전극의 전위는 표준온도(예컨대 25℃)에서의 수소 기준전극에 대한 값으로 표시하는 것이 합리적일 것 같은데 규약에 의하면 표준수소전극의 전위는 모든 온도에서 0이라고 정하고 다른 전극의 전위는 같은 온도에서의 표준수소전극에 대한 값으로 나타내도록 되어 있다. 그 이유를 설명하라.

12. 표준 전극전위 표에서 $\text{Fe}^{3+} + \text{e}^- \rightleftharpoons \text{Fe}^{2+} (E_1°)$와 $\text{Fe}^{2+} + 2\text{e}^- \rightleftharpoons \text{Fe}(E_2°)$에 대한 $E°$값들을 써서 열역학적 원리를 고려하면서 $\text{Fe}^{3+} + 3\text{e}^- \rightleftharpoons \text{Fe}$에 대한 $E°$, $E_3°$를 구해 보라. 표에서 찾을 수 있는 값과 비교하여라.

☞ $FE_1° + 2FE_2° = 3FE_3°$, $E_3° = -0.036 \text{ V}$

3

전극 · 용액간 계면 : 전기이중층

3.1 축전기 모양의 계면

금속이 용액 속에 잠기면 금속 표면과 용액이 접촉하는 경계면에서 금속 표면과 용액이 전기를 띠게 된다. 용액은 많은 용매분자와 그 속에 분산되어 있는 양이온과 음이온으로 되어 있어 전체적으로는 전기적 중성을 유지한다. 금속의 표면에 + 또는 - 의 전하가 모이면 용액 쪽에서도 금속에 면한 부분에 반대 부호의 전하가 모인다. 이렇게 경계면 양쪽에 생기는 전하의 크기는 서로 같고 부호가 서로 반대라는 모델을 1879년에 Herman von Helmholtz가 발표하였다. 이 Helmholtz 모델에 의하면 금속(전극)과 용액 사이의 경계면은 +전하와 -전하의 두 층이 가까운 거리에 마주하고 있는 모양이고 그 두 층 사이의 전기 퍼텐셜은 한 층에서 다른 층으로 가는 거리에 따라 직선적으로 변하는 것이다

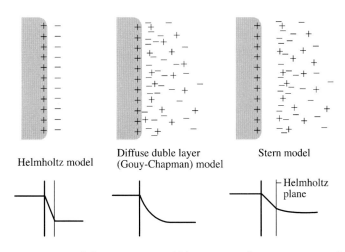

그림 3.1.1 전기이중층의 세 가지 모델 (위)과 각 모델의 전기 퍼텐셜 변화 (아래)

(그림 3.1.1). 이것은 마치 금속판이 서로 마주하여 이루는 축전기(capacitor)의 모양과 같은 것이다(부록 2 참조).

전극 쪽에 있는 전하와 용액 쪽에 있는 전하는 서로 마주하는 층을 이룬다 하여 **전기이중층**(electrical double layer)이라 한다. 전극 쪽에 모이는 전하는 중성 금속에 비하여 전자의 과잉(-전하), 또는 전자의 부족(+전하)으로 생기는 전자 전하(electronic charge)이고, 용액 쪽에 모이는 전하는 용액의 얇은 층에 양이온과 음이온 중 어느 한쪽이 많아서 생기는 이온 전하(ionic charge)이다. 실제로 전극과 용액 사이의 퍼텐셜이 변할 때 경계면에 모이는 전기량은 전위차에 따라 변하는 커패시턴스(축전용량)를 나타낸다. 전극과 용액 사이에서는 전자가 이동하는 전기화학 반응이 있을 수 있으나, 반응이 있는 경우에도 경계면 영역의 상황에 크게 영향을 주지 않는 조건에서는 반응이 없을 때와 마찬가지로 서로 부호가 반대인 전기량이 마주하고 있다는 이 모형은 실제 상황을 어느 정도 잘 나타낸다고 볼 수 있다.

그러나 Gouy와 Chapman은 각각 1910년과 1913년에 전해질 쪽의 전하는 이온들의 점진적 분포에 의해서 그림과 같이 퍼져 있다는 모형을 제안하였다. 즉 **분산된 전기이중층**(diffuse double layer) 모델이다. 그들은 이 모형에 대하여 3.3절에서 설명하는 바와 같은 정량적 이론을 발전시켰다. 그 후 1924년에 Stern은 개선된 모형을 제시하였다. 분산된 Gouy-Chapman 전기이중층의 모형에서는 전극 표면의 전하가 모여 있는 층과 용액 쪽의 반대 전하가 모여 있는 층 사이에 이온들이 접근할 수 없는 공간이 있다는 사실을 고려하지 않았다는 데에 Stern은 착안하였다. 즉 두 층 사이에 전하가 없는 유한한 거리가 있다는 것이다. 그림 3.1.1에 Helmholtz 모델과 Gouy와 Chapman의 분산 이중층 모델, Stern 모델이 비교되어 있다. 각 모델의 그림 중 위 그림은 전극이 +의 전하를 가진 경우 용액 쪽의 이온분포 모양을 보여 주는 것이고 아래 그림은 그 경우의 전기 퍼텐셜의 단면이다. 전극이 -의 전기를 띠고 있는 경우에는 이온분포와 퍼텐셜 단면이 그에 따라 뒤바뀐다. Stern 모델에서 전극 표면과 Helmholtz 평면 사이가 전하가 없는 공간이다.

F^- 이온을 제외한 여러 음이온들은 전극에 밀착하는 경향이 있다(그림 3.1.2). 이런 흡착은 단순한 전기적 인력에 의한 것이 아니고 이온과 금속 표면간에 화학적 상호작용에 의한 것이므로 **특수흡착**(specific adsorption) 또는 **밀착흡착**(contact adsorption)이라고 부른다. 그러나 F^- 이온과 대다수의 작은 양이온들은 그 주위에 물분자의 쌍극자들이 붙어 있는 수화의 정도가 커서 알몸으로 전극 표면에 달라붙지 못한다. 이런 경우에는 금속 표면에도 물의 단분자층이 있어 이온과 금속 표면 사이에는 대체로 물분자 두 개의 크기 정도가 떨어진다. 그러므로 밀착된 음이온의 층과 좀 떨어진 거리에 있는 양이온의 층으로 나누어지는데 가까운 음이온의 층을 **내부 Helmholtz 평면**, 바깥쪽의 양이온 층을 **외부**

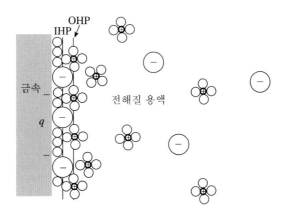

그림 3.1.2 전기이중층에 대한 Bockris-Devanathan-Müller 모형. 동그라미는 전극 표면이나 이온에 매인 물분자. IHP는 내부 Helmholtz 평면, OHP는 외부 Helmholtz 평면.

Helmholtz 평면이라고 한다. Stern 모델의 Helmholtz 평면이 둘로 나뉘는 것인데, 이 모형은 Grahame에 의하여 처음 원형이 제시된 (1947) 이래 Bockris 등에 의하여 구체화되었다.[1]

그림 3.1.2는 Bockris와 Devanathan, Müller에 의한 이중층의 모형 그림이다. 전극 표면에서 외부 Helmholtz 평면까지를 전기이중층의 **내부층** 또는 **조밀 전기이중층** (compact double layer)이라 하고 그 밖의 층을 외부층 또는 **확산 전기이중층**(diffuse double Layer)이라고 부른다.

3.2 전극/전해질 용액간의 계면에 대한 열역학

잘 섞이지 않는 두 용액이 접촉하고 있을 때, 또는 금속이 수용액과 접촉하고 있을 때 두 개의 상 사이에 경계면이 생긴다. 경계면 근처의 영역에서는 용액을 이루고 있는 여러 성분들의 농도가 하나의 상에서 다른 상으로 가는 거리에 따라 변한다. 이것을 그림 3.2.1의 실선으로 나타내었다. 그림에서 두 성분에 대하여 나타낸 바와 같이 각 성분의 농도가 경계면에 수직인 방향에 따라서 변하는 모양은 성분마다 각각 다르다. 경계면으로부터 먼 두 상의 내부(bulk)에서는 각각의 성분의 농도는 일정하다.

경계지대 안에 임의로 설정하는 어느 면까지 양쪽의 상이 연장되어 그 면까지 각 성분들의 농도가 일정하다고 가정할 수 있다(그림 3.2.1의 점선). 이렇게 가정으로 설정하는 면을 **계면**(interfacial plane 또는 interface)이라고 한다. 보통의 상(phase)이라고 하는 것

1) J. O'M. Bockris, M. A. Devanathan, and K. Müller, *Proc. Royal Soc.*, **A275**, 55 (1963).

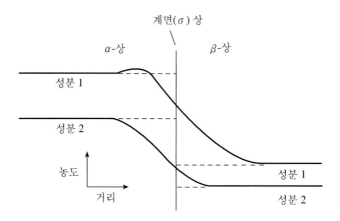

그림 3.2.1   계면에서의 농도변화: 계면상(相)의 개념

은 3차원의 부피를 가진 것이나 계면은 두께가 없으므로 부피도 없는 하나의 2차원적 상이라고 보아 **계면상**(interphase)이라고도 한다.

만일 위와 같이 농도가 급변하는 계면을 가정하면, 이 가정 때문에 연장된 두 쪽 상에 들어 있을 한 성분의 가상적 총 몰 수는 실제로 양쪽 상에 존재하는 이 성분의 총 몰 수보다 많거나 적을 것이다. i 성분의 실제 몰 수에서 가상적 몰 수를 뺀 차이를 $n_{i,\text{total}}^{(\sigma)}$로 나타내면 그림 3.2.1에 보인 예에서 성분 1에 대하여는 $n_1^{(\sigma)} > 0$, 성분 2에 대하여는 $n_2^{(\sigma)} < 0$이다.

i 성분 전체의 실제 몰 수 n_i, $total$은 연장된 α상과 β상에 들어 있다고 가정되는 i의 몰 수 $n_i^{(\alpha)}$, $n_i^{(\beta)}$ 및 계면상에 들어 있다고 가상되는 $n_i^{(\sigma)}$ 합이다.

$$n_{i,\text{total}} = n_i^{(\alpha)} + n_i^{(\beta)} + n_i^{(\sigma)} \tag{3.2.1}$$

마찬가지로 계의 Gibbs 자유에너지에 관하여도 다음 관계가 성립한다.

$$G_{\text{total}} = G^{(\alpha)} + G^{(\beta)} + G^{(\sigma)} \tag{3.2.2}$$

위첨자 $^{(\sigma)}$로 나타낸 양들은 **표면과잉**(surface excess)이라고 하는 양들이다. 즉 이 식들에 나타난 $n_i^{(\sigma)}$와 $G^{(\sigma)}$는 각각 i 성분의 표면과잉 몰수와 표면과잉 Gibbs 자유에너지이다. 이들 표면과잉 양들은 계면상에 흡착되어 있다고 생각한다. 경계지대 안에서 계면의 위치를 어디에 잡느냐 하는 것은 임의이다. 표면과잉 양들의 크기는 계면의 위치를 어디에 잡느냐에 따라 다르다.

상의 내부에 적용되는 Gibbs 자유에너지 변화는 화학 퍼텐셜 μ_i에 대한 관계식으로 $dG = -SdT + Vdp + \Sigma\mu_i dn_i$이다. 이와 달리 부피가 없는 것이 계면상이므로 계면에 대하여는 Vdp 항이 없고 대신 **표면장력**(계면장력) γ 에 의한 에너지 변화 γdA 가 들어간다(A 는 계면의 넓이). 또한 전극과 전해질 용액간의 계면은 일반적으로 전기를 띠는 계면(electrified interface)이므로 전기 에너지의 변화 ϕdQ 가 포함된다. 여기서 ϕ 는 Q 전하를 띠는 전극의 전기적 퍼텐셜이다. 퍼텐셜의 기준은 용액상이다.

$$dG^{(\sigma)} = -S^{(\sigma)}dT + \gamma\,dA + \phi dQ + \sum \mu_i dn_i^{(\sigma)} \tag{3.2.3}$$

일정한 온도에서는 다음과 같이 된다.

$$dG^{(\sigma)} = \gamma\,dA + \phi dQ + \sum \mu_i dn_i^{(\sigma)} \tag{3.2.4}$$

이것을 적분하고 다시 미분함으로써 다음 관계식을 얻는다.

$$\begin{aligned} G^{(\sigma)} &= \gamma\,A + \phi Q + \sum \mu_i n_i^{(\sigma)} \\ dG^{(\sigma)} &= \gamma\,dA + \phi dQ + \sum \mu_i dn_i^{(\sigma)} + A d\gamma + Q d\phi + \sum n_i^{(\sigma)} d\mu_i \end{aligned} \tag{3.2.5}$$

여기서 적분한다는 것의 물리적 의미는 화학 퍼텐셜, 계면장력, 퍼텐셜 등과 같은 세기성질을 일정하게 유지하면서 크기성질 A, Q, $n_i^{(\sigma)}$ 등을 0의 크기로부터 일정 크기까지 점점 키우는 것을 의미한다. $\mu_i dn_i^{(\sigma)}$ 항의 적분은 농도(따라서 μ_i)를 일정하게 유지하면서 물질들의 양을 점점 키우는 것에 해당한다. (3.2.4)식과 (3.2.5)식을 비교하면 계면에 대한 다음의 식을 얻는다.

$$A d\gamma + Q d\phi + \sum n_i^{(\sigma)} d\mu_i = 0 \tag{3.2.6}$$

이것은 Gibbs-Duhem 식이라 하는 식의 한 가지이다. 모든 항을 A 로 나누고 $Q/A = q$ (면적당 전하), $n_i^{(\sigma)}/A = \Gamma_i^*$ (면적당 표면과잉)라고 놓으면 다음 식을 얻는다.

$$-d\gamma = q\,d\phi + \sum \Gamma_i^* d\mu_i \tag{3.2.7}$$

한 가지 +이온과 한 가지 −이온과 한 가지 용매를 포함하는 2성분 염의 용액에 대하여 이 식을 풀어 쓰면 다음과 같이 된다.

$$-d\gamma = q\,d\phi + \Gamma_+^* d\mu_+ + \Gamma_-^* d\mu_- + \Gamma_o^* d\mu_o \tag{3.2.8}$$

이 식에서 아래첨자 +와 −는 각각 양이온과 음이온을 나타내며 o는 용매를 나타낸다. 여기서 표면과잉 몰수는 계면의 위치를 임의로 어디에 설정하는가에 달려 있다는 것을 돌이켜 보면 용매의 면적당 표면과잉인 Γ_o^* 가 정확히 0이 되는 위치에 계면을 잡을 수 있다. 그러면 용매의 농도 변화와 표면과잉은 포함하지 않는 식이 얻어지며

$$-d\gamma = q\,d\phi + \Gamma_+ d\mu_+ + \Gamma_- d\mu_- \tag{3.2.9}$$

Γ_+와 Γ_-는 각각 양이온과 음이온의 용매에 대한 **상대적 표면과잉**(relative surface excess)이 된다. "상대적"이라 함은 "용매에 대하여 상대적"이라는 뜻의 수식어로서, Γ_+와 Γ_-의 크기가 용매의 표면과잉을 0이 되도록 위치를 잡은 계면에 대한 값임을 의미한다. 전극 퍼텐셜은 어떤 기준전극에 대해서만 측정된다. $Ag \mid AgCl \mid Cl^-$ 전극이나 칼로멜($Hg \mid Hg_2Cl_2 \mid Cl^-$) 전극처럼 음이온에 대하여 가역적인 기준전극을 썼을 때를 예로 들면 그 기준전극의 퍼텐셜은 음이온의 농도 a_-에 따라 다음과 같이 변한다.

$$\phi_{ref} = \text{Constant} + \frac{RT}{F} \ln \frac{1}{a_-} \tag{3.2.10}$$

따라서 이 음이온에 대하여 가역적인 기준전극에 대하여 측정되는 전극의 퍼텐셜을 E_-로 나타내면 그 값은 ϕ와 ϕ_{ref}의 차이이므로 다음과 같다.

$$E_- = \phi - \left(\text{Constant} - \frac{RT}{F} \ln a_- \right)$$
$$d\phi = dE_- - \frac{RT}{F} d\ln a_- = dE_- - \frac{d\mu_-}{F} \tag{3.2.11}$$

그러면 앞의 (3.2.9)식은 다음과 같이 된다.

$$-d\gamma = q\,dE_- + \Gamma_+ d\mu_+ + \left(\Gamma_- - \frac{q}{F} \right) d\mu_- \tag{3.2.11'}$$

한편, $q = -q_{soln}$이고 $q = -F(\Gamma_+ - \Gamma_-)$이다. 그러므로

$$-d\gamma = q\,dE_- + \Gamma_+(d\mu_+ + d\mu_-)$$
$$= q\,dE_- + \Gamma_+ d\mu \tag{3.2.12}$$

이 식을 얻는 과정에서 $q = -F(\Gamma_+ - \Gamma_-)$의 관계와 전해질 염의 화학 퍼텐셜에 대한 $d\mu = d\mu_+ + d\mu_-$의 관계가 이용되었다. 이 마지막의 관계는 음이온에 대하여 가역적인 기준전극으로 측정한 전위 E_-에 대한 식이므로 양이온의 표면과잉 Γ_+이 나타난 것이다. 만일 양이온에 대하여 가역적인 전극, 예컨대 수소전극을 기준전극으로 실험하는 경우에는 측정되는 전극 전위 E_+의 변화와 음이온의 표면과잉 Γ_-에 대한 식 $-d\gamma = q\,dE_+ + \Gamma_- d\mu$가 얻어진다. 두 경우를 다 포함하는 일반적인 표현은 다음 식과 같다.

$$\boxed{-d\gamma = q\,dE_\pm + \Gamma_\mp d\mu} \tag{3.2.13}$$

이 식을 Gibbs-Lippmann 식이라 하며, 전극 전위에 따라서 또는 전해질 농도에 따라서 계면장력이 변화함을 나타낸다. 이 식으로부터 바로 다음 관계들을 얻는다.

$$q = -\left(\frac{\partial \gamma}{\partial E_{\pm}}\right)_{\mu} \tag{3.2.14}$$

$$\Gamma_{\pm} = -\left(\frac{\partial \gamma}{\partial \mu}\right)_{E_{\mp}} \tag{3.2.15}$$

따라서 계면 장력의 전위에 따른 변화 혹은 농도에 따른 변화로부터 전극의 표면 전하밀도 q, 또는 표면 흡착량 Γ를 얻을 수 있다.

3.2.1 전기모세관 현상

모세관 현상은 계면장력에 의하여 일어나며 모세관 실험으로 계면장력을 측정할 수 있으므로 전극면에서의 계면장력의 변화를 **전기모세관 현상**(electrocapillary effect 또는 electrocapillarity)이라고 부른다. 전기모세관 현상을 측정하는 실험장치, **모세관 전위-장력계**(capillary electrometer)는 그림 3.2.2와 같이 전해질과 수은이 만나는 모세관이 핵심 부분이다.

유리 관 속에 있는 수은과 기준전극 사이에 가해주는 전압을 조절함으로써 수은 전극의 퍼텐셜의 변화에 따라 수은 기둥의 높이가 변하는 것을 잴 수 있다. 수은주의 높이, 즉 수은의 중력은 계면장력의 크기에 비례한다. 그러므로 모세관 전위-장력계는 계면장력을 퍼텐셜에 따라 측정하는 장치이다.

이 실험에서 주의할 점이 있다. 모세관의 위쪽에 수은이 들어 있고 아래쪽에 용액이 들어가도록 된 그림과 같은 장치에서는 모세관 안의 수은 표면이 아래로 내려오면 수은주의 길이는 더욱 길어져서 아래로 내려미는 힘이 더욱 커지고 따라서 수은은 아래로 흐르고 만다. 반대로 수은면이 올라가면 수은면은 더욱 올라가 버리고 만다. 즉 모세관 현상에 의한 힘과 중력에 의한 힘 사이의 안정한 역학적인 평형이 없기 때문에 수은 표면의 위치가 정지하지 않으므로 실험이 불가능하다.[2] 해결 방법의 한 가지는 모세관이 아래로 내려올수록 안쪽 지름이 좁아져서 내려올수록 모세관 안의 수은주를 밀어 올리려는 경향이 커지도록 하는 것이다.

수은주 높이로부터 환산된 계면장력을 퍼텐셜에 대하여 도시하면 그림 3.2.3과 같다. 대체로 전기량 q는 퍼텐셜 E에 따라 거의 비례하여 변하기 때문에 γ는 E의 2차함수와 같이 포물선을 그리는 것이다. 계면장력이 최고가 되는 점은 **전기모세관 현상 최고**(electrocapillary maximum)이라 한다. 이 최고점에서 q는 0이기 때문에 이 전위를 **영전하 전위**(potential of zero charge)라고 한다. 그림에서 영전하 전위 E_z보다 높은 전위에서는 $+$의 전기가, 반대쪽에서는 $-$의 전기가 금속 표면에 모이는 것이다. 그림에서 볼

---

2) E. Gileady, *Electrode Kinetics for Chemists, Chemical Engineers, and Material Scientists*, VCH, 1993, p.245.

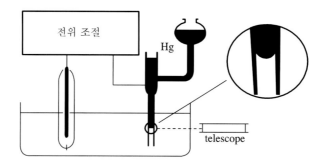

그림 3.2.2   모세관 전위-장력계 (capillary electrometer)의 개략도

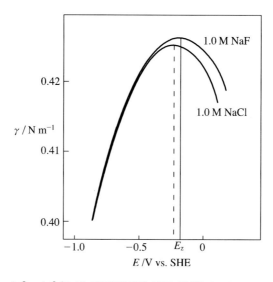

그림 3.2.3   수은-수용액 간 계면장력과 전극 전위(electrocapillary curves)

수 있는 바와 같이 수은 전극의 영전하 전위는 1 M NaF 용액 중에서 -0.20 V vs. SHE 이며 1 M NaCl 용액에서는 -0.27 V이다(표 3.1).

F$^-$ 이온 이외의 할로젠 음이온들은 전극에 특수 흡착하는 경향이 크기 때문에 전극에 +전하를 유도하는 경향이 있다. 그러므로 전극의 전하가 0을 유지하는 것은 이런 특수 흡착하는 이온들이 있을 경우 F$^-$ 이온이 있는 경우보다 마이너스 쪽의 퍼텐셜에서 가능 하다. 즉 특수흡착의 경향이 큰 이온을 포함하는 전해질일수록 영전하 전위를 마이너스 쪽의 값을 갖게 하며 그림의 NaCl 용액에서 보는 바와 같이 전기모세관 현상 곡선의 최대 점을 $-$ 쪽으로 이동시킨다. 작은 양이온들과 SO_4^{2-} 이온, ClO_4^- 이온 등은 특수 흡착하 는 경향이 약하다.

몇 가지 금속 전극의 영전하 전위를 **표 3.1**에 표시하였다. 금속마다 값이 다르며 고체 금속의 경우는 결정면에 따라 다를 것으로 예측할 수 있으나 액체 금속 (수은, 갈륨)과 달리 측정이 어렵고 부정확하여 값의 정확도가 낮다.[3] 수은 전극은 NaF 용액과 같이 이온의 흡착이 없는 용액보다 흡착하는 경향이 있는 Cl^-, Br^-, I^- 이온의 용액에서는 영전하 전위가 낮아지며 용액의 농도에 따라 더욱 심한 것을 표에서 확인할 수 있다.

영전하 전위를 전극 전위의 기준으로 삼기도 한다. 한 전극의 전위값에서 그 전극의 영전하 전위값을 뺀 것을 **정규 전위**(rational potential)라고 한다. 보통 전위값은 기준전극이 무엇이냐에 따라 달라지나 정규 전위에는 그런 이유로 생기는 불편이 없고 어느 정도의 합리적 기준이 된다고 볼 수 있다. 그러나 정규 전위가 흔히 사용되는 것은 아니다.

전극 표면과 용액 표면에 전하가 있으면 그 사이에 전기장이 생기는데, 서로 반대부호의 전기를 가지는 층 사이의 거리가 1 nm 이하로 짧기 때문에 전기장의 세기는 엄청나게 클 수 있다. 이중층 사이의 전위차가 1 V라면 두께를 1 nm로 어림할 때 전기장의 세기는 $10^9 \, Vm^{-1}$ 정도이다. 이런 정도의 큰 전기장의 존재와 그 전기장의 세기의 변화는 이중층 안에서의 용매의 구조, 전자전달 반응 등에 큰 영향을 미친다.

표 3 .1 몇 가지 금속 전극의 영전하 전위[3]

금속 / 전해질	E_z/V vs. SHE
Hg / 0.1~1 M NaF	-0.192
Hg / 0.01 M KCl	-0.205
Hg / 0.1 M KCl	-0.225
Hg / 0.1 M KBr	-0.293
Hg / 0.1 M KI	-0.451
Ga / 1 M NaClO$_4$ +1 M HClO$_4$	-0.62
Au / 0.02 M Na$_2$SO$_4$	0.23
Au(110) / 10^{-3} M HClO$_4$	0.24
Pt / $10^{-3} \sim 10^{-2}$ M H$_2$SO$_4$	0.2

3.2.2 계면의 축전용량

전기이중층의 축전용량(커패시턴스)은 $C' = dQ/dE$로 정의된다. 전기량이 퍼텐셜에 따라 직선적으로 변한다면 어느 퍼텐셜 구간에 대한 전기량의 변화 $\Delta Q/\Delta E$로 정의할 수 있겠으나(이렇게 정의된 커패시턴스를 적분 커패시턴스라 함), Q는 E에 따라 직선적으로 변하지는 않으므로 전위값에 따른 커패시턴스, 즉 미분 커패시턴스(differential

3) R. S. Perkins and T. N. Andersen, Potentials of Zero Charge of Electrodes, in *Modern Aspects of Electrochemistry, No. 5*, J. O'M. Bockris and B. E. Conway, Eds., Plenum, 1969.

capacitance)를 정의하여야 한다. 미분 커패시턴스가 $C' = dQ/dE$이다. 단위 면적당의 미분 커패시턴스를 C로 나타내면 $C = dq/dE$이다. 따라서 영전하 전위와 커패시턴스가 측정되면 임의의 전위 E에서의 전기량과 계면장력의 계산이 가능하다. 영전하 전위 E_z로부터 E까지 적분하면 된다.

$$q = \int_{E_z}^{E} C\, dE \tag{3.2.16}$$

식 (3.2.13)과 (3.2.14)로부터 다음 관계들이 얻어진다.

$$\gamma = \gamma^\circ - \int_{E_z}^{E} q\, dE$$
$$= \gamma^\circ - \int_{E_z}^{E} \int C\, (dE)^2 \tag{3.2.17}$$

전극 표면이나 용액 쪽의 이중층에 전기가 모이면 같은 전하끼리의 반발로 표면을 넓히는 힘, 즉 표면장력에 반하는 힘이 생기기 때문에 영전하 전위 때보다 높거나 낮은 전위에서는 표면장력이 낮아지는 것이다. (3.2.14)식과 커패시턴스의 정의로부터 커패시턴스는 퍼텐셜에 대한 계면장력의 2차 도함수에 관계됨을 알 수가 있다.

$$C = -\left(\frac{\partial^2 \gamma}{\partial E^2}\right)_\mu \tag{3.2.18}$$

보충자료 : 전기화학적 "수은 심장"

시계접시에 수은을 놓고 그 위에 묽은 산을 덮고 수은의 가장자리에 쇠못을 놓으면 수은덩어리가 꿈틀거리는 운동을 반복하는 현상이 있다. 이 진동은 상당히 오래가며 (몇 십분) 그 움직이는 모양이 심장과 같다고 하여 "수은 심장(mercury beating heart)"이라는 별명을 가졌다. 오랫동안 학생들을 위한 시범 실험으로 이용되어 왔는데, 그 작용 메카니즘은 근래에까지 연구되었다.

실험과 관찰이 쉽도록 개량된 장치가 다음 그림에 나타나 있다. 그림과 같은 장치의 플라스크에 몇 그램 정도의 수은을 넣고 묽은 질산으로 덮은 다음 철사의 끝이 수은 덩어리 옆쪽 표면에 살짝 닿게 하면 수은 표면에 진동이 생기고 수은과 철사는 접촉이 이어졌다 끊어졌다 하는 것을 반복한다.

이것은 전기모세관 현상에 관계되는 것인데 수은의 표면장력이 변함에 따라 수축과 이완이 반복되는 것이다. 수은의 큰 표면장력 때문에 수은은 둥그렇게 움츠려 있다. 철사의 표면은

$$Fe \rightarrow Fe^{2+} + 2e^-$$

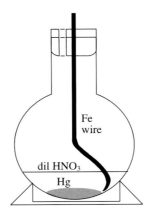

그림 3.2.4 "전기화학 수은 심장" 실험

반응으로 부식 받으면서 전자가 생겨 −전기를 띠게 된다. 한편 수은 표면에서는 용액에 녹아 있는 산소가

$$O_2 + 2H^+ + 2e^- \rightarrow H_2O_2$$

반응으로 환원되어 전자가 모자라므로 표면이 ┼전기를 띤다. 따라서 표면장력이 줄면 수은덩어리는 펑퍼짐하게 퍼져서 철사에 닿게 된다. 그러나 닿는 순간 두 금속이 띠고 있던 전기는 중화되어 전하가 줄어들고 표면장력은 커짐으로 수은이 다시 둥그렇게 움츠려 철사와의 연결이 끊어지는 것이다. 이때부터 다시 철의 부식 반응과 수은 표면에서의 산소 환원 반응이 시작되어 같은 과정이 반복되는 것이다. 플라스크 마개에 구멍을 낸 것은 공기(O_2)의 계속적인 공급을 위한 것이다.

　보통은 질산에 약간의 중크롬산 염을 넣고 실험해 왔으며 이때는 수은 표면에 눈에 보이는 막이 생기므로 그것이 메카니즘의 핵심인 듯 잘못 인식되기도 하였다.[4][5] 그러나 중크롬산 이온이건 산소건 환원되는 화학종이 있다는 것이 진동의 필수 조건이고 수은 표면에서의 환원과 철의 산화가 메카니즘의 핵심이다.[4]

3.3 Gouy-Chapman의 이론

앞서 3.1절에서 소개한 바와 같이 Gouy와 Chapman은 각각 1910년과 1913년에 전기이중층의 전해질 쪽의 이온들은 점진적으로 불균일하게 분포되어 있는 **분산된 전기이중층**

4) C. Kim, I.-H. Yeo, and W. Paik, "Mechanism of the Mercury Beating Heart", *Electrochim. Acta,* **41**, 2829 (1996) ; J. O'M Bockris, A. K. N. Reddy, and M. Gamboa-Aldeco, *Modern Electrochemistry*, 2nd Ed., Vol. 2A (Fundamentals of Electrodics), Kluwer Academic /Plenum Publisher, 2000, p. 1380.

5) J. Keizer, P. A. Rock, S.-W. Lin, J. *Amer. Chem. Soc.* **101**, 5637 (1979); D. Anvir, *J. Chem. Ed.* **66**, 211 (1989), *ibid.* **67**, 753 (1990).

(diffuse double layer) 모형을 제안하였다. 그들은 이 모형에서 전하와 퍼텐셜 사이의 관계에 대하여 정량적 이론을 발전시켰다. 이 두 사람이 서로 독립적으로 발전시켰으나 공통점이 있는 이 이론의 뼈대는 다음과 같다.

전기 퍼텐셜의 위치에 따른 변화율 (1차원에서는 $d\phi/dx$)이 **전기장 E**이다. 일반적으로 전기장은 방향 있는 벡터량이다(부록 2 참조).

$$\nabla\phi = -\mathbf{E}$$

$$\text{여기서, } \nabla = \mathbf{i}\frac{\partial}{\partial x} + \mathbf{j}\frac{\partial}{\partial y} + \mathbf{k}\frac{\partial}{\partial z} \tag{3.3.1}$$

$$(\mathbf{i}, \mathbf{j}, \mathbf{k} \text{는 각각 } x, y, z \text{축 방향의 단위 벡터})$$

또 Poisson의 법칙에 의하면 전기장의 위치에 따른 변화율(1차원에서는 $d\mathbf{E}/dx$의 크기를 가짐)은 전하밀도 ρ, 즉 단위 부피당 전기량에 비례한다.

$$\nabla\cdot\mathbf{E} = -\nabla^2\phi = \frac{\rho}{\varepsilon} \qquad \text{Poisson 식} \tag{3.3.2}$$

$$\text{여기서, } \nabla^2 = \frac{\partial^2}{\partial x^2} + \frac{\partial^2}{\partial y^2} + \frac{\partial^2}{\partial z^2}$$

여기서 ε은 **유전율**(permittivity)로서 진공의 유전율 ε_0와 **유전상수**(dielectric constant) ε_r의 곱 $\varepsilon = \varepsilon_r\varepsilon_0$이다. 한편 이들 관계식을 전해질 용액에 적용할 때 전극 표면을 평면으로 보면 전극면에 대한 수직방향의 1차원 변화만 생각하면 되므로 Poisson 식을 1차원에 대하여 적용하면 된다.

$$-\frac{\partial^2\phi}{\partial x^2} = \frac{\rho}{\varepsilon} \tag{3.3.3}$$

또한 전하밀도 ρ는 용액 속의 양이온 음이온들의 농도에 전하를 곱한 것들의 총합이다.

$$\rho = F\sum z_i c_i \tag{3.3.4}$$

용액의 중심부(bulk)에서는 양이온과 음이온의 당량 농도가 같아서 전기적 중성이 유지된다. 즉 $\rho=0$이다. 그러나 계면에 가까운 곳에서는 전극의 존재로 인하여 전기 퍼텐셜이 있어 이온의 분포가 달라지며 그 분포는 Boltzmann 분포에 따른다.

$$c_i = c_i^{\circ}\exp\left(-\frac{z_i F\phi}{RT}\right) \tag{3.3.5}$$

이 관계들을 Poisson 식 (3.3.3)과 결합하여 Poisson-Boltzmann 식을 얻는다.

$$\frac{\partial^2\phi}{\partial x^2} = -\frac{F}{\varepsilon}\sum z_i c_i^{\circ}\exp\left(-z_i F\frac{\phi}{RT}\right) \tag{3.3.6}$$

이 식은

$$\frac{1}{2}\frac{\partial}{\partial\phi}\left(\frac{\partial\phi}{\partial x}\right)^2 = \frac{\partial\phi}{\partial x}\frac{\partial}{\partial\phi}\left(\frac{\partial\phi}{\partial x}\right) = \frac{\partial^2\phi}{\partial x^2} \tag{3.3.7}$$

임을 이용하여 다음과 같이 고쳐 적분할 수 있다.

$$\frac{\partial}{\partial\phi}\left(\frac{\partial\phi}{\partial x}\right)^2 = -2\frac{F}{\varepsilon}\sum z_i c_i^\circ \exp\left(-\frac{z_i F\phi}{RT}\right)$$

$$\left(\frac{\partial\phi}{\partial x}\right)^2 = \frac{2RT}{\varepsilon}\sum c_i^\circ\left[\exp\left(-\frac{z_i F\phi}{RT}\right)-1\right] \tag{3.3.8}$$

$$\frac{\partial\phi}{\partial x} = \left(\frac{2RT}{\varepsilon}\sum c_i^\circ\left[\exp\left(-\frac{z_i F\phi}{RT}\right)-1\right]\right)^{1/2}$$

위 둘째 식에 들어간 -1은 적분상수로서 $\phi=0$일 때, $d\phi/dx$도 0이어야 함에 따른 것이다.

$z_+ = -z_- = z$인 소위 $z-z$ 전해질에 대하여는 다음과 같다.

$$\frac{\partial\phi}{\partial x} = \left(\frac{2RTc}{\varepsilon}\right)^{1/2}(e^{-\alpha}+e^\alpha-2)^{1/2}$$

$$= \left(\frac{2RTc}{\varepsilon}\right)^{1/2}(e^{-\alpha/2}-e^{\alpha/2}) \tag{3.3.9}$$

$$\text{여기서,}\quad \alpha = \frac{zF\phi}{RT}$$

위 식에서 제곱근에서 나온 $+$, $-$부호 중 $+$부호만 취한 것은 ϕ와 $d\phi/dx$는 부호가 달라야 하기 때문이다. 따라서 전극면으로부터의 거리에 따른 퍼텐셜 변화율은 다음과 같다.

$$\frac{\partial\phi}{\partial x} = -2\left(\frac{2RTc}{\varepsilon}\right)^{1/2}\sinh\left(\frac{zF\phi}{2RT}\right) \tag{3.3.10}$$

$-d\phi/dx$는 전기장의 세기 E_x에 해당하는데, 전해질 쪽에서 이온들이 전극에 가장 가까이 접근할 수 있는 위치를 $x=x_o$라면 이 위치에서의 전기장 E_o와 퍼텐셜 ϕ_o의 관계는

$$E_o = 2\left(\frac{2RTc}{\varepsilon}\right)^{1/2}\sinh\left(\frac{zF\phi_o}{2RT}\right) \tag{3.3.11}$$

한편 전극면과 전기이중층이 축전기의 두 마주하는 판과 같다고 보면 E_o와 전기이중층의 면적당 전기량 q_d 사이에는 $E_o = -q_d/\varepsilon$의 관계가 있다(부록 2). 그러므로

$$\boxed{q_d = -2(2RTc\varepsilon)^{1/2}\sinh\left(\frac{zF\phi_o}{2RT}\right)} \tag{3.3.12}$$

보통의 수용액에 해당하는 $T = 298\,\mathrm{K}$, $\varepsilon = 78\,\varepsilon_0$, $\varepsilon_0 = 8.854 \times 10^{-12}\,\mathrm{J^{-1}\,m^{-1}\,C^2}$을 대입하고 $\mathrm{mol\,m^{-3}}$의 단위로 주어진 농도 c를 $\mathrm{mol\,L^{-1}}$ 단위의 c'으로 바꾸면 ($c = 1000\,c'$) 다음과 같은 수치 관계를 얻는다.

$$
\begin{aligned}
q_\mathrm{d} &= -0.117\sqrt{c'}\,\sinh(19.47z\phi_o)\ \mathrm{C\,m^{-2}} \\
&= -11.7\sqrt{c'}\,\sinh(19.47z\phi_o)\ \mu\mathrm{C\,cm^{-2}}
\end{aligned}
\tag{3.3.13}
$$

이 전기량 q_d는 확산 전기이중층의 분산된 전기량을 이중층의 단위 면적당으로 모은 값으로 전기밀도를 확산 이중층이 시작되는 곳 x_o에서 끝나는 범위까지 적분한 값이다.

$$
q_\mathrm{d} = \int_{x_o}^{\infty} \rho\,dx
\tag{3.3.14}
$$

특수 흡착이 있는 경우 용액 쪽의 전기이중층에는 q_d만이 있는 것은 아니고 내부 조밀층의 특수 흡착된 이온에 의한 전기밀도 q_i도 있다. 이 두 전기밀도를 합한 것이 전극이 가지고 있는 전기밀도 q와 크기가 같고 부호는 달라서 전기적 중성을 유지한다.

$$
\boxed{q = -(q_\mathrm{i} + q_\mathrm{d})}
\tag{3.3.15}
$$

위 식이 나타내는 **전기적 중성**(electroneutrality)은 전극 전위값에 무관하게 항상 엄밀히 성립한다.

3.4 전기이중층의 커패시턴스

퍼텐셜 변화에 대한 전기량 변화율이 축전기의 커패시턴스이므로, 확산 전기 이중층의 존재에 의한 단위 전극 면적당 전기이중층의 **커패시턴스** C_d는 $C_\mathrm{d} = (\partial q_\mathrm{d}/\partial \phi_o)$이다. 앞 절의 확산 이중층에 대한 Gouy-Chapmann의 이론에 의하면 C_d는 (3.3.12) 식으로부터 다음과 같이 된다.

$$
\boxed{C_\mathrm{d} = zF\left(\frac{2c\varepsilon}{RT}\right)^{1/2}\cosh\left(\frac{zF\phi_o}{2RT}\right)}
\tag{3.4.1}
$$

보통 온도의 수용액에 대하여, $T = 298\,\mathrm{K}$, $\varepsilon = 78\,\varepsilon_0$, $\varepsilon_0 = 8.854 \times 10^{-12}\,\mathrm{J^{-1}\,C^2\,m^{-1}}$인 값을 쓰면,

$$
\begin{aligned}
C_\mathrm{d} &= 2.28\sqrt{c'}\,\cosh(19.47z\phi_o)\ \mathrm{C\,V^{-1}\,m^{-2}} \qquad T = 298\ \mathrm{K},\ \varepsilon = 78\,\varepsilon_0\ \text{에서} \\
&= 228\sqrt{c'}\,\cosh(19.47z\phi_o)\ \mu\mathrm{F\,cm^{-2}}
\end{aligned}
\tag{3.4.2}
$$

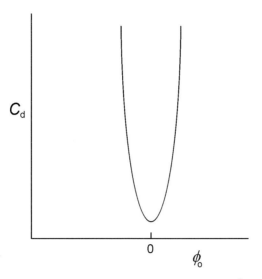

그림 3.4.1 Gouy-Chapmann 식에 따른 전기이중층의 커패시턴스

그림으로 나타내면 그림 3.4.1과 같다.

$\cosh(x)$의 크기는 $x=0$일 때 최소값 1이며 그 외의 $x>0$, 또는 $x<0$에 대하여는 x의 절대값에 따라 급격히 증가하는 값을 가진다. 만일 위의 커패시턴스 식이 전기이중층의 커패시턴스를 나타낸다면 1 M 용액에서 $\phi_o = 0$에서는 $C_d = 228\,\mu\mathrm{F\ cm}^{-2}$의 값을 나타내고 그 이외의 ϕ_o 값에서는 그보다도 크며 급격히 증가하는 커패시턴스를 나타낼 것이다.

그런데 실험적 사실은 커패시턴스 값이 농도에 큰 관계없이 $10 \sim 30\,\mu\mathrm{F\ cm}^{-2}$의 값을 나타내고 퍼텐셜에 대한 의존도도 위 식이 나타내는 것과 다르게 완만한 변화를 나타낸다. 이런 실험적 데이터는 D. C. Graham에 의하여 수은 전극에 대하여 많은 조사가 되었으며, 그 중 대표적인 것이 그림 3.4.2에 나타나 있다.[6]

그림에서 볼 수 있는 바와 같이 아주 묽은 용액(예: 0.001 M NaF)이 아니면 퍼텐셜에 따른 변화가 그리 급격하지 않다. 이런 차이는 전기이중층에 대한 더 현실적인 모델을 생각하면 설명이 되는 것이다. 즉 위의 커패시턴스에 대한 이론식은 확산 이중층만을 고려한 것이다.

앞에서 모델로 설명한 바와 같이 전기이중층은 내부의 조밀 이중층과 외부의 확산 이중층이 맞대어 있다고 볼 수 있으며 이는 두 축전기들이 직렬로 연결된 모델로 생각할 수 있다(그림 3.4.3).

확산 이중층에 의한 커패시턴스를 C_d라 하고 조밀 이중층에 의한 커패시턴스를 C_i라

6) D.C. Grahame, *Chem. Rev.*, **41**, 441 (1947); P. Delahay, *Electrical Double Layer and Electrode Kinetics*, Wiley, 1965.

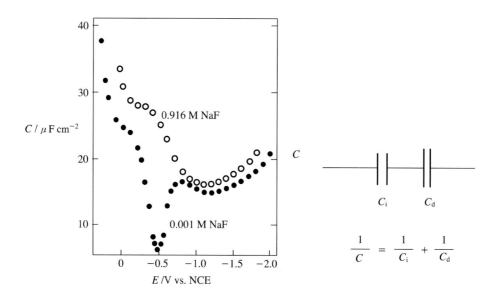

그림 3.4.2 NaF 용액과 수은 전극 사이 계면의
          전기이중층 커패시턴스의 변화.
          묽은 용액과 진한 용액의 경우.

그림 3.4.3 직렬로 연결된 두 커패시터:
          전기이중층의 커패시터 모델

하면 직렬로 연결된 두 커패시터 C_i와 C_d에 의한 전체 커패시턴스는

$$\frac{1}{C} = \frac{1}{C_i} + \frac{1}{C_d} \tag{3.4.3}$$

이므로 C_i의 크기를 추산하여야 된다. 조밀 이중층의 두께를 약 3Å으로 보고 유전상수 ε_r은 약 6으로 보는 것이 타당하다(ε_r이 물 내부의 값 70~80보다 작은 이유는 전기장이 세고 전극 수화의 영향이 있는 이중층에서는 물분자의 쌍극자들이 전기장에 따라 잘 회전하지 않으며 뭉치를 이루지 않고 개별적으로 움직이기 때문이다). 그러면 C_i의 크기는 $6 \times 8.85 \times 10^{-12}\,\mathrm{C\,m^{-1}\,V^{-1}}/3 \times 10^{-10}\,\mathrm{m} = 0.18\,\mathrm{F\,m^{-2}}$, 즉 $18\,\mu\mathrm{F\,cm^{-2}}$ 정도이다(부록 2 참조). 이 값은 Gouy-Chapmann의 이론으로 계산된 것보다 월등히 작고 실험값에 가깝다. 직렬된 두 커패시터에 의한 전체 커패시턴스는 작은 커패시턴스 값에 가까워지므로 실험값의 크기가 설명된다. 아주 묽은 용액에서는 $\phi_o = 0$ 근처에서 C_d 값이 0에 가까워짐으로 전체 커패시턴스도 작아진다. 이 것은 그림 3.4.1에서 묽은 용액의 경우 날카로운 최소값이 나타남을 잘 설명하며 이 최소값이 나타나는 전극 퍼텐셜이 $\phi_o = 0$인 퍼텐셜, 즉 영전하 전위인 것이다. 그러므로 내부 이중층 안에 이온의 밀착 흡착이 없는 경우 커패시턴스의 측정은 영전하 전위를 구하기 위한 유용한 실험방법이다. 어떤 한 농도에서의

C_d는 Gouy-Chapman 이론 [(3.4.1)식]으로 계산될 수 있으므로 이 계산값과 측정된 C 로부터 C_i를 구하는 것이 가능하다 [(3.4.3)식]. C_i가 얻어지면 여러 가지 다른 농도에 서의 C_d값을 다시 (3.4.2)식으로 계산하고 C를 계산할 수 있다. 그림 3.4.4는 0.001 M NaF 용액에 대하여 이렇게 하여 얻은 것이다.

C_d가 농도에 따라서 많이 달라지는 것과는 달리 C_i는 농도에 거의 무관함이 밝혀졌다. 따라서 Grahame은 한 농도에서의 C 값으로부터 다른 농도의 C 값들을 구하여 실험값 과 잘 일치함을 보일 수가 있었다. 그림 3.4.4의 C_i는 그림 3.4.2의 진한 용액과 닮은 모 양이고 C는 묽은 용액의 실험값과 닮은 모양임을 알아 볼 수 있다.

이상에서 전기모세관 현상과 커패시턴스 데이터를 전기이중층의 모델을 써서 설명할수 있음을 보여 왔다. 이 모델은 퍼텐셜이 금속 표면에서 불연속적으로 꺾이어 급변하는 것 을 가정한 것이다. 그러나 1980년대에 들어서서 이와 같은 불연속적 급변은 사실과 다르 다는 생각이 나왔다. 금속 표면에서는 금속의 파동함수가 표면에서 갑자기 끊어지는 것이 아니고 용액 속으로 약간은 연장되므로 전자의 분포도 일부 용액 쪽에 연장될 것이다. 따 라서 퍼텐셜의 변화는 금속면의 안팎으로 1Å 정도의 범위 안에서 점진적으로 변하는 모 델이 타당하다고 주장되었다. 이 모델을 jellium 모델이라고 한다.[7]

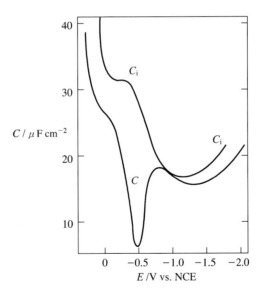

그림 3.4.4 계산된 전기이중층 커패시턴스의 성분 C_i와 C

7) J. Goodisman, *Electrochemistry: theoretical foundations*, Wiley, 1987.

3.5 중성 분자들의 흡착

전극-전해질 계면에 전기적으로 중성인 유기 분자들이 흡착하는 것은 대체로 영전하 전위 근처에서 일어나는 현상이다. 영전하 전위로부터 멀리 떨어진 전위에서는 전하를 가진 이온들의 흡착이 강력하기 때문에 전기적으로 중성인 분자들은 전극면을 차지하는 경쟁에서 밀려나기 때문이다. 중성 분자들이 흡착하는 경우에도 그 흡착량(표면과잉)에 비례하여 계면장력은 감소하므로 그 결과로 전기모세관 현상 곡선은 최고점 근처가 내려 밀린 모양으로 나타난다(그림 3.5.1). 흡착량과 전극 전위 사이의 이런 관계는 유기물질의 전극 반응속도에 중요한 영향을 미친다.

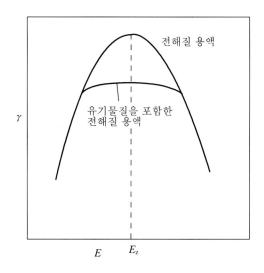

그림 3.5.1 유기물의 흡착이 일어날 때의 전기모세관 현상 곡선

참고문헌

1. D. C. Grahame, The Electrical Double Layer and The Theory of Electrocapillarity, *Chem. Rev.*, **41**, 441 (1947).

2. P. Delahay, *Electrical Double Layer and Electrode Kinetics*, Wiley, 1965. Part 1.

3. R. Parsons, Electrical Double Layer: Recent Experimental and Theoretical Developments, *Chem Rev.* **90**, 813 (1990).

4. R. Parsons, in *Modern Aspects of Electrochemistry*, No. 1, Chapt. 3, Butterworth, 1954.

연습문제

1. Gibbs-Lippmann 식과 전기모세관 곡선(electrocapillary curve) 사이의 관계와 응용에 관하여 설명하라.

2. 다음은 1 M CsCl 용액 속에 있는 수은 전극의 계면장력을 전위에 따라 나타낸 것이다. (a) 영전하 전위를 찾아라. (b) -0.2 V와 -0.6 V에서의 수은 표면 전하 밀도를 구하라.

$-E/$V vs. SCE	0.1	0.2	0.3	0.4	0.5	0.6	0.7	0.8
$\gamma/$N m^{-1}	0.376	0.397	0.411	0.419	0.423	0.420	0.414	0.406

3. 수은 전극과 어떤 전해질 용액 사이의 계면장력 γ가 어떤 전위에서 전위에 따른 변화율 $\dfrac{d\gamma}{dE} = -110$ mN m^{-1} V^{-1}를 나타내었다면 수은 표면의 전하 밀도는 얼마나 되는가?

☞ 0.11 C m^{-2} or 11 μC cm^{-2}

4. 어느 금속과 전해질 사이 계면 전기용량 (capacitance)이 $30\,\mu$F cm^{-2}로 일정하고 영전하 전위인 0.23 V vs. SHE에서의 계면장력은 560 mN m^{-1}라고 한다. 계면장력의 퍼텐셜에 따른 변화를 스케치하라.

5. 어떤 전해질 용액 속에 있는 전극의 미분 커패시턴스는 소량의 *n*-heptane을 용액에 넣을 때 영전하 전위의 양쪽에서 뾰족한 극대점들을 보인다. 그 이유를 해석하여라.

6. 앞의 3.2.1절에서 언급한 바와 같이 모세관 전위-장력계에서 모세관 속 수은 높이에 안정적인 역학적 평형이 없기 때문에 실험에 곤란한 점이 있다. 모세관의 안쪽 지름이 점점 가늘어지도록 하는 편법 이외에 다른 해결방법을 생각하여 실험을 고안해 보아라.

4

전극반응의 속도

전기화학 반응은 전자의 이동에 의하여 일어나기 때문에 전류의 세기는 바로 반응속도에 이동 전자 수를 곱해서 얻어진다. 즉 반응속도는 바로 전류세기로 나타난다. 반응의 속도는 전극의 전위에 의하여 결정되기 때문에 전류의 세기는 전극 전위에 따라 달라진다. 일반적으로 화학자들이 반응속도를 조절하는 수단은 온도의 변화, 농도나 압력의 변화들이다. 그러나 전극 반응은 전극전위를 조절함으로써(또는 전류를 조절함으로써) 간편하고 신속하게 속도를 조절할 수가 있을 뿐 아니라 반응을 정지시킬 수도 있고 역반응이 일어나게 할 수도 있다. 이 장에서는 전극 반응의 속도가 전극 전위나 기타의 요인들에 의하여 어떻게 결정되는지를 살핀다.

4.1 전압에 따라 변하는 전류의 세기

한 전극을 통하여 흐르는 전류의 세기는 그 전극의 전압에 따라 변한다. 도식적으로 나타내면 대체로 그림 4.1.1의 곡선과 같다. 전위가 높아지면 산화전류가 커지고 전위가 낮아지면 환원전류가 커진다. 산화전류에서 환원전류로 바뀌는 전위, 즉 산화도 환원도 진행되지 않는 것으로 보이는 때, 즉 평형에 있는 전위를 평형 전위라고 한다. 즉 전위가 평형 전위보다 높을 때는 산화전류가, 낮을 때는 환원전류가 흐르는 것이다.

평형 전위 E_{eq}와 임의 크기의 전류가 흐를 때의 전위 E의 차이를 **과전위** (over-potential 또는 overvoltage)라고 한다. 즉 과전위를 η로 나타내면 $\eta = E - E_{eq}$이며 그림 4.1.1에서 보는 바와 같이 전극의 전류가 0인 점에서는 $\eta = 0$이고, $\eta > 0$일 때 전류는 산화전류, $\eta < 0$일 때는 환원전류가 흐른다. 그림에서처럼 전류의 세기를 크게 하려면 과전위의 절대값을 크게 해야 하는데 그 가장 중요한 이유는 반응이 일어나기 위한 활성화 에

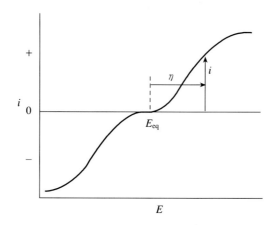

그림 4.1.1 전류세기와 전압과의 관계 개략도

너지를 낮추기 위하여 과전위가 필요한 것이고(**활성화 과전위**), 또한 반응이 일어나기 시작하면 반응에 관여하는 물질들의 농도가 변하여 평형 전위에서의 농도와 같지 않기 때문이기도 하다. 즉 반응물의 농도가 작아져서 큰 과전위로 보충하여야만 반응속도를 유지할수 있기 때문이다(**농도분극 과전위**).

  실험 장치에서는 연구의 대상인 전극(이를 **작업전극** working electrode, 또는 시험전극test electrode 라고 함)과 이의 상대전극(이를 **대**(對)**전극** counter electrode 또는 **보조전극** auxiliary electrode라고 함) 사이에 전류가 흐른다. 작업 전극의 전위에 따라서 전류의 세기를 재기위하여, 별도의 기준전극을 작업전극 가까이 두고 이 기준전극에 대한 작

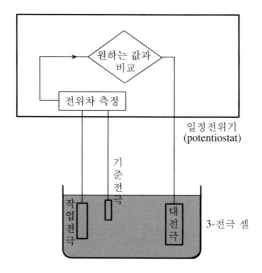

그림 4.1.2 전극 전위를 조절하는 실험의 개념도

업전극의 전위를 읽고 그 값을 원하는 값과 비교하여 원하는 값과 일치하도록 대전극과 작업전극 사이를 흐르는 전류를 빠르게 조절한다. 이것은 보통 자동화된 장치(이 장치를 **일정전위기 potentiostat**라 함)를 써서 간편하게 할 수 있는데, 이 실험 방법과 장치에 대하여는 7장 (연구 방법)에서 자세하게 다룰 것이나 여기서는 실험 장치의 개략도를 그림 4.1.2에 나타낸다. 이 개략도가 나타내는 실험의 요점은 작업전극, 대전극, 기준전극을 갖춘 **3-전극 셀**과 일정전위기를 연결하여 실험하는 것이다.

전류와 전위 사이의 관계를 나타내는 곡선의 모양은 어떤가, 즉 전류세기 i는 η의 어떤 함수인가를 다음 절들에서 다룬다.

4.2 전극반응속도와 활성화 과전위

전극 반응은 전극과 전해질 용액 속에 있는 반응물질 사이에 전자가 이동함으로써 일어난다. 반응물질은 전극에 가장 가까이 접근할 수 있는 위치에 와서 전극으로부터 전자를 전달받거나 전자를 내어 전극에 전달할 것이다. 반응물질이나 생성 물질은 대부분 전해질 용액의 내부(bulk)에 있으나 확산 및 대류운동에 의하여 전극 근처 반응 위치에 드나든다 (그림 4.2.1).

전자의 이동이 일어나려면 **활성화 에너지**(activation energy)가 있어야 한다. 보통의 화학 반응에서는 활성화 에너지가 열적인 운동의 에너지 형태이지만 전기화학 반응에서는 전기적인 에너지가 크게 작용한다.

물질간 전자의 이동은 산화 또는 환원 반응이며 어느 한 전극에서 전위에 따라 산화도 일어날 수 있고 환원도 일어날 수가 있다. 산화 상태에 있는 반응물을 O^z로 나타내고 그의 환원으로 생긴 것을 $R^{z'}$으로 나타내면 환원 반응은 다음과 같다.

$$O^z + ne^- \rightarrow R^{z'}: \qquad z' = z - n \qquad (4.2.1)$$

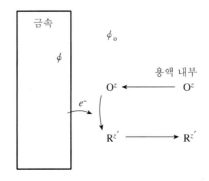

그림 4.2.1 전극면에서 일어나는 전자전달

전극 반응의 속도는 바로 전극 전류의 세기이다. 전극 표면에서 전자를 받기에 적당한 위치(반응 위치)에 있는 O^z의 농도를 $[O]_e$, 환원 반응의 **속도상수**를 k_c, 한 단계의 반응에서 이동하는 전자 수를 n이라 하면 단위 면적의 전극 표면에서 생기는 환원전류 i_c는 반응속도 $k_c[O]_e$에 몰당 전기량 nF를 곱한 것이므로

$$i_c = nFk_c[O]_e : \quad k_c = k_c^{\circ\circ} e^{-\frac{\varepsilon_c^{\dagger}}{RT}} \tag{4.2.2}$$

$k_c^{\circ\circ}$는 활성화 에너지 $\varepsilon_c^{\dagger}$가 0일 때의 가상적 속도상수이다.

O^z가 반응할 수 있는 전극 근처 위치의 전위는 용액 내부(bulk)의 전위와 좀 다르다. 이 차이는 주로 전기이중층의 존재로 생기는데, 용액 내부에 대한 반응위치의 전기 퍼텐셜을 ϕ_o라 하면 전극 근처의 농도 $[O]_e$와 내부 농도 $[O]$는 퍼텐셜 에너지 차이에 의하여 볼츠만 인자로 관계된다.

$$[O]_e = [O] e^{-\frac{zF\phi_o}{RT}} \tag{4.2.3}$$

전극의 내부 전위(inner potential)를 ϕ라 하면 전하이동의 활성화 에너지는 다음과 같이 비전기적인(화학적인)부분 $(\varepsilon_c^{\dagger\circ})$과 전기적인 부분으로 나누어 쓸 수 있다.

$$\varepsilon_c^{\dagger} = \varepsilon_c^{\dagger\circ} + \alpha_c nF(\phi - \phi_o) \tag{4.2.4}$$

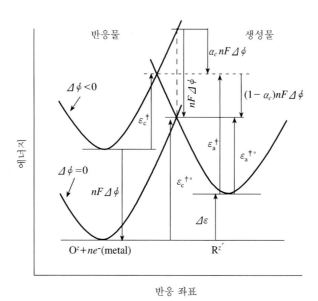

그림 4.2.2 전자이동의 활성화 에너지와 전극 전위

즉, 그림 4.2.2와 같이 전극의 내부 전위 ϕ가 전자를 받을 물질이 있는 곳의 내부 전위 ϕ_o보다 $\Delta\phi(=\phi-\phi_o)$만큼 높아지면 반응물 계의 퍼텐셜 에너지가 $|nF\Delta\phi|$만큼 변한다. 그 변화하는 방향은 반응물 계에 $-$전하를 가진 n개의 전자가 있기 때문에 $\Delta\phi<0$인 경우에 퍼텐셜 에너지가 높아지는 방향이다. 그러면 활성화 에너지는 $\alpha_c nF\Delta\phi$만큼 낮아진다. α_c는 $0<\alpha_c<1$의 범위를 갖는 상수로서 음극 반응에 대한 전자 **이동계수** (transfer coefficient) 또는 **대칭인자**(symmetry factor)라고 부르는 상수이다. 단순한 환원 반응의 경우 α_c는 대체로 $\frac{1}{2}$ 정도의 값을 갖는 경우가 많다 (transfer coefficient와 symmetry factor 를 서로 구별되는 개념으로 쓰기도 하는데 이에 대하여는 나중에 설명한다). 식 (4.2.2)와 식 (4.2.4)를 결합하여 다음을 얻고

$$k_c = k_c^{\circ\circ} \exp\left(-\frac{\varepsilon_c^{\dagger 0} + \alpha_c nF(\phi-\phi_o)}{RT}\right) \tag{4.2.5}$$

상수들을 정리하면

$$k_c = k_c^{\circ'} \exp\left(-\frac{\alpha_c nF(\phi-\phi_o)}{RT}\right) \tag{4.2.6}$$

이를 (4.2.3)식과 결합하면

$$
\begin{aligned}
i_c &= nF\,[\text{O}]\,k_c^{\circ'} \exp\left(-\frac{\alpha_c nF(\phi-\phi_o) + zF\phi_o}{RT}\right) \\
i_c &= nF\,[\text{O}]\,k_c^{\circ'} \exp\left(-\frac{\alpha_c nF\phi}{RT}\right) \exp\left(\frac{(\alpha_c n - z)F\phi_o}{RT}\right) \\
i_c &= nF\,[\text{O}]\,k_c^{\circ'} \exp\left(-\frac{\alpha_c nF\phi}{RT}\right)g \\
g &= \exp\left(\frac{(\alpha_c n - z)F\phi_o}{RT}\right)
\end{aligned}
\tag{4.2.7}
$$

위 식의 마지막에 나타나는 g는 "반응위치"의 퍼텐셜에 대한 보정인자로서 Frumkin 인자라고 부르기도 한다. 반응위치는 대체로 Helmholtz 평면 근처라고 볼 수 있는데, 전기 이중층에 대한 고찰로부터 알 수 있는 바와 같이 보통 ϕ_o는 작은 값이며 전극의 전위 ϕ에 따라 크게 변하지 않는다. 따라서 g 인자는 1과 크게 다르지 않은 일정한 값으로 취급할 수가 있다. 그러면 근사적으로 다음과 같은 식을 쓸 수 있다.

$$\boxed{i_c = nF\,[\text{O}]\,k_c^{\circ} \exp\left(-\frac{\alpha_c nF\phi}{RT}\right)} \tag{4.2.8}$$

즉, 환원전류는 전극 전위가 낮아질수록 지수함수적으로 커지는 관계를 얻는다.

한편, 위에서 취급한 환원 반응의 역반응인 산화 반응이 같은 전극에서 일어날 수 있다.

$$R^{z'} \rightarrow O^z + ne^- : \qquad z' = z - n \qquad (4.2.9)$$

이 산화 반응에 대하여는 활성화 에너지 $\varepsilon_a^\ddagger$ 에 미치는 $\Delta\phi$ 의 영향은 $(1-\alpha_c)nF\Delta\phi$ 만큼이며(그림 4.2.2), 그림의 경우와 같이 $\Delta\phi < 0$ 일 때 $\varepsilon_a^\ddagger$ 가 증가하고, $\Delta\phi > 0$ 일 때 $\varepsilon_a^\ddagger$ 가 감소하므로, 양극 반응에 대한 이동계수 $\alpha_a = 1 - \alpha_c$ 를 도입하면

$$\begin{aligned} \varepsilon_a^\ddagger &= \varepsilon_a^{\ddagger\circ} - (1-\alpha_c)nF(\phi-\phi_o) \\ &= \varepsilon_a^{\ddagger\circ} - \alpha_a nF(\phi-\phi_o) \end{aligned} \qquad (4.2.10)$$

그러므로 위의 (4.2.2), (4.2.3), (4.2.6), (4.2.7), 및 (4.2.8)식에 대응하는 산화 반응에 대한 식들은 각각 다음의 (4.2.11), (4.2.12), (4.2.13), (4.2.14), 및 (4.2.15)식들이다.

$$i_a = nFk_a[R]_e : \qquad k_a = k_a^{\circ\circ} e^{-\frac{\varepsilon_a^\ddagger}{RT}} \qquad (4.2.11)$$

$$[R]_e = [R] e^{-\frac{z'F\phi_o}{RT}} \qquad (4.2.12)$$

$$k_a = k_a^{\circ\prime} \exp\left(\frac{\alpha_a nF(\phi-\phi_o)}{RT}\right) \qquad (4.2.13)$$

$$i_a = nF[R]k_a^{\circ\prime} \exp\left(\frac{\alpha_a nF\phi}{RT}\right)g ; \qquad g = \exp\left(\frac{(\alpha_c n - z)F\phi_o}{RT}\right) \qquad (4.2.14)$$

$z' = z - n$ 의 관계를 쓴 결과 위의 마지막 식에서 g 인자가 환원 반응의 경우와 같게 나온 것이다. 여기서도 g 인자를 생략하는 근사를 쓰면

$$\boxed{i_a = nF[R]k_a^{\circ} \exp\left(\frac{\alpha_a nF\phi}{RT}\right)} \qquad (4.2.15)$$

즉, **산화전류**는 전극 전위가 높아짐에 따라 지수함수적으로 증가하는 관계가 얻어졌다. 이제까지의 산화전류 또는 환원전류는 단위 전극 표면적에서 일어나는 반응에 의한 것이기 때문에 실은 단위면적당의 전류이며 이를 **전류밀도**(current density)라고 한다. 전극 표면의 넓이를 A 라 하면 전류밀도가 균일할 때 전극 표면 전체를 통하여 흐르는 전류 I 는 전류밀도 i 에 A 를 곱한 것이다.

$$I = iA \qquad (4.2.16)$$

4.3 전류-과전위 관계

한 전극을 통하여 외부 회로를 흐르는 전류는 산화전류와 환원전류 두 성분 전류 사이

의 차이, 즉 $i = i_a - i_c$이다. 산화전류와 환원전류가 같은 크기로 일어날 때는 외부로 흐르는 전류는 물론 0이고, 반응계는 평형 상태에 있는 것이다. 이처럼 평형 상태에서의 산화 환원 두 성분 전류밀도의 크기는 같고 이를 **교환전류밀도**(exchange current density)라고 한다. 평형 상태에서의 전극 전위를 ϕ_e라고 하면 위의 (4.2.7)과 (4.2.15)식에 의하여 교환전류밀도는 다음과 같이 된다.

$$i^\circ = i_a^\circ = i_c^\circ$$

$$i^\circ = nF\,[\mathrm{R}]\,k_a^\circ \exp\left(\frac{\alpha_a nF\phi_e}{RT}\right) \tag{4.3.1}$$

$$= nF\,[\mathrm{O}]\,k_c^\circ \exp\left(\frac{-\alpha_c nF\phi_e}{RT}\right)$$

실제 전극 전위와 평형 전극 전위의 차이는 과전위이므로 $\eta = \phi - \phi_e$와 위 식을 이용하면 (4.2.8)식과 (4.2.15)식은 다음과 같이 된다.

환원전류:

$$i_c = nF\,[\mathrm{O}]\,k_c^\circ \exp\left(-\frac{\alpha_c nF(\phi - \phi_e)}{RT}\right)\exp\left(-\frac{\alpha_c nF\phi_e}{RT}\right)$$

$$= i^\circ\, e^{-\frac{\alpha_c nF\eta}{RT}} \tag{4.3.2}$$

$$= i^\circ\, e^{-\alpha_c nf\eta}\,; \qquad f = \frac{F}{RT}$$

산화전류:

$$i_a = i^\circ\, e^{\alpha_a nf\eta} \tag{4.3.3}$$

순전류(net current) $i = i_a - i_c$는

$$\boxed{\,i = i^\circ\left(e^{\alpha_a nf\eta} - e^{-\alpha_c nf\eta}\right)\,} \tag{4.3.4}$$

이 식은 Butler-Volmer 식이라고 부른다. 과전위의 크기에 따라서 대체로 다음 세 가지 경우로 나누어 다룰 수 있다.

첫째, 과전위 크기가 아주 작아서(10 mV 정도 또는 그 이하) $|f\eta| \ll 1$인 경우, $e^x \cong 1 + x$의 근사를 쓰면

$$\boxed{\,i \cong i^\circ nf\eta\,} \tag{4.3.5}$$

이것은 마치 저항체를 흐르는 전류와 전압의 관계를 주는 Ohm의 법칙같이 과전압과

전류가 정비례하는 관계이다. 저항값은 $R_{ct} = RT/nFi°$이며 이 저항을 **전자이동저항** (charge transfer resistance)이라고 한다.

둘째, 과전위의 절대값이 커서(100 mV 정도 또는 그 이상) $|f\eta| \gg 1$일 때

$$
\begin{aligned}
i &\cong i°\,e^{\alpha_a nf\eta} & \eta > 0 \text{ 일 때} \\
\text{또는 } i &\cong -i°\,e^{-\alpha_c nf\eta} & \eta < 0 \text{ 일 때}
\end{aligned}
\tag{4.3.6}
$$

(4.3.4)식을 그림으로 나타낸 것이 그림 4.3.1이다. 2개의 가는 선으로 나타낸 것은 (4.3.4)식의 두 항 즉 두 성분 전류를 나타내며 굵은 줄로 나타낸 것은 두 성분 전류의 합, 즉 전체 전류이다. 그림의 원점 부분은 $\eta \cong 0$ 근처이므로 전체 전압-전류 관계가 (4.3.5)식과 같이 직선에 가까우나 η가 조금 커짐에 따라 (4.3.6)식과 같이 전류는 지수함수적으로 급격히 증가한다. 그러나 반응이 빨라지면 전류세기에는 한계가 온다. 반응물이 전극 근처에 도달하는 것은 주로 확산에 의한 것인데 그 확산에 의하여 도달하는 분자(또는 이온) 수가 반응에 의하여 소모되는 수를 따르지 못하면 확산이 전류 증가를 제한하는 속도결정단계가 되는 것이다. 그림에서 전류 곡선의 양쪽 끝이 지수함수로부터 벗어나 전압축 쪽으로 구부러지는 것을 점선으로 나타내었다.

식 (4.3.6)의 양변의 자연대수를 취하면

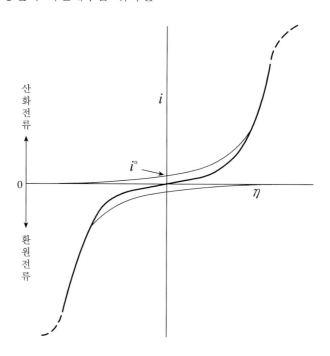

그림 4.3.1 전극의 과전위와 전류세기의 관계

$$\ln i \;=\; \ln i^\circ + \alpha_a nf\eta \qquad\qquad \eta > 0 \text{ 일 때}$$

$$\ln |i| \;=\; \ln i^\circ - \alpha_c nf\eta \qquad\qquad \eta < 0 \text{ 일 때} \qquad (4.3.7)$$

상용대수로 하고 $f = F/RT$를 쓰면

$$\log |i| \;=\; \log i^\circ + \frac{\alpha_a nF}{2.303RT}\,\eta \qquad \eta > 0 \text{ 일 때}$$

$$\;=\; \log i^\circ - \frac{\alpha_c nF}{2.303RT}\,\eta \qquad \eta < 0 \text{ 일 때} \qquad (4.3.8)$$

식을 변형하면

$$\boxed{\;|\eta| \;=\; a + \frac{2.303RT}{n\alpha F}\,\log |i| \;\;;\;\; \alpha = \alpha_a \text{ 또는 } \alpha_c\;} \qquad (4.3.9)$$

$T = 298\,\mathrm{K}$에 대하여 $2.303RT/F = 0.059\,\mathrm{V}$인 값을 쓰면

$$|\eta| \;=\; a + \frac{0.059}{n\alpha}\,\log |i| \qquad\qquad (4.3.10)$$

이것은 전류 크기의 대수(對數)가 과전위에 비례하여 직선적으로 증가함을 나타낸다. 그림 4.3.2는 이 관계를 나타낸다. 이런 그림을 Tafel 그림(plot)이라 한다.

오래 전에 실험적으로 얻어진 Tafel 관계식이라는 것이 다음과 같은 데, 위 식은 이론적으로 이를 설명해 주며 "Tafel 기울기"라 하는 b는 $(0.059/n\alpha)\,\mathrm{V}$ 임을 알 수 있다.

$$\eta = a + b\,\log |i| \qquad\qquad (4.3.11)$$

그림 4.3.2에서 직선 부분의 기울기인 b를 재면 한 반응 단계에서 이동되는 전자수인 n과 α 값의 곱인 $n\alpha$를 알 수 있는데, 대체로 α 값이 0.5 근처라고 가정할 수 있으므로

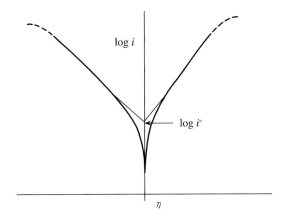

그림 4.3.2 전류−과전위 관계에 대한 Tafel 그림

(참고자료) 정수인 n 값을 알아낼 수 있다. Tafel 그림은 그러므로 반응 메커니즘을 밝히는 데 유용한 수단이다. 보통 온도에서 Tafel 기울기가 $0.12\,V$ 근처이면 $n=1$이고, $0.06\,V$ 근처이면 $n=2$ 라는 등의 추정이 가능한 것이다.

Tafel 그림에도 점선 부분이 양끝에 있어 직선관계가 길게 이어지지 못함을 보여주고 있다. 이 역시 앞에서 설명한 바와 같이 확산의 느림으로 인한 속도의 제한 때문에 나타나는 것이다. 즉 직선부분은 반응속도가 주로 활성화 에너지에 의하여 좌우되는, 즉 **활성화 지배**(activation controlled)를 받는 영역이고 직선으로부터 벗어나는 부분은 확산속도가 반응속도를 지배하기 시작하는 곳이며, 더 높은 과전위에 이르면 완전한 **확산 지배**(diffusion controlled) 아래 놓이고 전압-전류 곡선은 전압축에 평행하게 된다.

교환전류의 크기는 속도상수의 값에 비례하며 반응물질의 농도에 따라서도 변한다. 어떤 특정한 반응에 대하여 반응물질들의 농도를 표준농도 $1\,M$로 맞춰놓고 측정한 교환전류의 크기를 보통 그 반응의 "교환전류"라 하여 나타낸다. 엄밀하게는 "표준농도 교환전류"라 부르는 것이 옳을 것이다. 표 4.1에 몇 가지 반응의 교환전류와 이동계수들을 정리하였다.

표준농도 교환전류를 $i^{\circ\circ}$로 나타내면 (4.3.4)식은 반응에 참여하는 물질들의 농도가 표준농도일 때 다음과 같이 된다.

$$i = i^{\circ\circ}\,(\ e^{\alpha_a nf\eta} - e^{-\alpha_c nf\eta})$$
$$\eta = E - E_{eq}^{\circ} \tag{4.3.12}$$

여기서 과전위의 기준으로 쓰인 E_{eq}°는 임의농도에서의 평형 전위가 아니고 표준농도에서의 평형 전위임을 유의할 필요가 있다. 표준농도가 아닌 임의농도에서의 전류세기는

$$i = i^{\circ\circ}([R]\,e^{\alpha_a nf\eta} - [O]\,e^{-\alpha_c nf\eta}) \tag{4.3.13}$$

이 식으로부터 평형 전극 전위에 대한 Nernst 식을 얻을 수 있다. 즉 전류가 0일 때가 평형이므로 식의 ( ) 안은 0이다. 그러므로 다음과 같이 된다.

$$[R]\,e^{\alpha_a nf\eta} = [O]\,e^{-\alpha_c nf\eta}$$
$$e^{nf\eta} = \frac{[O]}{[R]} \tag{4.3.14}$$
$$E - E_{eq}^{\circ} = \frac{1}{nf}\,\ln\frac{[O]}{[R]}$$

이와 같이 Nernst 식은 엄밀하게는 전류가 0인 평형 상태에만 적용되는 식임을 유의하여야 한다.

표 4.1   전극 반응의 교환전류와 전자이동계수

반 응	전극 및 반응 조건	교환전류[*] $mA\ cm^{-2}$	전자이동계수 (α_c)
$Fe^{3+} + e^- \rightarrow Fe^{2+}$	Pt, 각 이온의 활동도 0.1	0.23	0.43
$Fe(CN)_6^{3-} + e^- \rightleftarrows$ $Fe(CN)_6^{4-}$	Pt, 각 이온의 활동도 0.1, 1 M NaCl	2.0	0.5
$Cd^{2+} + 2e^- \rightarrow$ $Cd(Hg)$	Cd^{2+} 농도 1 mM, Cd(Hg) 농도 0.40 M	30.0	$\frac{1}{2}$
$O_2 + 4H^+ + 4e^- \rightarrow$ $2H_2O$	Pt, 1 N H_2SO_4	10^{-7}	$\frac{1}{2}$
$H^+ + e^- \rightleftarrows \frac{1}{2} H_2$	Hg, 1 N H_2SO_4 Pt, 1 N H_2SO_4	$10^{-9} \sim 1$	$\frac{1}{2}$
$CO_2 + 2H^+ + 2e^- \rightarrow$ $HCOOH$	Hg, 중성 수용액	$\sim 10^{-6}$	$\frac{1}{3} \sim \frac{1}{4}$
$Ag^+ + e^- \rightarrow Ag(Hg)$	Hg	5.4	0.53

[*] 특별한 언급이 없는 경우에 표준농도 또는 표준압력에 대한 값임

참고자료 : 대칭인자 (symmetry factor)에 대한 이론 ══════════

전자전달 과정에 대한 Marcus의 이론에 따라[1] 이온 주위의 용매 구조의 진동, 즉 이온과 용매 사이의 좌표의 변화에 따른 에너지 변화를 조화진동자 모델로 나타내고, 산화된 종(O)과 환원된 종(R)의 진동수가 같다고 — 즉 같은 모양의 2차 곡선으로 표시된다고 — 보면, 산화된 상태에 있을 때의 에너지 $\varepsilon(O)$와 환원된 상태에 있을 때의 에너지 $\varepsilon(R)$는 그림 4.3.3과 같다. 그림에서 x축은 O 또는 R의 중심 이온과 용매 분자 간의 좌표, 즉 **반응좌표**(reaction coordinate)를 나타낸다.

R은 O와 용매화된 좌표가 다르기 때문에 x축 상에 다른 위치에 나타난다. O와 R의 최소 에너지 점의 x값을 각각 0과 x_R로 나타내었다. 그러면 $\varepsilon(O)$와 $\varepsilon(R)$은 다음과 같다.

$$\varepsilon(O) = ax^2$$
$$\varepsilon(R) = a(x - x_R)^2 + \Delta\varepsilon \tag{4.3.15}$$

그림에서 보는 바와 같이 두 이차곡선이 교차하는 곳의 $x = x^\dagger$에서 $\varepsilon(O) = \varepsilon(R)$이며 이때 전자는 터널링에 의하여 이동한다.

1) R. A. Marcus, *J. Chem. Phys.*, **43**, 679 (1965).

$$a(x^\dagger)^2 = a(x^\dagger - x_R)^2 + \Delta\varepsilon$$

$$x^\dagger = \frac{ax_R^2 + \Delta\varepsilon}{2ax_R}$$

(4.3.16)

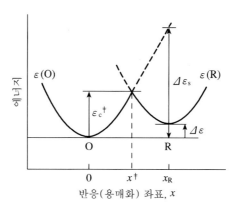

그림 4.3.3   대칭인자와 퍼텐셜 에너지 곡선의 관계

산화된 종의 용매화 구조가 환원된 종의 것과 같은 구조(같은 x 값)로 재구성되기 위한 에너지 증가를 $\Delta\varepsilon_s$로 나타내었고 그 크기는 $\Delta\varepsilon_s = ax_R^2$이다. 따라서 활성화 좌표 $x^\dagger$와 음극 반응에 대한 활성화 에너지 $\varepsilon_c^\dagger$는 다음과 같다.

$$x^\dagger = \frac{\Delta\varepsilon_s + \Delta\varepsilon}{2ax_R}$$

$$\varepsilon_c^\dagger = ax^{\dagger 2} = \frac{(\Delta\varepsilon_s + \Delta\varepsilon)^2}{4\Delta\varepsilon_s}$$

(4.3.17)

이제 (4.3.2)식과 (4.2.2)식, (4.3.17)식을 차례로 이용하여 다음과 같이 된다.

$$
\begin{aligned}
a_c &= -\frac{RT}{nF}\frac{\partial \ln i_c}{\partial \eta} \\
&= \frac{RT}{nF}\frac{1}{RT}\frac{\partial \varepsilon_c^\dagger}{\partial \eta} \\
&= \frac{(\Delta\varepsilon_s + \Delta\varepsilon)}{2nF\Delta\varepsilon_s}\frac{\partial \Delta\varepsilon}{\partial \eta}
\end{aligned}
$$

(4.3.18)

$\Delta\varepsilon = \Delta\varepsilon_0 + nF\eta$의 관계를 써서 다음의 관계를 얻는다.

$$a_c = \frac{1}{2}\left(1 + \frac{\Delta\varepsilon}{\Delta\varepsilon_s}\right)$$

(4.3.19)

그림에서와 같이 $\Delta\varepsilon$이 $\Delta\varepsilon_s$에 비하여 월등히 작으면 $a_c \cong 1/2$이며 실제로 많은 경우에 이 값이 해당된다. 여기 간단히 소개한 이론으로 볼 수 있는 바와 같이 과전위

> 에 따른 전류의 지수함수적 증가는 활성화 에너지에 미치는 과전위의 영향으로 설명
> 된다.[2] 또한 대칭인자 (또는 이동계수)의 크기가 대체로 0.5의 값을 갖는다는 것도
> 설명이 된다.

4.4 농도분극

앞의 4.2절과 4.3절에서 살펴본 과전위와 전류 사이의 관계는 전자이동에 필요한 활성화 에너지가 전극 전위의 영향을 받는 이유로 생기는 관계였다. 즉, **활성화 과전위**(activation overpotential)를 다룬 것이었다. 활성화 과전위를 **전하이동 과전위**(charge transfer overvoltage) 라고도 한다. 여기서는 과전위가 활성화 에너지와 관계없이 다른 이유로 생기는 과전위에 대하여 논의한다. 전극 반응이 어떤 속도로 진행되면 전극 근처에서는 반응물의 농도가 줄어든다. 반응에 의해서 감소되는 반응물의 양이 확산에 의하여 용액 내부로부터 보급되는 양보다 많기 때문이다. 결과적으로 일정한 전위에서는 전류밀도가 낮아지므로 원래의 전류밀도를 유지하려면 전극의 과전위가 더 커져야 한다. 이 과전위의 증가분을 **농도분극 과전위**(concentration overpotential) 라고 한다. 이처럼 농도의 국지적 변화로 생기는 농도차 과전위 발생의 원인이 되는 현상을 농도분극(concentration polarization)이라고 한다. 전극의 과전위는 활성화 과전위 η_{ct}와 농도차 과전위 η_c의 합이 된다.

$$\eta = \eta_{ct} + \eta_c \qquad (4.4.1)$$

그림 4.3.1과 그림 4.3.2의 전류-전압 곡선의 끝 부분에서 점선으로 나타낸 전압축에 평행한 방향으로 구부러진 부분들이 농도차 분극을 나타낸다.

이 밖에 다른 원인에 의한 과전위도 있다. 도금 과정에서와 같이 금속이 전극 표면에 고체로 석출할 때 결정의 형성이 시작되어야 하는데, 작은 결정이 처음 만들어질 때는 표면 자유에너지가 크므로 평형 상태보다 더 높은 과전위가 필요하다. 즉 결정화의 시작에 필요한 과전위는 따로 **결정화 과전위** $\eta_{crystal}$로 구별하는 경우도 있다. 또한 전극의 일부 또는 전해질의 저항과 전류세기를 곱한 것만큼, 즉 "I-R drop"이라 하는 전위차가 실험적으로 조절하는 전위차에 얹혀 나타나는 경우 이를 **저항 과전위**(ohmic overpotential)라 하여 η_{ohm}으로 나타내고, 전체 과전위는

$$\eta = \eta_{ct} + \eta_c + \eta_{crystal} + \eta_{ohm}$$

---

2) 그러나 과전위가 극도로 클 때에는 **Marcus** 이론은 반응속도가 과전위 증가에 따라 오히려 감소할 수도 있음을 예언한다. 그런 예측에 부합하는 실험 결과들도 있다. 참고: C. J. Miller, in *Physical Electrochemistry, Principles, Methods, and Applications*, I. Rubinstein, ed., Marcel-Dekker, 1995.

의 총합으로 나타내기도 한다. 그러나 "저항 과전위"라는 것은 실험이 이상적으로 되지 못하여 나타나는 착오이고 진정한 의미의 과전위라고 보기는 어렵다. 뒤에 실험 방법을 다룰 때 다시 논의될 것이다.

활성화 과전위 말고는 농도차 과전위가 보편적으로 일어나는 가장 중요한 과전위라고 할 수 있다. 농도분극이 극심하게 일어나면 전극 근처에는 반응물의 농도가 0에 접근하여 과전위가 증가하더라도 전류세기는 일정한 값 이상으로 증가하지 못하는 상황에 도달한다. 이때 흐르는 전류의 세기를 **한계전류**(limiting current)라 한다. 한계전류값이 측정되면 그 값을 이용하여 농도분극에 대한 보정을 할 수가 있다. 전류밀도가 작아서 농도분극이 일어나기 전 전극 근처의 반응물 농도를 c라 하고 전류세기가 커져서 전극 근처의 반응물 농도가 c^*로 줄어들었다면 전극 반응이 이 물질에 대하여 1차 반응이면 전류는 농도의 비로 줄어든다. 예컨대 음극 반응에 대한 (4.3.6)식은 다음과 같이 된다.

$$i = i^\circ \frac{c^*}{c} e^{-\alpha n f \eta} \tag{4.4.2}$$

한편 정류 상태(steady state)에서 반응물의 소모 속도는 확산에 의하여 전극에 도달하는 속도와 같다고 볼 수 있으므로 전류세기는 근사적으로 $(c-c^*)$에 비례한다고 생각할 수 있다. 한계전류 i_L은 c^*가 0일 때의 값이므로 $i_L/i = c/(c-c^*)$이다. 변형하면 $c/c^* = i_L/(i_L - i)$이다. 농도분극이 없었다고 가정할 때의 전류, 즉 농도분극에 대한 보정이 된 전류밀도를 i_{corr}이라고 하면

$$\begin{aligned} i_{corr} &= i^\circ e^{-\alpha n f \eta} \\ &= i \frac{c}{c^*} \\ &= i \frac{i_L}{(i_L - i)} \end{aligned} \tag{4.4.3}$$

$\log i_{corr}$을 η에 대하여 그리면 직선 모양의 Tafel 그림이 얻어진다.

다음과 같이 변형을 하면 과전위 η의 함수로 전류밀도 i를 계산하는 모사 계산(simulation) 작업에 편리하다.

$$\begin{aligned} i^\circ e^{-\alpha n f \eta} &= i \frac{i_L}{(i_L - i)} \\ i &= \frac{i^\circ e^{-\alpha n f \eta}}{[1 + \frac{i^\circ}{i_L} e^{-\alpha n f \eta}]} \end{aligned} \tag{4.4.4}$$

4.5 다단계 반응과 흡착의 영향

다른 화학 반응에서와 마찬가지로 전기화학 반응도 하나의 단계(elementary step)로만 이루어지지 않고 몇 개의 단계로 하나의 완결된 반응이 이루어지는 경우가 있다. 예컨대 수소 이온이 환원되어 수소 기체가 생기는 반응(hydrogen evolution reaction)에는 다음 여러 가지 단계들이 관여될 수 있다(10.3절 참조).

$$H_3O^+ + e^- \rightarrow H_{ad} + H_2O \qquad \text{(Volmer 반응)}$$
$$H_{ad} + H_2O \rightarrow H_3O^+ + e^- \qquad \text{(Volmer 반응의 역반응)}$$
$$H_{ad} + H_{ad} \rightarrow H_2 \qquad \text{(Tafel 반응)}$$
$$H_{ad} + H^+ + e^- \rightarrow H_2 \qquad \text{(Heyrovsky 반응)}$$

H_{ad}는 흡착된 수소원자를 나타낸다. 어떤 금속 전극에서 위의 첫째 반응과 둘째 반응이 나머지 반응들에 비하여 대단히 빠르게 진행된다면 $H_3O^+ + e^- \rightleftharpoons H_{ad} + H_2O$의 평형이 이루어졌다고 볼 수 있다. 이 평형 반응에서 전극전위와 농도 사이의 관계는 Nernst 형식의 식으로 주어질 것이다.

$$E = E^\circ + \frac{RT}{F} \ln \frac{[\,H^+\,]}{\Theta_H}$$
$$\Theta_H \sim [\,H^+\,]\exp(-f\eta)\,; \qquad \eta = E - E^\circ \tag{4.5.1}$$

Θ_H는 흡착된 수소 원자에 의한 **덮임률**(relative coverage)을 나타낸다. 또 Tafel 반응은 대단히 느리고 Heyrovsky 반응에 의하여 주로 수소 발생이 이루어진다면 Heyrovsky 반응에 의한 전류는 $k\Theta_H[\,H^+\,]\exp(-\alpha_c f\eta)$일 것이며 전체 전류는 그 2배이므로 다음과 같이 될 것이다.

$$\begin{aligned} i &= 2k\,\Theta_H[H^+]\exp(-\alpha_c f\eta) \\ &= 2k'[\,H^+\,]^2\exp(-(1+\alpha_c)f\eta) \\ &= 2k'[\,H^+\,]^2\exp(-\tilde{\alpha}f\eta) \end{aligned} \tag{4.5.2}$$

여기서 $\tilde{\alpha}$는 $\alpha_c + 1$과 같으며 α_c가 0.5 정도라면 $\tilde{\alpha} \cong 1.5$가 될 것이다. 이 경우 속도결정 단계인 Heyrovsky 반응에 대하여 $n = 1$임에도 불구하고 Tafel 기울기는 약 40 mV가 될 것이다.

위의 여러 반응들 중에서 Tafel 반응이 속도 결정단계인 경우에는 반응속도는 Θ_H의 제곱에 비례할 것이다. 그러면 전류는 $\exp(-2nf\eta)$에 비례할 것이고 $\tilde{\alpha} = 2$, Tafel 기울기는 약 30 mV가 될 것이다. 이처럼 α는 0.5 근처인데 반하여 $\tilde{\alpha}$ 는 좀더 넓은 범위의 값을 가지며 복합적인 요인으로 결정된다. 그러므로 α를 **대칭인자**(symmetry factor)라 하고 $\tilde{\alpha}$를 **이동계수**(transfer coefficient)라고 하여 구별된 개념으로 다루기도 한다. 즉 퍼텐셜 에너지 곡선의 대칭성으로부터 생기는 단일 단계의 대칭인자와 다단계 반응에서 퍼텐셜에 의존하는 평형의 영향이 겹쳐져서 나타나는 인자인 이동계수가 있는 것이다.

전극의 전위에 따라 양이온과 음이온이 전극 표면에 흡착되는 것은 물론이고 중성분자도 3장에서 다룬 바와 같이 그 흡착되는 정도가 전극 퍼텐셜에 크게 좌우된다. 따라서 전극전위는 활성화 에너지에 대한 영향뿐 아니라 반응물질의 유효농도를 변화시킬 수 있는 이유로 전류에 미치는 영향을 복잡하게 할 수 있다. 예컨대 중성 분자들은 영전하 전위 근처에서는 많이 흡착되지만 거기에서 멀어지면 흡착이 되지 못하므로 이런 분자들이 반응물로서 참여하는 반응의 속도는 과전위가 크게 걸려도 전류밀도가 오히려 작아지는 경우들이 있다.

■ **흡착등온식**   전극 표면에 흡착하는 분자들의 흡착량은 일차적으로 용액 속에 있는 그 물질의 농도 c에 따라서 증가할 것으로 생각할 수 있다. I. Langmuir는 표면의 비어 있는 자리들만이 흡착에 쓰일 수 있다는 생각을 하였다. 덮임률을 θ라 하면 흡착의 속도는 $(1-\theta)c$에 비례할 것이고 탈착 속도는 θ에 비례할 것이다. 그러므로 얻어지는 θ와 농도 c 사이의 관계   Langmuir 흡착등온식(adsorption isotherm)은 다음과 같다.

$$K = \frac{\theta}{c(1-\theta)} \quad \text{또는} \quad \theta = \frac{cK}{1+cK} \qquad (4.5.3)$$

여기서 K는 평형상수이다. 덮임률은 낮은 농도에서는 농도에 비례하나 진한 용액에서는 포화 현상을 나타낸다.

Frumkin은 흡착된 분자 상호간의 작용에 의하여 평형상수가 달라지므로 다음과 같은 등온식이 성립한다고 하였다.

$$\frac{\theta}{1-\theta} = cK' \exp(a\theta) \qquad (4.5.4)$$

여기서 a는 흡착 분자들 사이의 상호작용이 θ에 비례할 때의 비례상수이다.

Temkin은 보통 전극 표면은 불균일한 표면이며, 표면에는 흡착 에너지가 다른 여러 가지 다른 자리(site)들이 있어 각 종류의 자리들에서의 흡착 자유에너지는 흡착 정도 s에 비례하여 변한다고 가정하였다. β를 비례 에너지로 하여

$$\Delta G_{\text{ads}} = \Delta G_{\text{ads}}^{\circ} + \beta s \qquad (4.5.5)$$

이 가정으로부터 얻어지는 Temkin 흡착등온식은 다음과 같다.[3]

$$\theta = \frac{RT}{\beta} \ln \frac{1 + cK}{1 + cK \exp\left(-\dfrac{\beta}{RT}\right)} \qquad (4.5.6)$$

중간 정도의 덮임률에 해당하는 $cK \gg 1 \gg cK \exp(-\beta/RT)$인 조건에서는 다음과 같이 간단한 Temkin 등온식이 얻어진다.

$$\theta \cong \frac{RT}{\beta} \ln cK$$

다결정성 금속 전극의 경우 잘 맞는 등온식이다.

흡착된 물질의 반응전류밀도는 대개의 경우 θ에 비례하므로 각 경우에 잘 맞는 흡착등온식을 이용해야 한다.

참고자료 : 좋은 기준전극의 조건

전기화학적 실험에서는 전극들의 전위를 조절 또는 측정하기 위하여 2장에서 설명한 바와 같이 여러 가지 기준전극들 중에 하나를 선택하여 쓴다.[4] 기준전극은 그를 통하여 전류가 흐르게 하는 목적으로 사용하는 것은 아니고 전류가 기준전극을 통하여서는 거의 흐르지 않도록 된 조건하에서 다른 전극과 그 전위를 비교하는 데만 사용된다. 그러나 실제로는 부주의로 인해서나 계기의 결함으로 인하여 약간의 전류는 기준전극을 통하여도 흐를 수가 있다. 그림 4.1.1 또는 그림 4.3.1, 그림 4.3.2 등에서 본 것처럼 전류가 흐르면 그 세기에 따라 전위가 바뀌므로 한 전극을 일정한 전위의 기준으로 믿을 수가 없게 된다. 또한 한번 전류가 흐르면 전극물질들의 농도분극이 일어나서 전류가 끊긴 다음에도 상당한 기간 퍼텐셜에 영향이 남는다. 기준전극으로 사용하기에 적당한 전극은 전위-전류 그림들에서 곡선의 기울기가 큰 것, 즉 전류가 0에서 벗어나더라도 전위는 평형값으로부터 별로 바뀌지 않는 전극이다. 이것은 교환전류밀도의 값이 큰 것을 의미한다.

또한 전극의 표면적이 넓으면 같은 크기의 전류에 대하여도 전류밀도는 낮아지므로 전위에 미치는 영향이 작아서 좋다. 흔히 쓰이는 칼로멜 전극이나 Ag/AgCl 전극 등은 전극 반응이 잘 일어나서 교환전류밀도가 크고 전극물질간의 접촉 면적이 커서 전위가 안정적으로 일정한 값을 나타내도록 만들기 쉬운 것들이다. 포화 칼로멜 전극과 같은 경우에는 전극과 접촉하여 있는 용액이 전해질로 포화되어 있어 용매의 증발이나 반응의 진행에도 불구하고 농도가 일정하게 유지되어 전위가 안정적이다. 공기로부터 산소가 들어가 환원될 수 있고 또는 용액 중 수소이온이 환원될 수도 있어 전

---

3) J. O'M. Bockris and S. U. M. Khan, *Surface Electrochemistry; A Molecular Level Approach*, Plenum, 1993, p263 ; J. koryta, J. Dvorak, L. Kovan, *Prinliples of Electrochemirstry*, 2nd Eds., Wiley 1993, p.228.
4) D. J. Ives and G. J. Janz, Eds., *Reference Electrodes, Theory and Practice*, Academic Press, 1961.

극 전위에 영향을 미칠 수도 있으나 주된 전극반응에 대한 교환전류의 값이 큰 전극에서는 이런 것이 문제되지 않는다.

4.6 전류와 더불어 변하는 전지의 전압

전지로부터 상당량의 전류를 끌어 쓸 때의 전지의 출력 전압은 전류를 끌어쓰지 않을 때의 전지 전압보다 작은 것을 흔히 경험한다. 이것은 그림 4.6.1과 같이 전지 속의 각 전극의 전위가 전극 반응의 속도, 다시 말하면 전류의 세기에 따라 변하는 것으로 설명된다.

보통 전원으로 사용하는 전지, 즉 갈바니 전지가 사용되지 않을 때에는 전류가 흐르지 않는 평형 상태에 있으므로 두 전극에서는 모두 $\eta = 0$이고 전지가 나타내는 전압은 두 전극의 평형 전위차인 E_{rev}이다 (E_{rev}는 전기 기술 용어로는 "**열린회로 전압**-open circuit voltage"이다). 그러나 전류가 흐르기 시작하면 아래 그림의 오른쪽 전극에 해당하는 +전극은 −의 과전위를 갖고 왼쪽의 −전극은 +의 과전위를 갖는다. 따라서 전지의 출력 전압 E_{cell}은 E_{rev}보다 작은 E_1이 된다. 이런 전지와 반대로 외부 전원을 연결하여 전기분해를 일으키는 경우 또는 전지를 충전하는 경우는 위 그림의 E_2에 해당하는 E_{cell}이 걸린다. 즉 +전극에는 +의 과전위, −극에는 −의 과전위가 걸리기 때문에 평형 전지 전압보다 큰 전압이 걸려야 반응이 진행된다. 이런 관계를 표 4.2에 요약하였다.

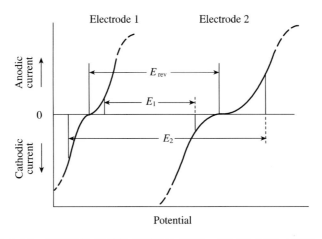

그림 4.6.1   전지에서 각각의 전극에서 흐르는 전류와 전압 사이의 관계

표 4.2   갈바니 전지와 전기분해 장치의 비교

전지의 종류	전극 사이의 전위차	에너지 변환
갈바니 전지(galvanic cell)	$E_{cell} <$ 평형 전위차 (사용중)	화학 에너지 → 전기 에너지
전해조(electrolytic cell) 또는 전지의 충전	$E_{cell} >$ 평형 전위차	전기 에너지 → 화학 에너지

4.7 반도체 전극과 금속 전극에 대한 이론

일반적으로 전기에 대한 부도체에서는 외부로부터 전기장이 가해져도 전자들이 이동할 수 없는 데 반하여 금속에서는 전자들이 자유롭게 전기장의 영향에 따라 이동할 수 있다. 띠 이론(band theory)으로 말하면[5] 고체 속에 있는 원자 오비탈들의 중첩으로 전자들이 들어갈 수 있는 양자역학적 상태들이 생기는데, 이 상태들 사이의 에너지 차이가 미세하므로 많은 상태들이 연속적으로 배치되어 띠를 이루고 있다. 에너지 높이 ε에 따라 상태들이 얼마나 많이 있는지를 나타내는 함수를 **상태밀도**(density of state)라고 한다. 상태밀도 $D(\varepsilon)$는 단위 에너지 폭 안에 있는 상태의 수이며 $D(\varepsilon)d\varepsilon$은 에너지 폭 $d\varepsilon$ 속에 있는 상태의 수를 나타낸다.

그림 4.7.1의 세로 좌표축(굵은 수직선)들의 왼쪽 부분은 에너지 높이 ε에 따른 상태밀도 $D(\varepsilon)$를 곡선으로 나타낸다. 왼쪽 그림의 D 곡선은 금속의 $D(\varepsilon)$를 나타내는데, 그 모양은 금속에 따라 다르나 금속들의 공통적인 특징은 D가 연속적인 곡선으로 그림 범위 내의 모든 에너지 값에 대하여 0이 아닌 값을 가진다는 것이다. 오른쪽 그림은 반도체에 대한 것으로서, 여기서는 D의 값이 0이 되는 에너지의 범위, 즉 에너지 값 ε_v에서 ε_c까지의 범위가 있다는 점이 금속과 다르다. 즉 반도체에는 금속과 달리 어느 범위의 에너지를 가지는 전자는 있을 수 없는데, 그 이유는 그 범위 내에 전자가 들어갈 수 있는 상태가 없기 때문이다.

한편 에너지 높이 ε의 상태가 전자로 채워질 확률(점유율) $f(\varepsilon)$은 다음과 같은 Fermi-Dirac 분포함수이다.

$$f(\varepsilon) = \frac{1}{e^{(\varepsilon - \varepsilon_F)/RT} + 1} \tag{4.7.1}$$

에너지 값이 Fermi 수준에 해당할 때, 즉 $\varepsilon = \varepsilon_F$일 때, $f(\varepsilon)$은 1/2이다. 절대 0도 근처

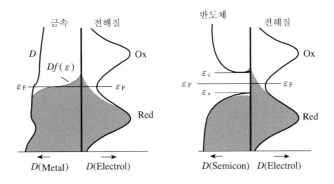

그림 4.7.1 금속(좌)과 반도체(우)의 전자분포와 전해질의 상태분포

5) C. Kittel, *Introduction to Solid State Physics*, 6th Ed., Wiley & Sons, 1996 ; N. Sato, *Electrochemistry at Metal and Semiconductor Electrodes*, Elsevier, 1999

에서는 ε값이 ε_F 보다 큰지 작은지에 따라 $f(\varepsilon)$은 급격히 변하는 함수로서 $\varepsilon > \varepsilon_F$이면 $f(\varepsilon) = 0$이고, $\varepsilon < \varepsilon_F$이면 $f(\varepsilon) = 1$이다. 그러나 상온 근처에서는 f는 ε의 증가에 따라 점진적으로 감소하는 함수이다. $(\varepsilon - \varepsilon_F) > RT$이면 $f(\varepsilon) \sim \exp[(\varepsilon_F - \varepsilon)/RT]$와 같이 Boltzmann 인자와 비슷한 분포함수이다.

전자에 의한 점유율 $f(\varepsilon)$과 D를 곱한 것이 전자밀도가 된다. 그림 4.7.1에서 전자밀도는 회색으로 칠한 부분의 폭으로 나타내었다. 에너지가 낮은 상태의 전자들은 원자들 간의 결합에 기여하는 전자들이고 에너지가 높은 상태의 전자들은 자유로 이동함으로써 전도도에 기여할 수 있는 전자들이다. 낮은 상태들의 띠를 **결합띠**(valence band)라 하고 높은 상태들의 띠를 **전도띠**(conduction band)라 한다.

금속의 경우 페르미 에너지 ε_F 근처에 전도띠가 있어 전기장의 영향으로 쉽게 이동할 수 있는 전자들이 많으므로 전기의 좋은 도체이다. 한편 반도체의 경우에는 ε_F 근처에서 그림 4.7.1의 오른쪽 그림에서 보는 바와 같이 $D = 0$이고 ε_c와 ε_v 사이에 전자가 들어갈 수 있는 상태가 전혀 없다. 이 간격 ε_g를 **띠간격**(band gap)이라고 한다. 띠간격의 크기는 보통의 반도체들 중에서 대체로 $2 \sim 3 \text{ eV}$ 내외의 값을 가지는 것이 많다. 따라서 위쪽의 띠, 즉 전도띠에는 전자가 아주 적게 들어 있고 아래쪽 띠, 즉 결합띠에는 전자의 비어 있는 **구멍**(hole)이 약간 있다. 이 비어 있는 구멍이란 것은 원자들의 양전하를 중화하기에 전자수가 모자라는 상태이므로 $+$의 전기를 띤다. 전도띠에 적게 나마 들어 있는 전자($-$전 하)와 결합띠에 역시 적으나마 존재하는 **(전자)구멍**($+$전하)은 전기장의 영향으로 이동할 수 있으므로 반도체는 약간의 전도성을 나타내는 것이다. 부도체들의 경우에는 띠간격이 반도체보다 수 eV 이상 더 커서 전도띠 속에 전자가 없고 결합띠 속에 전자구멍도 없다.

그림에서 세로 좌표축의 오른쪽에 있는 곡선들은 전해질 속에 있는 산화 상태와 환원 상태의 분포함수를 나타내는데, 전해질과 접촉하고 있는 것(전극)이 금속인 경우에나 반 도체인 경우에나 그림 4.7.1과 같이 전해질의 Fermi 수준이 전극의 것과 같을 때는 평형 상태이다. 전자는 전극의 채워진 상태에서 전해질의 비어 있는 상태로, 또 반대로 전해질 의 채워진 상태에서 전극의 비어 있는 상태로 약간씩 이동하나 그 이동하는 정도가 같아 서 서로 상쇄하므로 외부 회로에서 관찰되는 전류는 0이다.

전극 전위가 평형 전위값으로부터 벗어나면 전극의 전자 에너지가 그림 4.7.2와 같이 달라진다. 즉 전자의 전하는 $-$이므로 그림의 왼쪽 경우와 같이 전극 전위가 $-$ 쪽으로 벗어나면 페르미 에너지는 높아지고, 반도체의 에너지가 높은 쪽에 많은 전자가 배치되 어 이들은 용액 중의 산화된 상태의 물질에 전달된다(환원전류). 전극 전위가 $+$쪽으로 벗어나면 그 반대로 되어 산화전류가 커진다. 어느 한쪽으로의 전자 흐름이 우세하므로 외부 회로로 전류가 흐른다.

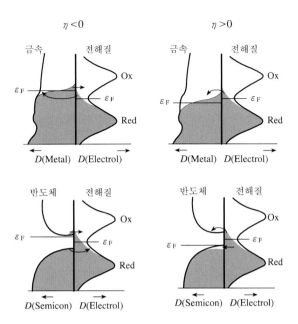

그림 4.7.2 전극과 전해질의 전자분포와 전자의 이동. 위의 두 그림은 금속 전극의 경우이고 아래 두 그림은 반도체 전극에 대한 것. 왼쪽은 전극에 −과전위가 걸려 전자 에너지가 높아진 경우이고 오른쪽은 그 반대의 것이다. 화살표는 전자의 이동을 나타낸다.

전류의 세기는 대체로 지수함수적으로 될 요인이 여기 있다. 즉, 전자의 분포나 전자구멍의 분포는 모두 전위의 영향을 받는 볼츠만 인자와 비슷하게 결정되므로 과전위가 아주 큰 극단적인 경우가 아니면 전류세기가 전위에 따라 Butler-Volmer 식과 비슷하게 지수함수적으로 증감하는 것이다.

4.8 반도체 전극에서의 전기화학과 광전기화학

앞에서 설명한 바와 같이 반도체 물질에서는 전도띠의 에너지가 가장 낮은 상태와 결합띠의 가장 높은 상태 사이에는 전자가 들어갈 수 없는 간극이 있다. 그림 4.8.1은 전극 표면으로부터의 수직 거리를 수평축으로 하고 전자의 에너지 수준을 세로축에 표시한 그림인데 여기에서 전도띠에서 가장 낮은 에너지 수준은 ε_c이고 결합띠 중에서 가장 에너지가 높은 수준은 ε_v이다 (ε_c와 ε_v는 분자궤도의 LUMO와 HOMO에 각각 해당한다).

페르미 에너지 수준 ε_F는 ε_c와 ε_v 사이에 있다. 주기율표 14족의[6] 실리콘에 15족의

6) 여기서 "14족", "15족" 이라 함은 종래 4, 5족이라 부르던 주기율표상의 족의 이름을 새로운 IUPAC의 권장에 따라 바꾼 것이다.

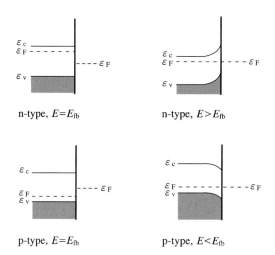

그림 4.8.1 반도체 전극의 띠간격과 띠 구부러짐, 및 광전기화학적 반응에서의 전하 이동. 위쪽의 두 그림은 n-형 반도체, 아래쪽 두 그림은 p-형 반도체이다. 오른쪽 두 그림은 E 와 E_{fb} 가 같지 않아서 띠 구부러짐이 일어난 상태이다.

P, As와 같은 전자 주개(donor) 원소를 혼입(doping)하면 ε_F 가 ε_c 에 가까워 지고 전자가 전도띠에 들어 있는 n-형 반도체가 되고, 반대로 13족의 Ga, In 등의 전자 받개를 실리콘에 혼입하면 ε_F 가 ε_v 에 가까워 지고 전자구멍이 결합띠에 생긴 p-형 반도체가 된다. TiO_2, CdS, InP 등과 같은 화합물 반도체에서는 원소들의 결합비가 화학양론적 결합비와 약간 차이 남에 따라서 n-형 또는 p-형 반도체가 된다. TiO_2 와 같은 산화물은 가열 또는 수소 처리에 의하여 쉽게 n-형 반도체가 된다.

반도체 표면이 전해질 용액과 접촉하고 있을 때 용액 속에 있는 산화 또는 환원 상태 물질들 사이의 페르미 수준과 반도체의 페르미 수준이 일치한 평형 상태에서는 반도체 표면 근처에서는 깊이에 따라 가장자리 에너지들 ε_c 와 ε_v 가 그림의 오른쪽과 같이 구부러진다. 즉 **띠구부러짐**(band bending)이 일어난다. 전극의 전위 E 가 올라가면 페르미 에너지는 낮아진다(전자의 전하는 −이므로). 이때 띠는 위로 굽는다. 어떤 특정한 전위에서만 띠의 구부러짐이 없어지는데 이 전위를 **평활 전위**(flat band potential)라고 한다. 그림 4.8.1에서 평활 전위를 E_{fb} 로 나타내었다. 그림 왼쪽은 띠구부러짐이 없는 평활 전위에서 전해질과 반도체 전극의 페르미 수준이 다름을 보여 주고 있다. 반도체 전극이 전해질과 평형에 있을 때(전해질과 반도체의 ε_F 가 서로 같을 때)를 포함하여 일반적으로 임의의 전극 전위에서 띠들은 구부러진 상태에 있다. 전해질 속의 반응물과 전극 사이의 전자이동은 전극 전위의 영향을 받는 것은 금속 전극의 경우와 비슷하다.

전극 표면 근처에서는 띠 구부러짐 때문에 전자는 띠 에너지가 낮은 쪽으로(n-형 반도체의 경우 반도체 내부 쪽으로), 구멍은 그 반대쪽으로 이동한다. 에너지 높이는 전자를 기준하여 그려졌기 때문에 그림에서 전자구멍에 대하여는 위쪽이 에너지가 낮은 쪽이다. 그러므로 전자는 구부러진 띠를 따라 "굴러 내려"가고 전자구멍은 "굴러 올라"간다. 전자와 전자구멍이 서로 반대 방향으로 이동하기 때문에 반도체 표면에 가까운 내부에는 깊이에 따라 변하는 전기의 분포, 즉 **공간 전하**(space charge)가 생긴다. 전해질 용액 쪽에 전기이중층이 생기는 것과 마찬가지이며 전기 퍼텐셜도 상당한 깊이까지 변한다. 이 점은 금속과 완연히 다른 점이다.

표면 가까이 있는 전자구멍(h^+)은 전해질 속의 물질 R을 산화시킬 수 있으며, 표면 가까이 있는 전자는 대전극인 금속 전극으로 이동하여 전해질 속의 물질 O를 환원시킬 수 있다.

$$R + h^+ \rightarrow O; \quad O' + e^- \rightarrow R' \ (E > E_{fb} 인 \ 경우)$$

산화 또는 환원전류의 세기는 금속 전극의 경우와 비슷하게 전위의 영향을 받는다.

4.8.1 광화학 전지

그림 4.8.2의 (A)는 전해질 용액이 한편으로는 반도체 전극과, 다른 한편으로는 금속과 접촉하여 전기적 평형을 이루고 있는 모양을 나타낸다. 여기서는 n-형 반도체를 예로 들어 나타내었다. 반도체와 전해질, 및 금속의 페르미 수준은 같은 높이에 있고 이때 앞서 말한 바와 같이 전도띠와 결합띠는 굽어 있다.

(B)는 반도체-전해질 계면에 광선을 비추어 띠간격보다 큰 에너지($h\nu$)를 갖는 광자가 흡수될 때 결합띠에 있는 전자가 전도띠로 올라가는 상황을 보이고 있다. 결합띠에는 전자구멍이 생긴다. 그 결과 반도체의 두 띠의 에너지는 계면에서의 띠 간격만을 그대로 둔채 전체적으로 올라가 띠 구부러짐의 정도는 줄어든다. 전자와 전자구멍은 다시 만나 결

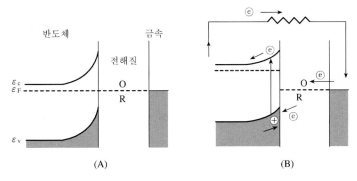

그림 4.8.2 광화학 전지의 작용. (A)는 광이 없을 때의 반도체, 전해질, 금속 전극 사이의 평형을 나타내며, (B)는 광 에너지를 흡수하여 전자와 구멍이 생기고 띠 에너지들이 높아짐을 나타낸다.

합함으로써 열 에너지를 내면서 소멸될 수도 있으나, 띠 구부러짐에 의하여 전자는 반도체 내부 쪽(띠 에너지가 낮은 쪽)으로, 구멍은 표면 쪽으로 이동하기 때문에 재결합은 억제된다. 전해질과 금속 전극의 전위에는 변함이 없고 반도체 전극의 퍼텐셜만 낮아지기 때문에(전자의 에너지가 높아지는 것은 전기 퍼텐셜이 낮아지는 것임을 유의하여야 함) 금속 전극과 반도체 전극 사이에는 전위차가 생긴다. 이렇게 된 것이 광전기화학 전지 (photovoltaic cell)이다. 이 전위차에 의하여 전류가 흐를 수 있다. 광 에너지가 전기 에너지로 변환되는 것이다. 전해질 속에 산화종(그림의 O)이 있을 때 금속 전극으로부터 전자를 받아 환원될 수 있고 환원된 것(그림의 R)은 그의 전자가 반도체 결합띠의 구멍과 결합하여 소멸된다. 이런 반응들이 계속되면 전기분해에 해당하므로 광 에너지로 전해 반응을 일으키는 것이 가능하다. 이렇게 쓰이는 장치는 광전해 셀(photoelectrolysis cell) 이다. 1970년대에 Fujishima와 Honda[7]가 n-형 TiO_2(rutile) 전극을 써서 물을 처음으로 전기분해하는 데 성공한 것이 실제적인 광전기화학의 효시라 할 수 있다. 산 용액을 쓰면 TiO_2 전극과 대전극 (Pt)에서의 반응을 다음과 같이 나타낼 수 있다.

$$TiO_2 \text{ 전극}   2H_2O + 4h^+ \rightarrow 4H^+ + O_2$$

$$Pt \text{ 전극}   4H^+ + 4e^- \rightarrow 2H_2$$

Rutile형 TiO_2는 대단히 안정한 물질이나 띠간격이 3.0 eV나 되어 가시광선의 한쪽 끝과 자외선만을 흡수할 수 있다. 태양광선의 많은 부분을 차지하는 가시광선을 이용하려면 III-V족 화합물 반도체들(예 : GaAs) 또는 II-VI족 화합물 반도체 (예: CdS) 등과 같이 띠 간격이 3 eV 미만인 것들을 쓰는 것이 좋겠으나 이런 반도체 물질들은 부식을 쉽게 받는 등 안정성의 문제가 있어 실용화되기 어렵다. 제조 방법에 따라 광양자효율이 비교적 크고 안정성이 좋은 전극물질을 찾는 노력이 부분적이나마 성공을 하고 있다.

광에 의하여 표면 가까이 생기는 전자 또는 구멍의 밀도와 그들의 에너지 높이에 따라 전극 반응의 속도가 결정되므로 빛이 없을 때 일어날 수 없는 반응이 빛을 쪼일 때만 일어나면 이것이 광전기화학 반응이며 빛이 없을 때와 빛이 비춰질 때의 전류의 차이는 **광전류(photocurrent)**이다(그림 4.8.3). 대체로 그림 4.8.1로 짐작할 수 있는 바와 같이 n-형 반도체에서 일어나는 광전기화학 전류는 전자구멍에 의한 산화전류이고 p-형 반도체에서 일어날 수 있는 것은 환원전류이다.

최근 TiO_2는 에너지 변환이 아닌 유용한 광전기화학적 응용에 쓰이고 있는 일이 흥미롭다. 즉 벽면에 흡착하는 냄새의 원인 물질, 세균, 오염 물질 등을 조명 장치에서 나오는 미약한 광선으로 파괴하는 데 효과가 크다는 것이 발견된 것이다 (참고문헌 Fujishima 참조).

---

7) A. Fujishima and K. Honda, *Nature*, **238**, 37 (1972).

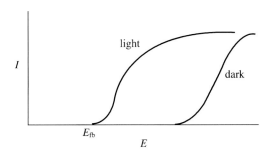

그림 4.8.3 반도체 전극에서의 광전기화학적 전류

4.8.2 반도체 전극의 커패시턴스

앞에서 본 바와 같이 반도체가 전해질과 접촉하면 일반적으로 표면 가까이에 띠구부러짐이 일어나고 공간 전하가 있는 꽤 두꺼운 층이 생긴다. 이것은 전해질 용액 쪽에 생기는 전기이중층과 흡사한 또 하나의 전기이중층이다. 그러므로 이 전기이중층에 대하여도 3장에서 취급한 용액 쪽의 전기이중층에 대한 취급과 같은 취급을 할 수 있다.[8] 전기장의 세기에 대하여는 (3.3.8)식과 같은 식이 얻어질 것이나, 다른 점은 적어도 두 가지 이온이 있는 전해질과는 달리 반도체에서는 주된 전하운반체 (예컨내 n-형 반도체에서는 전사) 만을 고려하면 되므로 (3.3.8)식에 있는 여러 항에 대한 합산(Σ)은 필요치 않다. 반도체 내 공간전하에 의한 커패시턴스 C_{sc}에 대하여는 (3.4.1)식에 해당하는 식으로 다음과 같은 Mott - Schottky 식이 얻어진다.

$$C_{sc} = \left(\frac{e^2 \varepsilon N_c}{2kT} \right)^{1/2} \left(-\frac{e \Delta \phi}{kT} - 1 \right)^{-1/2} \tag{4.8.1}$$

여기서 N_c는 전하운반체 밀도, $\Delta \phi$는 반도체 내부와 표면 사이의 전위차이다. $\varepsilon = \varepsilon_r \varepsilon_0$를 써서 변형하면 다음과 같이 이용하기 편리한 식이 된다.

$$\frac{1}{C_{sc}^2} = \frac{2}{e \varepsilon_r \varepsilon_0 N_c} \left(-\Delta \phi - \frac{kT}{e} \right) \tag{4.8.2}$$

$\Delta \phi = E_{fb} - E$인 관계를 이용하고, C_{sc}는 $\mu F cm^{-2}$ 단위로, N_c는 cm^{-3} 단위로 나타내려면 $T = 298$에서 다음과 같이 된다.

---

8) H. Gerischer, *Advances in Electrochemistry and Electrochemical Engineering*, **1**, 139(1961); H. Gerischer, in *Physical Chemistry: An Advanced Treatise*, H. Eyring, D. Henderson, and W. Jost, Eds., Vol IXA, Academic Press, 1970.

$$\boxed{\frac{1}{C_{sc}^2} = \frac{1.41 \times 10^{20}}{\varepsilon_r N_c} (E - E_{fb} - 0.0257)}$$ (4.8.3)

보통 반도체의 공간전하에 의한 커패시턴스는 전해질 쪽의 값 $20\,\mu F\,cm^{-2}$에 비하여 월등히 작은 $0.001 \sim 1\,\mu F\,cm^{-2}$ 정도밖에 되지 않는다. 그런데 반도체의 커패시턴스와 전해질 쪽의 전기이중층 커패시턴스는 직렬로 연결된 것으로 볼 수 있다. 그러므로 전해질 용액에 반도체 전극을 넣고 전체 커패시턴스를 측정하면 얻어지는 값은 반도체 자체의 작은 값이다. $1/C_{sc}^2$을 E에 대하여 도시하면(Mott-Schottky plot) 실제로 직선이 얻어지며, 직선의 기울기로부터 N_c를 구할 수가 있고 연장하여 얻는 E축상의 절편으로부터 평활전위 E_{fb}를 얻는다 (그림 4.8.4).

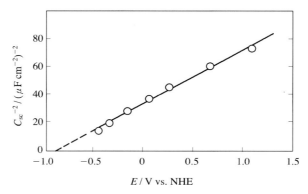

그림 4.8.4 묽은 황산 용액 중에 담근 n-형 GaP 반도체의 커패시턴스로 얻은 Mott-Schottky 그림.

참고문헌

1. A. C. Fisher, *Electrode Dynamics*, Oxford Press, 1996.

2. P. Delahay, *Electrical Double Layer and Electrode Kinetics*, Wiley, 1965. Part 2.

3. K. J. Vetter, *Electrochemical Kinetics: Theoretical and Experimental Aspects*, Academic Press, 1967.

4. E. Gileadi, *Electrode Kinetics for Chemists, Chemical Engineers, and Materials Scientists*, VCH Publishers, 1993.

5. S. R. Morrison, *Electrochemistry at Semiconductor and Oxidized Metal Electrodes*, Plenum, 1980.

6. K. Uosaki and H. Kita, in *Modern Aspects of Electrochemistry*, No. 18, R. E. White, J. O'M. Bockris, and B. E. Conway, Eds., Plenum, 1986.

7. A. Fujishima, K. Hashimoto, T. Watanabe, TiO_2 *Photocatalysis: Fundamentals and applications*, BKC, Inc. Tokyo, 1999.

8. C. H. Hamann, A. Hammett, W. Vielstich, *Electrochemistry*, Wiley-VCH, 1998, Chapter 4.

9. J. McHardy and F. Ludwig ed., *Electrochemistry of Semiconductors and Electronics: Processes and Devices*, Noyes Publications, Park Ridge, NJ 1992.

연습문제

1. Fe^{2+}와 Fe^{3+}이온을 포함하는 온도 293 K의 어떤 용액에서 $Fe^{2+} \rightleftarrows Fe^{3+} + e^-$ 반응의 평형 전위는 0.75 V이었다. 전위에 따른 환원전류의 크기가 다음과 같았다면 전자전달계수(transfer coefficient or symmetry factor)는 얼마인가?

$E/$V	0.7	0.65	0.60	0.55	0.50
$I/$mA	4.3	12.2	27.0	64.2	144

2. 백금 전극에서 $Fe^{2+} \rightarrow Fe^{3+} + e^-$ ($E° = 0.77$ V) 반응이 일어날 때 교환전류밀도(exchange current density)는 $i° = 2.56 \, mA \, cm^{-2}$이고 이 산화전류에 대한 대칭인자(symmetry factor)는 $\alpha_a = 0.5$이다. $E = 1.00$ V에서 $10 \, cm^2$의 전극면에서 일어날 반응전류값을 구하라.

3. 백금 전극에서 수소발생 반응에 대한 교환전류밀도는 $0.80 \, mA \, cm^{-2}$이다. 1-전자 반응에 의하여 속도가 결정된다고 가정하고 과전위가 3 mV일 때 전류밀도는 얼마인가? 이 계산을 하는 데 전자전달계수가 필요한가?

☞ $0.093 \, mA \, cm^{-2}$, 필요치 않음.

4. pH $= 0$인 용액에 있는 백금 전극에서 수소 발생 반응에 대한 교환전류밀도는 $0.80\,\mathrm{mA\,cm^{-2}}$이고 전달계수는 0.50이라면 전극 넓이가 $5\,\mathrm{cm^2}$일 때 $-0.12\,\mathrm{V}$에서 흐르는 전류는 얼마인가? 1-전자 반응에 의하여 속도가 결정되고 농도분극의 영향은 무시할 수 있다고 가정하라.

☞ 41 mA

5. (a) Langmuir 흡착등온식 (adsorption isotherm)을 만든 기본 가정을 쓰고, (b) 농도와 덮임률 사이의 관계를 수식으로 나타내라.

6. 어떤 전극에 반응물질이 Langmuir 식에 따라 흡착되고 흡착된 분자들만 전극 반응으로 환원되는 경우에는 전류밀도가 용액 중 반응물질의 농도와 과전위로부터 어떤 영향을 받을까 예측하라 (전극 반응은 흡착평형의 도달속도에 비하여 대단히 느리다고 가정할 때 또는 그 반대의 경우를 상정하여).

7. 백금의 원자 반지름은 139pm이다. fcc 구조를 가지는 백금 단결정의 (111) 표면 $1\,\mathrm{cm^2}$에 노출된 원자 수는 얼마인가? 어떤 분자들이 백금 원자마다 하나씩 붙어 단분자층을 이룰 수 있다고 가정하고 표면 덮임률이 1.0일 때 표면 $1\,\mathrm{cm^2}$에 흡착되는 분자들의 몰수를 구하라.

☞ $2.48 \times 10^{-9}\,\mathrm{mole\,cm^{-2}}$

5

전해질 용액

5.1 전해질

전기화학 시스템의 한 요소는 전해질 용액이다. 그 속에 들어 있는 이온들의 이동에 의해서 전류를 통하는 매체이다. 전해질(electrolyte)은 원래 염과 같은 이온결합 화합물이거나 용매(물)와의 반응으로 양이온과 음이온을 만드는 산 염기 등의 공유결합 화합물들이다. 하나의 염에서와 마찬가지로 용액 속에서 양이온과 음이온은 공존하고, 서로 반대 부호의 전기량을 정확히 상쇄하는 농도로 들어 있다. 즉 용액 내부에서 항상 **전기적 중성** (electroneutrality)이 이루어진다. 단위 부피 속의 양이온, 음이온의 개수를 각각 N_+, N_-로 나타내면,

$$N_+ z_+ = -N_- z_- \qquad (5.1.1)$$

이 식은 양이온의 농도 N_+와 그 전하 z_+를 곱한 것이 음이온의 농도 N_-에 그 전하 z_-를 곱한 것과 크기는 같고 부호가 반대임을 나타낸다. 이러한 전기적 중성은 용액의 모든 부분에서 성립하는데, 다만 전극 근처, 즉 전기이중층에서는 3장에서 살펴본 바와 같이 부분적으로 양전하와 음전하가 분리되어 있어 공간 전하가 있다. 그러나 전기이중층의 전기량의 총합은 역시 +전기와 −전기가 서로 상쇄하여 0이 된다. 이온의 이동에 의하여 전류가 용액 중을 흐르는 경우에도 역시 전기적 중성은 유지된다.

염들은 용액 상태에서 뿐만 아니라 용매 없는 용융 상태에서도 이온의 움직임에 의하여 전류의 도체가 된다. 실제로 비교적 높은 온도에서 여러 가지 **용융염**(molten salt)들은 전기화학 공정이나 연료전지에서 전해질로 쓰인다.

용액 중 이온들은 그들의 전기 전하에 의하여 주위에 전기장을 형성하며, 용매 분자들과 상호작용을 하는데, 특히 물과 같이 쌍극자모멘트가 있는 용매 분자는 작은 이온에 단

단히 묶이는 **용매화**(solvation)가 일어난다. 용매화된 이온은 움직일 때 이온과 그를 둘러싼 여러 용매 분자들이 한 덩어리로 움직인다. 용액 중의 이온들이 열운동에 의하여 끊임없이 움직이고 있으나 이온간의 정전기적 인력과 반발은 열운동의 에너지에 비하여 무시할 수 없는 이온간 상호작용을 하여 이온들의 이동성과 열역학적 성질에 영향을 미친다. 이온의 이동성과 전기 전도에 관하여는 다음 장에서 확산 등의 문제와 함께 다루고 이 장에서는 활동도와 그 밖의 열역학적 성질에 대하여 다룬다.

물은 전해질의 용매로서 가장 많이 쓰여 왔고 오랫동안 연구되었지만 물 아닌 용매도 전해질 용액을 만드는 데 쓰인다. 사용하는 목적에 따라 여러 가지 유기물질, 예컨대 아세토니트릴, 프로필렌카보네이트, 에탄올 등이 용매로 쓰이고 이들 용매에 잘 녹는 사알킬암모늄 염, 과염소산 리튬 등이 전해질로 쓰인다. 고분자 물질이나 무기 고체 물질이 전해질로 사용되기까지 한다. 여러 가지 용매와 전해질의 쓰임에 대하여 10장에서 유기물의 반응 등을 다룰 때 자세히 다룬다.

5.2 이온의 활동도

아주 묽은 용액에서는 이온의 **활동도**(activity)는 농도에 정비례한다. 즉 i이온의 활동도 a_i는 농도 m_i를 표준농도 $m°$으로 나눈 것이다. 그러나 용액이 진해지면 이온간의 평균 거리가 짧아져서 그들간의 정전기적 상호작용으로 인하여 이온의 활동도 증가는 농도의 증가에 단순하게 비례하지 않는다. 활동도 a_i는 농도에 따라 변하는 **활동도계수**(activity coefficient) γ_i를 $m_i/m°$에 곱한 것이다.

$$\boxed{a_i = \gamma_i \frac{m_i}{m°}} \tag{5.2.1}$$

이 식의 오른쪽은 농도값 $(\mathrm{mol\,kg}^{-1})$을 표준농도 $(1\,\mathrm{mol\,kg}^{-1})$로 나누어 단위가 없는 것이며 활동도 a_i도 단위 없는 값이다. 분모의 $m°$를 생략하여 쓰는 경우도 많으나 이런 경우에는 농도 표시 m_i는 실제농도를 표준농도로 나눈 값, 즉 무차원(dimensionless)의 양으로 사용하는 것이다. 즉 단위 없는 m_i를 사용할 때,

$$a_i = \gamma_i m_i \tag{5.2.2}$$

활동도계수 γ_i는 극도로 묽은 용액에서는 1의 값을 가진다.

$$\begin{aligned} &\mathop{\mathrm{Lim}}_{m_i \to 0} \gamma_i = 1 \\ &a_i = m_i, \quad m_i \to 0 \end{aligned} \tag{5.2.3}$$

용액이 진해짐에 따라 γ_i 값은 1보다 작은 값으로 감소한다. 그러나 아주 진한 용액에서는 다시 증가하여 오히려 1보다도 커질 수 있다.

그런데 한 가지 이온만을 포함하는 용액은 있을 수도 없을 뿐 아니라 한 가지 이온만의 활동도는 잴 수가 없다. 양이온 또는 음이온만의 열역학적 성질이 아닌 양이온과 음이온을 함께 포함하는 전해질의 열역학적 성질이 측정되기 때문이다. 염의 성분을 M_pX_q로 나타내면 용액에서 생기는 이온들은 다음과 같다.

$$M_pX_q \rightleftarrows pM^{z+} + qX^{z-}$$

염의 몰랄농도를 m이라 하면 $m_+ = pm$, $m_- = qm$이다. 또 용액이 이상용액일 경우와 비이상용액일 경우 농도와 Gibbs 자유에너지 G는 각 이온에 대하여 다음과 같다.

$$\boxed{\begin{array}{ll} \text{이상용액} & G_i = G_i^\circ + RT\ln m_i \\ \text{비이상용액} & G_i = G_i^\circ + RT\ln a_i \end{array}}$$

(5.2.4)

(5.2.5)

$$\begin{aligned} G &= pG_+ + qG_- \\ &= pG_+^\circ + qG_-^\circ + RTp\ln a_+ + RTq\ln a_- \end{aligned}$$

(5.2.6)

양이온과 음이온의 **평균활동도** $a_\pm$를 다음과 같이 정의한다.

$$\begin{aligned} a_\pm^{(p+q)} &= a_+^p a_-^q \\ &= (m_+\gamma_+)^p(m_-\gamma_-)^q \end{aligned}$$

(5.2.7)

또한 γ_+와 r_-의 평균인 **평균활동도계수** $\gamma_\pm$를 $\gamma_\pm^{(p+q)} = \gamma_+^p\gamma_-^q$로 정의하고, m_+와 m_-의 평균 $(m_\pm)$을 $m_\pm^{(p+q)} = m_+^p m_-^q$로 정의하면, $a_\pm = m_\pm\gamma_\pm$가 되고, 식 (5.2.6)은 활동도에 관계없는 항들을 묶어 G°로 할 때 다음과 같이 된다.

$$\begin{aligned} G &= G^\circ + RT\ln a_\pm^{(p+q)} \\ &= G^\circ + RT\ln(m_\pm\gamma_\pm)^{(p+q)} \end{aligned}$$

(5.2.8)

각 이온에 대한 $G_i = G_i^\circ + RT\ln a_i$를 다음과 같이 나누어 쓸 수 있다.

$$\boxed{G_i = G_i^\circ + RT\ln m_i + RT\ln\gamma_i}$$

(5.2.9)

가장 마지막 항은 이온간의 상호 작용에 의한 **비이상성**(nonideality)에 기인한 것으로서 상호작용에 의한 Gibbs 자유에너지에 해당한다. 각 이온의 활동도계수 γ_i와 마찬가지로 $\gamma_\pm$도 극도로 묽은 용액에서는 1의 값을 가지며, 용액이 진해짐에 따라 감소하다가

표 5.1 몰랄농도에 대한 이온의 평균활동도계수

$m\,[\,\mathrm{mol\ kg^{-1}}]$	0.001	0.005	0.01	0.05	0.1	1	2
KCl	0.965	0.927	0.901	0.815	0.769	0.606	0.576
HCl	0.966	0.928	0.904	0.830	0.796	0.809	1.01
CaCl₂	0.888	0.785	0.725	0.57	0.515	0.71	
CuSO₄	0.74	0.53	0.41	0.21	0.16	0.047	

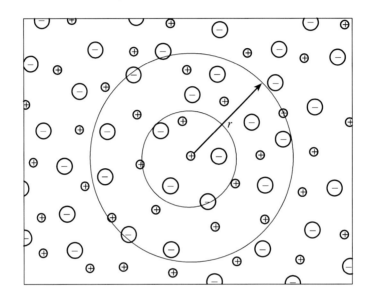

그림 5.2.1 용액 중 이온의 분포. 한 이온을 중심으로 하는 이온분위기.

다시 아주 진한 용액에서는 증가한다. 물론 아주 묽은 용액에서는 모든 용액이 이상용액으로 된다. 표 5.1에 몇 가지 전해질의 농도에 따른 활동도계수를 실었다.

이온분위기

농도에 따른 활동도계수의 이런 변화를 완전히 이해하기는 어려우나 정전기적 상호작용에 의한 에너지 변화를 고려한 이론이 발전되어 상당한 성공을 거두었다. 한 이온의 주위에는 그 이온의 전하와 반대인 부호의 전하를 가진 이온이 몰려든다. 물론 이온들은 끊임없이 열운동을 하고 있으므로 고정된 분포를 가진 것은 아니며, 어느 부분이나 양이온과 음이온이 섞여 있으나 한 이온의 가까운 주위에는 평균적으로 반대 부호의 이온들이 많고 거리가 멀어지면 용액 전체의 평균에 해당하는 중성의 분포를 가질 것이다. 중심 이온이 양이온이면 그 인접 거리에는 음이온이 모여들어서 $-$전하가 많을 것이고 ($\rho<0$), 그로부터 멀어지면 점점 양이온과 음이온의 분포가 같아져서 ρ는 0에 가까워질 것이다. 이처럼 한 이온 주위에 생기는 다른 이온들의 분포를 **이온분위기**(ionic atmosphere 또는

ion cloud)라고 한다(그림 5.2.1).

이온분위기는 농도가 진하면 더 치밀해 지며 이온분위기 안에서 이온간의 상호작용은 주로 정전기적인 것이므로 이온들의 전하에 크게 영향을 받는다. 그러므로 **이온세기** (ionic strength)를 다음과 같이 정의한다.

$$I = \frac{1}{2} \sum_i m_i z_i^2 \qquad (5.2.10)$$

이렇게 정의된 이온세기 I는 KCl과 같은 1-1 전해질에서는 몰랄농도 m과 같아지고, $CaSO_4$와 같은 2-2 전해질에서는 $4m$과 같고, $CaCl_2$와 같은 1-2 전해질에서는 $3m$, $Al_2(SO_4)_3$와 같은 2-3 전해질에서는 $15m$이다.[1] 이온 분위기의 유효 크기는 이온세기에 따라 감소한다(다음 절에서 설명).

활동도와 평형

평형상수들은 활동도들의 비이다. 예컨대 약한 산 HA의 해리정수는 다음과 같이 정의된다.

$$K_a = \frac{a_{H^+} a_{A^-}}{a_{HA}} \qquad (5.2.11)$$

그런데 활동도를 몰농도에 활동도계수를 곱한 것으로 나타낼 수도 있다. 즉, 몰농도를 기준으로 한 활동도의 정의로 다음과 같이 쓸 수 있다.[2]

$$a_{H^+} = \gamma_+ [H^+]; \qquad a_{A^-} = \gamma_- [A^-]; \qquad a_{HA} = \gamma [HA] \qquad (5.2.12)$$

그러면

$$\begin{aligned} K_a &= \frac{[H^+][A^-]}{[HA]} \frac{\gamma_\pm^2}{\gamma} \\ &= K_c \frac{\gamma_\pm^2}{\gamma} \end{aligned} \qquad (5.2.13)$$

그런데 평형의 원리에 의하여 K_a는 일정하나 K_c는 활동도 계수들의 값에 따라 달라질 수 있다. 산 해리에 직접 참여하지 않는 NaCl같은 염을 넣어주어 전해질의 농도가 커지면 대체로 $\gamma_\pm$는 감소하고 γ는 별 영향을 받지 않기 때문에 K_c는 염 용액에서 커진다(평형에 미치는 염효과, 연습문제 8번 관련). AgCl과 같이 물에 잘 녹지 않는 고체의 용해

---

1) 이온세기를 몰랄농도가 아닌 몰농도를 써서 정의하기도 하며, 농도를 표준 농도로 나누어 디멘전 없는 양으로 정의하기도 한다.

2) 몰농도를 기준으로 하는 또 하나의 활동도 정의이며, 여기서도 각 농도는 표준 몰농도로 나누어 디멘전이 없는 양이다.

도는 $NaNO_3$같이 직접 관련이 없는 염을 넣어줄 때 용해도가 증가하는데, 이것도 고체가 녹을 때 나오는 Ag^+ 이온과 Cl^- 이온들의 평균 활동도계수가 $NaNO_3$ 때문에 감소하여 고체와 이온들 사이의 평형에 영향을 미치는 것으로 이해할 수 있다.

5.3 Debye-Hückel의 이론

5.3.1 이온분위기의 모델과 수학적 근사 방법

P. Debye와 E. Hückel이 1920년경에 서로 독립적으로 발전시킨 이론의 요점은 앞에서 본 식의 마지막 항 $RT \ln \gamma_i$를 전기적 상호작용 에너지와 같게 놓는 것이다. 뒤에 있는 [보충자료]에 자세히 보인 바와 같이 이온의 분포에 대한 볼츠만 통계적 처리와 정전기학적 취급에 의하면 이온간 정전기적 상호작용에 의한 에너지는 i 이온 1몰에 대하여 $-z_i^2 e^2 N_A / 8\pi\varepsilon(r_D + r_0)$이다(여기서 N_A는 아보가드로의 수, ε은 유전상수, r_D는 이온분위기의 크기를 나타내는 **디바이 길이**(Debye length)라는 길이 디멘션의 양이며, r_0는 이온간의 최근접 거리이다). 그러므로 활동도계수 γ_i와 디바이길이 r_D 사이에는 다음과 같은 관계가 있다([보충자료] (5.3.24)식과 그에 따른 설명 참조).

$$\begin{aligned} RT \ln \gamma_i &= -\frac{z_i^2 e^2 N_A}{8\pi\varepsilon(r_D + r_0)} \\ \ln \gamma_i &= -\frac{z_i^2 e^2}{8\pi\varepsilon(r_D + r_0)kT} \end{aligned} \tag{5.3.1}$$

디바이 길이 r_D는 농도에 따라 감소하는 길이로서 $r_D = (kT\varepsilon/2IN_Ade^2)^{1/2}$이다. (여기서 d는 용액의 밀도이다.) 위 식의 분모의 r_0는 대체로 용매화된 이온의 지름 정도인데 $\left(\frac{1}{2} nm\right)$, 반하여 r_D는 묽은 용액에서 보통 수 nm 이상이기 때문에(표 5.2 참조) r_D에 비하여 r_0를 무시할 수 있는 경우가 많고 따라서 다음과 같은 근사식도 얻어진다.

$$\begin{aligned} \ln \gamma_i &\cong -\frac{z_i^2 e^2}{8\pi\varepsilon r_D kT} \\ &= -\frac{z_i^2 e^3 N_A^{1/2} (2dI)^{1/2}}{8\pi(\varepsilon kT)^{3/2}} \end{aligned} \tag{5.3.2}$$

위의 식은 활동도계수와 전해질 농도와의 관계이다. 그러나 앞에 말한 바와 같이 양이온 또는 음이온만의 활동도계수만은 측정할 수 없으므로 측정 가능한 평균활동도를 구하여야 한다. 우선 두 가지 이온의 에너지에 대한 기여를 합한다.

$$p\ln \gamma_+ + q\ln \gamma_- = -(pz_+^2 + qz_-^2)\frac{e^2}{8\pi\varepsilon(r_D + r_0)kT} \tag{5.3.3}$$

표 5.2   이온세기에 따른 디바이 길이, 298K 수용액에 대한 값, $r_D[\text{nm}] = 0.305\,I^{-\frac{1}{2}}$

$I[\text{mol kg}^{-1}]$	10^{-4}	10^{-3}	10^{-2}	10^{-1}
$r_D[\text{nm}]$	30.5	9.6	3.05	0.96

여기서 $p\ln\gamma_+ + q\ln\gamma_- = (p+q)\ln\gamma_\pm$ 이고 $pz_+^2 + qz_-^2 = (p+q)\,|z_+z_-|$ 인 것을 이용하면

$$\ln\gamma_\pm = -\frac{|z_+z_-|\,e^2}{8\pi\varepsilon(r_D+r_0)kT}$$
$$\cong -\frac{|z_+z_-|\,e^2}{8\pi\varepsilon r_D kT} \tag{5.3.4}$$

여기에 $r_D = (kT\varepsilon/2IN_A de^2)^{1/2}$ 과 $\varepsilon = \varepsilon_r\varepsilon_0$ 를 쓰면

$$\ln\gamma_\pm = -\frac{|z_+z_-|\,e^3(2dN_A)^{1/2}I^{1/2}}{8\pi(\varepsilon_0\varepsilon_r kT)^{3/2}} \tag{5.3.5}$$

이 식은 활동도계수에 대한 Debye-Hückel의 **한계법칙**(limiting law)이라 불린다. 한계법칙이라 부르는 이유는 극히 묽은 용액에서는 실험적 데이터와 아주 잘 맞고 용액의 농도가 커짐에 따라서 점점 벗어남이 크기 때문이다. I 는 농도에 비례하는 것이며 $\ln\gamma_\pm$ 는 I 의 제곱근에 따라 감소하므로 $\gamma_\pm$ 는 농도가 0에 가까우면 1이고 농도가 증가함에 따라점점 1보다 작은 값으로 감소하는 실험적 사실과 일치한다(그림 5.3.1).

보통 온도의 묽은 수용액에서 해당하는 값들 $d = 1.00\times10^3\,\text{kg m}^{-3}$, $\varepsilon_0 = 8.854\times10^{-12}\,\text{N}^{-1}\text{m}^{-2}\text{C}^2$, $\varepsilon_r = 78.5$, $T = 298\,\text{K}$ 을 대입하면 활동도 계수의 자연대수 혹은 상용대수에 대한 기울기의 수치를 다음과 같이 얻는다.

$$\ln\gamma_\pm = -1.172\,|z_+z_-|\,I^{\frac{1}{2}},$$
$$\log\gamma_\pm = -0.509\,|z_+z_-|\,I^{1/2} \tag{5.3.6}$$

그림 5.3.1에 농도에 따른 $\gamma_\pm$ 의 실제 변화와 위 식에 의한 계산 값을 나타내어 비교하였다. 대체로 KCl과 같은 1-1 전해질의 경우에는 농도가 $0.01\,\text{mol kg}^{-1}$ 이하인 경우 잘 맞는데, $MgCl_2$ 와 같은 2-1 전해질이나 $MgSO_4$ 와 같은 2-2 전해질에서는 더 묽은 농도로 내려가야 잘 맞는 것을 볼 수가 있다.

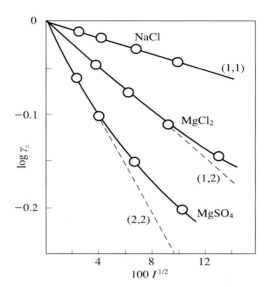

그림 5.3.1 활동도계수와 농도의 관계. 묽은 용액에서 $\log \gamma_\pm$ 는 농도의 제곱근에 비례하는 감소를 보인다.

보충자료 : 이온 전하와 이온분위기 사이의 상호작용 에너지

이온의 활동도를 계산하기 위하여 이온 전하와 이온분위기 사이의 상호작용 에너지를 계산하는 Debye-Hückel 이론의 전개 과정은 다음과 같다.

부록 2에 정리한 바와 같이 위치에 따른 전기장 **E** 의 변화율은 전기적 퍼텐셜 ϕ 의 2차 도함수

$$\mathbf{\nabla} \cdot \mathbf{E} = -\nabla^2 \phi = -\left(\frac{\partial^2 \phi}{\partial x^2} + \frac{\partial^2 \phi}{\partial y^2} + \frac{\partial^2 \phi}{\partial z^2} \right) \tag{5.3.7}$$

로 나타내며, 이것은 그 위치에서의 전기밀도 ρ 에 비례한다(Poisson 관계식).

$$\mathbf{\nabla} \cdot \mathbf{E} = \frac{\rho}{\varepsilon} ;$$
$$\nabla^2 \phi = -\frac{\rho}{\varepsilon} \tag{5.3.8}$$

그런데 Laplacian 연산자 ∇^2 은 위에서처럼 직교좌표를 써서 $(\partial^2/\partial x^2 + \partial^2/\partial y^2 + \partial^2/\partial z^2)$ 으로 나타내 쓰는 것보다도 극좌표를 써서 하는 것이 더 편리한 때가 있다. 한 개의 이온을 좌표의 중심으로 볼 때 그 주위의 환경이 구대칭성을 갖기 때문에 각도들을 고려에서 제외할 수가 있어 ∇^2 으로 간단히 $(1/r^2)(\partial/\partial r)(r^2 \partial/\partial r)$ 을 사용할 수가 있다. 이 때의 Poisson 방정식은 다음과 같다.

$$\frac{1}{r^2} \frac{\partial}{\partial r} \left(r^2 \frac{\partial}{\partial r} \right) \phi = -\frac{\rho(r)}{\varepsilon} \tag{5.3.9}$$

$\rho(r)$은 전하밀도가 중심 이온으로부터의 거리의 함수임을 나타낸다. 즉 이온 분위기의 거리에 따른 변화이다(이러한 취급은 전기이중층에 대한 Gouy-Chapman의 이론과 같은 방법이다. 다만 거기서는 직교좌표를, 여기서는 극좌표를 쓰는 점이 다르다).

이온분위기 속의 전하밀도는 양이온과 음이온의 전하에 그들의 분포밀도 (N_+과 N_-)를 곱한 것으로 결정된다.

$$\rho(r) = N_+ z_+ e + N_- z_- e \tag{5.3.10}$$

그런데 N_+와 N_-는 그 위치의 전기 퍼텐셜에 따라 Boltzmann 분포에 의해서 결정된다. 용액중 i이온의 평균 농도를 N_i°라고 하면

$$N_i = N_i^\circ \exp\left(-\frac{z_i e \phi}{kT}\right)$$
$$\cong N_i^\circ \left(1 - \frac{z_i e \phi}{kT} + \frac{1}{2}\left(\frac{z_i e \phi}{kT}\right)^2 + \cdots\right) \tag{5.3.11}$$

위 전개식에서 ϕ는 이온들 근처에서 이온들의 분포에 의해서 생기는 전위로서 대체로 0.01 V 미만의 작은 값이므로 $ze\phi/kT \ll 1$이다. 그러므로 ( ) 속 세 번째 이후의 $ze\phi/kT$의 고차 항들은 중요하지 않다. 양이온과 음이온에 대한 각각의 식에서 앞의 두 항씩만을 취하여 합하면 다음과 같이된다.

$$\rho \cong (N_+^\circ z_+ e + N_-^\circ z_- e) - (N_+^\circ z_+^2 e + N_-^\circ z_-^2 e)\frac{e\phi}{kT}$$
$$= -(N_+^\circ z_+^2 + N_-^\circ z_-^2)\frac{e^2\phi}{kT} \tag{5.3.12}$$

이 식의 첫 번째 항이 없어진 것은 (5.1.1)식과 같은 전기적 중성 조건 때문이다. 용액의 밀도를 d라 하면 $N_i = m_i N_A d$이다 (N_A는 avogadro 수). 이들을 이용하면,

$$\rho = -\frac{2I N_A d e^2}{kT}\phi \tag{5.3.13}$$

이 결과는 전하밀도는 퍼텐셜에 비례하고 부호가 반대라는 뜻인데 양이온 근처에는 퍼텐셜이 +이므로 음이온들이 많이 몰리고 음이온 주위는 그와 반대로 양이온이 많기 때문이다. 이제 Poisson 식 (5.3.9)에 대입하면 볼츠만 식의 지수함수가 없어지고 일차항만 있어 취급하기 쉬운 모양의 Poisson-Boltzmann 식이 된다.

$$\frac{1}{r^2}\frac{\partial}{\partial r}\left(r^2\frac{\partial}{\partial r}\right)\phi = \frac{2I N_A d e^2}{\varepsilon kT}\phi \tag{5.3.14}$$
$$= \xi^2\phi, \text{ 여기서 } \xi = \left(\frac{2I N_A d e^2}{\varepsilon kT}\right)^{1/2}$$

$(\partial/\partial r)(r^2 \partial/\partial r)\phi = 2r(\partial/\partial r)\phi + r^2(\partial^2/\partial r^2)\phi = r(\partial^2/\partial r^2)(r\phi)$임을 이용하면

$$\frac{\partial^2}{\partial r^2}(r\phi) = \xi^2(r\phi) \tag{5.3.15}$$

이 미분방정식의 풀이 (일반 해)는 다음과 같다.

$$r\phi = A_1 e^{\xi r} + A_2 e^{-\xi r} \tag{5.3.16}$$

위 식의 첫 번째 항은 물리적인 의미를 생각할 때 거리가 멀어지면(r 증가) ϕ가 급격히 증가함을 나타내는 항으로서 있을 수 없는 항이므로 $A_1 = 0$로서 다음과 같은 해만을 취해야 할 것이다.

$$\phi = A_2 \frac{e^{-\xi r}}{r} \tag{5.3.17}$$

또 (5.3.13)식으로부터 전하밀도는 다음과 같이도 된다.

$$\rho = \xi^2 \varepsilon A_2 \frac{e^{-\xi r}}{r} \tag{5.3.18}$$

이제 A_2만 구하면 되는데, 한 이온 주위의 이온분위기의 전하를 다 합한 것은 그 이온의 전하와 같은 크기의 반대 부호를 갖는다는 사실을 이용하면 된다. 이 합하는 과정은 그 이온에 가장 가까이 접근할 수 있는 거리 r_0로부터 무한대의 거리까지 전하밀도를 적분하는 것에 해당한다.

$$\begin{aligned} z_i e &= -\int_{r_0}^{\infty} \rho 4\pi r^2 dr \\ &= 4\pi\varepsilon\xi^2 \int_{r_0}^{\infty} A_2 \frac{e^{-\xi r}}{r} r^2 dr \\ &= 4\pi\varepsilon\xi^2 A_2 \frac{e^{-\xi r_0}}{\xi}\left(r_0 + \frac{1}{\xi}\right) \end{aligned} \tag{5.3.19}$$

그러므로 다음 관계들을 얻는다.

$$A_2 = \frac{z_i e}{4\pi\varepsilon} \frac{e^{\xi r_0}}{1+\xi r_0} \tag{5.3.20}$$

식 (5.3.17)로부터

$$\phi = \frac{z_i e}{4\pi\varepsilon r} \frac{e^{(r_0-r)/r_D}}{1+r_0/r_D}, \quad r_D = \frac{1}{\xi} = \left(\frac{kT\varepsilon}{2IN_A de^2}\right)^{1/2} \tag{5.3.21}$$

r_D는 이미 위에서 정의한 바와 같이 길이의 디멘션을 갖는 것으로서 Debye 길이라 한다. 퍼텐셜 ϕ가 대체로 r/r_D에 따라 지수함수적으로 감소하므로 Debye 길이라는 것은 이온 중심으로부터 그 이온의 영향으로 생기는 퍼텐셜 크기가 대부분 감소하여 $\frac{1}{e}$로 줄어드는 범위를 나타낸다. 그런데 위 식들의 퍼텐셜 ϕ는 이온분위기 때문에 생기는 퍼텐셜 ϕ_{atmo}와, 이온 자체의 전하에 의하여 생기는 퍼텐셜 ϕ_i가 함께 포함

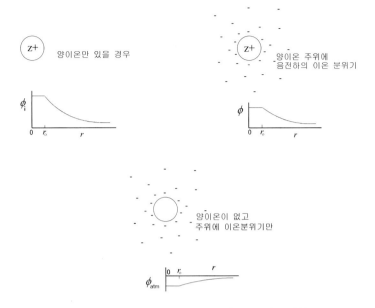

그림 5.3.2 Debye-Hückel 이론에서 생각하는 퍼텐셜 모델들

된 것이다. 즉 $\phi = \phi_i + \phi_{\text{atmo}}$ 이다(그림 5.3.2를 보라). 그러므로 이온분위기만에 의한 퍼텐셜 ϕ_{atmo} 을 구하려면 윗 식의 ϕ에서 이온 자체에 의한 퍼텐셜 ϕ_i를 빼주어야 한다. 그런데 $\phi_i = z_i e / (4 \pi \varepsilon r)$이다(부록 2 참조).

$$\phi_{atmo} = \frac{z_i e}{4 \pi \varepsilon r} \left(\frac{e^{(r_o - r)/r_D}}{1 + r_0/r_D} - 1 \right) \tag{5.3.22}$$

한 이온에 다른 이온들이 접근할 수 있는 최단 거리 r_0는 이온들의 반지름 크기로 결정될 것이다. 만일 주목하는 중심 이온의 전하를 제거할 수 있다면 반지름 r_0의 전하 없는 구형 공간이 생길 것이다. 그 안의 퍼텐셜은 그 공간 표면의 퍼텐셜과 같아지며, 윗식에 $r = r_0$를 넣으면 얻어지는 다음과 같은 퍼텐셜이다.

$$\begin{aligned}\phi_{\text{atmo}}(r \leq r_0) &= \frac{z_i e}{4 \pi \varepsilon r_0} \left(\frac{1}{1 + r_0/r_D} - 1 \right) \\ &= -\frac{z_i e}{4 \pi \varepsilon} \frac{1}{r_D + r_0}\end{aligned} \tag{5.3.23}$$

이것이 이온간의 전기적 상호작용의 크기를 계산하는 데 필요한 퍼텐셜이다. 제거되었던 전하를 다시 충전하는 과정에 들어가는 일, 즉 계의 에너지 증가는 다음과 같다.

$$w_e = N_A \int_0^{z_i e} \phi_{atmo}(r \le r_0)\, d(z_i e)$$

$$= -\frac{z_i^2 e^2 N_A}{8\pi\varepsilon(r_D + r_0)} \tag{5.3.24}$$

$$\simeq -\frac{z_i^2 e^2 N_A}{8\pi\varepsilon r_D}$$

N_A를 곱한 것은 1몰에 대한 계산을 위한 것이며, 근사식에서 r_0를 무시한 것은 r_0는 대체로 수화된 이온의 지름(수 옹스트롬) 정도인데 비하여 r_D는 묽은 용액에서 보통 수십 옹스트롬 이상이기 때문이다 (표 5.2 참조). 그런데 이 일 w_e는 비이상성에 의한 에너지 증가 $RT \ln \gamma_i$와 같다. (5.3.1)식은 이로부터 얻어진 것이다.

물이 아닌 다른 용매에서는 농도에 따른 영향이 그림 5.3.1에 나타난 것보다 일반적으로 더 심하다. 그것은 무엇보다도 유전상수가 물보다 작은 값임에 기인하는 것으로 (5.3.5)식에서 분모에 유전상수 ε_r이 있는 것을 보면 같은 농도라도 활동도 계수의 감소가 물 아닌 용매에서 더 커질 것을 짐작할 수 있다(연습문제 12번 관련).

5.3.2 진한 용액: 확장된 Debye-Hückel 이론

Debye-Hückel의 한계법칙이 진한 농도의 용액에 대하여 실험값과 맞지 않는 이유는 이론에서 쓰인 모델과 전개 과정에 쓰인 수학적 근사에 원인이 있다고 볼 수 있다. 우선 (5.3.1)식이나 (5.3.24)식에서 $r_0 \ll r_D$의 근사를 써서 r_0를 무시하였는데, 이는 진한 용액에서는 맞지 않고 이 근사로 인한 오차가 있게 마련이다. 이런 근사를 하지 않고 (5.3.4)식을 이용하면 (5.3.5)식과는 약간 다른 다음 식이 얻어진다.

$$\ln \gamma_\pm = -\frac{|z_+ z_-|\, e^3 (2dN_A)^{1/2}}{8\pi(\varepsilon_0 \varepsilon_r kT)^{3/2}} \frac{I^{1/2}}{1 + Br_0 I^{1/2}} \tag{5.3.25}$$

$$B = \left(\frac{2N_A d e^2}{kT\varepsilon} \right)^{1/2}$$

앞의 (5.3.5)식과 이 식이 다른 점은 앞의 식에서는 $I^{1/2}$이 분자에만 있어 $I^{1/2}$에 따라 $\ln \gamma$가 단순 감소를 나타내게 되어 있으나, 이 식에서는 $I^{1/2}$이 분모에도 있어 농도가 많이 커질 때에는 감소가 작아지게 되어 있는 것이다. 또 여러 과학자들은 농도가 큰 용액에서는 이상에서 생각지 않은 요인들, 즉 많은 용매 분자가 이온의 용매화에 의하여 묶이는 것 등을 고려하여 이온세기에 비례하여 $\ln \gamma$의 값을 증가하게 하는 항을 추가하였다.

$$\ln \gamma_\pm = -\frac{|z_+ z_-|\, e^3 (2dN_A)^{1/2}}{8\pi(\varepsilon_0 \varepsilon_r kT)^{3/2}} \frac{I^{1/2}}{1 + Br_0 I^{1/2}} + CI \tag{5.3.26}$$

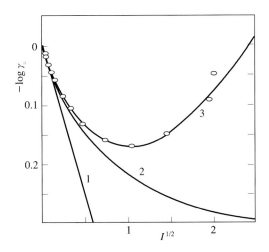

그림 5.3.3 NaCl의 평균활동도계수의 실험값과 DebyeHückel 의 한계법칙 및 확장된 이론식들의 비교.
1번선은 (5.3.5)식, 2번선은 (5.3.25)식, 3번선은 (5.3.26)식에 따라 그린 것이다.

윗 식의 마지막 항은 농도가 대단히 커질 때 이온의 활동도가 다시 증가하는 것을 설명
할 수 있는 근거가 된다. 한계법칙 (5.3.4 ~ 6)식들과 구별하여 (5.3.25)식 및 (5.3.26)식
을 확장된 Debye-Hückel 식이라고 부른다. 그림 5.3.3에 1-1 전해질에 대하여 진한 농
도에서 Debye-Hückel 한계법칙과 확장된 이론 식들이 실험값과 어떻게 비교되는 지를
보였다.

진한 용액에서 고려되어야 할 또 한가지는 이온들의 회합(ionic association)에 의한
이온쌍(ion pair)의 형성이다. 이온의 농도가 진해져서 이온 사이의 평균 거리가 짧아질
때 서로 부호가 다른 두 이온은 하나의 쌍을 이루어 겉으로는 중성인 분자인 것처럼 행동
할 것이다. 이런 이온쌍들은 오래 가지 않고 열운동에 의하여 다시 개별적인 이온으로 나
누어지나, 진한 용액에서 이온들이 개별적인 운동을 하는 동안 이온쌍으로 존재하는 시간
이 짧게나마 있으며 특히 유전상수가 작은 유기 용매 속에서는 더 많은 이온쌍이 존재하
며 삼중 또는 사중 회합체도 존재하는 것으로 알려졌다. 이온회합은 확장된 Debye-
Hückel 이론에서 고려된 요인들 이외에 이온들의 활동도를 낮추는 추가적 요인이다.

5.4 활동도와 표준전극전위의 측정

2장에서 다룬 전극 전위와 반응하는 이온의 활동도에 관한 관계를 설명하였고 그 요점
은 다음 식으로 요약되었다.

$$E = E^\circ + \frac{RT}{nF} \ln \frac{a_O^{\nu_O}}{a_R^{\nu_R}} \tag{5.4.1}$$

이 식은 2장의 (2.4.15)식과 같은 것이다. 표준전극전위를 알면 전극 전위를 측정함으로써 어떤 이온의 활동도나 활동도계수를 알 수가 있다. 예컨대 HCl의 수용액에 잠긴 Ag/AgCl 전극의 전극 반응은 $Ag + Cl^- \rightleftarrows AgCl + e^-$ 이므로 전위는 (2.4.16)식에 보인 바와 같이

$$E_{Ag/AgCl} = E^\circ_{Ag/AgCl} + \frac{RT}{F} \ln \frac{1}{a_{Cl^-}} \tag{5.4.2}$$

이므로 $E_{Ag/AgCl}$과 $E^\circ_{Ag/AgCl}$이 측정되면 바로 Cl^- 이온의 활동도 a_{Cl^-}가 구해지고 Cl^-의 몰농도를 알면 이 음이온의 활동도계수도 구해진다고 생각할 수 있을 것이다. 그러나 이 전극 전위는 항상 다른 전극과 쌍을 이룬 전지를 만들어야만 측정할 수가 있다. 같은 용액에 수소기준전극을 넣어 만든 전지 $(Pt) H_2 \,|\, HCl(m) \,|\, AgCl \,|\, Ag$를 생각하자. 이 전지의 왼쪽 전극인 수소 전극의 전위는 (2.4.16)식과 같이

$$E_{H_2/H^+} = \frac{RT}{F} \ln \frac{a_{H^+}}{p_{H_2}^{1/2}} \tag{5.4.3}$$

이며, 양쪽 전극의 전위차는

$$\begin{aligned} E_{cell} &= E_{Ag/AgCl} - E_{H_2/H^+} \\ &= E^\circ_{Ag/AgCl} + \frac{RT}{F} \ln \frac{p_{H_2}^{1/2}}{a_{H^+} \, a_{Cl^-}} \end{aligned} \tag{5.4.4}$$

수소 기체의 압력을 표준압력인 1 bar 로 유지하면 이 전지의 전압은 다음과 같다.

$$\begin{aligned} E_{cell} &= E^\circ_{Ag/AgCl} - \frac{RT}{F} \ln a_{H^+} \, a_{Cl^-} \\ &= E^\circ_{Ag/AgCl} - \frac{RT}{F} \ln m_\pm^2 - \frac{RT}{F} \ln \gamma_\pm^2 \end{aligned} \tag{5.4.5}$$

이 전지의 E°_{cell}은 Ag/AgCl 전극의 E°와 같다. 이 예에서 볼 수 있는 바와 같이 활동도 또는 활동도계수 $\gamma_\pm$의 측정은 항상 표준전극전위의 측정과 맞물려 있다. 2장의 2.3절과 2.4절에서 표준전극전위가 소개되었으나 그것의 정밀한 값이 어떻게 결정되는지는 설명하지 않았다. 언뜻 생각하면 $\gamma_\pm$가 정확히 1이라고 믿을 만하게 묽은 용액에서 E_{cell}을 측정하면 E_{cell} 값과 m 값으로부터 E°값을 얻을 수 있을 것 같으나 아주 묽은 용액에서 측정되는 값들은 오차가 커서 이런 방법은 성공할 수가 없다. 이제는 Debye-Hückel의 이

론을 써서 표준전극전위 $E°$를 정밀하게 측정하는 원리를 이해할 수 있다. 이 경우 $I = m_+ = m$이므로 윗식에 Debye-Hückel의 한계법칙 이론을 적용하면 ($E°$에서 아래첨자 $_{Ag/AgCl}$을 생략하고),

$$E_{cell} + \frac{2RT}{F} \ln m = E° - \frac{2RT}{F} \ln \gamma_\pm$$
$$= E° + \frac{RT}{F} \frac{|z_+ z_-| e^3 (2dN_A)^{1/2}}{4\pi(\varepsilon_0 \varepsilon_r kT)^{3/2}} m^{1/2} \tag{5.4.6}$$

상당히 묽은 농도를 포함하는 여러 농도의 용액에서 E_{cell}을 측정하여 식의 왼쪽 ($E_{cell} + 2RT/F \ln m$)의 값을 $m^{1/2}$에 대하여 도시하면 직선이 얻어질 것이다. 이 직선을 $m = 0$으로 외삽하여 얻는 절편의 값이 $E°$가 될 것이다. 일단 이렇게 하여 $E°$ 값이 결정되면 이제는 임의 농도에서의 평균활동도계수를 (5.4.5)식과 측정되는 E 값으로부터 구할 수 있다.

5.5 전해질 속에서의 반응속도

이온들 사이의 반응속도는 그들의 전하에 의하여 크게 영향을 받는다. 반응하는 두 이온이 같은 부호를 가지면 정전기적 반발에 의하여 이들이 모여서 활성화 착물을 만드는 것이 대단히 어려워지고 서로 반대 부호의 경우에는 대단히 쉬워진다. 그러나 그런 차이는 용액 중에 염을 넣어서 그 농도가 커지면 다소 줄어드는데, 이처럼 반응속도에 미치는 염의 농도 증가의 효과를 Brønsted의 **염효과**(kinetic salt effect)라 한다. H. Eyring의 **전이 상태**(활성화 착물) 이론에 따르면 속도상수 k_r은 활성화 착물, 즉 전이 상태에 이르는 과정의 Gibbs 자유에너지 $\Delta G^\dagger$에 다음과 같이 의존한다.[3)]

$$k_r = \frac{kT}{h} e^{-\frac{\Delta G^\dagger}{RT}} \tag{5.5.1}$$

그런데 착물을 형성하기 위한 문턱에 이르러 d_{AB} 거리에 있는 A, B 두 이온간 전기적 상호작용의 에너지는 $z_A z_B e^2 / 4\pi\varepsilon d_{AB}$이므로 $\Delta G^\dagger = \Delta G^{\dagger°} + z_A z_B e^2 N_A / 4\pi\varepsilon d_{AB}$로 놓을 수 있다. 그러므로 전하의 영향이 없다고 가정할 때의 속도상수, 즉 중성 분자들 사이의 속도상수를 k_0라 하면 다음 관계가 성립한다.

$$\ln k_r = \ln k_0 - \frac{z_A z_B e^2}{4\pi\varepsilon d_{AB} kT} \tag{5.5.2}$$

---

3) 여러 가지 물리화학 교재나 다음 문헌을 참고하기 바람. K. J. Laidler, *Chemical Kinetics*, McGraw-Hill, 1965; S. Glasstone, K. J. Laidler, and H. Eyring, *The Theory of Rate Processes*, McGraw-Hill, 1941 등.

즉 같은 부호의 이온간의 반응속도상수는 중성 분자들 사이의 것보다 대단히 작아지며 서로 반대 부호의 이온간 속도상수는 훨씬 커진다.

그러나 반응에 직접 관여하지 않는 전해질이 큰 농도로 들어 있으면 이온세기에 따라 같은 부호간 속도상수는 약간 증가하고 반대 부호 이온간 속도상수는 약간 감소한다. 이 반응속도에 대한 염의 농도의 영향을 이해하는 데 Debye-Hückel의 이론이 이용된다. 다음 반응과 같이 참여하는 물질이 z_A, z_B의 전하를 가지는 A^{z_A}, B^{z_B} 이온들이고 이 이온들이 합쳐져서 활성화 착물 $(AB^\dagger)^{(z_A + z_B)}$를 만든다고 하자.

$$A^{z_A} + B^{z_B} \rightarrow (AB^\dagger)^{(z_A + z_B)} \rightarrow \text{Product}$$

역시 전이 상태 이론에 따르면 반응물과 활성화 착물 사이의 평형으로 활성화 착물의 농도가 결정되고 그 착물의 농도에 반응속도가 비례하므로 속도상수가 용액의 이온세기의 영향을 받는 것을 이해할 수 있다. 반응물과 활성화 착물 사이의 평형상수를 K라 하면

$$K = \frac{C_{AB^\dagger}}{C_A C_B} \frac{\gamma_{AB^\dagger}}{\gamma_A \gamma_B} \; ; \; \text{즉} \; C_{AB^\dagger} = K C_A C_B \frac{\gamma_A \gamma_B}{\gamma_{AB^\dagger}} \tag{5.5.3}$$

이온세기의 영향으로 γ 값들이 변하면 K 값과 C_A, C_B 값들이 일정하더라도 $C_{AB^\dagger}$ 값은 변한다. 반응 속도는 $C_{AB^\dagger}$에 비례하므로 속도상수는 $K(\gamma_A \gamma_B / \gamma_{AB^\dagger})$에 비례한다.

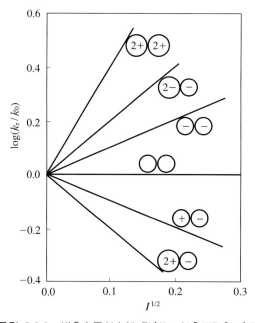

그림 5.5.1 반응속도상수에 미치는 이온세기의 효과

$$k_r = \sim K \frac{\gamma_A \gamma_B}{\gamma_{AB^\dagger}}$$
$$= k_0 \frac{\gamma_A \gamma_B}{\gamma_{AB^\dagger}} \tag{5.5.4}$$

양변의 log를 취하면

$$\log k_r = \log k_r^o + \log \left(\frac{\gamma_A \gamma_B}{\gamma_{AB^\dagger}} \right) \tag{5.5.5}$$

k_r^o는 모든 γ들이 1의 값을 가질 경우의 속도상수이다. γ의 log 값들이 (5.3.2)식을 따르므로

$$\log k_r = \log k_r^o - A[z_A^2 + z_B^2 - (z_A + z_B)^2] I^{1/2}$$
$$\log k_r = \log k_r^o + 2A z_A z_B I^{1/2} \tag{5.5.6}$$

이것이 속도상수에 미치는 이온세기 효과에 관한 Brønsted의 식이다. A는 상온의 수용액에서 (5.3.6)식에서처럼 0.509의 값을 갖는다. 실제로 $S_2O_8^{2-} + 2I^- \rightarrow I_2 + 2SO_4^{2-}$ 반응과 같이 같은 부호의 이온들 사이의 반응이면 반응속도상수 자체는 대단히 작은 값이나 염의 농도 증가에 따라 커지고, $H_2O_2 + H^+ + 2Br^- \rightarrow 2H_2O + Br_2$와 같이 서로 다른 부호 이온 사이의 반응이면 속도상수 자체는 대단히 크지만 염의 농도 증가에 따라 감소한다(그림 5.5.1).

참고문헌

1. B. E. Conway, "Ionic Interactions and Activity Behavior of Electrolyte Solutions", in *Comprehensive Treatise of Electrochemistry*, Vol. 5, Plenum, 1983. Chapter 2.

2. R. A. Robinson and R. H. Stokes, *Electrolyte Solutions*, 2nd Ed., Academic Press, 1959.

3. H. Harned and B. Owen, *Physical Chemistry of Electrolytic Solutions*, 3rd Ed., Reinhold, 1958.

4. P. W. Atkins, *Physical Chemistry*, 6th Ed., Oxford Press, 1998.

5. V. M. M. Lobo, *Handbook of Electrolyte Solutions*, Elsevier, 1989.

연 습 문 제

1. 다음 각 용액의 이온세기를 계산하라(m은 몰랄농도 $mol\,kg^{-1}$ 을 나타냄).

   (a) 0.01 m KCl   (b) 0.01 m Na_2SO_4 (c) 0.10 m $CaCl_2$

   (d) 0.10 m $Al_2(SO_4)_3$ (e) 0.02 m $AgNO_3$

2. 다음 각 혼합 용액의 이온세기를 계산하라.

   (a) 0.01 m NaCl + 0.01 m HCl   (b) 0.10 m $CuSO_4$ + 0.10 m H_2SO_4

   (c) 1.00 m H_2SO_4 + 0.10 m $Al_2(SO_4)_3$ + 0.20 m Na_2SO_4

   ☞ (b) $0.70\,mol\,kg^{-1}$, (c) $5.1\,mol\,kg^{-1}$

3. 298K에서 $0.10\,mol\,kg^{-1}$ 황산구리 용액과 0.010의 $mol\,kg^{-1}$ 황산구리 용액에 대하여 디바이 길이를 구하여라.

   ☞ 0.48 nm, 1.5 nm

4. 농도가 $0.003\,mol\,kg^{-1}$ 인 KCl 용액과 $CuSO_4$ 용액에서 이온분위기 크기를 추산하여라.

   ☞ (a) 5.6 nm, (b) 2.8 nm

5. 표 5.1에서 KCl에 대하여 농도 0에서 $0.05\,mol\,kg^{-1}$ 까지의 범위에서 한계 Debye-Hückel 식이 잘 맞는지 검정하라.

6. Debye-Hückel 이론과 Gouy-Chapman 이론의 공통적인 특징과 다른점을 비교하면서 각각에 대하여 간명한 설명을 하라.

7. 다음은 어느 1-1 전해질 용액의 농도에 따라서 측정된 이온들의 평균활동도계수 $\gamma_\pm$ 이다. 한계 Debye-Hückel 식이 잘 맞는지 검정하라. 좀더 확장된 식이 잘 맞는지, 확장된 Debye-Hückel 식의 어떤 상수값을 써야 진한 용액에서도 잘 맞는지 찾아보아라.

$m/\,mol\,kg^{-1}$	0.1	0.5	1.0	2.0	5.0
$\gamma_\pm$	.778	.681	.657	.668	.874

8. 유기 산 용액의 전도도를 측정하면 산이 해리되어 생기는 이온들의 농도를 계산할 수 있다. 아세트산 용액에 대하여 이런 측정을 해서 농도로 나타낸 겉보기 해리상수 K_c를 얻은 결과 용액 중 이온세기에 따라 다음과 같은 값들이 얻어졌다. 먼저 왜 농도에 따라 겉보기 해리상수의 값이 커지는지를 생각해 보아라. 아세트산의 (활동도로 나타낸) 참 해리상수와 pKa를 계산하여라.

$I/10^3\,\mathrm{mol\,dm^{-3}}$	0.01511	0.03649	0.04405	0.05410	0.12727	0.1480	0.2001	0.4156
$K_c/10^{-5}$	1.768	1.779	1.777	1.781	1.797	1.803	1.809	1.832

☞ $pK_a = 4.756$

9. 은-염화은 전극과 수소 전극 ($p_{H_2} = 1\mathrm{atm}$)으로 된 전지의 전압에 대한 다음 데이터로부터 Ag/AgCl 전극의 표준전극전위를 구하라.

$m(\mathrm{HCl})/\mathrm{mmol\,kg^{-1}}$	2.0	4.0	8.0	20.0	120
E/V	0.5438	0.5093	0.4751	0.4295	0.3430

10. 전해질 용액에서의 반응속도에 대한 염효과 (kinetic salt effect)에 대하여 설명하여라.

11. 착이온 $[\mathrm{CoBr(NH_3)_5}]^{2+}$가 염기 용액에서 가수분해 반응을 하는 속도상수 k_r은 이온세기 I에 따라 다음과 같이 변한다.

I	0.0050	0.0100	0.0150	0.0200	0.0250	0.0300
k_r/k_r°	0.718	0.631	0.562	0.515	0.475	0.447

이온세기에 영향을 받는 이유는 무엇인가? 반응 활성화 착물의 전하는 얼마일까?

☞ 반응속도 염효과, +1

12. 식 (5.3.6)의 계수 0.509가 물의 경우 맞는 값인지를 확인하라. Ethanol(매전 상수 24.5, 밀도 0.785 g cm^{-3})을 용매로 썼을 때는 계수의 값이 어떻게 되겠는가?

☞ 2.59

6

운반현상 : 전기 전도와 확산

전해질 용액 안에서는 용매 분자들과 마찬가지로 이온들이 쉴 없는 열운동을 한다. 전기장이 작용하면 이온들의 움직임은 열운동 뿐 아니라 전기장의 방향에 따른 움직임이 추가되어 전류의 전도가 가능하게 된다. 즉 이온의 전기장에 의한 이동 — 이를 **전기이동**(migration, electrophoresis)이라 한다 — 에 의하여 전기 전도성이 생기는 것이다. 또한 이온이든 중성의 분자들이든 물질의 농도가 균일하지 않으면 이들 분자 또는 이온들은 농도가 작은 쪽으로 이동한다. 이는 **확산**(diffusion) 현상이다. 전극에서 반응하는 물질이 계속하여 전극에 도달하게 하는 데는 확산작용이 큰 몫을 한다. 또한 용액을 휘저어 줄 때와 같이 용액 자체가 움직이면 이를 **대류**(convection)라 한다. 전기이동과 확산 및 대류는 전해질에서 전기와 물질이 이동하게 하는 세 가지 중요한 **운반 현상**(transport phenomena)이다.

6.1   전기 전도도의 측정

6.1.1 측정 용기와 브리지

도체를 흐르는 전류의 세기는 도체의 양쪽에 걸린 전압에 비례하고 저항에 반비례한다 (Ohm의 법칙). 그런데 저항 R은 도체의 길이 l에 비례하고 전류가 흐르는 단면적 A에 반비례한다. 도체 물질에 고유한 값인 **저항도**(resistivity)를 R_o라고 하면,

$$R = \frac{l}{A} R_o \tag{6.1.1}$$

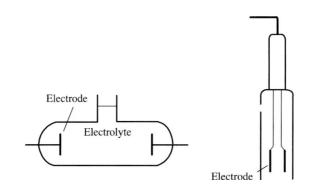

그림 6.1.1   전도도 측정 용기들.   (A)는 전해질을 부어 넣어 사용하며
(B)는 용액에 담가서 바로 전도도를 읽기에 편리한 용기이다.

저항의 역수 $1/R$을 전기 **전도도**(conductance)라 하고 저항도의 역수 $1/R_o$ 를 **전도율** (conductivity)이라고 한다. 전기 전도도를 C_e로, 전도율을 σ로 표시하면,

$$C_e = \frac{1}{R}$$
$$= \sigma \frac{A}{l}$$

$\qquad(6.1.2)$

전도도의 단위로는 S(siemens), 또는 mho, ohm^{-1}, Ω^{-1} 등의 기호가 쓰인다.

쉽게 짐작할 수 있는 바와 같이 전해질 속의 이온들의 농도와 이동성에 의하여 전도율이 결정된다. 액체 전해질의 전도율을 측정하기 위해서는 두 개의 전극이 있는 그림 6.1.1과 같은 용기, 즉 전도도 용기가 쓰인다. 보통 쓰이는 전도도 측정 용기는 그림에 있는 것 이외에도 여러 가지 모양의 것들이 있지만 어떤 모양이든 그 속에 차 있는 용액을 통하여 흐르는 전류는 전극면에 수직인 방향으로만 가지런히 흐르지 않는다. 그러므로 위의 식들에서와 같이 도체의 길이와 단면적이 정의되지 않고 대체로 전극 면적에 대한 전극간의 거리의 비와 함께 용기 모양에 의하여 결정되는 "**용기상수**(cell constant)" K_{cell} 이 저항과 전도율 사이의 관계를 결정한다. K_{cell}은 길이를 넓이로 나눈 것과 같은 m^{-1} 의 디멘션을 가지며 측정되는 저항과는 다음과 같이 관계된다.

$$K_{cell} = \sigma R$$

$\qquad(6.1.3)$

주어진 용기에 대한 용기상수를 알면 용기의 양쪽 전극 사이의 저항을 측정함으로써 용액의 전도율을 결정할 수 있다. 전도율이 알려진 표준용액을 사용하여 용기상수 K_{cell}을 잴 수 있다. 용기상수 K_{cell}인 측정 용기를 써서 측정된 저항 (R)과 저항도 (R_o) 사이의 관계 및 전도 (C_e)와 전도율 (σ) 사이의 관계는 (6.1.1)식과 (6.1.2)식이 각각 다음과 같이

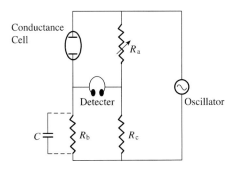

그림 6.1.2 전도도 측정용 교류 브리지

변형된 식으로 주어진다.

$$R = K_{cell} R_o \tag{6.1.1'}$$

$$C_e = \sigma / K_{cell} \tag{6.1.2'}$$

저항을 측정하기 위해서는 그림 6.1.2와 같은 **브리지** 회로와 교류 전원을 사용한다. 브리지의 한 가지에 측정 용기를 연결하고 다른 가지에 연결된 하나의 가변 저항을 조절함으로써 균형이 되게 하면 측정하고자 하는 저항 R은 다음과 같이 구해진다.

$$R = R_a \frac{R_b}{R_c} \tag{6.1.4}$$

평형에 이르렀음을 지시하는 검지기로는 그림에 표시한 것처럼 이어폰 또는 다른 전자장치를 사용할 수 있다. 감지기 양쪽 끝의 전압이 같을 때 검지기에 평형이 나타난다.

교류전원을 쓰는 이유는 만일 직류를 쓰면 전류의 흐름에 의하여 용액이 전기분해되어 전극 근처에 농도분극이 일어나고 용액 전체에도 농도의 변화가 생기기 때문이다. 또한 용액과 전극 사이의 분극에 의한 전위차가 측정값에 포함되지 않게 하기 위해서도 교류를 써야 한다. 계면 전기이중층의 커패시턴스는 보통 충분히 커서 교류에 대하여는 임피던스가 무시할 정도로 작아진다. 전도율이 큰 용액을 측정할 때는 1 kHz 또는 그 이상 주파수의 교류전원을 쓰고 저항이 큰 용액을 측정할 때는 60 Hz 정도의 전원을 사용한다. 그런데 전도도 측정 용기는 단순한 저항값만 나타내는 것이 아니고 커패시턴스를 포함하는 복합적 **임피던스**(impedance)를 나타내기 때문에 약간 복잡한 문제가 생긴다. 즉 기준으로 쓴 저항들은 순수한 저항이고 브리지의 한 가지에만 복합적 임피던스가 끼어 있기 때문에 감지기 양단의 전압에는 위상 차이가 있게 된다(부록 4 교류 회로 및 8.1절 참조). 그러므로 (6.1.4)식과 같은 균형 조건에서도 감지기는 균형을 나타내지 않는다. 이 문제를 해결하기 위하여 기준저항 중 한 개에 적당한 커패시턴스를 병렬하여 위상 차이를 최소화하는 방법을 쓴다. 시행착오에 의하여 검지기의 감도가 좋아지게 하는 적당한 크기의 커패시턴스를 찾을 수 있다.

6.1.2 4-전극 용기를 이용한 전도도 측정

브리지를 이용한 전도도 측정은 균형을 맞추기 위한 시간이 걸릴 뿐 아니라 위에서 설명한 바와 같이 교류 전원을 사용하는 데 따른 복잡성이 있다. 직류를 사용하면서도 전극에서의 분극 문제를 극복하고 바로 전도도 값을 읽을 수 있도록 필자 등이 고안한 방법이 그림 6.1.3에 그려져 있다.[1]

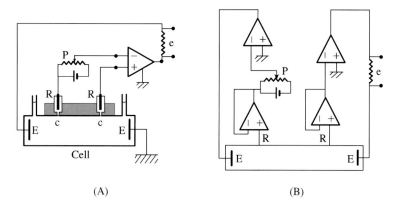

(A)   (B)

그림 6.1.3 퍼텐시오메트리와 4-전극 전도도 측정 용기를 쓴 용액의 전도도 측정장치. (A)는 기본 장치, (B)는 오차를 줄이기 위하여 개선된 회로 그림. R: 기준전극, c: 모세관, E: 전류공급 전극, P: 전위차 조절기, e: 전도도 출력

이 방법의 요점은 고체 시료의 전도도 측정 방법으로 쓰는 4-단자 측정방법(4-probe method)과 비슷한 퍼텐시오메트리 방법에 일정전위기와 같은 되먹임 회로를 결합한 것으로서 그 원리는 그림 6.1.3의 (A)를 보면 이해하기 쉽다. 양쪽 끝에 있는 전류공급 전극(E)들을 통하여 용액 내로 전류가 흐르는데, 중간에 있는 전위감지 전극(R) 2개 사이의 전압 차이가 일정한 값이 되도록 연산증폭기와 전위차 조절기 P에 의하여 전류세기에 되먹임 된다. 전류의 세기는 출력 전위 e로 읽을 수 있게 되어 있어 전도도 값을 바로 읽어내는 직독식 장치이다. 두 모세관이 용액과 접촉하는 점들 사이의 전도도가 바로 읽히는 것이다. 그림 (B)는 (A)와 같은 장치에서 연산증폭기가 이상적이지 못하기 때문에 생길 수 있는 공통모드 오차(common mode error)를 제거하기 위하여 개선된 회로이다. 두 개의 출력 증폭기들의 입력 단자들이 그라운드 전위에서 작용하게 만든 것이며, 전위

1) J. Chon and W. Paik, *J. Korean Chem. Soc.* **20**, 129 (1976); B. H. Vassos and G. W. Ewing, *Electroanalytical Chemistry*, Wiley and Sons, 1983, p. 190.

감지 전극들의 전위를 폴로어(follower)들을 사용하여 안정화시켰다. 전위감지 전극들은 같은 종류의 기준전극들을 모세관으로 측정 대상 용액에 연결된 관에 넣으면 되며, 정밀한 측정을 위해서는 증폭기들의 영점 조절에 의해서 기준전극들 사이의 조그만 차이를 보정할 수 있다. 직류를 씀으로써 긴 시간 측정에 의하여 전기분해로 인한 용액의 조성 변화를 염려할 수도 있으나 작은 전류를 쓰기 때문에 측정 시간을 아주 길게 하는 경우가 아니면 문제될 것이 없다. 전위차 조절기의 전원으로 직류 전원 대신 작은 진폭의 교류를 쓸 수도 있다. 이 장치는 흐르는 액체의 계속적인 전도도 변화를 기록하는 데나 빠른 반응계의 전도도 추적에도 적당하다.

6.2 용액의 전도율

전해질 속의 이온들의 농도와 이동성에 의하여 전도율이 결정된다. 전해질 1몰이 전도도에 기여하는 정도를 **몰 전도율**(molar conductivity)이라 하고 이를 Λ로 나타내면 단위 부피 속에 들어 있는 전해질의 양은 그 농도이므로 용액의 전도율을 농도 c로 나눈 것이 몰 전도율 Λ이다.

$$\Lambda = \frac{\sigma}{c} \tag{6.2.1}$$

일관된 SI 단위계의 사용을 위해서 σ는 $\mathrm{S\,m^{-1}}$ 단위로, c는 $\mathrm{mol\,m^{-3}}$ 단위로 나타낼 때 Λ는 $\mathrm{S\,m^2\,mol^{-1}}$ 단위로 된다. 아직 많이 쓰이는 관례대로 σ는 $\mathrm{S\,cm^{-1}}$ 단위로, c는 $\mathrm{mol\,dm^{-3}}$ 단위로, Λ는 $\mathrm{S\,cm^2\,mol^{-1}}$ 단위로 나타낸 값들을 쓰면 위의 식은 $\Lambda = 1000\,\sigma/c$로 된다.

강산이나 많은 종류의 염과 같이 용액 속에서 거의 완전히 이온으로 나누어지는 물질은 **강전해질**이라 하고 유기산이나 질소를 가진 염기들같이 용액 속에서 작은 일부만이 이온화하는 물질은 **약전해질**이라 한다. 강전해질의 몰 전도율은 양이온과 음이온이 각각 기여하는 기여도, 즉 양이온 몰 전도율 λ_+와 음이온 몰 전도율 λ_-를 합한 것이다.

$$\boxed{\begin{aligned} \Lambda &= \lambda_+ + \lambda_- &\text{(1-1 전해질에대하여)} \\ \Lambda &= \nu_+ \lambda_+ + \nu_- \lambda_- &\text{(일반적으로)} \end{aligned}} \tag{6.2.2}$$

이온들이 마구잡이로 지그재그 운동을 하는 열운동 이외에 외부의 전기장에 의하여 이동하는 속도 v_i는 전기장의 세기 $-d\phi/dx$에 (ϕ는 전기 퍼텐셜이고 x는 거리) 비례한다.

$$v_i = u_i \left| \frac{d\phi}{dx} \right| \tag{6.2.3}$$

u_i는 전기장의 세기가 단위 크기를 가질 때의 이온들의 이동속도이고 **전기 이동도** (electric mobility)라고 한다. 이온의 몰 전도율 λ_+와 λ_-는 각각 u_+와 u_-에 몰당 전기량을 곱한 것이다.

$$\lambda_+ = z_+ F u_+ ; \quad \lambda_- = |z_-| F u_- \tag{6.2.4}$$

이온들의 전기 이동도는 전하의 크기에 비례하고 이온의 크기에 대체로 반비례한다. 이온이 전기장의 영향을 받아서 이동하는 속도는 전기장의 세기와 이동도를 곱한 것 $u_i d\phi/dx$이다. 이온을 이동시키는 힘은 전하에 전기장을 곱한 것, 즉 $|z_i| e d\phi/dx$이다. 이 전기장에 의한 힘은 마찰력, 즉 속도에 마찰계수 R_i를 곱한 것과 맞먹기 때문에 이온은 일정한 속도를 유지하면서 이동하는 것이다.

$$\left| z_i e \frac{d\phi}{dx} \right| = R_i u_i \left| \frac{d\phi}{dx} \right| \tag{6.2.5}$$

그러므로 다음 관계를 얻는다.

$$u_i = \frac{|z_i| e}{R_i} \tag{6.2.6}$$

그런데 Stokes의 유체역학적 관계식에 의하면 점성도계수가 η인 액체 속에서 움직이는 반지름 r_i인 공에 대한 마찰계수는 $R_i = 6\pi \gamma_i \eta$이므로

$$\boxed{u_i = \frac{|z_i| e}{6\pi r_i \eta}} \tag{6.2.7}$$

즉, 이동도는 이온의 반지름과 점성도계수에 반비례하고 전하에 비례한다. 여기서 이온의 반지름이라는 것은 "이온반경"으로 나타내는 이온만의 크기만을 의미하는 것이 아니고, 용매 분자들에 의하여 단단히 둘러싸인 **용매화**된 이온의 유체역학적 **유효크기** (effective ionic radius), 즉 이온과 함께 이동하는 용매 분자들을 포함하는 덩어리의 반지름이다.

강전해질에서는 한 가지 이온의 이동도나 몰 전도율은 용액의 농도에 관계없이 거의 일정한 값을 나타내나, 묽은 용액에서 진한 용액으로 갈수록 약간 줄어든다. 이온들 사이의 거리가 가까워짐에 따라 상호작용에 의하여 이온의 이동이 약간 제한을 받기 때문이다. 농도가 0에 가까워 질 때 이런 제한을 받지 않고 최대의 몰 전도율 값을 나타내는데 이 값들이 **한계 몰 전도율**(limiting molar conductivity)이다. 표 6.1에 몇 가지 이온의 한계 몰 전도율과 이동도의 값을 실었다. 표에서 ±2의 전하를 갖는 양이온과 음이온들은 큰

표 6.1 이온의 한계 몰 전기 전도율과 이동도(25℃ 수용액)

이 온	$\lambda_0 / \mathrm{Sm^2mol^{-1}}$	$u / \mathrm{m^2s^{-1}V^{-1}}$
H^+	349.8×10^{-4}	36.25×10^{-8}
Li^+	38.69×10^{-4}	4.010×10^{-8}
Na^+	50.11×10^{-4}	5.193×10^{-8}
K^+	73.52×10^{-4}	7.619×10^{-8}
NH_4^+	73.4×10^{-4}	7.61×10^{-8}
Ca^{2+}	119.0×10^{-4}	6.17×10^{-8}
Cd^{2+}	108×10^{-4}	5.6×10^{-8}
Zn^{2+}	105.6×10^{-4}	5.47×10^{-8}
OH^-	198.3×10^{-4}	20.55×10^{-8}
Cl^-	76.34×10^{-4}	7.912×10^{-8}
Br^-	78.4×10^{-4}	8.13×10^{-8}
I^-	76.85×10^{-4}	7.96×10^{-8}
NO_3^-	71.44×10^{-4}	7.404×10^{-8}
CH_3COO^-	40.9×10^{-4}	4.24×10^{-8}
ClO_4^-	68.0×10^{-4}	7.05×10^{-8}
SO_4^{2-}	159.6×10^{-4}	8.27×10^{-8}

몰 전도율 값을 보여주는데, 그것은 운반하는 전기량이 크므로 당연한 것이다. 몰 전도율을 이온의 전하수로 나눈 것을 당량 전도율이라고 부른다. 즉 당량 전도율은 이동도에 F를 곱한 것이다. 하나의 전하를 갖는 양이온과 음이온의 경우에는 몰 전도율과 당량 전도율은 같은 값이고, Ca^{2+}, SO_4^{2-} 이온 등의 당량 전도율은 그들의 몰 전도율의 반값이다. 알칼리 금속 이온들의 이동도는 이들의 이온 반지름만을 가지고 생각하면 반지름 크기의 순서 $Li^+ < Na^+ < K^+$에 따라 변하는 것으로 보이지 않는다. 오히려 반지름이 큰 것이 더 빠르게 움직이는 것으로 보이는 이유는 앞서 설명한 바와 같이 수화된 이온의 유효크기에 따라 변하는 것인데 그 순서는 $Li^+ > Na^+ > K^+$이기 때문이다.

표에서 볼 수 있는 바와 같이 수소이온 H^+와 수산화 이온 OH^-의 이동도는 유별나게 크고 따라서 몰 전도율 값도 특히 큰데, 거기에는 특별한 이유가 있다. 즉 물 속에서 H^+ 이온은 그림 6.2.1과 같이 수화된 H_3O^+ 또는 $H_9O_4^+$의 형태로 되어 있으며 이웃한 물 분자들과 수소결합이 되어 있다. 하나의 수소결합 $O \cdots H$은 $O-H$ 결합과 동일 선상에 있으며 중간에 위치한 H 원자의 위치가 약간만 이동함으로써 O와 H 간의 공유결합과 수소결합은 뒤바뀔 수 있다. 그러면 원래의 H_3O^+와 그 이웃에 있던 H_2O 분자가 서로 뒤바뀜으로서 +전하의 중심은 이동된다. H_3O^+가 한 분자 거리만큼 이동한 것과 같은 효과이다. 이 과정이 계속되려면 이제 H_2O로 바뀐 분자가 반 바퀴쯤 회전하여 반대쪽에 있는 또 하나의 H_3O^+와 수소결합을 이룬 다음 다시 그 결합의 뒤바뀜으로 H_3O^+ 이온이 되면 된다. 이런 과정에서 속도결정단계는 물분자의 회전이다. 작은 분자의 회전은 자리이동에 비하여 훨씬 **빠른** 과정이므로 +전하의 이동이 대단히 빨리 이루어질 수 있는 것이다. 즉 H_3O^+ 이온이 실제로 이동하지 않지만 +전하의 이동은 H_3O^+ 이온이 이동한 것과 같은 효과이다. 이 H^+ 이동 메카니즘을 Grotthuss 메카니즘이라고 부른다.[2]

OH^-이온의 빠른 이동도 같은 방법으로 설명된다. 즉 물분자와 OH^- 이온간의 수소결합과 결합의 바뀜, 물분자의 회전이 OH^- 이온 이동을 빠르게 하는 메카니즘이라고 이해된다.

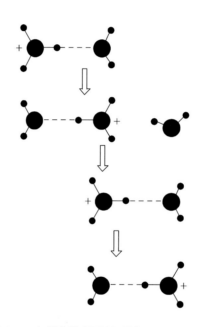

그림 6.2.1 H^+ 이온의 전달에 대한 Grotthuss 메카니즘

6.3 이온의 이동도와 운반율

전해질 속에서 양이온의 이동과 음이온의 이동이 모두 전기의 흐름, 즉 전류의 통과에 기여한다. 한 가지 이온이 전체 전류의 흐름에 기여하는 정도를 그 이온의 **운반율** (trans-

---

2) Grotthuss 메카니즘이란 이름은 사실은 적절하게 붙여진 이름이 아니다. Grotthuss 가 수용액의 전기분해에 대한 생각을 발표한 당시는 이온의 존재와 움직임에 대하여 잘 알지 못하던 1809년이었으며, 1950년대에 이르러 Eigen은 H_3O^+ 이온이 더 수화된 $H_9O_4^+$ 이온을 생성하며, 물 분자들의 회전이 이 이온들에 의한 H^+ 이온 이동의 속도결정단계임을 발표하였다. M. Eigen, *Proc. Roy. Soc., London, Ser A.*, **247**, 505(1958); *Angew. Chem.*, **75**, 489(1963).

port number or transference number)이라고 한다. 각 이온의 몰 전도율 또는 이동도의 비율에 의해서 결정된다. 한 가지 양이온과 한가지 음이온이 존재할 때 양이온과 음이온의 운반율 t_+, t_- 는

$$t_+ = \frac{\nu_+\lambda_+}{\nu_+\lambda_+ + \nu_-\lambda_-} = \frac{\nu_+|z_+|u_+}{\nu_+|z_+|u_+ + \nu_-|z_-|u_-}$$

$$t_- = \frac{\nu_-\lambda_-}{\nu_+\lambda_+ + \nu_-\lambda_-} = \frac{\nu_-|z_-|u_-}{\nu_+|z_+|u_+ + \nu_-|z_-|u_-}$$

(6.3.1)

한 전해질 용액에 두 이온이 공존할 때 $t_+ + t_- = 1$이며 일반적으로 여러 이온이 함께 존재할 때 한 이온의 운반율은 $t_i = c_i\lambda_i/\sum c_j\lambda_j$ 이고, 모든 운반율들의 합은 1이다 ($\sum t_i = 1$). 빠른 양이온과 느린 음이온으로 이루어진 1-1 전해질에서 $t_+ > 0.5$, $t_- < 0.5$이고, 양이온 음이온의 이동도가 비슷한 경우에는 $t_+ \cong t_- \cong 0.5$이다. KCl 용액이나 NH_4NO_3 용액에서는 표에서 볼 수 있는 바와 같이 양이온과 음이온의 이동도 사이에 큰 차이가 없기 때문에 이온들의 운반율이 각각 0.5에 가까운 값을 나타낸다. 그러나 HCl 용액에서는 H^+ 이온의 큰 이동도 때문에 $t_+ > t_-$이다. 또한 KOH 용액에서는 OH^- 이온의 큰 이동도 때문에 $t_+ < t_-$이다.

선해실의 전도율을 측정하고 한 이온에 대한 운반율을 측정하면 각각의 이온에 대한 놀 전도율을 결정할 수가 있다. 운반율을 측정하는 실험적 방법에는 여러 가지가 있으나 그

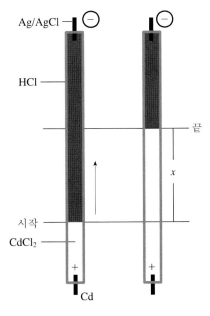

그림 6.3.1 H^+와 Cl^-의 운반율을 측정하기 위한 계면이동 실험

중 간단한 것은 **계면이동법**(moving boundary method)이다. 이 방법에서는 가는 유리관에 측정하려는 전해질 용액을 위쪽에 채우고 그 아래에 공통의 음이온을 가진 다른 전해질을 채우는데, 이 아래쪽에 채우는 용액을 지시 전해질이라 하며 지시 전해질의 양이온은 측정 용액에 있는 것보다 이동도가 느린 것을 선택한다(그림 6.3.1).

그림은 예로서 $CdCl_2$ 용액 위에 HCl 용액을 채워 HCl 용액 속에서의 H^+ 이온의 운반율을 측정하기 위한 장치이다. 관의 위 끝에 있는 전극에 $-$ 전원을, 아래 끝에 잇는 전극에 $+$ 전원을 연결하면 Cl^- 이온은 아래쪽으로, H^+ 이온은 위쪽으로 이동하는데, Cd^{2+} 이온은 H^+ 이온을 뒤따른다. Cd^{2+} 이온은 느린 편이므로 수소이온을 앞지르지 않는다. 그러나 뒤떨어지지도 않고 바로 앞서가는 수소이온을 뒤쫓는데 그 이유는 조금 뒤떨어지면 경계면 아래에 양이온 농도가 0에 가까워지므로 큰 전기장이 생겨서 양이온을 강하게 끌어올리기 때문이다. 그러므로 두 용액 사이에 분명한 경계면이 유지된다. 용액의 굴절률의 차이로 인하여 눈으로 경계면을 식별할 수도 있으나 선명한 색을 나타내는 지시약을 한쪽 용액에 넣으면 더욱 분별하기 쉽다. 전기량 Q가 통과한 일정 시간이 지난 뒤 경계면의 이동거리 x를 재면, 관의 단면적은 a, 농도는 c라고 할 때 양이온에 의하여 통과된 전기량은 $cxaF$이므로 수소이온의 운반율은 다음과 같다.

$$t_+ = \frac{cxaF}{Q} \qquad (6.3.2)$$

이 실험에서 양쪽 끝에 사용하는 전극은 전극 반응의 결과로 기체가 생기거나 새로운 이온들이 생기지 않는 것을 선택하는 것이 좋다. 위에서 예로 든 경우에는 $-$전극으로는 AgCl이 입혀진 은 전극, $+$전극으로는 Cd 전극을 쓰면 된다.

표 6.2 여러 가지 전해질 수용액에서의 양이온의 운반율.

전해질	c / $mol\,dm^{-3}$					
	0	0.01	0.02	0.05	0.10	0.20
HCl	0.8209	0.8251	0.8266	0.8292	0.8314	0.9337
CH_3COOK	0.6427	0.6498	0.6523	0.6569	0.6609	$-$
KNO_3	0.5072	0.5084	0.5087	0.5093	0.5103	0.5120
NH_4Cl	0.4909	0.4907	0.4906	0.4905	0.4907	0.4911
KCl	0.4906	0.4902	0.4901	0.4899	0.4898	0.4894
KI	0.4892	0.4884	0.4883	0.4882	0.4883	0.4887
KBr	0.4849	0.4833	0.4832	0.4831	0.4833	0.4841
$AgNO_3$	0.4643	0.4648	0.4652	0.4664	0.4682	$-$
NaCl	0.3963	0.3918	0.3902	0.3876	0.3854	0.3821
LiCl	0.3364	0.3289	0.3261	0.3211	0.3168	0.3112
$CaCl_2$	0.4380	0.4264	0.4220	0.4140	0.4060	0.3953
Na_2SO_4	0.386	0.3848	0.3836	0.3829	0.3828	0.3828
K_2SO_4	0.479	0.4829	0.4848	0.4870	0.4890	0.4910

운반율을 측정하는 또 하나의 방법인 Hittorf 방법에서는 전해질이 든 긴 관에 전류를 통과시킨 다음 양쪽 전극 근처의 용액을 따로 따로 분석하여 이온들의 조성의 변화로부터 운반율을 구한다. 여러 가지 전해질에서 양이온이 나타내는 운반율을 표 6.2에 정리하였다.

6.4 전도율에 미치는 농도의 영향

아세트산 같은 약전해질은 용액에서 일부만이 이온화되고 나머지는 전하를 띠지 않은 분자 상태로 남아 있기 때문에 전기 전도에 조금밖에 기여하지 못한다.

$$HX \rightleftharpoons H^+ + X^- \qquad K_c = [H^+][X^-]/[HX]$$

이온화의 평형상수 K_c는 농도에 영향을 거의 받지 않고 일정한 반면 이온화되는 정도 (해리도) α는 농도가 진할수록 작아진다. 즉 농도를 c라 할 때, 다음 관계들이 성립한다.

$$K_c = \alpha^2 \frac{c}{(1-\alpha)}; \qquad \alpha \cong \left(\frac{K_c}{c}\right)^{1/2} \tag{6.4.1}$$

위의 둘째 식은 $\alpha \ll 1$의 근사를 쓴 것이다. 무한히 묽은 용액에서 α는 1이므로 무한히 묽은 용액에서의 몰 전도도를 Λ_0라 하면 몰 전도율은 α에 따라 결정된다.

$$\Lambda = \alpha \Lambda_0 \tag{6.4.2}$$

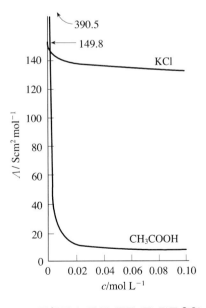

그림 6.4.1 전해질 농도에 따른 몰 전도율의 변화

그러므로 약전해질의 진한 용액에서는 몰 전도율이 많이 감소한다(그림 6.4.1). 위의 관계들에 의하여 몰 전도율을 측정하면 해리도와 평형상수를 쉽게 구할 수가 있다.

강전해질에서 농도가 전도율에 미치는 영향은 약전해질의 경우와는 판이하다. 강전해질은 농도에 무관하게 완전한 이온화가 되어 있기 때문에 몰 전도율은 농도에 거의 무관하다(전도도는 묽을수록 작아지지만). 실제로는 그림에서 보는 바와 같이 강전해질의 몰 전도율은 농도의 증가에 따라 약간씩 감소한다. 대체로 묽은 용액에서는 몰 전도율은 농도의 제곱근에 비례하여 감소하는데, 이를 Kohlrausch의 법칙이라 한다.

$$\Lambda = \Lambda_0 - Kc^{1/2} \tag{6.4.3}$$

농도에 따라 몰 전도율이 감소하는 중요한 이유는 이온분위기 때문에 이온들의 활동도가 감소하는 것과 마찬가지로(5장) 이온들의 이동도가 감소하기 때문이다. 이동도에 미치는 이온분위기의 영향을 구체적으로는 두 가지로 구별하여 생각한다. 그 첫째는 이온분위기 속에서 한 이온이 전기장의 영향으로 이동할 때 둘레의 이온분위기는 재구성이 되는 데에 시간(이완시간)이 걸리므로 재구성이 이루어지지 못한 상태의 이온분위기는 중심에서 이동한 이온과 비대칭적으로 되어있어 그 전하의 중심이 이동하는 이온과 일치하지 않고 뒤에서 잡아끄는 역할을 하게 된다. 이것을 **비대칭효과**(asymmetry effect) 또는 **이완시간효과**(time-of-relaxation effect)라 하고, 농도가 클수록 이온분위기의 영향이 크므로 이것이 농도에 따라 이동도가 줄어드는 이유이다. 두 번째는 유체역학적 저항의 영향이다. 반대전하를 가진 이온들은 서로 반대 방향으로 이동하며 이들은 각기 자기 움직임의 방향으로 주위의 용매분자들을 끌고 간다. 용매화되지 않은 용매분자들도 움직이는 이온에 의하여 점성의 효과로 이동하는 이온을 따라가게 하는 힘을 받는다. 또한 이동하는 용매분자들은 자기 운동방향으로 이온들을 끄는 힘을 발휘한다. 그러므로 서로 반대방향으로 이동하는 이온들은 상대방의 이동을 어렵게 한다. 그 영향은 이온간 평균거리가 가까울수록 크기 때문에 농도의 증가와 더불어 증가한다. 이것이 진한 용액으로 갈수록 몰 전도율이 감소하는 이유이며 이를 **점성효과**(viscosity effect) 또는 **전기이동효과**(electrophoretic effect)라고 한다. 큰 전기장을 걸어주어 이온들이나 콜로이드 알맹이들이 이동하는 속도에 따라 분리되게 하는 실험을 전기이동(electrophoresis) 방법이라 하는 데서 비롯된 이름이다.

이온 회합(ion association)은 이온의 몰 전도율을 낮추는 또 하나의 요인이다(5.3 절 참조). 즉 이온 회합에 의하여 생기는 이온쌍(ion pair)들은 중성분자와 같으므로 약전해질에서와 같이 전도율이 낮아진다.

보충자료 : Onsager 이론

Lars Onsager는 앞에 말한 이온분위기의 비대칭 효과와 전기이동(점성도) 효과에 대한 고려로 전해질 농도에 따라서 몰전도율이 감소하는 현상을 정량적으로 설명하였다. 이온들이 z의 전하를 갖는 대칭적 전해질($z_+ = |z_-|$인 전해질)에서 몰전도율과 농도의 관계는 다음과 같다. 이 식을 Debye-Hückel-Onsager 식이라 부른다.

$$\Lambda = \Lambda^0 - \left[\frac{z^2 eF^2}{3\pi\eta} \left(\frac{2}{\varepsilon RT} \right)^{1/2} + \frac{ze^2 F\omega}{24\pi\varepsilon kT} \left(\frac{2}{\varepsilon RT} \right)^{1/2} \Lambda^0 \right] c^{1/2}$$

여기서 c는 농도이고, η는 점성도 계수, ω는 하나의 보정 인자로서 이온들이 전기장의 방향으로만 움직이지 않고 모든 방향을 향하여 마구잡이로 움직이는 열운동 현상(radom walk)을 고려해 넣은 보정 인자이다. 대칭적 전해질에서 ω값은 $z^2/(1+2^{-1/2})$이다. 위 식에서 큰 괄호 [ ]속 첫째 항은 점성에 의한 것이며 둘째 항은 비대칭 효과에 의한 것이다. 두 항 모두 이온분위기의 유효 지름인 Debye 길이에 반비례하기 때문에 농도의 제곱근으로 곱해진 것이다. 이 식과 Kohlrausch의 실험식인 (6.4.3)식을 비교하면 Kohlrausch의 계수 K는 괄호 [ ] 속의 이론적인 크기로 계산할 수 있는데 이것은 묽은 용액에서는 실험치와 잘 일치한다.

보충자료 : Wien 효과와 Debye-Falkenhagen 효과

진한 전해질 용액에서 이온분위기에 의한 이완시간효과와 점성효과 때문에 몰 전도율이 감소한다는 데 대한 증거는 전기장이 대단히 클 때나 교류의 주파수가 대단히 클 때는 전도율이 증가하는 현상들이다. Wien은 1920년대에 전기장의 세기가 $10^6\,\mathrm{V\,m^{-1}}$ 이상으로 클 때에는 보통 세기의 전기장 (수 $\mathrm{V\,m^{-1}}$에서 약 $10^5\,\mathrm{V\,m^{-1}}$까지)이 작용할 때 보다 전도도가 수 % 더 커진다는 것을 보고하였다[*]. 이 현상(Wien 효과)은 농도가 클수록, 또 이온전하가 클수록 크게 나타나는데, 센 전기장의 작용하에서는 이온들의 이동속도가 빨라서 이온의 주위에 이온분위기가 형성되지 않기 때문에 이온분위기에 의하여 전도율이 감소할 요인이 제거되기 때문이다. 교류 주파수가 대단히 커서 이온분위기 재형성에 필요한 이완시간 $(10^{-9} \sim 10^{-7}\mathrm{s})$의 역수에 가까워지면 전해질의 전도도가 역시 수 % 증가하리라는 것이 Debye와 Falkenhagen에 의하여 예측되었고[**] Sack에 의하여 실험적으로 확인되었다. 이 Debye-Falkenhagen 효과도 역시 이온분위기의 형성이 방해되면 전도도의 감소 요인이 제거됨을 보여주는 것이다.

유기산들과 같은 약한 전해질의 경우에는 위에 설명한 이온분위기 재형성의 방해와는 다른 이유로 대단히 센 전기장에서 전도도가 증가하는데, 이 현상(2차 Wien 효과)은 Onsagar 등의 이론으로 설명된다. 이는 센 전기장의 영향으로 약산의 해리상

수가 커져서 생기는 이온 농도의 증가에 의한 것이다.

* M. Wien, Ann. *Phys.* **293**, 400 (1929).

** P. Debye and H. Falkenhagen, *Phys. Z.* **29**, 121 (1928).

6.5 확 산

분자나 이온의 확산은 전기화학에서 중요한 운반 현상 중의 한 가지이다. 이온의 전기 이동은 전기장에 의한 작용이고, 확산은 분자나 이온들의 열운동에 기인한 것이며 농도차에 따라 이동하는 현상이다. 농도의 거리에 따른 변화율, 즉 농도 기울기 dc/dx에 따른 물질의 이동은 **확산계수**(diffusion coefficient) D에 비례한다(Fick의 확산 제1법칙).

$$J = -D\frac{dc}{dx} \qquad (6.5.1)$$

J는 단위 시간에 단위 면적을 통과하는 물질의 몰 수, 즉 **유속**(flux)이다. 농도가 큰 쪽에서 작은 쪽으로 흐르기 때문에 $-$기호가 있는 것이다 (J는 $mol\,m^{-2}s^{-1}$의 디멘션을, dc/dx는 $mol\,m^{-4}$의 디멘션을 갖는 양이므로 확산계수 D는 m^2s^{-1}의 디멘션을 갖는 양임을 알 수 있다). 수용액에서 작은 분자나 이온들에 대한 D는 대체로 $\sim 10^{-9}\,m^2\,s^{-1}$ 정도의 크기를 갖는데 이온의 경우 이동도와 밀접한 관계가 있다.

그 관계를 살펴보기 위하여 어떤 특정 이온 i에 대하여 확산과 전기이동을 모두 포함하는 이온의 유속을 생각한다.

$$J_{x,i} = -D_i\frac{dc_i}{dx} \mp c_i u_i \frac{d\phi}{dx}$$
$$\text{(삼차원에서는 } \mathbf{J}_i = -D_i \nabla c_i \mp c_i u_i \nabla \phi) \qquad (6.5.2)$$

$J_{x,i}$는 x방향으로 이동하는 i이온의 유속이다. u_i 앞의 $\mp$ 중에서 $-$기호는 양이온의 경우에 해당하고(ϕ가 증가하는 방향의 반대쪽으로 이동하므로), $+$기호는 음이온에 해당한다. 이것은 용액 전체의 움직임, 즉 대류가 없을 때의 유속을 나타낸 식이다. 전기 이동에 의하여 이온이 한쪽에 많이 몰려 농도 기울기가 생기면 확산에 의한 역방향으로의 흐름이 생겨 결과적으로 $J_{x,i}$가 0이 될 수 있다. 이런 상황은 그림 6.5.1로 나타낼 수 있다.

이런 평형 상태에서는 위의 식은 다음과 같이 된다.

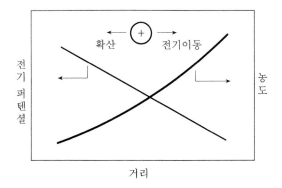

그림 6.5.1　전기이동과 확산에 의한 ＋ 이온의 이동. 전기이동과 확산이
서로 맞서 평형에 이른 경우를 나타냄.

$$0 = - D_i \frac{dc_i}{dx} \mp c_i u_i \frac{d\phi}{dx}$$

$$D_i \frac{d\ln c_i}{dx} = \mp u_i \frac{d\phi}{dx} \tag{6.5.3}$$

그런데 농도의 분포는 이온이 위치한 곳의 퍼텐셜에 의한 에너지에 따라 볼츠만 분포를
따라 이루어질 것이다.

$$c_i = c_i^\circ \, e^{- z_i e \frac{\phi}{kT}} \tag{6.5.4}$$

$$\frac{d\ln c_i}{dx} = - \frac{z_i e}{kT} \frac{d\phi}{dx} \tag{6.5.5}$$

위의 $d\ln c_i$가 있는 두 식을 비교하여 다음 중요한 관계를 얻는다.

$$\boxed{\frac{D_i}{kT} = \frac{u_i}{|z_i| e} \quad \text{또는} \quad \frac{D_i}{RT} = \frac{u_i}{|z_i| F}} \tag{6.5.6}$$

확산계수와 이동도 사이의 비례관계를 나타내는 이 관계를 Einstein 관계식이라 한다.
이로부터 바로 얻을 수 있는 확산계수와 몰 전도율 사이의 다음 관계식은 Nernst-
Einstein 식이라 한다.

$$\lambda_i = \frac{(z_i F)^2 D_i}{RT} \tag{6.5.7}$$

또 (6.5.6)식을 이온의 이동도와 이온 크기에 관한 관계 (6.2.7)식과 결합하면 다음과
같은 Stokes-Einstein 관계식도 얻는다.

$$D_i = \frac{kT}{6\pi r_i \eta}$$

(6.5.8)

여기서도 확산계수는 이온 자체의 크기가 아닌 용매화된 유효크기를 나타내는 r_i에 의하여 결정되는 것은 물론이다. 이 마지막 관계는 이온이 아닌 중성 분자에도 성립하는 관계로서 확산을 일반화된 힘인 화학 퍼텐셜의 기울기에 의한 운반현상으로 보고 분자 이동에 따른 마찰력을 일반화된 힘과 같게 놓아서 유도할 수 있다. (6.2.7)식이나 (6.5.8)식과 같이 확산계수 또는 이동도가 용매의 점성도계수에 반비례하므로 점성도가 다른 여러 가지 용매에서 분자(또는 이온) 크기가 크게 다르지 않은 경우에 확산계수와 점성도의 곱은 거의 일정하고, 마찬가지로 몰 전기 전도율과 점성도계수의 곱도 일정하다.

$$D\eta = \text{constant}$$

또는 $\Lambda\eta = \text{constant}$

(6.5.9)

이를 Walden의 법칙이라 한다. 수용액 중에서 H^+ 이온의 확산계수는 앞서 이동도의 설명에서 말한 이유(Grotthuss 메카니즘)로 다른 이온들보다 월등히 큰 $10^{-8}\,\text{m}^2\,\text{s}^{-1}$ 정도의 크기를 나타낸다.

Nernst-Einstein 식을 쓰고 x방향 전기장의 세기 $E_x = -d\phi/dx$의 관계를 써서 이온의 유속에 관한 (6.5.2)식을 고치면 다음과 같다.

$$J_{x,i} = -D_i \frac{dc_i}{dx} - c_i \frac{z_i D_i}{RT} F \frac{d\phi}{dx}$$
$$= -D_i \frac{dc_i}{dx} + c_i \frac{z_i D_i}{RT} F E_x$$

(6.5.10)

6.6 전해질(염)의 확산

전해질을 이루고 있는 양이온과 음이온 각각의 확산계수는 다르지만 외부 전기장의 영향이 없는 전해질 용액에서 전해질이 확산해 나갈 때 양이온과 음이온은 같은 속도로 같은 방향으로 나간다. 한 가지 이온만이 앞서가면 그 부분의 전기적 중성이 깨어지고 따라서 강력한 전기장이 생겨서 그 빠른 이온의 전진은 억제되고 뒤쳐진 이온은 끌려가게 된다. 두 이온 각각의 확산계수의 평균적인 값에 해당하는 값, 즉 유효확산계수가 전해질 전체의 확산속도를 결정하게 된다. 이를 정량적으로 살펴보기 위하여 전기적 중성의 조건과 유속에 관한 (6.5.10)식으로부터 시작한다. 양이온과 음이온이 같은 방향으로 움직이면서 전기적 중성이 유지된다는 것은 전류가 0이라는 것이다.

각 이온이 전류에 기여하는 것은 $z_i e J_i$이기 때문에,

$$0 = z_+ J_+ + z_- J_-$$

(6.6.1)

$c_i = \nu_i c$ 이므로 (6.5.10)식을 이용하면

$$0 = D_+ z_+ \nu_+ \frac{dc}{dx} + D_- z_- \nu_- \frac{dc}{dx} - D_+ z_+^2 \nu_+ \frac{Fc}{RT} E_x - D_- z_-^2 \nu_- \frac{Fc}{RT} E_x$$

(6.6.2)

여기서 E_x는 확산 때문에 생기는 전기장 E_x^{diff}이다. 윗식을 정리하여

$$E_x^{\text{diff}} = \frac{RT}{cF} \frac{D_+ z_+ \nu_+ + D_- z_- \nu_-}{D_+ z_+^2 \nu_+ + D_- z_-^2 \nu_-} \frac{dc}{dx}$$

(6.6.3)

전해질의 확산에 의한 유속은 양이온 또는 음이온이 퍼지는 유속 중 한 가지만으로 구할 수 있다.

$$J = \frac{J_+}{\nu_+} = \frac{J_-}{\nu_-}$$

(6.6.4)

유속에 대한 (6.5.10)식을 양이온에 대하여 쓰면

$$J_+ = -\nu_+ D_+ \frac{dc}{dx} + \nu_+ cF \frac{z_+ D_+}{RT} E_x$$

$$= \left(-\nu_+ D_+ + \nu_+ z_+ D_+ \frac{D_+ z_+ \nu_+ + D_- z_- \nu_-}{D_+ z_+^2 \nu_+ + D_- z_-^2 \nu_-} \right) \frac{dc}{dx}$$

(6.6.5)

$$J = \left(-D_+ + z_+ D_+ \frac{D_+ z_+ \nu_+ + D_- z_- \nu_-}{D_+ z_+^2 \nu_+ + D_- z_-^2 \nu_-} \right) \frac{dc}{dx}$$

(6.6.6)

전기적 중성의 조건 $z_+ \nu_+ = -z_- \nu_-$을 이용하여 위 식을 정리하면

$$J = -\frac{D_+ D_- (\nu_+ + \nu_-)}{D_+ \nu_- + D_- \nu_+} \frac{dc}{dx}$$

(6.6.7)

그러므로 $J = -D_{\text{eff}}\, dc/dx$로 유효확산계수 D_{eff}를 정의하면 이는 다음과 같은 양이온과 음이온 각각의 확산계수의 평균적인 값으로 매겨진다.

$$\boxed{D_{\text{eff}} = \frac{D_+ D_- (\nu_+ + \nu_-)}{D_+ \nu_- + D_- \nu_+}}$$

(6.6.8)

ν_+와 ν_-가 각각 1인 1-1 전해질의 경우는 다음과 같은 간단한 관계로 된다.

$$D_{\text{eff}} = \frac{2D_+ D_-}{D_+ + D_-}$$

(6.6.9)

이러한 관계는 전해질이 용매만 있는 환경으로 확산되어 나갈 때에 적용되는 관계이며 만일 용액 속에 문제의 전해질 이외의 다른 전해질이 큰 농도로 들어 있을 경우에는 용액의 전도도가 커서 확산에 의한 전기장이 생기지 않으므로 위와 같이 각 이온이 각각의 확산계수에 비례하여 확산하지 못하는 복잡한 사정이 생기지 않는다. 따라서 각 이온의 확산은 독립적으로 일어나고 각각의 확산계수로 확산속도를 계산한다. 이처럼 용액의 전도도를 키워주기 위하여 용액 속에 넣은 전해질은 **지지전해질**(supporting electrolyte)이라고 한다. 폴라로그래피 같은 실험에서 지지전해질이 하는 역할도 그런 것이다.

엄밀히 생각하면 확산속도는 농도의 기울기가 아닌 활동도의 기울기에 의하여 결정된다. 따라서 위에서 다룬 것은 근사적인 취급이며 엄밀히는 $(d \ln \gamma_\pm / d \ln c)$만큼의 보정을 더해주어야 한다. 예컨대 (6.6.8)식은 다음과 같이 보정된다.

$$D_{\text{eff}} = \frac{D_+ D_-(\nu_+ + \nu_-)}{D_+ \nu_- + D_- \nu_+} \left(1 + \frac{d \ln \gamma_\pm}{d \ln c}\right) \tag{6.6.10}$$

그러나 이에 대하여는 여기서 더 다루지 않고 더 자세한 취급에 대하여는 문헌을 참고하기 바란다.

6.7 확산에 의한 농도의 변화

확산이 일어나는 곳의 한 지점에서 농도는 시간 t에 따라 변한다. 이 변화율은 농도의 거리에 대한 2차 도함수에 비례한다 (Fick의 확산 제2법칙).

$$\boxed{\frac{\partial c_i}{\partial t} = D_i \frac{\partial^2 c_i}{\partial x^2}} \tag{6.7.1}$$

삼차원의 경우에 대한 일반적인 식은

$$\frac{\partial c_i}{\partial t} = D_i \nabla^2 c_i \tag{6.7.2}$$

또 전기장이 있어 전기이동을 포함하고 대류에 의한 영향을 포함하면 다음과 같이 된다.

$$\boxed{\frac{\partial c_i}{\partial t} = D_i \frac{\partial^2 c_i}{\partial x^2} - \frac{z_i}{|z_i|} u_i \, \mathrm{E}_x \frac{\partial c_i}{\partial x} - v_x \frac{\partial c_i}{\partial x}} \tag{6.7.3}$$

여기서 E_x는 전기장의 x방향 성분, 즉 $-d\phi/dx$이고, v_x는 용액의 대류속도의 x방향 성분이다.

보충자료 : (6.7.3)식 (Fick의 확산 제2법칙) 의 이해 ─────────

그림과 같이 서로 Δx 만큼 떨어져 있는 두 평면을 생각한다. x 에 있는 면에서의 한 물질의 농도가 c 이면 $x+\Delta x$ 에 있는 평면에서의 농도는 $c+\Delta x(dc/dx)$ 이다. 또 x 에 있는 면에서의 농도 기울기가 dc/dx 이면 $x+\Delta x$ 에 있는 평면에서의 농도 기울기는 $dc/dx+\Delta x(d^2c/dx^2)$ 이다. x 평면에서의 유속과 $x+\Delta x$ 평면에서의 유속은 각각 다음과 같다.

$$J_x = -D\frac{\partial c}{\partial x} + \frac{z}{|z|}uc\,\mathrm{E}_x + cv_x$$

$$J_{x+\Delta x} = -D\left(\frac{\partial c}{\partial x} + \Delta x\frac{\partial^2 c}{\partial x^2}\right) + \frac{z}{|z|}u\left(c+\Delta x\frac{\partial c}{\partial x}\right)\mathrm{E}_x + \left(c+\Delta x\frac{\partial c}{\partial x}\right)v_x$$

$$(6.7.4)$$

단위 시간 동안에 두 평면 사이의 농도 변화는 두 면에서의 유속의 차이를 부피 Δx 로 나눈 것이다(여기서는 단위 단면적을 생각하므로 거리는 부피와 같다).

$$\frac{\partial c}{\partial t} = \frac{1}{\Delta x}(J_x - J_{x+\Delta x})$$

$$= D\frac{\partial^2 c}{\partial x^2} - \frac{z}{|z|}\mathrm{E}_x\frac{\partial c}{\partial x} - v_x\frac{\partial c}{\partial x}$$

$$(6.7.5)$$

즉 화학종 i 에 대하여 (6.7.3)식을 얻는다. 대류와 전기장이 없는 경우에 해당하는 식은 (6.7.1)이다.

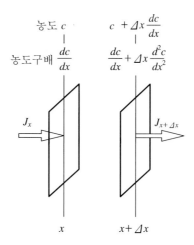

그림 6.7.1 확산에 따른 농도의 변화에 관한 모델

많은 경우 전기화학 실험은 전해질의 농도가 충분하여 전도성이 좋은 용액에서 이루어 지므로 용액 내부에서는 전기장의 존재를 무시하고 다룰 수 있다. 또한 용액의 대류에 의한 영향도 무시할 수 있는 경우가 많다. 그런 경우에는 확산에 관한 방정식은 식 (6.7.1)

또는 (6.7.2)로 간단하게 된다. 그러나 이 간단화된 식도 변수 x와 t를 포함하는 편미분 방정식이므로 간단히 풀리기 어렵다. Laplace 변환(부록 5(1))을 써서 변수를 단일화하고 실제 상황에 맞는 **경계조건**(boundary condition)에 맞추어 풀어야 한다. Laplace 변환에 대한 자세한 것을 이 책 뒷부분의 부록 5에서 찾아보기 바란다.

Laplace 변환을 응용하는 보기로서 한계전류가 흐를 때처럼 전극에 큰 과전위가 걸려서 전극 표면 근처에 반응물질의 농도가 0에 가까워진 상태에서 농도가 위치에 따라 또는 시간에 따라 어떻게 변하는지를 알아내는 문제를 다루어 보기로 한다.

전극 근처에서 반응물질의 농도 변화는 확산에 의하여 생긴다. 즉 전극에 수직인 방향을 x라 하고 전극의 표면이 평면에 가까우면 확산방정식은 (6.7.1)식과 같다.

$$\frac{\partial c_i}{\partial t} = D_i \frac{\partial^2 c_i}{\partial x^2} \tag{6.7.6}$$

농도를 위치와 시간에 따른 함수 $c(x, t)$로 얻으려는 것이 목표이다. 위 식 양변의 Laplace 변환을 취하면

$$\mathcal{L}\left[\frac{\partial c_i}{\partial t}\right] = \mathcal{L}\left[D_i \frac{\partial^2 c_i}{\partial x^2}\right] \tag{6.7.7}$$

Laplace 변환의 정의와 부분적분에 의하여 위 식의 왼편은

$$\begin{aligned}
\mathcal{L}\left[\frac{\partial c_i}{\partial t}\right] &= \int_0^\infty \frac{\partial c_i}{\partial t}\, e^{-st} dt \\
&= \left[ce^{-st}\right]_0^\infty - \int_0^\infty (-s)c\, e^{-st} dt \\
&= -c(0) + su
\end{aligned} \tag{6.7.8}$$

여기서 $c(x, t)$의 변환을 $\mathcal{L}[c] = u$라고 놓은 것이다. 벌크(용액 내부) 속에서의 농도를 c°라고 하면 $t = 0$에서의 농도는 벌크 농도와 같아서 $c(0) = c^\circ$ 이다. Laplace 변환식의 오른편은 변환과 x에 대한 미분의 순서를 바꾸어도 마찬가지이므로

$$\mathcal{L}\left[D\frac{\partial^2 c}{\partial x^2}\right] = D\frac{\partial^2}{\partial x^2}\mathcal{L}[c] = D\frac{\partial^2 u}{\partial x^2} \tag{6.7.9}$$

변환된 미분방정식은 이제 다음과 같이 x만에 대한 상미분방정식이 되었다.

$$D\frac{d^2 u}{dx^2} - su + c^\circ = 0 \tag{6.7.10}$$

이 방정식의 일반적인 해는 $u = Ae^{-\alpha x} + B$의 모양을 가질 것이다 ($e^{\alpha x}$를 포함하는 항은 고려할 필요 없음). 그러면 $\partial^2 u/\partial x^2 = \alpha^2 Ae^{-\alpha x}$이므로

$$Da^2 A e^{-\alpha x} - sA\, e^{-\alpha x} - sB + c^\circ = 0 \tag{6.7.11}$$

여기서 한 쪽이 막히고 한 쪽은 무한히 연장된 관을 생각하자. 이것이 용액 속에 잠긴 전극의 평평한 표면 앞에 해당하는 조건이다. 즉 전극에 의하여 한 쪽은 막히고 다른 쪽은 용액 속으로 무한히 연장되었다고 가정하는 전극면에 수직인 관을 생각하는 것이다. 충분한 과전위가 걸릴 때 전극 표면에서는 반응물질이 반응하는 속도가 대단히 빨라서 반응물의 농도는 0에 가깝고 용액의 벌크로부터 확산에 의하여 도달하는 속도에 의하여 반응속도가 결정되는 경우가 많다. 한계전류가 흐르는 상황이다. 과전위를 걸어준 순간을 시간의 기점 ($t = 0$)으로 잡고 전극 표면으로부터의 수직 거리를 x라 하면, 이 경우의 경계조건들은 다음과 같다.

경계조건:

    $t = 0$일 때, $x \geq 0$인 범위에서 $c = c(0) = c^\circ$(초기 벌크 농도)

    $t > 0$일 때, $x = 0$에서 $c = 0$

        $x \to \infty$에서 $c = c^\circ$

$x \to \infty$를 위의 식에 대입하면 $-sB + c^\circ = 0$, 즉 $B = c^\circ/s$를 얻는다.

또 $x = 0$, $c = 0$를 위 식에 넣으면 $Da^2 A - sA = 0$, 즉 $\alpha = (s/D)^{1/2}$를 얻는다. 그러므로

$$u = A e^{-(s/D)^{1/2}x} + c^\circ/s \tag{6.7.12}$$

그런데 $x = 0$에서 $c = 0$이고 따라서 $u = 0$이다. 따라서 $A = -c^\circ/s$를 얻는다. 그러므로

$$u = \frac{c^\circ}{s}(1 - e^{-(s/D)^{1/2}x}) \tag{6.7.13}$$

이제 이 결과식에 대하여 역 Laplace 변환을 하면 된다. Laplace 변환 표에서,

$$\mathcal{L}^{-1}\left[\frac{1}{s}\right] = 1\ ; \quad \mathcal{L}^{-1}\left[\frac{1}{s}\,e^{-ks^{1/2}}\right] = \mathrm{erfc}\left(\frac{k}{2\sqrt{t}}\right) \tag{6.7.14}$$

또한 $\mathcal{L}^{-1}[u] = c$, $\mathrm{erfc}(x) = 1 - \mathrm{erf}(x)$임을 이용하면 다음을 얻는다.

$$\boxed{c(x, t) = c^\circ\, \mathrm{erf}\left(\frac{x}{2\sqrt{tD}}\right)} \tag{6.7.15}$$

이것이 원하는 해이다. 이에 의하여 임의의 시간 t와 위치 x에서의 농도를 구할 수 있는 것이다. 참고로 $\mathrm{erf}(z)$와 $\mathrm{erfc}(z)$는 각각 z를 변수로 하는 **오차함수**(error function)

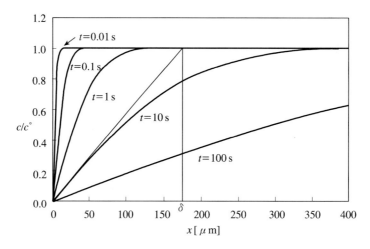

그림 6.7.2 큰 과전위가 걸린 전극 표면 근처의 농도 변화. $D = 1.0 \times 10^{-9} \, \mathrm{m^2 \, s^{-1}}$로 계산한 결과임. 10초가 지났을 때의 확산층의 두께를 δ로 표시하였다.

와 보완오차함수(complementary error function)라 부르는 함수로서 다음과 같이 정의 되는 확률적분에 속하는 것들이다.

$$\mathrm{erf}(z) = \frac{2}{\sqrt{\pi}} \int_0^z \mathrm{e}^{-p^2} dp \, ; \qquad \mathrm{erfc}(z) = 1 - \mathrm{erf}(z) \tag{6.7.16}$$

오차함수 $\mathrm{erf}(z)$의 값은 0에서 1까지의 값을 가지며, 필요한 범위의 z값에 대하여 확률론의 책이나 수표에서 찾을 수 있다. 또는 이와 관련이 있는 확률적 분포를 이용하여 구할 수도 있다. 위의 결과를 써서 몇 개 값의 시간 t와 위치 x에서의 농도를 구한 결과가 그림 6.7.2에 나타나 있다. 농도는 전극에 접한 위치, 즉 $x = 0$인 곳에서는 0이며 먼 거리에 이르면 c°에 가까워짐을 알 수가 있다. 또 시간 t가 길수록 거리에 따른 농도의 증가가 완만하고 실제적으로 용액 내부 ($x = \infty$)에 비하여 농도의 결핍이 있는 층(이를 **확산층**이라 함)의 두께가 두꺼워짐을 그림 6.7.2에서 볼 수가 있다.

예컨대 **폴라로그라피**(polarography) 실험에서 과전위가 충분히 걸린 조건에서, 즉 한 계전류가 흐를 때, 전극 표면에서 거리에 따른 반응물질의 농도의 변화가 그림과 같다(엄밀히 말하자면 수은 방울을 쓰는 폴라로그래피나 미세 전극 실험에서는 평면 전극이라 할수 없으므로 구형 전극에 대한 보정이 있어야 되나 원리상 크게 다른 것은 없으며, 뒤의 7.7절에서 자세히 논의될 것이다).

전류의 세기는 반응물질이 시간당 전극에 도달하는 양에 따라 결정되므로 Fick의 법칙에 따라 확산층에서의 농도 기울기에 비례한다. 농도 기울기는 다음과 같다.

$$\left(\frac{dc}{dx}\right) = c^\circ \frac{d}{dx}[\,\mathrm{erf}(z)\,] \qquad \left(z = \frac{x}{2\sqrt{Dt}}\right)$$

$$= c^\circ \frac{2}{\sqrt{\pi}}\, e^{-z^2}\frac{dz}{dx} \tag{6.7.17}$$

$$= \frac{c^\circ}{\sqrt{\pi Dt}}\exp\left(-\frac{x^2}{4Dt}\right)$$

전극면 $(x=0)$에서의 농도 기울기는

$$\left(\frac{dc}{dx}\right)_{x=0} = \frac{c^\circ}{\sqrt{\pi Dt}} \tag{6.7.18}$$

즉, 농도 기울기는 $(\pi Dt)^{1/2}$에 반비례하는데 $(\pi Dt)^{1/2}$은 길이의 디멘션을 갖는 양이며 그림에서 농도 곡선의 접선이 c°에 이르는 거리 δ이다. δ를 확산층의 두께로 잡는다. 확산전류밀도는 반응물의 유속에 nF를 곱한 것과 같으므로 Fick의 법칙을 쓰면

$$i_{\mathrm{d}} = nFD\left(\frac{\partial c}{\partial x}\right)_{x=0} \tag{6.7.19}$$

$$\boxed{i_{\mathrm{d}} = nFc^\circ\frac{D^{1/2}}{(\pi t)^{1/2}}} \tag{6.7.20}$$

이것이 평면 전극에서의 확산전류밀도에 대한 Cottrell 식이다.

이 식은 전류가 시간의 제곱근에 역비례하는 모양으로 감소함을 나타낸다. 이런 경우와 같이 어떤 실험조건에서 시간에 따라 전류가 변하는 것을 조사하는 실험을 **대시간전류법** 실험(chronoamperometry)이라 한다.

확산층의 두께 δ는 $(D\pi t)^{1/2}$이므로

$$i_{\mathrm{d}} = nFD\,\frac{c^\circ}{\delta} \tag{6.7.21}$$

이 식은 용액을 일정 속도로 휘저어 확산층의 두께가 일정할 때 적용할 수 있다.

6.8 액간접촉전위

2장에서 서로 다른 전해질 용액이 한 계면에서 접촉할 때 경계면 양쪽의 전위가 달라지는 현상, 즉 **액간접촉전위(차)**(liquid junction potential)가 생김을 얘기했었다.

$$M_a \mid liquid\,1 \mathrel{\vdots} liquid\,2 \mid M_b(M_a)$$

위와 같이 액간접촉이 있는 전지의 퍼텐셜을 읽을 때 거기에는 a, b 두 전극의 전위차 뿐아니라 액간접촉전위 (E_L)가 포함된다.

$$E_{cell} = E_b - E_a + E_L \tag{6.8.1}$$

여기에 포함된 E_L의 크기가 얼마나 되는지를 계산으로 상당히 정확하게 어림할 수 있는 경우가 많다. 계산의 기본 원리는 이온의 농도 차이가 있을 때 확산에 의한 이동에 따른 자유에너지 변화를 구하고 이로부터 전위차를 계산하는 것이다.[3]

두 용액 사이의 경계면에서 이온들의 농도는 경계면의 수직 방향에 따라서 변하는 층을 갖게 되는데, 그 변화의 단면은 경계면을 어떻게 만들고 유지하는가에 따라서 다르다. 대체로 두 용액이 마구 섞이지 않도록 흐름을 막는 좁은 통로들로 연결되게 한다. 경계면에 수직인 방향으로의 좌표를 x라 하고 i 이온의 화학 퍼텐셜을 μ_i라 하면 1몰의 i 이온이 농도가 진한 쪽에서 묽은 쪽으로 dx 만큼 이동함에 따른 자유에너지 차이는 $d\mu_i$로 나타낸다. i 이온의 운반율을 t_i라 하면 1패러데이의 전기량이 이온들의 이동에 의하여 이동할 때 i 이온의 이동에 의한 자유에너지 변화는 $t_i d\mu_i / z_i$이다. dx 거리의 전위차를 $d\phi$라 하면 모든 이온들의 기여를 합한 것은 전기적 에너지와 같으므로 $-Fd\phi$와 같다.

$$-Fd\phi = \sum \frac{t_i d\mu_i}{z_i} \tag{6.8.2}$$

경계면으로부터 충분히 떨어져 있어 농도 변화가 없는 한 용액 내 한 위치 ⓐ에서 다른 용액 내 위치 ⓑ까지 위 식을 적분하면 $-F\Delta\phi$, 즉 $-FE_L$이 된다. 그러므로

$$E_L = -\frac{1}{F} \sum \frac{1}{z_i} \int_{ⓐ}^{ⓑ} t_i d\mu_i \tag{6.8.3}$$

$M^{z+} X^{z-}$ 염의 농도만이 다른 두 용액 사이 계면에서 t_i들은 농도에 따라 변함이 없다는 근사적 가정을 쓰고, $d\mu_i = RT d\ln a_i$임을 이용하여 윗식의 적분을 하면,

$$\begin{aligned}
E_L &= \frac{-t_+}{Fz_+}[\mu_+(ⓑ) - \mu_+(ⓐ)] + \frac{t_-}{F|z_-|}[\mu_-(ⓑ) - \mu_-(ⓐ)] \\
&= \frac{-t_+ RT}{Fz_+} \ln \frac{a_+(ⓑ)}{a_+(ⓐ)} + \frac{t_- RT}{F|z_-|} \ln \frac{a_-(ⓑ)}{a_-(ⓐ)}
\end{aligned} \tag{6.8.4}$$

각 용액에서 대체로 전기적 중성이 유지되기 때문에 $z_+ = z = -z_-$인 경우 각 용액에서 양이온과 음이온의 농도는 같아야 하므로 $a_+(ⓑ) \cong a_-(ⓑ) \cong a_\pm(ⓑ); a_+(ⓐ) \cong a_-(ⓐ) \cong a_\pm(ⓐ)$

---

3) D. A. MacInnes, *The Principles of Electrochemistry*, Dover, 1961, p.220.

라고 할 수 있고, $t_+ = 1 - t_-$ 임을 이용하면

$$E_L = (2t_- - 1) \frac{RT}{zF} \ln \frac{a_\pm(ⓑ)}{a_\pm(ⓐ)}$$

$$= (1 - 2t_+) \frac{RT}{zF} \ln \frac{a_\pm(ⓑ)}{a_\pm(ⓐ)} \tag{6.8.5}$$

KCl 용액에서와 같이 $t_+ \cong t_- \cong 0.5$인 경우에는 진한 KCl 용액과 묽은 KCl 용액 사이 액간접촉전위는 0에 가깝다. NH_4NO_3 용액들 사이에서도 그렇다. 그러나 양이온과 음이온의 이동도가 크게 다른 경우의 대표적인 예로서 HCl 용액에서는 $t_+ > 0.5$이므로 $a_\pm(ⓑ) > a_\pm(ⓐ)$인 경우 $E_L < 0$, 즉 진한 용액 쪽의 전위가 묽은 용액 쪽의 전위보다 낮은 것이다. 양이온의 확산이 음이온보다 빨라서 묽은 용액 쪽으로의 + 전하 이동이 생기므로 그렇게 되는 것으로 이해할 수 있다.

0.1m HCl ⋮ 0.01 m HCl의 접촉 전위차는 계산값과 실측값이 모두 $E_L \cong 39\,mV$이다. 정밀한 전지 전압의 측정에서 이 E_L 값은 무시할 수 없는 크기이다. 그런데 다음 두 계면에서의 액간접촉전위들은 꽤 작다(다음 쪽에 나오는 Henderson 식 참조).

0.1 m HCl ⋮ satd. KCl $E_L \cong +5$ mV

satd. KCl ⋮ 0.01 m HCl $E_L \cong -3$ mV

진한 용액과 묽은 용액의 계면에서는 진한 용액에 있는 이온들의 운반율들이 크기 때문에 거의 진한 용액에 있는 이온들의 이동에만 의존하는 결과라고 이해할 수 있다. 이에 대한 정량적 계산은 조금 뒤에 소개한다. 위의 두 계면이 다 포함된 다음의 경우에는 두 용액 사이 전위차는 부호가 다른 위의 두 E_L 값들을 합한 것과 같아서 더욱 작아진다.

0.1 m HCl ⋮ satd. KCl ⋮ 0.01 m HCl $E_L \cong +2$ mV

그러므로 진한 HCl과 묽은 HCl 사이에 진한 KCl로 **염다리**(salt bridge)를 만들어 걸쳐 주면 액간접촉전위가 거의 무시할 수 있을 정도로 작아지는 것이다. 이것이 염다리를 쓰는 중요한 이유이다.

HCl ⋮ KCl 계면과 같이 종류가 다른 전해질 사이에 생기는 E_L 값을 계산하기 위해서는 위에서처럼 (6.8.2)식을 적분할 때 운반율들이 일정하다는 가정은 쓸 수가 없다. 그러므로 M. Planck[4]와 P. Henderson[5]은 각각 약간씩 다른 모델을 써서 적분하는 방법을

---

4) M. Planck, *Ann. physik*, [3] **39**, 161 (1890); [3] **40**, 561 (1890).

5) P. Henderson, *Z. physik. Chem.*, **59**, 118 (1907); **63**, 325 (1908).; D. A. MacInnes, *The Principles of Electrochemistry*, Dover, 1961, p.231.

발표하였다. Henderson의 방법을 간략히 소개한다. 용액 중 i 이온의 농도를 c_i, 이동도를 u_i 라고 하면

$$t_i = \frac{c_i |z_i| u_i}{\sum_j c_j |z_j| u_j} \tag{6.8.6}$$

이 식과 함께 각 이온의 농도가 계면 영역에서 거리에 정비례하여 변한다는 가정을 하고 활동도는 농도와 거의 같다는 근사를 쓰면 조금 번거로운 연산을 거쳐 다음과 같은 결과를 얻는다.

$$E_L = \frac{RT}{F} \frac{\sum \frac{u_i}{z_i}(c_i ⓑ - c_i ⓐ)}{\sum (c_i ⓑ - c_i ⓐ) u_i} \ln \frac{\sum c_i ⓐ u_i}{\sum c_i ⓑ u_i} \tag{6.8.7}$$

이것이 Henderson 식이다. 이 식을 농도가 같은 두 다른 전해질 용액 사이의 계면 $HCl(c) ⋮ KCl(c)$에 적용하면

$$\begin{aligned} E_L &= \frac{RT}{F} \ln \frac{u_{H^+} + u_{Cl^-}}{u_{K^+} + u_{Cl^-}} \\ &\cong \frac{RT}{F} \ln \frac{\Lambda_{HCl}}{\Lambda_{KCl}} \end{aligned} \tag{6.8.8}$$

이 식은 농도가 같은 두 용액의 몰 전도율로부터 액간접촉전위를 계산할 수 있는 식으로 Lewis-Sargent 식이라고 알려졌다.

■ **액간접촉 있는 농도차 전지**   다음과 같은 **농도차 전지**(concentration cell)에서는 두 용액간에 염다리 없이 직접 접촉하고 있다.

$$Ag \mid AgNO_3(c_1) ⋮ AgNO_3(c_2) \mid Ag$$

(⋮ 표시는 액체상 사이의 접촉면을 나타냄)

Ag^+와 NO_3^- 이온 각각의 활동도가 각 농도에서의 평균활동도와 근사적으로 같다고 하고, a_1, a_2는 $AgNO_3$의 농도가 c_1, c_2일 때의 평균활동도라 하면, 이 전지의 전압은 양쪽 전극의 전극 전위 E_2, E_1의 차이와 액간접촉전위 E_L로 결정된다. E_L에 대하여 (6.8.4)식을 적용하면

$$\begin{aligned} E_{cell} &= E_2 - E_1 + E_L \\ &= \frac{RT}{F} \ln \frac{a_2}{a_1} + \frac{RT}{F}\left(-t_+ \ln \frac{a_2}{a_1} + t_- \ln \frac{a_2}{a_1} \right) \end{aligned} \tag{6.8.9}$$

$t_+ = 1 - t_-$를 써서 정리하면

$$E_{\text{cell}} = 2t_- \frac{RT}{F} \ln \frac{a_2}{a_1} \tag{6.8.10}$$

이 식은 액간접촉이 있는 셀을 만들어 **운반율**(transport number)을 정밀하게 측정하는 데 쓰인다. 오랫동안 안정한 액간 접촉을 유지하기 위해서 다공성의 세라믹이나 다공성 고분자로된 플러그를 쓰는 경우가 많다.

참고자료 : 간편하게 염다리 만드는 방법 ══════════

　전지의 두 부분에 있는 용액들이 서로 섞이는 것을 방지하고 액간접촉전위를 최소화하기 위해서 쓰이는 염다리를 만드는 보통의 방법은 포화 KCl 용액에 우무가시리(한천, agar) 가루를 넣고 가열하여 녹인 용액을 사용하는 것이다. U자 모양으로 구부린 유리관에 가열된 용액을 채우고 식혀서 용액이 굳게 만드는 것이다. 용액이 굳은 우무가사리 젤 속에 갇혀 있으므로 두 용액 사이에 걸쳐놓았을 때 사이폰 작용에 의한 용액의 이동은 없다(그림 2.2.3, 그림 2.3.2 참조).

　그러나 이 방법은 번거로울 뿐 아니라 흔히 용액이 마르거나 수축될 때 기포가 들어가서 U자 관 안에서 연결이 끊어지는 등 가끔 문제가 생긴다. 이런 문제가 없는 간편한 염다리를 만드는 방법은 다음과 같다. 나일론 섬유로 엮어 만든 빨래줄 모양의 노끈을 적당한 길이로 잘라서 깨끗이 씻고 증류수에 넣고 끓여서 불순물을 제거한 다음 U자 관에 밀어 넣고 유리관 길이에 맞추어 노끈을 자른 다음 포화(약 4.2 M) KCl 용액으로 노끈을 적시면 된다. 유리관의 내부 직경이 노끈을 밀어 넣을 수 있을 만큼이면 적당하다. 실험 목적에 Cl^- 이온이 방해될 경우에는 KCl 대신에 양이온 음이온간 이동도의 차이가 적은 질산암모늄 또는 질산칼리움 같은 염을 사용하면 된다.

참 고 문 헌

1. J. Koryta, J. Dvorak, and L. Covan, *Principles of Electrochemistry*, 2nd Eds., Wiley, 1993, Chapter 2.

2. C. Brett and A. O. Brett, *Electrochemistry: Principles, Methods, and Applications*, Oxford Univ. Press, 1993.

3. Comprehensive Treatise of Electrochemistry, Vol. 6, *Electrodics: Transport*, E. Yeager, J. O'M. Bockris, B. E. Conway, S. Sarangapani, Eds., Plenum, 1983.

4. D. A. MacInnes, *The Principles of Electrochemistry*, Dover, 1961.

5. C. H. Hamann, A. Hammett, W. Vielstich, *Electrochemistry*, Wiley-VCH, 1998, Chapter 2.

연 습 문 제

1. Cl^- 이온의 이동도는 $7.9 \times 10^{-8} \, m^2 \, s^{-1} V^{-1}$이다. 확산계수와 몰 전도율을 구하여 표에 있는 값들과 비교하라.

2. 용액의 전도율을 측정할 때 교류 브리지를 사용하지 않고 간단한 "멀티미터"의 저항 측정 기능을 쓴다면 어떤 문제가 있는가?

3. 무한히 묽은 용액에서 K^+, Cl^- 이온들의 이동도(mobility)는 각각 7.62×10^{-4}, 7.91×10^{-4} $cm^2 \, s^{-1} V^{-1}$이다. KCl 용액의 한계 당량 전도율과 KCl의 묽은 용액 중 유효(평균)확산계수를 구하라. 이때 K^+ 이온의 운반율(transport number)은 얼마인가?

4. 점성도계수가 $8.9 \times 10^{-4} \, kg \, m^{-1} s^{-1}$인 물속에서 이온 반지름이 0.31 nm인 이온의 이동도를 구하여 표 6.1에 있는 값들과 비교하라.

$$☞ \quad u_i = 3.08 |z_i| \times 10^{-8} \, m^2 \, s^{-1} V^{-1}$$

5. 이온의 운반율을 측정하기 위한 계면이동 실험에서 HCl 용액과 $CdCl_2$ 용액 사이의 계면은 600초 동안에 244 mm 이동하였다. 관의 반지름은 2.00 mm이었고 HCl 농도는 $0.025 \, mol \, dm^{-3}$, 전류는 15.0 mA이었다. HCl 용액에서의 H^+ 이온의 운반율을 계산하라. 또 표 6.1에 있는 H^+ 이온과 Cl^- 이온에 대한 자료를 써서 계산하여 결과를 비교하라.

6. 확산 지배를 받는 전극 반응에 대하여 전류와 농도 및 시간 사이의 관계식(Cottrell equation)에 대하여 기본가정, 수학적 취급의 요점, 결과 등에 대하여 간명하게 설명하라. (수학적 처리의 구체적 연산단계는 생략)

$$☞ \quad i = nFC(D/\pi t)^{0.5}$$

7. Ag^+ 이온의 확산계수는 $1.35 \times 10^{-9} m^2 s^{-1}$이다. 전극면에서의 확산층의 두께가 $2.00\,mm$라고 가정하고 $0.100\,mol\,dm^{-3}$ $AgNO_3$ (+지지전해질)용액에서 은을 석출할 때 한계전류밀도를 구하라

☞ $6.51\,Am^{-2}$

8. 전극 $Pt\,|\,Fe^{2+},\,Fe^{3+}$의 평형 전위는 관계되는 이온들의 활동도가 모두 0.1일 때 0.77 V이고 교환전류밀도는 $0.23\,mA\,cm^{-2}$이다. 전극 전위가 0.85 V일 때와 2.0 V일 때 전류밀도를 구하라. 전자전달계수 (대칭인자)는 0.5라고 가정하고 확산층의 두께는 $0.40\,mm$로 잡아라. Fe^{2+} 이온의 확산계수는 $1.0 \times 10^{-5}\,cm^2\,s^{-1}$이다.

☞ $1.09\,mA\,cm^{-2}$(0.85 V에서); $24.1\,mA\,cm^{-2}$(2.0 V에서)

9. 확산 전위(차)(diffusion potential)란 어떤 것이고, 이것이 생기는 물리적 원인은 무엇이며, 그 크기는 무엇으로 좌우되는지 예를 들어 설명하라.

10. 포화 KCl 용액은 농도가 $4.2\,mol\,dm^{-3}$이다. 이 포화용액과 $0.01\,mol\,dm^{-3}$ KCl 용액 사이의 액간접촉전위를 계산하라.

☞ 0.0031 V

11. 다음 전지로부터 측정될 전지 전압을 계산하라.

$(Pt)\,H_2\,|\,HCl(\,m = 0.001)\,|\,HCl(\,m = 0.01)\,|\,H_2\,(Pt)$ (액간접촉 있는 전지)

수소 기체의 퓨가시티는 양쪽에서 모두 $1.00\,atm$이며, $0.001\,m$과 $0.01\,m$ 용액에서 평균활동도계수는 각각 0.966, 0.904이고, 이들 용액에서 H^+ 이온의 운반율은 약 0.825이다.

12. 다음 전지에서 액간접촉전위를 제거하였을 경우와 그렇지 않은 경우 각각의 전지 전위차를 구하라.

$Pt\,|\,H_2\,(1atm)\,|\,HCl(0.001m)\,|\,HCl(0.01m)\,|\,AgCl\,|\,Ag$

$0.001\,m$ HCl, $0.01\,m$ HCl 용액 사이에서 H^+ 이온의 운반율은 0.820이다.

$AgCl + e^- \rightarrow Ag + Cl^-, \quad E^\circ = 0.22\,V$

☞ 0.52 V; 0.48 V $E_L = -0.038\,V$

7

연구 방법 I

7.1 일정전위 실험

하나의 전극이 일정한 전위에 고정되어 있는 채로 그 표면에서 반응이 일어나도록 하는 실험이 필요할 때가 많다. 이런 **일정전위 실험**(potentiostatic experiment) 방법은 사실상 모든 전기화학 실험의 기초라고 볼 수 있다. 전극 반응의 속도를 좌우할 수 있는 여러 가지 요인 중에서 전극의 전위가 가장 중요한 것이므로 전위를 일정하게 조절하고 전극 반응이 진행되는 것을 조사하는 것이 실험의 기초가 된다. 여기서 일정한 전위라 함은, 물론 전극이 접촉하고 있는 전해질 용액에 기준전극을 두고 잰 전위를 말한다. 특히 전극에서 떨어져 있는 곳이 아니고 바로 인접한, 즉 전기이중층만을 사이에 둔 전해질 부분에 기준전극을 두고 잰 전위이다.

일정한 전위를 유지하기 위해서는 기준전극에 대한 작업전극의 전위를 읽어서 그것이 원하는 값과 일치할 때까지 대전극과 작업전극 사이의 전류(또는 전위)를 바꿈으로써 작업전극의 전위를 조절한다. 4장에서 간단히 설명한 바와 같이 작업전극의 전위를 **되먹임**(feed-back)하는 전자장치인 **일정전위기**(potentiostat)가 이런 일을 자동적으로 수행하게 한다(그림 4.1.2).

7.1.1 되먹임을 이용한 일정전위 장치

그림 7.1.1(A), (B)는 그림 4.1.2에 개념적으로만 나타내었던 일정전위기의 작용을 전자회로의 도식으로 나타낸다. (A)는 **연산증폭기**(operational amplifier)가 아주 간단한 일정전위기의 중심을 이루고, 오른쪽에 두 개의 저항이 직렬로 연결된 부분이 전기화학 셀과 같은 역할을 할 때 전기적 조절이 이루어질 수 있음을 이해할 수 있도록 보여준다. 연산증폭기에 대하여는 부록에서 자세히 설명하였다. 여기서 직렬로 이어진 저항의 한 끝

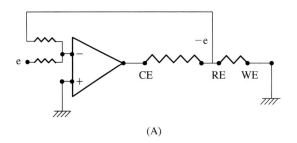

(A)

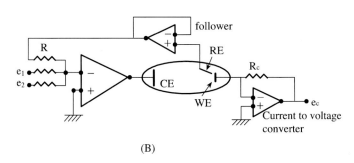

(B)

그림 7.1.1   일정전위기의 전자회로 요약도. (A)는 직렬로 연결된 두 개의 저항이 셀의 역할을
대신할 때의 회로 그림. (B)는 좀더 구체화한 회로와 셀의 연결을 보인다.

은 작업전극(WE), 반대쪽 끝은 대전극(CE), 가운데는 기준전극(RE)에 해당한다. (A) 그림의 연산증폭기의 입력 저항들을 같은 크기의 것으로 선택하였을 경우 뒤집는 입력 단자(−표시의 입력 단자)는 더하기 기능을 한다. 따라서 입력 전위가 e일 때 RE의 전위는 −e이다. 그러므로 WE의 전위는 RE에 대하여 e만큼 높아진다. 입력 전위를 조절함으로써 기준 전극에 대한 작업전극의 전위가 임의로 조절되는 것이다. (B) 그림은 타원형으로 나타낸 실제 전기화학 셀이 연결된 것을 나타내며, 좀더 구체적으로 회로를 보여준다. (A) 그림과의 차이는 첫째로 기준전극의 전위가 입력으로 들어가기 전에, 역시 부록에서 설명한 폴로어(follower)를 거쳐가게 한 것이다. 일반적으로 기준전극과 전해질 사이에는 대단히 큰 저항이 있으므로 기준전극의 전위가 그대로 입력될 수 없을 뿐만 아니라 기준전극으로부터 입력점까지의 도선은 잡음 전파를 받아들이는 안테나의 역할을 하는 단점이 있다(참고자료). 그러므로 follower를 써서 미약한 기준전극의 전위 신호를 안정한 신호로 바꾸어 줄 필요가 있는 것이다.

또 한가지 (B) 그림에서 주목할 것은 전류의 세기를 읽기 위하여 작업전극과 그라운드 사이에 전류-전압 변환기를 단 것이다. 작업전극을 통하는 전류의 세기가 되먹임 저항 R_c를 통하여 흐르므로 여기 쓰인 연산증폭기의 출력 전압은 전류세기 I에 비례하는 $-IR_c$이다. R_c의 크기를 선택함으로써 전류세기의 읽기 범위를 임의로 바꿀 수 있다. 작

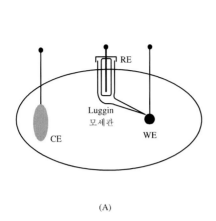

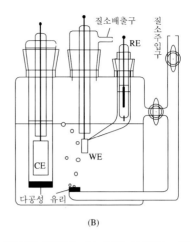

그림 7.1.2 3-전극셀, (A) 3 전극과 Luggin 모세관을 표시한 개략도, (B) 실제 사용되는 셀의 한 예

업전극의 전위는 그라운드와 같은데 그러나 직접 그라운드에 연결된 것은 아니므로 이런 경우의 작업전극은 "실효 그라운드(virtual ground)"라고 한다. 그림과 같이 입력 저항 R 을 병렬된 여러 개의 같은 크기 저항으로 바꾸어 놓았을 때 입력 전위 e_1 , e_2 등의 합이 기준전극의 전위 c_R 과 크기가 같고 부호는 반대가 된다. 따라서 e_2 는 다른 퍼텐셜 프로 그램을 e_1 에 겹쳐들어 가게 하기 위한 목적에 쓸 수 있다.

작업전극과 기준전극 사이에 있는 전해질의 저항은 조절 전위에 오차가 들어가게 한다. 흐르는 전류의 세기와 저항값을 곱한 것만큼의 전위차(즉 **저항전위차**, ohmic potential drop, I·R drop)가 되먹임 전위에 합해지므로 그만큼 조절 전위에 오차가 들어가는 것 이다. 이 저항 전위차를 최소화하기 위하여 기준전극을 가능한 한 작업전극에 가까이 있 게 해야 하지만 실제로는 거리를 좁혀 저항을 완전히 피할 수도 없고, 또 거리를 너무 좁 혀 기준전극이 작업전극의 앞을 가릴 경우 전류의 균일한 흐름을 방해하여 전극 표면의 전위 분포도 불균일해지는 단점도 있다. 이 문제를 해결하기 위하여 긴요하게 쓰이는 것 이 Luggin 모세관이다. 이것은 한 쪽은 가는 모세관으로 끝나고 다른 한 쪽은 기준전극이 속에 들어갈 수 있도록 넓은 관으로 이어진 관(예컨대 잡아 뺀 유리관)으로 그림 7.1.2와 같이 쓰인다. 관 안에는 전해질 용액이 채워져 있어 모세관의 열린 끝을 작업전극의 표면 가까이 놓이게 하면 그 부분의 전위를 기준전극이 감지하므로 기준전극과 작업전극이 아 주 가까이 있는 것과 같은 효과가 있다. 관 속의 전해질을 통하여는 전류가 흐르지 않기 때문에 저항 전위차가 포함되지 않는다. 관 끝 부분이 가늘기 때문에 전류를 방해하는 정 도가 작고 그림에서처럼 Luggin 모세관을 전류가 주로 흐르는 면을 비껴 놓거나 반대쪽 에 놓으면 더욱 바람직하다.

보충자료 : Ｉ·Ｒ 보정

어떤 종류의 일정전위기 제품은 "Ｉ·Ｒ 보정(Ｉ·Ｒ compensation)" 기능을 가지고 있는데, 이것은 전류세기에 비례하는 전압을 되먹임시킴으로써 저항전위차에 대한 보정이 이루어지도록 하는 회로를 이용하는 것이다(그림 7.1.3). 적정한 그 보정의 크기를 정확히 맞추기는 어려운 일이므로 이용에 주의하여야 하고 보정의 크기가 지나치면 전기 진동을 유발한다.

그림에서 볼 수 있는 바와 같이 이 보정 회로는 마이너스 되먹임이 아니고 플러스 되먹임을 하는 것이며 이것이 진동의 원인이다. 적정한 정도의 보정의 크기를 구하는 방법은 되먹임 신호를 점점 키워 나가다가 진동이 시작되면 이미 보정이 지나친 것이므로 약간 보정의 크기를 줄여서 진동이 일어나지 않는 점에서 멈춘다. 이렇게 보정을 하면 기준 전극의 위치가 작업 전극으로부터 떨어져 있어도 어느 정도 Ｉ·Ｒ 오차를 줄일 수 있으나 이상적인 실험 방법이라고는 할 수 없다. 그러므로 이런 보정 회로를 사용하는 것 보다 Luggin 모세관을 사용하여 Ｉ·Ｒ 오차를 최소화하는 것이 더 좋다.

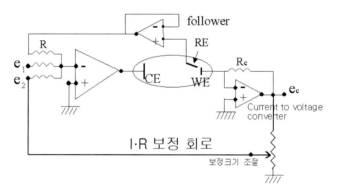

그림 7.1.3 플러스 되먹임을 이용한 Ｉ·Ｒ 보정 회로

참고자료 : 잡음 전파와 진동의 방지 대책

기준전극의 전선이 잡음 전파를 받아들이는 경우 흔히 전기적 진동이 일어난다. 이것은 특히 고주파 신호에서 피하기 어려운 위상 반전 때문에 심각해지며, 기준전극과 전해질 사이의 저항이나 또는 Luggin 모세관 끝의 저항이 너무 클 때에 더욱 심하다. 진동은 대전극의 전위를 증폭기가 감당할 수 없는 한계("compliance voltage")에까지 도달하게 하며 전류 또한 진동하게 한다.

그러므로 기준전극을 연결하는 선은 가능한 한 짧게 해야 하며, 동축케이블과 같이 그라운드된 피복선으로 차폐된 전선을 써야 한다. "Ｉ-Ｒ 보정"을 지나치게 적용하면 역시 진동이 일어난다. 진동을 완전히 제거하기는 어려우나 가능한 한 전파원을 멀리

하고 **차폐**(shielding)에 힘써야 한다. 기준전극과 대전극 사이에 적당한 크기의 축전기를 연결하면 진동을 억제하는 데 효과적인 경우가 많다.

7.1.2 퍼텐셜 프로그램

일정전위기를 사용하는 실험은 뒤에서 설명할 **순환 전압전류 실험**(cyclic voltammetry)이나, 폴라로그래피, 교류임피던스 실험, 펄스 전압 실험 등, 거의 모든 전기화학 실험의 기초가 된다. 일정전위기의 퍼텐셜 입력 부분에 어떤 형태의 퍼텐셜 프로그램도 넣을 수가 있기 때문이다. 예컨대 그림 7.1.1(B)의 전압 입력부 중 하나인 e_1에 시간 (t)에 따라 직선적으로 변하는 다음과 같은 전압을 걸어주면 전극의 전위가 그대로 올라가게 하는 실험 즉 폴라로그래피와 같은 전위훑기 실험이 된다.

$$E = E° + vt$$

전압 변화 속도인 v의 부호를 ＋와 － 사이에 번갈아 바꿔주면 **순환 전압전류 실험**이 된다. 또 e_1에 위의 직선형으로 변하는 전압을 걸어준 채 또 하나의 입력부 e_2에 작은 교류 전압 $A \sin \omega t$를 걸어주면 전극에는 두 전압 프로그램이 합해져 이루어진 다음과 같은 전압이 걸린다.

$$E = E° + vt + A \sin \omega t$$

이것은 교류전압전류 실험(ac voltammetry)이다(8.1.6절 참조).

전기화학 실험에서는 많은 경우에 불순물을 제거하는 것이 대단히 중요하다. 불순물의 농도는 엄청나게 작아도 전극 표면을 불순물이 덮어서 원하는 반응을 관찰할 수 없게 하기에 충분한 경우가 많다. 특별한 경우가 아니면 산소도 제거해야 할 불순물이다. 산소 자체가 환원되는 전기화학적 반응이 너무도 잘 일어나기 때문이다. 용액으로부터 산소를 제거하기 위하여는 순도 높은 질소나 아르곤 같은 기체를 통과시켜 주는 방법이 효과적이다.

7.2 일정전류 실험

7.2.1 일정전류 실험 장치

전극에 일정한 전류가 흐르도록 하는 실험 — 즉 일정전류(galvanostatic) 실험 — 에서는 전자장치 **일정전류기**(galvanostat)를 써서 일정한 세기의 전류가 계속적으로 흐르도록 한다. 시간에 따라 전극 전위가 변하는 것을 기록하는 것이 보통이다. 일정전류기의 간단한 회로는 그림 7.2.1과 같다.

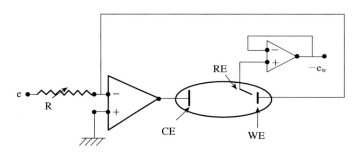

그림 7.2.1 일정전류기와 셀의 연결 그림

입력 전압을 저항 R값으로 나눈 값의 전류는 전부 되먹임 회로를 통하여 작업전극으로 흐르게 되어 있다. 따라서 입력 전압 e와 R의 값으로 전류세기를 조절할 수가 있다. 작업 전극의 전위는 그라운드와 같으므로(virtual ground) 기준전극에 대한 작업전극의 전위 e_w는 기준전극에 연결된 follower의 출력 전위로 읽을 수 있다. 이 회로는 일정전위기에 서 쓰인 것과 비슷한 부품들을 약간 다르게 연결한 것뿐이므로 실용적인 전기화학 실험장 치는 몇 개의 연결 스위치를 조작함으로써 일정전위기로도 쓸 수 있고 일정전류기로도 쓸 수 있게 만들어진 것이 대부분이다.

참고자료 : 간단한 일정전류 공급장치

일정한 전류를 셀에 공급하여 간단히 전기분해나 전극 합성 등의 실험을 하기 위하 여 트랜지스터 하나만으로 그림과 같이 전원을 만들어 쓸 수 있다.

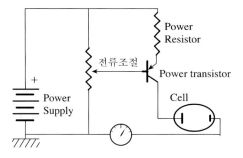

그림 7.2.2 한 개의 트랜지스터로 만든 간단한 일정전류 공급장치

7.2.2 일정전류 실험에서의 농도 변화

셀을 통하여 전류가 흐르게 하면 작업전극과 대전극에서는 반응이 일어난다. 용액 중에 있는 반응물질 중 전극에 접근한 것만 반응할 수 있으므로 전류의 세기가 극히 작은 경우

가 아니면 전극 표면 근처의 농도는 시간에 따라 감소한다. 소모된 반응물의 농도가 감소하므로 용액 내부에 있는 반응물이 확산에 의하여 전극 근처에 도달한다. 이런 경우에 농도의 시간에 따른 변화를 6장에서 본 바와 같이 Fick의 확산 제2법칙으로 나타낸다. 1차원 확산만 고려할 경우와 3차원 확산을 고려할 경우 각각 다음과 같은 관계식을 쓴다.

$$\frac{\partial c_i}{\partial t} = D_i \frac{\partial^2 c_i}{\partial x^2} \tag{7.2.1}$$

$$\frac{\partial c_i}{\partial t} = D_i \nabla^2 c_i \tag{7.2.2}$$

평면 전극이 쓰일 경우는 전극면에 수직인 x축 방향으로 1차원 확산을 고려하기 위하여 변수 x와 t를 가진 편미분방정식 (7.2.1)식의 해를 얻기 위해서 6.7절에서 한 것처럼 Laplace 변환을 하면 x만의 변수를 갖는 다음 상미분방정식을 얻는다.

$$D \frac{d^2 u}{dx^2} - su + c(0) = 0 \tag{7.2.3}$$

u는 농도 c_i의 Laplace 변환이다. 이 방정식의 일반적인 해는 지수함수인 $u = A e^{-\alpha x} + B$의 모양을 가질 것이다. 그러면 $\partial^2 u / \partial x^2 = \alpha^2 A e^{-\alpha x}$이므로

$$D\alpha^2 A e^{-\alpha x} - sA e^{-\alpha x} - sB + c(0) = 0 \tag{7.2.4}$$

벌크(용액 내부) 속에서의 농도를 c^o라고 하면 $t = 0$에서의 농도는 벌크 농도와 같아서 $c(0) = c^o$이다. 여기서 한 쪽이 전극에 의하여 막히고 한 쪽은 무한히 연장된 용액을 생각하자. 이것이 용액 속에 잠긴 전극의 평평한 표면 앞에 해당하는 조건이다. 일정한 세기의 전류가 통하기 시작하는 순간을 시간의 기점($t = 0$)으로 잡고 전극 표면으로부터의 수직 거리를 x라 하면, 이 경우의 경계조건들은 다음과 같다.

경계조건:

$$t = 0 \qquad x \geq 0 \qquad c = c(0) = c^o \text{ (초기 벌크 농도)}$$

$$t \geq 0 \qquad x \to \infty \qquad c = c^o$$

$$t > 0 \qquad x = 0 \qquad nFD(\partial c / \partial x)_{x=0} = i \text{ (일정)}$$

위의 마지막 경계조건은 전류가 순전한 확산전류라는 조건이다. 반응물이 전극에 흡착되어 있는 경우에는 이 조건이 맞지 않는다. $x \to \infty$를 위의 식에 대입하면

$$-sB + c^o = 0 \tag{7.2.5}$$

즉 $B = c^o / s$를 얻는다. 또 $x = 0$를 위 식에 넣으면 $D\alpha^2 A - sA = 0$, 즉 $\alpha = (s/D)^{1/2}$을 얻는다. 그러므로

$$u = A \exp\left(-\left(\frac{s}{D}\right)^{1/2} x\right) + \frac{c^o}{s} \tag{7.2.6}$$

위의 마지막 경계조건에 대한 Laplace 변환은 $(\partial u / \partial x)_{x=0} = i/nFDs$ 이며, 이와 위 식으로부터 $A = -i/nFD^{1/2}s^{3/2}$을 얻는다.

$$u = \frac{c^o}{s} - \frac{i}{nFs^{3/2}D^{1/2}} \exp\left(-(s/D)^{1/2}x\right) \tag{7.2.7}$$

$1/s$와 $\exp(-ks^{1/2})/s^{3/2}$의 역 Laplace 변환을 찾아서 u의 역 Laplace 변환, 즉 c를 구할 수 있다.

$$c = c^o - \frac{2it^{1/2}}{nF(\pi D)^{1/2}} \exp\left(\frac{-x^2}{4tD}\right) + \frac{ix}{nFD} \, \text{erfc}\left(\frac{x}{2(tD)^{1/2}}\right) \tag{7.2.8}$$

이것이 농도를 시간과 전극으로부터의 거리로 나타내는 관계식으로 다소 복잡한 모양을 하고 있으나 그림으로 나타내면 다음과 같다(그림 7.2.3). 확산에 의한 분자의 평균제곱거리의 제곱근(rms distance)은 $(2Dt)^{1/2}$임을 생각하면 위 식은 이 rms 거리와 x의 비로 농도가 표현된 것이라 할 수 있다.

전극 표면, 즉 $x=0$에서 위 식은 간단히 되어 전극 표면에서의 농도 c^*는 다음과 같다.

$$\boxed{c^* = c^o - \frac{2it^{1/2}}{nF(\pi D)^{1/2}}} \tag{7.2.9}$$

c^*가 0이 되는 데 걸리는 시간을 **전이시간**(transition time)이라고 한다. 이 그림에 나타낸 경우에 전이시간은 182.8 s임을 볼 수 있다. 전이시간을 τ로 나타내면

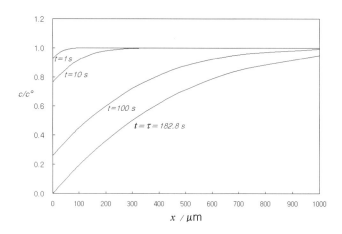

그림 7.2.3 일정전류 조건에서 전극 근처의 반응물 농도 변화.
$i = 10\,\text{A m}^{-2}$, $D = 1.0 \times 10^{-9}\,\text{m}^2\,\text{s}^{-1}$, $c^o = 50\,\text{mM}$, $n = 1$의 조건으로 계산한 결과임.

$$t = \tau \; ; \quad c^* = 0$$

$$\tau = \frac{\pi D(c^\circ nF)^2}{4i^2}$$
(7.2.10)

위의 식은 Sand 식으로서 다음과 같이 변형하면 i와 $\tau^{1/2}$ 사이의 역비례 관계임을 쉽게 알 수 있다.

$$i\,\tau^{1/2} = \frac{\sqrt{\pi D}}{2}\,nFc^\circ$$
(7.2.11)

예컨대 일정한 산화전류를 흘려주는 경우 전이시간이 되면 전극 표면에서 산화될 수 있는 반응물이 사라지므로 전극 전위는 급작스런 상승을 한다(그림 7.2.4). 그러므로 시간에 따른 전극 전위의 기록, 즉 대시간 전위변화측정 (chronopotentiometry) 기록을 얻음으로써 전이시간을 쉽게 알아낼 수 있다.

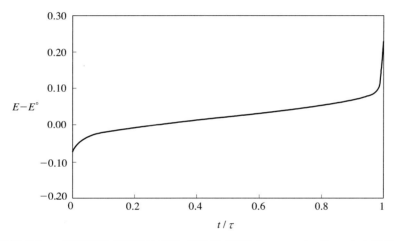

그림 7.2.4 일정전류 실험에서 얻은 퍼텐셜 변화(chronopotentiometry) 그림. 산화종과 환원종의 확산계수가 같은 경우의 계산 결과.

7.3 퍼텐셜 계단과 펄스 실험

전극 퍼텐셜을 어느 순간 갑자기 다른 퍼텐셜로 바꾸어 주는 것을 퍼텐셜 계단(potential step)이라 하고 다시 거꾸로의 계단을 주어 원래의 퍼텐셜로 돌아오게 하는 것을 퍼텐셜 펄스(potential pulse)라 한다. 하나의 퍼텐셜 계단이 전극에 걸릴 때 전극과 전해질 용액 사이에는 갑자기 전위차가 달라지므로 전기이중층은 충전전류를 낳는다. 충전전류는 전기이중층의 커패시턴스와 전압 변화 속도의 곱과 같으므로 $I = CdE/dt$, 전위 변화의 속도가 크면 그 순간 큰 전류를 나타낸다. 실제의 계단은 무한대의 전위 변화 속도를 나타내지는 않고 장치와 회로의 제한 때문에 유한한 변화속도를 나타내고 따라서 충전전류의 크기도 유한하기는 하다. 하나의 RC 회로의 퍼텐셜 계단에 대한 대응의 오름시간 (rise time)은 $1/RC$이고 지수함수적으로 좇아가므로 퍼텐셜 계단의 높이가 E_s라 하면 실제 전극-전해질 간 퍼텐셜 (E)과 전류는 시간에 따라 다음과 같이 변한다(부록 4의 끝부분 참조).

$$E = E_s(1 - e^{-t/RC})$$

$$\frac{dE}{dt} = \frac{E_s}{RC} e^{-t/RC}$$

$$\text{(7.3.1)}$$

$$I_{charging} = \frac{E_s}{R} e^{-t/RC} \qquad \text{(7.3.2)}$$

즉 전기이중층을 충전하는 전류 $I_{charging}$은 처음에는 E_s/R의 크기를 나타내나 오랜 시간이 지나면 0으로 감소한다. 펄스의 경우에는 서로 반대 방향의 계단에 대한 대응으로 나타난다.

충전전류의 크기가 감소하면 반응전류가 드러난다. 새로운 전극 전위가 어떤 반응에 대하여 큰 과전위에 해당하면 반응전류(충전전류와 구별하여 **패러데이 전류**(faradaic current)라 함)는 짧은 시간 안에 확산전류가 된다(6장). 6장에서 본 바와 같이 확산전류 밀도는 $(D/t)^{1/2}$에 비례하므로 역시 긴 시간이 지나면 0에 접근한다[(6.7.20)식].

$$i_d = nFc^o \frac{D^{1/2}}{(\pi t)^{1/2}} \qquad \text{(7.3.3)}$$

퍼텐셜 펄스는 분석에서 많이 응용된다(9장 참조). 퍼텐셜 계단이나 펄스는 일정전위기 등의 전기화학 실험장비를 써서 쉽게 적용할 수 있다.

7.4   전위훑기와 순환 전압전류 실험

전극 퍼텐셜이 일정한 속도로 변하게 하는 것을 전위훑기(potential sweep)라 하고 훑기에 의하여 전극 전위가 어떤 값에 이르렀을 때 전류값이 증가하는 것으로서 반응이 일어남을 볼 수가 있다. 즉 **일정속도 전위훑기 실험**(linear sweep voltammetry)에서는 다음과 같은 퍼텐셜 프로그램이 전극에 걸리게 하고 그에 대응하여 나타나는 전류 $I(t)$를 얻는다.

$$E = E^\circ \pm vt$$

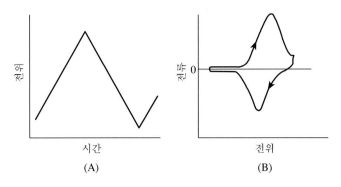

그림 7.4.1 순환 전압전류 실험의 퍼텐셜 프로그램(A)과 전압-전류 관계의 한 모형 그림

폴라로그래피(polarography)는 일정속도 전위훑기 실험의 한 응용이다. 전위훑기를 한 방향으로 일정한 속도로 하다가 방향을 바꾸어서 하기를 반복하는 것이 **순환 전압전류 실험**(cyclic voltammetry)이다.

그림 7.4.1의 (A)는 이런 실험에서 쓰이는 퍼텐셜 프로그램의 모양이다. (B)는 이런 퍼텐셜 프로그램으로 얻는 순환 전압전류 그림 (cyclic voltammogram)의 한 예이다. 퍼텐셜이 + 쪽으로 가서 어느 값에 이르면 산화전류가 증가하기 시작하고 과전위가 아주 커져서 봉우리를 지나면 전극 주위의 반응물이 결핍되어 전류가 감소한다. 그런 다음 전압훑기의 방향이 바뀌면 전류는 급격하게 감소하다가 산화 생성물이 환원될 수 있는 전위를 지날 때 전류의 부호가 바뀌고 환원전류의 봉우리가 나타난다. 반응이 일어나지 않는 전위 영역에서도 작은 전류가 흐르는데((B) 그림의 왼쪽 부분) 이것은 전기이중층의 충전전류이다. 위의 (B) 그림은 전극을 흔들거나 용액을 휘젓지 않고 얻은 순환 전압전류 곡선의 대표적인 모양이다.

그림 7.4.2는 백금 전극을 산소가 제거된 묽은 황산 용액에 넣고 $100\,\mathrm{mV\,s^{-1}}$의 훑기속도로 얻은 순환 전압전류 곡선이다. 음전위 쪽으로 훑기를 할 때 $0\,\mathrm{V}$(vs. NHE)에 가까워지면 H^+ 이온이 환원되면서 백금 표면에 흡착된다.

$$H^+ + e^- \rightarrow H_{ads}$$

이 반응에 따른 환원전류가 몇 개의 봉우리들로 나타난다. 더 낮은 전위로 가서 분자 상태의 H_2 기체가 생기기 전에 전위훑기 방향을 바꾸면 그림과 같이 환원전류 봉우리들을 뒤집어 엎은 모양의 산화전류 봉우리들이 나타난다. 이들은 위 환원 반응의 역반응으로 흡착된 수소가 없어지는 과정에 해당한다. 여러 개의 작은 봉우리들의 상대적인 크기는 백금 표면에 어떤 결정 표면이 많이 노출되느냐에 따라 다르다. 단결정 백금을 써서 (111), (110) 또는 (100) 표면만을 용액에 노출시키고 실험하면 각 표면에 해당하는 봉우

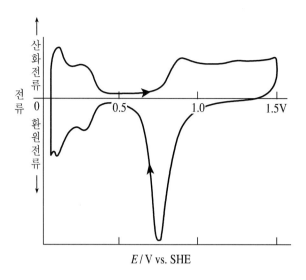

그림 7.4.2 황산 용액에서 얻은 백금의 순환 전압전류 곡선

리들을 얻을 수 있으나 다결정성(polycrystalline)백금 시료를 사용할 경우는 그림 7.4.2
와 같이 여러 봉우리들을 겹친 것과 같은 순환 전압전류 곡선이 얻어진다.

전위가 더 양전위 쪽으로 갈 때 한 구간 안에서는 아무 반응도 일어나지 않기 때문에
전류는 0에 가까운 값을 나타낸다. 다만 전기이중층의 충전에 쓰이는 작은 전류의 낮은
평행선이 나타난다. 약 0.8 V에 이르면 전류가 갑자기 올라가는 것을 볼 수 있는데, 이것
은 백금 표면이 산화되기 때문이다.

$$Pt + H_2O \rightarrow PtOH + H^+ + e^-$$

$$PtOH \rightarrow PtO + H^+ + e^-$$

더 높은 전위(1.5 V 이상)로 올라가면 산소가 생기는 반응으로 전류가 커지기 시작한다.

$$2H_2O \rightarrow 4H^+ + O_2 + 4e^-$$

전류가 더 커지기 전에 전류방향을 바꾸면 반응이 없기 때문에 전기이중층의 충전전류
이외에 전류가 없다가 0.8 V 근처의 큰 환원 봉우리가 나타난다. 이 봉우리는 산화되어
생긴 표면의 산화백금 층이 환원되는 과정에 해당한다.

만일 전해질 용액 중의 산소가 철저히 제거되지 않은 채로 실험하면 산화백금 층의 환
원이 일어나기 전에 산소 환원에 의한 환원전류가 나타난다. 또한 유기물질같은 불순물이
용액 중에 있거나 전극 표면이 오염되어 있으면 이들은 산화전류를 나타내어 전기이중층
의 충전 전류만이 나타나는 전위 영역에서도 산화전류를 나타내고 일반적으로 양전위에

따라 점점 증가하는 전류를 나타내므로 그림 7.4.2와 같은 전형적인 순환 전압전류 곡선 모양이 얻어지지 않는다. 그러므로 순환 전압전류 실험은 백금 전극과 전해질 용액이 깨끗한지를 점검하는 한 방법도 된다.

백금의 경우에서 본 바와 같이 잘 산화되지 않는 금속이라도 반응성 없는 전해질 속에서 전위 훑기를 할 때 표면에서의 흡착과 산화물 단분자 층을 이루는 반응에 따른 전류가 보이는 순환전압전류곡선이 얻어진다. 단결정 금속 전극을 쓰는 경우 순환 전압 전류 곡선은 결정의 표면 중 어떤 면이 전해질에 노출되느냐에 따라 다른 모양을 나타내는 데 그림 7.4.3은 금의 경우 낮은 지수 평면인 (111), (100), (110) 평면들에 대한 순환 전압전류 곡선들이다. 백금의 경우와 같이 높은 전위로 올라갈 때 AuOH 또는 AuO 등의 단 층이 생기는 데 따른 산화 전류의 봉우리들이 보이는데 결정면에 따라 차이가 보인다.[1] 전위 훑기 방향을 바꾸어 낮은 전위 쪽으로 내려 갈 때 1.2 V 근처에서 나타나는 큰 봉우리는 백금의 경우와 같이 산화된 표면의 환원전류로 인한 것이다. 그러나 낮은 전위 영역에서 백금의 경우 나타났던 수소흡착에 의한 봉우리들은 나타나지 않는 것이 금의 특징이다.

그림 7.4.4는 산화·환원쌍이 있는 용액에서 얻는 전형적인 순환 전압전류 그림의 봉우리들 근처에서 정의되는 전위 명칭과 봉우리 전류들을 보여준다. 순환 전압전류 곡선을 해석하기 위해서 확산방정식 $dc/dt = D d^2 c / dx^2$ 에 대한 해를 적당한 경계조건에 대하여 구한 결과를 이용한다. 전하이동 과정이 **가역적인 반응**[2] (reversible reaction)인 경우에

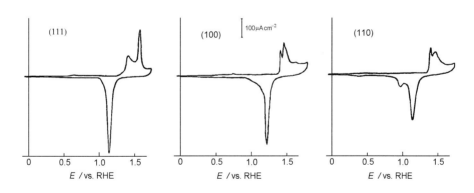

그림 7.4.3 금의 세 가지 저지수 표면에 대한 묽은 산 용액 중에서의 순환 전압전류 곡선.

---

1) D. M. Kolb and J. Schneider, *Electrochim. Acta*, **31**, 929 (1986) ; A. Hamelin, *J. Electroanal. Chem.*, 407, 1 (1996)

2) 전기화학 반응에 대하여 속도론적 관점에서 "가역적 (reversible)"이라 함은 산화 반응과 환원 반응이 평형 전위 근처에서 비교적 빠르다는 것을 가리킨다. 교환전류밀도가 큰 경우이다. 반대로 교환전류밀도가 작아서 과전위가 커야만 반응이 관찰되는 경우는 "비가역적(irreversible)"이라 한다. 그러나 명확한 구분을 하기는 곤란하다. 이런 경우의 가역성은 열역학적인 의미에서의 가역성과는 구별되는 개념이다.

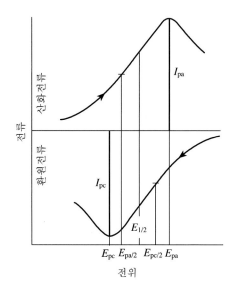

그림 7.4.4   전형적 순환 전압전류 곡선과 봉우리 근처에서 정의되는 전위 및 전류 명칭들

는 휘젓지 않은 용액에서 산화(양극)전류 봉우리보다 약간 낮은 전위에 환원(음극)전류 봉우리가 있다. 이 경우에 확산방정식에 대한 해를 구하기 위하여 Laplace 변환을 써도 해석적으로 해를 구할 수가 없기 때문에 수치 변환을 한 결과를 이용한다.

봉우리 전류밀도는 다음과 같다.[3]

$$i_p / \mathrm{A\,cm^{-2}} = 2.69 \times 10^5\, n^{3/2} (Dv)^{1/2}\, c^\circ \quad (25\,°\mathrm{C}\,\text{에서}) \tag{7.4.1}$$

여기서 v는 전위훑기속도($\mathrm{V\,s^{-1}}$)이고, c°는 $\mathrm{mol\,cm^{-3}}$로 나타낸 용액 중 반응물의 농도이며 D는 $\mathrm{cm^2\,s^{-1}}$로 나타낸 확산계수이다. 산화전류나 환원전류나 봉우리 전류의 크기는 훑기속도의 제곱근에 비례한다. 그림 7.4.4에서 양극전류의 봉우리 전압은 E_{pa}, 음극전류의 봉우리 전압은 E_{pc}로 나타내었고 그들 중간에 해당하는 전위는 $E_{1/2}$이다. 봉우리 전류의 1/2에 해당하는 전위들을 $E_{pa/2}$, $E_{pc/2}$로 나타내었다.

E_{pa}나 E_{pc}와 $E_{1/2}$ 사이의 관계는 25℃에서 다음과 같다.

$$\begin{aligned}
E_{pa} &= E_{1/2} + 1.11\,\frac{RT}{nF} = E_{1/2} + \frac{28.5\,\mathrm{mV}}{n} \\[2mm]
E_{pc} &= E_{1/2} - 1.11\,\frac{RT}{nF} = E_{1/2} - \frac{28.5\,\mathrm{mV}}{n}
\end{aligned} \tag{7.4.2}$$

3) J. E. B. Randles, *Trans. Faraday Soc.*, 1948, **44**, 327; A. Sevick, *Coll. Czech. Chem. Comm.*, 1948, **13**, 349; R. S. Nicholson and I. Shain, *Anal. Chem.*, 1964, **36**, 706.

$$(E_{pa} - E_{pc}) / mV = \frac{57.0}{n} \tag{7.4.3}$$

$E_{1/2}$는 폴라로그래피의 반파 전위 $[= E_{rev} \pm RT/nF \ln(f_{red} D_{ox} / f_{ox} D_{red})]$에 해당한다. 이 봉우리 전위들은 가역 반응의 경우 전위훑기속도에 무관하다.

한편 심히 **비가역적인 반응**에 대하여는 하나의 봉우리 근처에 역반응의 봉우리가 있지 않고 아주 동떨어진 전위에서 역반응의 봉우리를 볼 수 있다. 즉 $(E_{pa} - E_{pc})$는 57 mV보다 훨씬 큰 값이고 봉우리가 전혀 없을 수도 있다. 봉우리 전위의 값은 반응속도상수 k, 전자전달계수 α 및 훑기속도 등에 좌우된다.

$$E_p = constant \pm \frac{30\,mV}{\alpha n'} \log v \tag{7.4.4}$$

n'은 속도결정단계의 이동전자 수이다. "constant"는 평형 전위와 속도상수 k 등에 따라 정해지는 값이다. 이 식이 나타내는 바와 같이 비가역적인 반응의 경우 두드러진 특징은 봉우리 E_p위치가 훑기속도 v에 따라 높은 과전위 쪽으로 이동한다는 것이다.

봉우리 전류밀도의 크기는 25℃에서 다음과 같다.

$$i_p / A\,cm^{-2} = 3.0 \times 10^5 (\alpha\, n')^{1/2} n(vD)^{1/2}\, c^o \tag{7.4.5}$$

여기서도 i_p는 $v^{1/2}$에 비례한다.

i_p(혹은 I_p)의 크기를 그림 7.4.4에서와 같이 단순히 x축으로부터 봉우리까지의 높이로 취하는 것은 옳지 않을 수 있다. 그림 7.4.5에서와 같이 산화전류가 흐르는 점에서 전위훑기 방향을 바꾸면 환원전류 봉우리가 나타나는 시각에도 산화가 동시에 일어날 것이다. 그러므로 x축이 아니고 그림의 점선을 환원전류의 기준선(baseline)으로 보아야 한다.

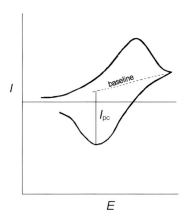

그림 7.4.5　산화와 환원이 함께 일어나는 경우의 전류 기준선

가역적인 산화·환원이 두 단계로 잘 일어나는 메틸 바이올로젠(methyl viologen, paraquat)은 순환전압전류 실험에서 두 쌍의 봉우리가 나타난다. 그림 7.4.6은 그 한 예이다.

전극 표면에 흡착된 것만이 반응하는 경우는 확산이 전압-전류 관계에 영향을 주지 않는다. 반응 생성물도 흡착된 상태로 있다가 반대 방향으로 전위훑기를 할 때 역반응을 하는 경우도 역시 확산과 무관하다. 이런 흡착된 물질들의 반응의 경우 정반응과 역반응이 모두 가역적이면 순환 전압전류 곡선의 모양은 그림 7.4.7과 같다.

전위 좌표를 시간으로 바꾸면 곡선 아래의 넓이(즉 시간에 대한 전류의 적분)가 이 흡착된 물질의 몰 수에 해당한다.

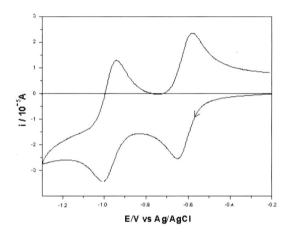

그림 7.4.6 물과 DMF 혼합 용매(부피로 9:1)속에서 얻은 1.0 mM 농도의 N,N′-dimethylbi-pyridinium 염(viologen)의 순환 전압전류 곡선. 유리질 탄소 전극을 사용하였고 전위 훑기 속도는 $0.2\,\mathrm{Vs^{-1}}$이었다. 이종목, 박준우(이화여자대학교 교수)제공

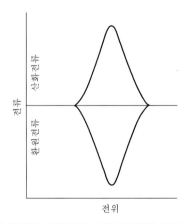

그림 7.4.7 흡착된 물질의 가역적인 산화·환원에 따른 순환 전압전류 곡선

7.5 전기량 측정(Coulometry)

전류를 셀에 통과시키면 셀 안에서는 통과한 전기량에 해당하는 반응이 진행된다. 두 개의 은 막대를 각각 +극, −극으로 하는 셀에 $AgNO_3$ 용액을 넣고 전류를 통하면 다음 반응으로 −극 막대 위에 금속 은이 석출되고 + 전극은 표면에서 산화되어 Ag^+ 이온이 된다.

$$Ag^+(aq) + e^- \rightarrow Ag(s) \ (-극) \qquad Ag(s) \rightarrow Ag^+(aq) + e^- \ (+극)$$

환원전극인 −극에서 환원되는 Ag^+ 이온의 몰 수는 소모된 전자의 몰 수와 같기 때문에 전자 1몰의 전기량에 해당하는 1 Faraday(=96485 C)에 대하여 1몰의 Ag가 석출된다 (Faraday의 법칙). 산화전극인 +극 막대에는 1몰의 질량 감소가 일어난다.

일정한 세기의 전류가 어느 기간 통과하면 통과한 전기량은 전류세기와 시간을 곱한 것과 같다.

$$Q = It \tag{7.5.1}$$

일정한 전류가 아니고 시간에 따라 전류세기가 변할 때는 전기량은 적분으로 구한다.

$$Q = \int_0^\tau I(t)\,dt \tag{7.5.2}$$

전기량을 측정하는 방법은 전류세기를 기록하여 적분량을 구하는 방법도 있으나 전통적으로는 위의 반응식으로 나타내는 은 전극의 질량 변화를 측정하는 방법을 전기량법(coulometry)이라고 하여 왔다. 즉 그림 7.5.1과 같이 실험하는 임의의 셀에 직렬로 은 전극이 있는 셀(coulometry cell)을 연결하여 은 전극의 질량 변화를 잼으로써 통과한 전기량을 구하는 것이다.

같은 원리로 구리의 석출을 이용하는 전기량법 셀도 있다. 그러나 이제는 이런 화학적인 방법에만 의존해야 할 이유는 없으며 전자적 측정으로 쉽게 전기량을 구할 수 있다.

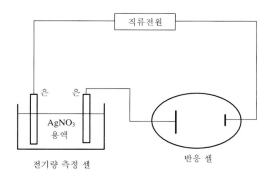

그림 7.5.1 은 전극의 질량변화를 이용한 전통적 전기량 측정법

별도로 부록 3에서 설명한 바와 같이 연산증폭기를 이용한 적분기(그림 A 3.4(B))를 써서 전기량을 나타내게 할 수도 있다. 요즘의 상품화된 실험 장치에서는 디지털 적분회로를 써서 누적된 전기량을 바로 나타내게 하는 것이 가능하다.

흔히 전기량의 일부만이 특정한 반응에 쓰이고 나머지는 부반응에 쓰이는 경우가 있다. 위에서 예로든 Ag^+ 이온의 환원 반응도 환원될 수 있는 다른 물질이 없을 때는 통과하는 전기량이 전부 Ag^+ 이온의 환원에 쓰이지만 가령 전해질 용액에 질산이 들어 있어 H^+ 이온의 농도가 높으면 두 가지 양이온의 환원은 경쟁적으로 일어나며 통과하는 전기량의 일부만이 Ag^+ 이온의 환원에 쓰인다. 이런 경우에는 전체 전기량 중 Ag^+ 이온의 환원에 쓰인 전기량의 분율을 **전류효율**(current efficiency)이라고 한다. 중성에 가까운 용액에서만 Ag^+ 이온의 환원 반응이 100%의 전류효율로 진행될 것이다.

백금 전극으로 산 용액에서 순환 전압전류 실험을 하는 경우(그림 7.4.2) 0 V 근처의 음전위 쪽으로 갈 때 나타나는 봉우리들은 수소이온이 환원되어 백금 표면에 흡착된 수소로 되는 과정에서 나타나는 것이다. 산소가 없는 용액에서 이 반응은 거의 100% 전류효율로 일어나며 그의 역과정 (퍼텐셜이 반대편으로 갈 때의)에 대한 효율도 마찬가지이다. 백금의 표면적 $1cm^2$당 수소의 **단분자층**(monolayer)이 생길 때 필요한 전기량을 계산하면 약 $220\,\mu C\,cm^{-2}$이다. 이것이 그림 7.4.2의 왼쪽 봉우리 부분의 넓이에 해당하는 전기량이다(연습문제 14번 관련). 표면이 거칠어서 실제 면적이 겉보기 면적, 즉 평면으로 가정한 기하학적 면적보다 크면 실제 면적을 겉보기 면적으로 나누어 얻는 값을 **거칠기 값** (roughness factor)이라 한다. 연마에 의하여 얻은 백금 표면은 거울같이 평평하게 보일 때도 거칠기 값이 흔히 2~3 정도 된다. 흡착된 수소의 단분자층에 해당하는 전기량은 실제 면적에 비례하므로 거칠기 값이 1보다 클 때 순환 전압전류 곡선의 수소 발생 부분을 시간에 대하여 적분하면 $220\,\mu C\,cm^{-2}$ 보다 큰 전기량을 얻는다. 금의 경우에는 표면 산화물의 환원봉우리(그림 7.4.3) 크기로 나타나는 전기량이 금의 실제적 표면 넓이를 기준하여 약 $400\,\mu C\,cm^{-2}$이다. 이 값을 써서 금 전극의 실제 넓이를 구할 수 있다. 그러므로 전기량법으로 금속 표면의 거칠기 값을 구하는 것이 가능하다. 촉매 효과를 위하여 표면을 다공성으로 만든 경우는 거칠기 값이 수백 내지 수천에 이르는 경우도 있다.

7.6 회전 전극

7.6.1 회전원판 전극

전극 반응의 속도를 연구하는 강력한 실험 방법 중에 회전 전극을 쓰는 방법이 있다. 그림 7.6.1(A)와 같이 절연체(보통 테플론 등의 플라스틱을 씀)로 된 원통형 몸통의 중심

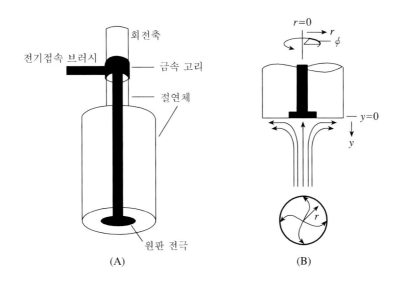

그림 7.6.1 회전원판 전극의 구조(A)와 전극 아래의 용액의 흐름(B)

에 금속 (예컨대 백금 또는 금) 원판을 박아서 그 한 표면이 절연체 기둥의 밑면과 일치하고 기둥을 용액에 담갔을 때 금속 면이 용액과 접촉하여 전극 역할을 하게 만들었다. 전극은 용액 밖으로 나오는 기둥의 윗부분에서 기둥 겉면의 금속 고리에 전기적으로 연결되고 이 고리는 원통 기둥이 회전할 때 전기 접속 브러시에 접촉하도록 되어 있다. 이렇게 만든 **회전원판 전극**(rotating disk electrode, RDE)은 회전속도를 조절할 수 있는 모터에 연결하여 사용한다.

회전원판 아래의 전해질 용액은 점성에 의하여 회전하는 전극을 따라 회전하며 원심력에 의하여 회전속도가 빠른 전극면 바로 아래의 액체는 바깥쪽으로 흐른다. 아래쪽의 액체는 전극을 향하여 올라간다(그림 7.6.1(B)). 이런 흐름의 결과로 전극에서의 반응은 휘저은 용액에서와 마찬가지로 확산속도에 의한 지배를 덜 받는다. 즉 확산층의 유효두께가 얇아짐으로써 확산한계전류가 커진다.

대류와 확산에 의한 농도변화에 대한 방정식은 다음과 같다(6.7.3식 참조).

$$\frac{dc}{dt} = D\nabla^2 c - \boldsymbol{v} \cdot \boldsymbol{\nabla} c \tag{7.6.1}$$

즉 위치에 따라 농도가 다를 때는 확산에 의한 농도 변화(위 식의 첫째 항) 외에 대류속도 v에 의하여도 농도 변화(둘째 항)가 나타나게 된다. 그림에 원판 전극 표면의 중심을 원점으로 하는 원통좌표계 (r, ϕ, y)를 나타냈다.

회전 원판 전극 아래서는 회전각에 따른 농도의 변화는 없고 $(\partial c/\partial \phi = 0)$, 중심으로부터의 거리 r에 따른 변화도 없다 $(\partial c/\partial r = 0)$고 가정하면 위의 식은 1차원의 식으로 된다.

$$\frac{dc}{dt} = D\frac{\partial^2 c}{\partial y^2} - v_y \frac{\partial c}{\partial y} \tag{7.6.2}$$

그런데 정류상태(steady state)에서는 위 식의 좌변은 0이므로

$$v_y \frac{\partial c}{\partial y} = D\frac{\partial^2 c}{\partial y^2} \tag{7.6.3}$$

y축 방향의 액체흐름속도 v_y는 유체역학적 계산의 결과로 $y \to 0$ 근처에서 다음과 같다.[4)]

$$v_y = -0.51\,\omega^{3/2}\nu^{-1/2}y^2 \tag{7.6.4}$$

ω는 회전 각속도이고 ν는 운동점성도(= 점성도계수/밀도)이다. 이 결과를 쓰면,

$$\frac{\partial^2 c}{\partial y^2} = -\frac{y^2}{B}\frac{\partial c}{\partial y} \qquad \left(B = \frac{D\nu^{1/2}}{0.51\omega^{3/2}}\right) \tag{7.6.5}$$

이로부터 $\partial c/\partial y$를 얻는다.

$$\frac{\partial c}{\partial y} = \left(\frac{\partial c}{\partial y}\right)_{y=0}\exp\left(-\frac{y^3}{3B}\right) \tag{7.6.6}$$

전극면에서의 농도 기울기 $(\partial c/\partial y)_{y=0}$는 일정한 값이라고 보고 적분에 의하여 용액 내부의 농도 c°를 얻는다.[5)]

$$\int_0^{c^\circ} dc = \left(\frac{\partial c}{\partial y}\right)_{y=0}\int_0^\infty \exp\left(-\frac{y^3}{3B}\right)dy \tag{7.6.7}$$

$$c^\circ = \frac{2.6789}{3}\left(\frac{\partial c}{\partial y}\right)_{y=0}(3B)^{1/3} \tag{7.6.8}$$

B를 대입하고 정리하여 전극면에서의 농도 기울기 $(\partial c/\partial y)_{y=0}$를 얻는다.

$$\left(\frac{\partial c}{\partial y}\right)_{y=0} = 0.620\,c^\circ\,\omega^{1/2}D^{-1/3}\nu^{-1/6} \tag{7.6.9}$$

이제 확산전류 I_d는 $nFAD(\partial c/\partial y)_{y=0}$임을 이용하여 회전원판 전극에 대한 Levich의 관계식을 얻는다(A는 전극 면적).

$$I_d = 0.620\,nFAD^{2/3}\,\omega^{1/2}\,\nu^{-1/6}\,c^\circ \tag{7.6.10}$$

---

4) V. G. Levich, *Physicochemical Hydrodyanamics*, Prentice-Hall, 1962.

5) 이 풀이를 얻기 위하여 $y^3/3B = z$로 놓으면 오른편의 적분은 $3^{-2/3}B^{1/3}\int_0^\infty z^{-2/3}e^{-z}dz$이며 이는 감마함수를 포함하므로 $\Gamma(1/3) = 2.6789$임을 이용하였다. 부록 5(2) 참조.

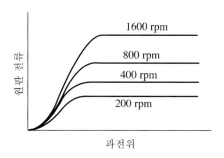

그림 7.6.2 회전원판 전극의 회전속도에 따른 전류의 증가

이 공식은 예상할 수 있는 바와 같이 확산전류가 전극 넓이 (A), 농도 (c), 전달전자수 (n) 등에 비례함을 나타낼 뿐 아니라 회전속도 ω의 제곱근에 비례함을 나타낸다. 예로서 그림 7.6.2는 전극의 회전속도를 달리하면서 얻은 전류의 상대적 크기를 나타낸다. 즉 과전위가 충분히 큰 값이면 전극에 흐르는 확산-한계 전류는 회전속도의 제곱근에 비례한다.

7.6.2 회전 고리-원판 전극

회전원판 전극의 금속 원판의 밖에 가느다란 금속 고리를 박아서 그것을 또 하나의 전극으로 삼으면 **회전 고리-원판 전극**(rotating ring-disk electrode, RRDE)이 된다(그림 7.6.3).

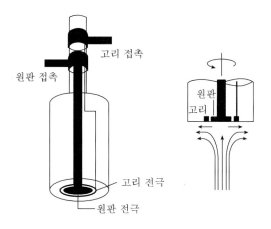

그림 7.6.3 회전원판-고리 전극

고리 전극은 중심의 원판 전극과 다른 전위를 갖게 하고 사용한다. 가운데 있는 원판 전극에서 생긴 반응 생성물이 원심력에 의한 액체의 흐름을 따라서 바깥쪽 고리 전극 밑을 지나면서 고리 전극의 전위에 따라 가능한 반응을 하게 한다. 그렇게 함으로써 중심 전극

에서 어떤 반응 생성물이 얼마나 생기는지를 아는 데 이용할 수도 있고 중심 전극에서 일어나는 반응의 중간 생성물을 검출하는 데 쓰일 수도 있다. 중심 전극에서 생긴 생성물이 모두 고리 전극에서 반응할 수는 없으며 그 중의 일부만이 고리 전극에서 반응하며, 반응하는 양은 전류의 크기로 나타난다. 중심 전극에서의 생성물의 양에 대한 고리 전극에서의 반응량의 비를 **거둠률**(collection coefficient)이라 한다. 거둠률은 두 전극 사이의 간격과 전극 크기 등 기하학적 요인으로 정해진다. 원판 전극의 전류와 고리 전극의 전류의 비는 거둠률에 의하여 결정된다. 상품화된 원판-고리 전극의 거둠률은 공급 회사에서 검정하여 그 값을 제공하는 것이 보통이다.

회전원판-고리 전극으로 실험하려면 회전장치 외에 고리 전극의 전위를 원판 전극의 전위와 별도로 조절할 수 있는 장치가 필요하다. 이런 장치를 **이중일정전위기** (bipoten-tiostat)라 한다. 그림 7.6.4는 이중일정전위기의 회로를 나타낸다. 그림 7.1.1의 일정전위기 회로와 비교하면 여기서도 원판 전극은 기준 전극보다 e_D만큼 차이 있는 전위에 있게 되었으며, 추가로 위쪽에 있는 두 개의 OP를 이용하여 고리 전극에 $e_R - e_D$의 전위가 걸림으로써 $-e_D$의 전위에 있는 기준전극보다 고리 전극이 e_R만큼 높은 전위에 있게 되었음을 이해할 수 있다.

회전원판-고리 전극을 이용한 실험의 한 예로서 그림 7.6.5는 금 전극에서 염기성 용액에 녹아 있는 산소의 환원 반응을 조사한 결과이다. 중심 원판 전극은 금으로 하고 고리 전극은 백금으로 만든 것을 사용하였다. 금 전극에서는 과전위가 아주 크지 않으면 2-전자전달 반응에 의하여 산소가 과산화수소로 환원되는 반응이 주로 일어난다.

$$O_2 + 2H_2O + 2e^- \quad \rightarrow \quad H_2O_2 + 2OH^-$$

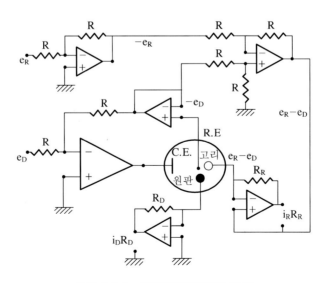

그림 7.6.4 이중일정전위기의 구조

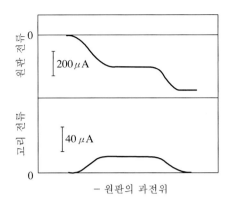

그림 7.6.5 금원판-백금고리 회전 전극으로 조사한 산소 환원 반응

과전위가 커지면 4-전자전달 반응이 일어난다.

$$O_2 + 2H_2O + 4e^- \rightarrow 4OH^-$$

원판 전극의 전위는 음극 전위 방향으로 훑기하는 동안 고리 전극의 전위는 약 1.0 V (vs. RHE[6])에 고정하여 과산화수소가 있으면 이를 산화시킬 수 있도록 ($H_2O_2 \rightarrow O_2 + 2H^+ + 2e^-$) 실험한 것이다. 중심 전극의 전위가 변함에 따라 2-전자 반응에서 4-전자 반응으로 변하면 이런 전자전달 수의 증가가 중심 전극의 확산한계전류의 증가로 나타난다. 중심 전극의 전위가 2-전자 반응이 주로 일어나는 범위에 있을 때만 과산화수소가 생기므로 이 범위에서만 고리 전극의 전류가 나타나는 것을 그림은 보여준다.

7.7 구형 전극과 극미세 전극

7.7.1 구형 전극(Spherical Electrodes)

지금까지 기술해 온 확산 문제들(6.5절, 6.7절, 7.2절)에서는 평면 전극에서 관측되는 선형 확산(linear diffusion)만을 생각해 왔다. 그러나 폴라로그래피 실험 또는 양극 벗김 실험 등에서는 구형 전극을 사용하고 있다(9장 참조). 구형 전극은 1920년대부터 수은방울 전극의 형태로 폴라로그래피 실험에 사용되어 왔고 이 중요성으로 인하여 많은 이론적인 주목도 받아왔다. 연속적으로 떨어지는 수은방울 전극을 사용하는 폴라로그래피 뿐만 아니라 떨어지지 않고 걸려 있는 수은방울 전극을 사용한 여러 가지 실험 예들도 있다.

---

6) 전위값을 가역수소전극(reversible hydrogen electrode, RHE)에 대한 값으로 표시하는 경우가 있다. 가역 수소전극의 전위는 $-(2.303RT/F)$[pH]이므로 pH에 따라 다른 값인데, 산소의 환원 반응과 같이 수소 이온 농도에 따라 변하는 전위는 $E^\circ - (2.303RT/F)$[pH]로서 같은 pH 의존도를 나타내므로 어떤 pH의 용액에서든 RHE에 대하여는 같은 전위를 갖는다.

이 절에서는 우선 구형 전극에 관하여 생각해 보고 이를 미세 전극으로 확장해 보기로 하자.

구형 전극에서의 확산은 3차원의 **구형 확산**(spherical diffusion)이므로 Fick의 구형 확산 법칙인 다음 식을 풀어야 한다[식 (6.7.2)와 식 (5.3.9) 참조].

$$\frac{\partial c_i}{\partial t} = D_i\left[\frac{\partial^2 c_i(r, t)}{\partial r^2} + \frac{2\partial c_i(r, t)}{r\partial r}\right] = D_i\frac{1}{r}\frac{\partial^2}{\partial r^2}(rc) \tag{7.7.1}$$

여기서 r은 전극의 중심으로부터의 거리이다. 구형전극의 반지름을 r_o라 할 때 이 확산 식의 초기조건은

$$t = 0; \quad r \geq r_o; \quad c_i = c_i^o$$

이 되며 경계조건은

$$t \geq 0; \quad r \rightarrow \infty; \quad c_i = c_i^o$$

이 된다. 이 이외의 경계조건은 실험의 종류에 따라 결정된다.

구형 전극에서의 전기화학 실험의 한 예로 이미 6.7절에서 다루었던 대시간 전류법 (chronoamperometry) 실험에 관하여 살펴보자. 이 실험에서 일어나는 전기화학 반응은

$$O + ne^- \rightleftharpoons R$$

이며 이 반응의 형식 전위는 $E^{0'}$이라고 하자. 이 실험을 산화물(O)의 환원이 확산에 의하여 제한 받을 만큼 충분한 음의 전위, 즉 $E(\ll E^{0'})$의 단계 전위(step potential)를 가한다면 우리는 다음과 같은 경계조건을 얻게 된다. 즉,

$$t > 0; \quad r = r_o; \quad c_O = 0$$

이다. 식 (7.7.1)은 $B = rc_O$로 놓고 (5.3.15) 식을 얻을 때와 같은 조작으로 다시 정리하면

$$\frac{\partial B(r, t)}{\partial t} = D_i\frac{\partial^2 B(r, t)}{\partial r^2} \tag{7.7.2}$$

가 되어 6.7절에서 다룬 선형 확산식과 같은 형태가 된다. 따라서 이에 대한 해는 비교적 쉽게 얻을 수 있으며

$$c_O(r, t) = c_O^0\left[1 - \frac{r_o}{r}\ \text{erfc}\left(\frac{r - r_o}{2D_O^{1/2}t^{1/2}}\right)\right] \tag{7.7.3}$$

가 된다. 이 식에서 볼 수 있는 바와 같이 전극 표면에서는 O의 농도가 0이지만 이로부터

거리가 멀어지면 농도가 점차 증가하는 것을 볼 수 있다. 이 점은 평면 전극에서와 다른 점이 없다(6.7.15 식 및 그림 6.7.2 참조). 위의 식으로부터 전류의 값을 구하려면 위 식을 미분해서 $r = r_o$에서 유속(flux)을 구해야 하는데 그 결과는

$$\left(\frac{\partial c_O(r, t)}{\partial r}\right)_{r=r_o} = c_O^0 \left[\frac{1}{\sqrt{\pi D_O t}} + \frac{1}{r_o}\right]$$

가 되며 이를 우리가 익히 알고 있는 관계식(6.7.19식)

$$I_d = nFD_i A\left[\frac{\partial c_i(x, t)}{\partial x}\right]_{x=0}$$

에 대입하면(A는 전극 면적),

$$I_d = nFAD_O\, c_O^0 \left[\frac{1}{\sqrt{\pi D_O t}} + \frac{1}{r_o}\right] = nFAD_O c_O^0 \left[\frac{1}{\delta} + \frac{1}{r_o}\right] \tag{7.7.4}$$

를 얻는다. 여기서 $\delta = \sqrt{\pi D_O t}$ 로 확산층의 두께이다. 이 식은 구형 전극에서의 Cottrell 식으로 (6.7.20)식에 해당하지만 괄호 속의 $1/r_o$의 잔류항이 있어서 구형 전극에서 얻어지는 전류에는 시간에 따라 변하는 항과 시간에 무관한 항이 있음을 알 수 있다. 이 식으로부터 알 수 있는 바와 같이 구형 전극에서 관측되는 전류는 그 면적이 같더라도 원판 전극에서의 전류보다 더 크다. 그 큰 정도는 반지름이 작으면 작을수록 상대적으로 그 기여가 크다. 그리고 원판 전극에서는 전해 시간이 길어지면 전류는 0이 되는 데 반해 구형 전극에서는 일정한 크기의 잔류전류가 관측됨을 예상할 수 있다. 그러나 전극의 반지름이 충분히 클 때는 구형이라는 형태로부터 얻어지는 특징이 없어지고 선형 확산에 의해 얻어지는 전류와 유사한 전류를 얻게 된다. 즉, 구형 전극이 충분히 커지면 $1/r_o$가 0에 가까워지고 따라서 평면 전극으로 근사화 시킬 수 있음을 나타낸다.

이와 같은 차이는 대시간 전류법에서도 나타나지만 대시간 전하법(chronocoulometry)에서 더 쉽게 나타난다. 위에서 얻은 전류, 즉 식 (7.7.4)를 적분하면

$$Q(t) = \frac{2nFAD_O^{1/2}c_O^0 t^{1/2}}{\pi^{1/2}} + \frac{nFAD_O c_O^0 t}{r_o} \tag{7.7.5}$$

가 되어 시간 t의 1/2제곱에 비례하는 항과 t에 직접 비례하는 항이 있음을 알 수 있다. 이와 같이 전류를 적분해야 하는 경우에는 평면 전극과 구형 전극간의 차이가 전해시간에 따라 더 불어나므로 그 차이가 만만치 않지만 대부분의 다른 실험에서는 평면과 구형이라는 차이로 인하여 생기는 차이는 비교적 적으며 많은 경우에 그 차이를 무시할 수 있다. 그러나 위에서 지적한 바와 같이 구형의 반지름이 아주 작을 때는 매우 커다란 차이를 초

래하므로 그 해석에 주의해야 한다.

폴라로그래피와 전압전류 곡선 실험에서도 원판 전극과 차이를 나타낸다. 이중 폴라로그래피는 9장에서 비교적 자세히 논할 예정이다. 전압전류 곡선 실험에서는 봉우리 전위를 지나간 뒤에는 식 (7.7.4)에 나타난 잔류전류가 정류 상태의 전류의 형태로 흐를 것이나 이는 전압전류 곡선을 해석하는 데 커다란 차이를 초래하지는 않으므로 여기서는 생략하겠다.

7.7.2 극미세 전극(Ultramicroelectrodes)

극미세 전극은 미국의 Kansas 대학교의 R. N. Adams 교수가 원숭이와 같은 동물의 뇌 세포 중에 대사물질을 검출·분석하려는 노력으로 매우 미세한 탄소섬유 전극을 만들어 쓰기 시작한 데서 유래하여 최근에 그 실험방법이나 이론에 많은 발전을 본 분야이다.[7] 일반적으로 **미세 전극**(microelectrodes)이라 하면 얼마간 전해시켰을 때 용액 전체의 농도에 큰 영향이 없는 경우에 미세 전극이라고 일컬었으나, 위에서 언급한 바와 같은 아주 미세한 탄소 전극이 나온 뒤에는 전극의 크기가 전기분해 하는 동안에 생기는 확산층의 크기와 비교할 만한 크기이면 **극미세 전극**(ultramicroelectrodes)이라고 부른다. 대략 크기로 구분한다면, 일반적으로 전극의 크기가 수 μm 또는 그 이하일 때 극미세 전극의 거동이 관측된다. 그러나 독자들이 아는 바와 같이 확산층의 크기 [즉, $(\pi D \cdot t)^{1/2}$]는 전해시간의 함수이므로 가변량이며, 극미세 전극이라 해도 때로는 실험의 내용에 따라 극미세 전극의 거동을 하지 않을 수도 있다. 따라서 크기에 따라 미세 전극과 극미세 전극을 구분한다는 고정관념을 갖지 않기를 부탁한다.

극미세 전극의 장점은 몇 가지로 요약할 수 있다. 첫째로는 통상적으로 사용되는 실험 조건하에서 관측되는 전류의 양이 pA∼nA 단위로 매우 작으므로 저항에 의한 전압강하(ohmic potential drop)가 작아 전위의 측정이 더 정확하다. 뿐만 아니라 작은 저항 전압 강하는 저항이 큰 용액이나 심지어는 *전해질을 넣지 않은 용액 속에서도 전기화학 측정을 가능케 한다*. 두 번째로 전극의 크기가 확산층의 크기와 유사하거나 작으므로 입체적인, 즉 구형 또는 반구형의 확산이 일어나며(아래 참조), 따라서 주어진 넓이를 가지는 전극 중에서는 가장 큰 신호 대 잡음비(signal to noise ratio)를 가진다. 그리고 구형 또는 반구형의 확산이 일어나는 이유로 인하여 그 전류방정식은 구형 전극에서 본 것들과 매우 유사하다. 끝으로 신호 대 잡음비를 높여주는 또 다른 이유로는 전극 면적에 직접 비례하는 이중층 충전 전류가 작다. 이런 이유와 기타 그 크기가 작지 않으면 사용할 수 없는 경우에 가지는 장점 등으로 인하여 지난 20여 년간 이 분야는 커다란 발전을 보았다.

---

7) R. N. Adams, *Anal. Chem.*, **48**, 1126A (1976) 참조.

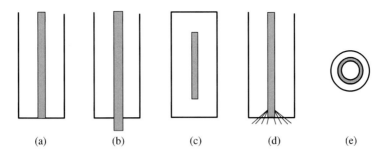

그림 7.7.1 극미세 전극의 종류: (a) 미세 원판 (microdisk), (b) 미세 줄 (microwire), (c) 미세 띠 (microband), (d) 미세 열 (micro array), (e) 미세 고리 (microring).

지금까지 여러 연구자들에 의하여 사용된 극미세 전극의 여러 가지 형태를 그림 7.7.1에 도시한다. 이들 중 아무래도 (a)에 보인 바와 같은 미세 원판 전극이 제작하기도 가장 쉬울 뿐만 아니라 사용하기도 용이하다. 이와 같은 미세 원판 전극은 만드는 방법을 간단히 기술하건대, 전극물질인 수 μm 정도의 지름과 약 1 cm 이상의 길이를 가지는 미세 금속 줄이나 탄소 섬유를 한쪽이 막힌, 용융점을 측정하는 데 사용되는 유리모세관 (capillary tube)에 넣은 다음, 열린 쪽을 진공에 연결하여 유리관 속을 진공으로 만든다. 그 유리관 속이 진공이 되면 그때부터 전극물질이 들어가 있는 부위를 서서히 가열한다. 가열할 때는 니크롬선으로 된 저항을 모세관 지름보다 좀 큰 코일을 형성하도록 모세관 주위에 감은 뒤 이 선에 전류를 통하면 니크롬선 코일은 가열되고 공기를 통하여 전달된 열이 서서히 모세관을 가열한다. 유리모세관이 약 250℃ 이상으로 가열되면 관속과 밖의 압력 차이로 인하여 얇은 유리관이 녹아 전극물질을 포함하는 부분을 완전히 봉하게 된다. 이렇게 봉한 부분을 식힌 다음 가로로 끊은 뒤 잘 연마(polish)하고 전극의 뒷면에 나온 줄과 외부에서 넣은 전선줄을 은 에폭시(silver epoxy) 등으로 연결하면 완성된다.

위에서 지적한 바와 같이 극미세 전극과 극미세 전극이 아닌 경우를 구별하는 것이 그렇게 쉽지는 않다. 예를 들어 구형 전극을 그 크기에 따라 극미세 전극이냐 아니냐를 구별하는 경우에는 식 (7.7.4)의 설명시 전해 시간에 의존하는 항과 의존치 않은 항의 상대적인 기여를 생각해야 한다. 즉 확산 전류 또는 제한 전류로 표현되는 식 (7.7.4)의 첫 항은 선형 확산에 의한 전류로 전해 시간에 따라 변하는 반면 둘째 항은 팽창하는 확산장 (diffusion field), 즉 가장자리 확산(edge diffusion) 때문에 관측되는 시간에 무관한 전류이다. 이와 같은 가장자리 확산은 확산이 선형이 아닌 경우인 극미세 전극의 경우 항상 관측된다. 즉 전형적인 극미세 전극에서는 이처럼 전해 시간에 무관한 정류 상태의 전류가 늘 관측된다. 이런 정류 상태(steady state)에 도달하려면 그 조건은 식 (7.7.4)의 괄호 속에 있는 항들의 상대적 크기가

$$\frac{1}{(\pi D_i t)^{1/2}} \ll \frac{1}{r_o}$$

이거나 괄호 속의 왼쪽 항이 오른쪽 항의 1/10 이하가 될 때, 즉

$$\frac{10}{(\pi D_i t)^{1/2}} \leq \frac{1}{r_o}$$

이다. 이를 다시 정리하여 확산층 $(D_i t)^{1/2}$와 반지름 r_o를 사용하여 표현하면

$$\frac{(D_i t)^{1/2}}{r_o} \geq 5.6 \tag{7.7.6}$$

이 되며 이 조건을 만족시키면 된다. 이를 다르게 설명하면 확산층의 크기[즉, $(D_i t)^{1/2}$]가 구형 전극의 반지름 (r_o)보다 약 5~6배 정도 될 만큼 전극이 작으면 극미세 전극으로 간주된다는 것이다. 이것은 전형적인 확산계수인 $5 \times 10^{-6}\,\mathrm{cm}^2/\mathrm{s}$의 물질을 1초 동안 전해하는 경우에는 그 지름이 $4 \times 10^{-4}\,\mathrm{cm}$, 즉 $4\,\mu\mathrm{m}$ 이하이면 극미세 전극으로 볼 수 있다는 뜻이다. 여기서 구형 전극을 예로 들었지만 실제로는 구형 극미세 전극을 만들기는 쉽지 않다. 왜냐하면 그렇게 작은 구형 전극 한쪽에는 전기 접촉이 있어야 하며, 이 접촉으로 인하여 진정한 구형은 만들기가 쉽지 않을 것이기 때문이다. 실제로 상품으로 구할 수 있거나, 위에서 그 제작법을 설명한 것은 모두 미세한 원판형 전극이다. 어떻든 전극의 크기가 작아질수록 선형 확산보다는 가장자리 확산이 상대적으로 더 중요해짐을 알 수 있다. 따라서 그림 7.7.2에 보인 바와 같이 극미세 원판 전극에서도 반구형 확산이 선형 확산보다 중요함을 알 수 있다. 이 절에서는 극미세 원판 전극과 같이 전극 평면주위를 거의 무한대의 큰 절연체로 둘러싸인 경우만을 구체적으로 생각해 보기로 하자.

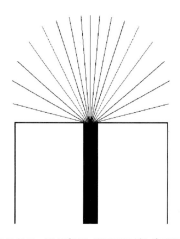

그림 7.7.2 미세원판 전극에서의 확산모양

위에서 지적한 바와 같이 극미세 전극의 형태가 어떻든 반구 전극의 성질과 대략 비슷하게 행동하며 그 대시간 전류식은 식 (7.7.4)와 비슷한

$$I_d = \frac{nFr_o^2 D_O c_O^0}{2} \left[\frac{1}{(\pi D_O t)^{1/2}} + \frac{1}{r_o} \right] \tag{7.7.7}$$

의 형태를 취한다. 극미세 전극에서의 전류를 구하기 위한 여러 전기화학자들의 시도가 있었지만, 최근에 Fleischmann과 Pons[8]가 얻은 결론은 위 식에서 보여주는 바와 크게 다르지 않다. 즉 전위의 펄스를 가한 뒤 초기에는 Cottrell 거동을 따르지만 얼마간 시간이 지나 정류 상태에서 얻어지는 한계 전류는

$$I_l = \frac{3\pi n FAD_i c_i^\circ}{8r_o} \tag{7.7.8}$$

인데, 이 식은 식 (7.7.7)의 뒷부분과 크게 다르지 않음을 알 수 있다. 중간 정도의 전해 시간에 얻어지는 전류도 이들에 의하여 얻어졌지만 그 실용성이 얼마나 있는가에 대해서 의문 되는 점이 많아 여기서는 그 기술을 생략하기로 한다. 전기화학 반응에 화학 반응이 겹쳐 일어나는 반응, 예를 들면 CE (a chemical reaction followed by an electrochemical reaction) 또는 EC (electrochemical-chemical)와 같은 메커니즘에 대한 미세 원판 전극에서의 전류도 얻어졌다.[9]

극미세 전극에서 가장 많이 사용되는 실험방법은 아무래도 순환 전압-전류법이라고 하겠다. 이미 7.4절에서 본 바와 같이 보통 크기의 전극에서는 전류가 전압에 따라 증가하다가 봉우리 전류에서 최고값을 보인 뒤 다시 감소한다. 그러나 극미세 전극에서는 9장에서 설명할 폴라로그래피 법이나 7.6절에서 논의한 회전원판 전극에서와 마찬가지로 전류

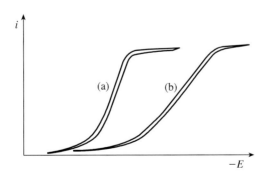

그림 7.7.3 　미세 원판 전극에서 관측되는 순환 전압전류 곡선: (a) 가역적 및 (b) 비가역적인 경우

8) M. Fleischmann and S. Pons, *J. Electroanal. Chem.*, **222**, 107 (1987); ibid., **250**, 257 (1988).
9) M. Fleischmann, D. Pletcher, G. Denuault, J. Daschbach, and S. Pons, *J. Electroanal. Chem.*, **263**, 225 (1989).

는 증가하다가 일정한 값을 유지하게 된다(그림 7.7.3 참조). 전기화학 반응이 가역적일 때 미세 구형 전극에서는 증가시켜 주는 전압에 대한 전류는[10)]

$$I = \frac{2\pi n F c_O^0 D_O r_o}{1 + (D_O/D_R)\exp\left[\dfrac{nF}{RT}(E - E^{0'})\right]} \tag{7.7.9}$$

로 표현되며 E 값이 $E^{0'}$ 값보다 훨씬 더 음일 때는 위의 대시간 전류법에서 보았던 바와 비슷한 정류 상태의 전류가 되어

$$I_l^{ss} = 2\pi n F c_O^0 D_O r_o \tag{7.7.10}$$

가 된다. 이 두 식 (7.7.9)와 (7.7.10)을 적절히 결합시키고 정리하면

$$E = E^{0'} + \frac{RT}{nF} \ln \frac{D_R}{D_O} + \frac{RT}{nF} \ln \left[\frac{I_l^{ss} - I}{I}\right] \tag{7.7.11}$$

을 얻게 된다. 이 식은 폴라로그래피(9장) 및 회전원판 전극(7.6절)에도 적용되는 식이다. 전기화학 반응이 가역적일 때 직류 폴라로그래피에서나 마찬가지로 그림 7.7.3(a)에 나타난 시그마 형태의 곡선에서 정류 상태의 전류값의 1/4과 3/4이 되는 지점의 전위의 차이는 식 (7.7.11)로부터

$$E_{1/4} - E_{3/4} = \frac{RT}{nF} \ln 9$$

즉 25℃에서 $56.4/n$ mV이다. 이 관계는 폴라로그래피에서도 마찬가지이다. 반응이 비가역적일 때는

$$E = E^{\circ'} + \frac{RT}{\alpha nF} \ln \frac{D_R}{k^\circ r_o} + \frac{RT}{\alpha nF} \ln \left[\frac{I_l^{ss} - I}{I}\right] \tag{7.7.12}$$

이 된다.

이 식들은 극미세 구형 전극에서 얻어지는 전류나 전압들에 관련된 식들이지만 정류 상태의 극미세 원판 전극에서도 마찬가지임을 Oldham과 Zosky는 위에 인용한 참고문헌에서 보이고 있다. 극미세 원판 전극에서 비가역적인 전기화학 반응에 대한 전압식은 식 (7.7.12)보다는 더 복잡한 식이며 여기서는 생략하기로 하자.

Aoki 등은[11)] 여러 가지 크기의 전극에서 정류 상태가 아닌 일반적인 해를 제시했는데 그 표현은

10) K. B. Oldham and C. G. Zoski, *J. Electroanal. Chem.*, **256**, 11 (1988).

11) K. Aoki, K. Akimoto, K. Tokuda, H. Matsuda, and J. Osteryoung, *J. Electroanal. Chem.*, **171**, 219 (1984).

$$\frac{I_m}{4nFc_O^0 D_O r_o} = 0.34\exp(-0.66p) + 0.66 - 0.13\exp(-11/p) + 0.351p \qquad (7.7.13)$$

의 형태를 가진다. 여기서 I_m은 최고전류(봉우리 또는 정류 상태의 전류)의 값이고 $p = (nFr_o^2 v/RTD_O)^{1/2}$이며 v는 주사속도이다. 이 식의 p값이 어떤 값이든 이 식의 정확도는 0.23% 이내로 잘 맞는다. p값이 0에 가까울 때는 극미세 전극의 거동을 보이며 이 때의 정류 상태의 전류는

$$\boxed{I_m^{ss} = 4nFc_O^0 D_O r_o} \qquad (7.7.14)$$

로 주사속도에 무관하며 이 값은 식 (7.7.8)이나 (7.7.10)으로 표현되는 전류와 크게 다르지 않다. 반면에 p값이 매우 커지면 7.4절에서 이미 기술한 Randles-Cevcik 식과 같이 된다. 다시 말하면 이 절의 앞부분에서 얘기했던 대로 극미세 전극이냐 아니냐의 구분은 p값으로 정의된 주사속도(v)와 확산속도(D_O)의 비로 결정이 되는 것이지 절대적인 구분이 있는 게 아니라는 점을 재확인 해 준다. 아무리 작은 전극이라도 주사속도를 아주 빠르게 하면, 즉 p값이 매우 크면, 보통의 전극과 같은 거동을 보이는 반면 비교적 큰 전극이라도 주사속도를 아주 작게 하면 극미세 전극처럼 행동한다. 독자들은 보통 크기의 전극에서도 주사속도를 아주 작게 할 때 그림 7.7.3에 보인 것과 비슷한 전압전류 곡선을 본 경험이 있을 것이다.

보통의 크기의 전극에서 주사속도를 아주 높이기는 힘든 경우가 많다. 왜냐하면 이렇게 되면 많은 전류가 흘러 커다란 전압강하가 관측되고 따라서 전압-전류 곡선이 매우 찌그러진 형태가 된다. 뿐만 아니라 전기이중층 충전 전하가 커서 전류의 값이 매우 부풀린다. 이런 점에서 극미세 전극은 장점을 가진다. 단위 면적당 패러데이 전류가 비패러데이 전류에 비하여 매우 크므로 상대적으로 위에서 지적한 어려움들이 많이 제거된다. 이런 이유로 인하여 극미세 전극에 사용할 수 있는 높은 주사속도의 일정전위기가 설계되었으며 최근에는 상용화되기도 했다. 지금까지 가장 빠른 주사속도는 100,000 V/s 내지 2,000,000 V/s까지 보고되었다.[12] 이와 같이 빠른 주사속도를 사용하면 종래에 그 연구가 불가능하던 전기화학 반응들까지 연구할 수 있다. 예를들어 EC 반응 메커니즘(다음 절 참조)의 경우에 전자이동으로 생성된 생성물이 매우 빠른 속도의 화학 반응에 의하여 다른 화합물이 되는 경우에 보통의 크기의 전극에서는 역반응에 의한 전류가 느린 주사속도로 인하여 전연 관측되지 않을 것이나 미세 전극을 사용하면 매우 빠른 주사속도로 전위를 변화시킬 수 있으므로 넓은 범위의 반응속도를 가지는 EC 반응들을 쉽게 연구할 수

12) A. J. O. Howell and R. M. Wightthan, *Anal. Chem.*, **56,** 524 (1984) ; B. D. Garreau, P. Hapiot and J.-M. Saveant, *J. Electroanal Chem.*, **272**, 1(1989)

있다.

끝으로 극미세 전극의 중요한 응용 중의 하나는 A. J. Bard 등에 의하여 개발된 주사 극미세 현미경(scanning electrochemical microscopy)이라고 하겠다. 이 방법에서는 극미세 전극을 작업전극으로 사용하여 표면을 보고자 하는 시료(substrate)의 표면이 어떤 전기화학적 성질을 가지느냐에 따라 전류가 증폭되기도 하고 때로는 감소되기도 하는 현상을 이용하여 시료의 표면을 영상화시킨다. 이 기술은 도체의 표면, 생화합물의 구조 등을 알아내는 데 사용된 보고가 있다(8.6절에서 다시 설명됨).

7.8 과도전기화학 실험의 화학반응 연구에의 응용

전기화학 반응이 단독으로 일어나기만 하는 것이 아니고 일반적 화학 반응과 짝지워서 일어나는 경우들이 많기 때문에 앞에서 소개된 대시간 전위변화 측정이나 순환전위전류법 등과 같은 **과도전기화학적 실험**(transient electrochemical methods) 방법의 기술들이 필요한 것이다.

7.8.1. 전극반응과 짝짓는 화학반응들(Coupled Reactions)[13]

지금까지 이 장에서 기술한 전기화학 실험 방법들에서는 전극반응 이외에는 다른 화학반응이 관여되지 않는 경우만 고려했다. 그러나 실제의 경우에는 다른 화학반응이 전극반응에 짝지워지지 않는 경우는 드물다. 어떤 화합물을 환원시키거나 산화시킬 때는 화학반응이 전극반응보다 앞서(precede)거나, 전극반응에 뒤따라(follow) 일어나는 경우가 많다. 이 절에서는 이들 반응이 전기화학 실험결과에 어떤 영향을 주는가를 살펴 보기로 하자.

예를 들어 $Ag(NH_3)_2^+$를 전기화학적으로 환원시킬 때는 먼저 이 착물이 해리되어 Ag^+이온이 전극에서 환원되는 것으로 해석한다. 즉

$$Ag(NH_3)_2^+ \rightarrow Ag^+ + 2NH_3 \qquad\qquad C \qquad\qquad\qquad (7.8.1)$$

$$Ag^+ + e^- \rightarrow Ag \qquad\qquad\qquad E \qquad\qquad\qquad (7.8.2)$$

여기서 착화물의 해리반응인 화학반응(C)(7.8.1)은 전극반응(E)(7.8.2)이 일어나기에 앞서 일어나므로 이와 같은 반응을 **앞선 반응**(preceding reaction)이라고 하며 이들 두 반응, 즉 (7.8.1)과 (7.8.2) 반응이 짝지어 질 때 이를 **CE 메커니즘**(chemical-electrochemical reaction mechanism)이라고 부른다. 화학반응 뒤에 따라 오는 전극반응이 얼

---

13) 이와 같은 반응의 짝지움과 그 영향의 취급은 Reinmuth에 의하여 처음으로 도입되었다 : A. C. Testa and W. H. Reinmuth, *Anal. Chem.*, **33**, 1320 (1961) 참조.

마나 영향을 받느냐는 (7.8.1) 반응으로 표현되는 해리가 얼마나 쉽게 일어나느냐, 즉 $Ag(NH_3)_2^+$이 얼마나 안정한가에 달려있다.

이에 반하여 많은 유기화합물을 산화시키거나 환원시킬 때는 그 전기화학반응으로부터 생성된 물질이 용매 또는 다른 화합물과 반응하는 경우가 있다. 이런 경우의 화학반응을 **뒤따르는 반응**(following reaction)이라고 부른다. 예를 들면,

$$R + e^- \rightarrow R^- \cdot \qquad\qquad\qquad\qquad E \qquad\qquad (7.8.3)$$

$$R^- \cdot + H_2O \xrightarrow{k_c} RH \cdot + OH^- \qquad\qquad C \qquad\qquad (7.8.4)$$

$$RH \cdot + e^- \rightarrow RH^- \qquad\qquad\qquad\qquad E \qquad\qquad (7.8.5)$$

$$RH^- + H^+ \rightarrow RH_2 \qquad\qquad\qquad\qquad C \qquad\qquad (7.8.6)$$

과 같은 일련의 반응에서는 전극반응과 화학반응이 연속적으로 짝지어지고 있다. 당연한 이유로 이런 경우에는 **ECEC 메커니즘**이라고 부른다. 많은 전기화학적 환원반응은 이와 같이 여러 가지 반응들이 얽혀서 이루어진다.

위의 예에서는 화학반응으로 생성된 화합물이 어떤 반응물과도 다르지만 때에 따라서는 전기화학 반응을 뒤따르는 반응으로 인하여 전극반응의 시작점이 되는 반응물이 생성되기도 한다. 예를 들면 Ag^+은 진한 질산용액 속에서 전기화학적으로 산화시킬 수 있다.

$$Ag^+ \rightarrow Ag^{2+} + e^- \qquad\qquad\qquad\qquad E \qquad\qquad (7.8.7)$$

그러나 생성된 Ag^{2+}은 그 자체가 매우 강한 산화제이어서 즉시 물을 산화시키면서 자기 자신은 Ag^+으로 환원된다. 즉

$$4Ag^{2+} + 2H_2O \rightarrow 4Ag^+ + 4H^+ + O_2 \qquad\qquad C' \qquad\qquad (7.8.8)$$

이와 같은 경우 Ag^{2+}은 자기 자신으로 되돌아 왔기 때문에 물의 산화 반응에 대한 촉매 역할을 했다고도 볼 수 있다. 이런 이유로 이와 같은 반응을 **촉매반응 메커니즘**(catalytic reaction: EC′ mechanism) 또는 **중개반응 메커니즘**(mediated reaction)이라고 부른다.

이들은 몇 가지 예일 뿐, 어떤 반응도 전기화학반응과 짝지어질 수 있다. 지금까지 본 반응들을 CE, EC, CE′ 등으로 나타내지만 이런 반응 메커니즘이 여러 겹으로 짝지어 질 수 있으며 온갖 다른 메커니즘들을 생각해 낼 수 있다. 이 절에서는 이들이 전기화학실험 결과에 어떤 영향을 주는가 간단히 살펴보고자 한다.

7.8.2. 열역학적 영향

우선 EC 반응을 예로 들어 설명해 보자. 전기화학에서 열역학적 관계라 함은 Nernst

식을 일컫는다. 즉 Nernst 식이 화학반응과의 짝지움으로 인하여 어떻게 영향받는가 하는 점이다. 이와 같은 영향은 Nernst 식을 반응 (7.8.3)에 대하여 써놓고 보면 쉽게 이해할 수 있다. 즉

$$E = E^{0\,\prime} + \frac{RT}{nF} \ln \frac{C_R}{C_{R^-}}$$

이 되는데 여기서 C_{R^-}은 그 다음 반응의 k_c가 얼마나 크냐에 따라 따르는 화학반응이 없었을 경우에 비하여 얼마나 작아지느냐가 결정된다. 이 양이 작아지면 ln 속의 수치는 화학반응이 없었을 경우에 비하여 좀더 커지겠지만 k_c가 매우 큰 경우에는 ln 속의 수치가 무한대로 될 수도 있어 전극전위는 반응이 없었을 경우에 비하여 엄청나게 양으로 바뀔 수도 있을 것이다. 즉 전극전위가 양으로 되는 정도는 k_c의 값에 따라 크게 영향을 받을 것이다. 이들 농도는 6.7절 및 7.2절에서 본 바와 같이 Fick의 확산방정식을 위의 반응식 (7.8.4) 및 (7.8.5)에 맞도록 써서 그에 따른 농도를 풀어야 한다. 즉 Fick의 확산 제2법칙은 R에 대해서는

$$\frac{\partial c_R}{\partial t} = D_R \frac{\partial^2 C_R}{\partial x^2} \tag{7.2.1$\prime$}$$

이 될 것이나, R^-에 대해서는

$$\frac{\partial c_{R^-}}{\partial t} = D_{R^-} \frac{\partial^2 C_{R^-}}{\partial x^2} - k_c C_{R^-} C_{H_2O} \tag{7.8.9}$$

가 될 것이다. 식 (7.8.9)를 적절한 경계조건에 따라 풀어서 그로부터 얻은 C_{R^-}을 위의 Nernst 식에 넣어주면 정확한 전위변화의 양을 알게 될 것이다. 이와 같은 방식으로 위에서 열거한 여러 가지 짝진 반응들을 처리할 수 있다.

CE 반응의 경우, 즉 반응 (7.8.2)에 대해서는

$$\frac{\partial C_{Ag^+}}{dt} = D_{Ag^+} \frac{\partial^2 C_{Ag^+}}{\partial x^2} + k_f \cdot C_{Ag(NH_3)_2^+} - k_b \cdot C_{Ag^+} \cdot C_{NH_3}^2$$

으로 쓸 수 있음을 확인해 보길 바란다.

7.8.3. 반응속도에 미치는 영향

전기화학에서 일컫는 반응속도라 함은 바로 전류이므로 이 장의 여러 앞 절에서 경우에 따라 전류방정식을 얻는 방식으로 진행하면 될 것이다. 여기서는 위에서 본 EC 반응을 다시 예로 들겠다. 앞 절에서 쓴 Fick의 확산방정식을 전극표면이라는 경계조건에 따라 풀면

전극표면에서의 C_R과 C_{R^-}에 관한 표현들을 얻게 되고 이들을 사용하여 식 (6.7.19)에 따라 전류방정식을 얻을 수 있다. 위에서의 경우처럼, 여기에서도 전류가 k_c의 값에 따라 크게 영향받을 것이라는 것을 쉽게 알 수 있다. 위에서 본 바와 같이 정반응 실험(forward reaction)의 경우에는 Fick의 확산방정식, 즉 식 (7.2.1)´은 영향을 받지 않으므로 대시간 전류 또는 전위법이나 순환 전압전류 실험 등의 정반응 실험은 별 영향을 받지 않을 것이다. 그러나 이들의 역전실험(reversal experiments)의 경우에는 큰 영향을 받을 것이라는 사실을 쉽게 알 수 있다. 즉 EC 반응의 경우에 그림 7.4.4나 7.4.5에 보인 순환 전압전류 곡선의 경우에 앞쪽 봉우리 전류는 그대로 관측되겠지만 뒤쪽 봉우리 전류는 k_c의 값과 얼마나 빨리 전위를 변화시키느냐, 즉 주사속도에 따라 조금 줄어들거나 아주 없어질 수도 있다. 즉, 화학반응의 속도와 주사속도의 빠름 정도에 따른 경쟁에 의하여 뒤쪽 봉우리의 크기가 결정되며 이는 k_c값을 구하도록 하는 근거를 제공한다. 그러나 화학반응에 의한 섭동으로 인하여 얻어지는 확산방정식을 푸는 것은 매우 힘들 때가 많다. 따라서 많은 경우에 이들을 해석적으로 풀기보다는 전산기를 이용하여 얻어진 전류에 대한 시뮬레이션을 수행함으로써 화학반응에 연관된 반응속도 등을 얻는다.

이상에서 용액 속의 화학반응이 전극반응에 미치는 영향을 간단히 살펴 보았다. 이런 방법론은 상당한 기간동안 전기화학자들의 관심거리였으며 아직도 문헌에 많은 논문들이 보고되고 있다. 이에 대한 관심이 있는 독자는 참고문헌을 참고하기 바란다[12-15].

참 고 문 헌

1. A. C. Fisher, *Electrode Dynamics*, Oxford, 1996.

2. R. N. Adams, *Electrochemistry at Solid Electrodes*, Marcel Dekker, 1969.

3. A. J. Bard and L. R. Faulkner, *Electrochemical Methods: Fundamentals and Applications*, Wiley, 1980, Chapter 4.

4. E. Yeager, J. O'M. Bockris, B. E. Conway, S. Sarangapani, Eds., *Comprehensive Treatise of Electrochemistry*, Vol. 9, *Electrodics: Experimental Techniques*, Plenum, 1984.

5. C. Brett and A. O. Brett, *Electrochemistry: Principles, Methods, and Applications*, Oxford University Press, 1993, Chapters, 5, 6.

6. P. T. Kissinger and W. R. Heineman, *Laboratory Techniques in Electroanalytical Chemistry*, Marcel Dekker, 1984.

7. Southampton Electrochemistry Group, *Instrumental Methods in Electrochemistry*, Ellis Horwood, 1985.

8. M. Fleischmann, S. Pons, D. R. Rolison, P. P. Schmidt, Eds., *Ultramicroelectrodes*, Datatech Systems, Inc., Morganton, NC, 1987.

9. R. M. Wightman and D. O. Wipf, *"Voltammetry at Ultramicroelectrodes,"* in *Electroanalytical Chemistry*, Vol. 15, A. J. Bard, Ed., Marcel Dekker, New York, 1989.

10. A. J. Bard, F.-R. F. Fan, and M. V. Mirkin, *"Scanning Electrochemical Microscopy,"* in *Electroanalytical Chemistry*, Vol. 18, A. J. Bard, Ed., Marcel Dekker, New York, 1996.

11. E. Gileadi, *Electrode Kinetics, for Chemists, Chemical Engineers, and Materials Scientists*, VCH, 1993

12. A. J. Bard and L. R. Faulkner, *Electrochemical Methods - Fundamentals and Applications*, 2nd Ed., Wiley, New York, 2001: Chapter 12.

13. Z. Galus, *Fundamentals of Electrochemical Analysis*, 2nd Ed., Wiley, New York, 1994.

14. D. D. Macdonald, *Transient Techniques in Electrochemistry*, Plenum, New York, 1977.

15. D. Pletcher, *Chem. Soc. Rev.*, **4**, 471 (1975).

16. D. H. Evans, *Accts. Chem. Res.*, **10**, 313 (1977).

17. D. H. Evans, *Chem. Rev.*, **90**, 739 (1990)

18. C. P. Andrieux, P. Hapiot, and J.-M. Saveant, *Chem. Rev.*, **90**, 723 (1990).

연 습 문 제

1. 전기화학 실험의 기본장비인 일정전위기(potentiostat)의 일반적인 회로의 개요 그림을 그리고 셀의 연결을 나타내어라.

2. 전기화학 실험에 쓰이는 셀의 작업전극과 기준전극 사이에 용액의 저항에 의한 전위차가 있을 때 어떤 문제를 일으키는지, 그에 대한 대책은 어떤 것이 있는지 설명하라.

3. 전기화학 셀에 쓰이는 Luggin 모세관은 어떤 목적으로 쓰이는지, 어떤 모양으로 만들어 어떻게 설치하는지 설명하라.

4. 다결정 Pt 전극을 써서 황산 용액 속에서 얻은 순환 전압전류 곡선 모양을 스케치하고 부분에 따라 일어나는 반응 또는 과정을 설명하라.

5. 다음은 $0.001\,cm^2$ 전극을 써서 0.05 M 농도의 어느 유기물질의 순환 전압전류 실험을 여러 전위 훑기속도 (v)로 시행한 결과이다.

$v/\,mV\,s^{-1}$	i_p(산화)$/\mu A$	i_p(환원)$/\mu A$	$-E_p$(산화)$/V$	$-E_p$(환원)$/V$
250	8.9	9.1	0.18	0.24
200	7.9	8.0	0.20	0.23
150	6.9	6.8	0.19	0.22
100	5.6	5.7	0.20	0.23
50	4.0	3.9	0.20	0.23

이 자료로부터 반응의 가역성 여부, 반응 전자 수, 유기 분자의 확산계수를 알아내라.

6. 일정전류 실험에서는 보통 전위가 완만한 변화를 보이다가 갑자기 크게 변하기 시작하는 시간, 즉 전이시간이 있다. 전류밀도가 $1.00\,mA\,cm^{-2}$일 때 전이시간은 3.2초이었다. (a) 전류밀도가 $0.50\,mA\,cm^{-2}$일 때 전이시간은? (b) 반응 전자 수는 1이고 반응물의 확산계수는 $2.5\times10^{-9}\,m^2s^{-1}$이라면 용액 내 농도는 얼마인가?

☞ (a) 12.8 s, (b) 4.18 mM

7. 수은 전극에 $0.10\,mA\,cm^{-2}$의 일정 전류를 흘려 0.0010 M Pb^{2+} 용액으로부터 납을 석출시키는 실험에서 전이시간은 7.8 s이었다. 납 이온의 확산계수는 얼마인가?

8. 회전원판 전극(rotating disk electrode)을 쓰는 실험방법을 설명하고, 이때 나타나는 확산전류와 확산계수, 회전속도와 반응물의 농도 등에 대한 관계식을 설명하라.

9. 회전원판 전극(rotating disk electrode)과 회전원판-고리 전극(rotating ring-disk electrode)을 그림으로 그리고, 이들을 써서 하는 실험으로 얻을 수 있는 정보는 어떤 것이 있는지 설명하라.

10. 회전원판-고리 전극 실험에서 판 전극에서는 다음 반응들이 경쟁적으로 일어난다.

$$A + e^- \rightarrow B; \quad A + e^- \rightarrow C$$

고리 전극에는 C가 $C \rightarrow D + e^-$ 반응으로 산화되기에 충분한 전위를 걸어주었다. 사용한 고리 전극의 거둠률은 0.20이라고 한다. 판 전극과 고리 전극의 전류가 각각 0.30 mA, 0.020 mA이라면 판 전극에서 일어나는 두 경쟁 반응의 진행 비율과 두 반응 각각의 전류효율은 얼마나 되는가?

11. 그림 7.6.5는 금 전극에서 일어나는 산소 환원 반응에 대하여 회전원판-고리 전극(ring-disk electrode) 실험을 한 결과이다. 고리(Pt) 전극의 전위는 1.0 V(vs. RHE)로 유지하였다. 이 결과가 무엇을 의미하는지 해석하라.

12. 그림 7.4.1(B)와 7.7.3에 보인 순환 전압전류 곡선의 모양이 왜 서로 다른가를 설명하라. 전기화학적 특성을 연구하기 위하여 이들 서로 다른 전극을 사용하는 경우의 장·단점을 설명하라.

13. 극미세 전극에서는 왜 순환 전압전류 곡선의 봉우리가 얻어지지 않는가를 설명하라.

14. 그림 7.4.2에 보인 황산 용액에서 얻은 백금의 순환 전압-전류 곡선은 전위훑기 속도 0.05 V $\sec^{-1}$로 얻어졌으며 전류 축은 그림 평면에서 수직으로 1 cm^2당 100 μA의 전류를 나타낸다고 하자. 전위가 0.4 V로부터 0 V근처까지 내려가는 동안 환원전류로 흐른 전기량을 구하여라. 이 전기량은 대부분 $H^+ + e^- \rightarrow H_{ads}$ 의 반응에 의하여 소비된 것이라고 생각할 수 있다. 흡착 분자의 몰수를 구하고, 4장의 연습문제 7번에서 얻은 흡착 분자의 몰수 $2.48 \times 10^{-9} mol\, cm^{-2}$와 비교하여 이 실험에서 사용한 전극의 실제 표면넓이를 구하여라.

15. 용액 내에서의 화학반응이 전기화학반응에 미치는 영향에 따라 짝지어 질 수 있는 반응(coupled reactions)의 종류를 나열하고 이들 반응을 기술할 수 있는 미분방정식(들)을 기재하여라.

8

연구 방법 Ⅱ

8.1 교류 측정과 임피던스

8.1.1 전극계면의 임피던스

제4장의 반응속도론에서 본 바와 같이 전기화학 반응이 일어날 때 그 반응의 속도는 여러 가지 실험적 요인들에 의하여 결정된다. 반응속도를 측정하기 위해서는 이미 몇 번 지적한 바와 같이 여러 가지 방법을 사용할 수 있다. 전기화학 반응의 반응속도를 전자가 전달되는 속도라고 본다면 이것은 곧 전자가 전달되는 과정, 즉 전류가 흐르는 과정에 놓여 있는 저항의 역수라는 개념으로 생각할 수도 있다. 다시 말하면 전기화학 반응이 일어나는 경로를 작업전극에서 전해질을 경유해서 상대전극으로 구성되는 하나의 전기회로로 본다면 저항이라는 개념으로도 전기화학 반응을 설명할 수 있을 것이다. 실제로 전기화학 반응이 일어날 때에 전자는 전극과 전해질의 계면에 있는 전기이중층을 건너뛰어야 하며 일단 이 과정을 거친 뒤에는 전해질 용액을 통과해야 한다. 그런데 이중층은 그림 3.1.1 에서 이미 보았듯이 부호가 서로 다른 두 개의 판이 마주 보는 전기축전기(electric capacitor)와 같은 구조로 되어 있으며 이상적이지는 않지만 실제로 전기축전기의 성질을 가진다. 다시 말하면 전극과 전해질 간의 계면은 사실상 저항과 축전기가 병렬로 연결된 회로로 간주되며 이상적인 전기화학 반응은 이와 같은 동등회로의 성질로 비교적 잘 설명이 된다. 따라서 작업전극-전해질-상대전극으로 연결되는 회로의 전기적 특성, 즉 저항과 축전기의 용량을 측정해서 전기화학 계를 기술할 수도 있다. 단순한 저항이 아니므로 이와 같은 전기화학계는 소위 말하는 **임피던스**(impedance)로 기술된다. 이런 사실에 근거하여 그림 3.1.2에 보였던 전극/전해질 간의 계면을 전기회로를 표시하는 부호를 사용해서 그 동등회로를 그림 8.1.1에 보여주고 있다.[1] 이 그림이 암시하는 바는 이 절

---

1) 유정석, *석사학위논문*, 포항공대 화학과, 1999년.

에 기술한 내용에 대한 이해가 깊어짐에 따라 더욱 더 명확해지리라고 생각된다. 상용되는 임피던스라는 뜻에 대해서는 부록 4를 참조하기 바란다.

임피던스를 측정하여 전기회로를 분석하는 일은 전기 및 전자공학에서 오래 전부터 사용되어 왔었고 전기화학 연구에 도입된 것도 비교적 오래되었다. 특히 부식 또는 전지의 연구와 같은 분야에서는 오랫동안 사용해 왔다. 최근까지는 이 방법이 전기화학자들 간에 인기 있는 실험 도구는 아니었다. 그러나 근래에 측정계기의 발전에 힘입어 전기화학 문제를 광범위하게 다루고자 하는 노력으로 최근에는 많은 전기화학 실험에 사용되고 있다.

어느 분야에서든 모든 문제를 한꺼번에 해결해 주는 실험 방법은 없으며 임피던스 측정법 또한 예외는 아니다. 임피던스 측정법도 이점을 가지는 반면 단점도 있다. 따라서 임피던스 측정법을 다른 방법과 함께 사용하면 다른 측정법이 얻을 수 없는 정보를 얻어 서로 보완하도록 한다. 임피던스 측정 결과는 전기화학계를 전기회로로 모형화하므로 전체 전기화학 반응계를 비교적 쉽게 기술할 수 있다는 점에서 매우 유용하다. 그리고 전자이동 속도가 크지 않은 경우나 전자전달의 경위가 복잡한 경우를 연구할 때, 이를테면 부식 반응 또는 전극에 피막이 입혀져 있을 때는 임피던스 측정법이 매우 유용하다. 그 이유는 이들 피막은 전기축전기의 성질을 가지며 따라서 보통의 직류 측정법으로는 쉽게 해석하기 힘든 결과가 얻어진다. 뒤에 기술하는 전기분광학적 방법이라든가, EXAFS 등의 방법을 함께 이용하면 전기화학적인 성질 및 전기화학 반응 중 피막의 성분이나 성분 변화 등에 관한 정보를 얻음으로써 이 전기화학적 계에 관한 종합적인 그림을 얻게 된다.

이 절에서는 임피던스 측정법에 관한 기초를 다루고 그 응용에 관하여 간단히 기술하겠다. 좀더 배우고자 하는 독자는 첨부한 참고문헌들을 참고하기 바란다[1].

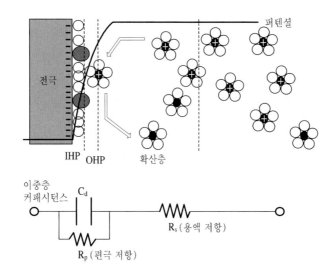

그림 8.1.1 전해질 / 전극간의 계면(위)을 나타낸 동등회로(아래)

8.1.2 전기화학과 임피던스

전기회로 안에서 교류전류를 흘릴 때 저항, 축전기 및 유전기는 어떻게 행동하며 또한 이들이 나타내는 임피던스가 어떤 의미를 가지는가에 대해서는 부록4를 참조하기 바란다. 여기서는 전기화학 셀(electrochemical cell) 안에서 임피던스라고 부르는 복합저항이 어떻게 해석될 수 있는가를 간단히 살펴보기로 한다. 그러기 위해서는 우선 전기화학 셀의 여러 면을 다룬 제2장을 참조하기 바란다.

이미 앞에서 여러번 보아온 바와 같이 전기화학 셀에는 작업전극과 상대전극이 있고 그 사이에 기준전극이 있을 수 있으며 어떤 형태이든 전해질이 있다. 전해질 용액 속에 **전해 가능물질**(electroactive material)이 있을 때 작업전극에 이 전해가능물질이 산화 또는 환원될 수 있을 만한 전위를 걸어주면 이 물질의 산화 또는 환원으로부터 얻어지는 패러데이 전류가 흐르며, 이때 **축전전류**(capacitive current)도 함께 흐른다. 여기서 우선 **패러데이 전류**에 대해서 먼저 생각해 보기로 하자. 패러데이 전류는 작업전극에 걸린 전위가 평형 전위로부터 얼마나 떨어져 있느냐, 즉 과전압이 얼마냐에 따라 결정되며 전류와 과전압과의 관계는 식 4.3.4로 표시되는 Butler-Volmer 식으로 표시된다. 과전압이 어느 방향으로든 어느 정도 커지면 Butler-Volmer 식의 두 항 중 하나는 다른 항에 비하여 그 상대적 중요성이 무시되어 Tafel 식이 됨을 우리는 보았다. Buttler-Volmer식에 따른 전류와 과전압의 관계를 이미 그림 4.3.1에서 보였으나 이를 임피던스의 개념을 설명하기 위하여 다시 그림 8.1.2에 도시하였다. 전극에서 용액으로, 또는 그 반대 방향으로 전자가 이동할 때에 극복해야 할 저항은 이 그림으로부터 쉽게 구할 수 있으며, 그것은 바로 $\Delta\eta/\Delta i$로 표시되는, 기울기의 역으로서 이를 **편극저항**(polarization resistance: R_p)이라고 부른다. 대부분의 책이나 문헌에서 편극저항과 **전하전이 저항**(charge transfer resistance, R_{CT})을 혼용하고 있으나 이 책에서는 이들을 구별해 사용하고자 한다. 이는 어떤 주어진 과전압 η에서 측정된 편극저항을 R_p라고 한다면 $\eta = 0\,V$일 때의 값은 전하전이 저항 R_{CT}이기 때문이다. 어떤 전기화학 반응계에 대하여 여러 η에서 얻은 R_p 값들로부터 R_{CT}의 값을 구할 수 있다. 이에 대하여는 8.1.8절에서 임피던스 측정의 응용을 기술할 때에 간단히 언급하겠다. 이 편극저항은 작업전극에 직류 전위를 가한 뒤 그로부터 위에 기술한 방식으로 기울기를 구하여 얻을 수 있겠으나 이런 경우에는 직류 전류의 흐름을 방해하는 저항만 구할 뿐 전극의 축전기 성질 때문에 생기는 **복합저항**인 임피던스를 기술할 수는 없다. 뿐만 아니라, 그림에 보인 바와 같이 평형 전위에서, 즉 과전압이 $0\,V$일 때는 기울기가 0에 가까워 저항은 무한대로 매우 클 수밖에 없다.

어느 정해진 평형 전위에 그 크기가 매우 작은 교류신호를 더해서 작업전극에 인가한 뒤 그로부터 얻어지는 전류신호를 해석함으로써 임피던스를 얻음이 더 바람직하다. 이와 같이 어떤 평형 전위에 조그마한 교류신호를 과전압 즉 x축에 중복시켜서 전위를 섭동시키면, 그로 인하여 얻어지는 전류는 그림 8.1.2의 전류, 즉 y축에 나타난 바와 같이 얻어질 것이다. 이때 얻어지는 교류 전류의 크기는 교류 전위의 크기와 저항 및 축전기의 크기에 따라 결정되며, 원래의 교류 전위 신호와 비교할 때 상전위(phase shift)가 없을 수도 있고 커다란 상전위가 관측될 수도 있다. 만일 작업전극에 전기축전기의 요소가 전혀 없다면 전자의 전달 과정은 편극저항 R_p와 용액의 저항 R_s에만 의존할 것이다. 그러나 작업전극과 전해질간의 계면은 전기축전기 (C_d)의 성질이 있으므로 작업전극은 그림 8.1.1에 보인 동등회로에 나타낸 바와 같이 R_p와 C_d가 병렬로 연결된 회로로 간주되어 이 경로를 거쳐 전자전달이 이루어지는 것으로 모형화할 수 있다. 만일 R_p와 C_d가 직렬로 연결되어 있다면 전기축전기는 직류를 차단하는 역할을 하므로(부록 4 참조), 직류 전류는 이를 통과하지 못할 것이며 따라서 전기화학 실험을 할 수 없음을 의미한다. 따라서 이들은 병렬로 연결될 수밖에는 없다. 이와 같은 경우에 전자는 $R_p - C_d$ 병렬회로를 거치므로 상전이가 관측될 것이며 그 상전이의 정도는 R_p와 C_d의 값에 따라 결정된다. 이 동등회로는 가해준 과전압이 비교적 낮아 전극 반응이 물질운반에 영향을 받지 않는 경우에, 간단한 전하전이만 수행하는 전기화학 반응계의 측정 결과를 비교적 잘 모형화한다.

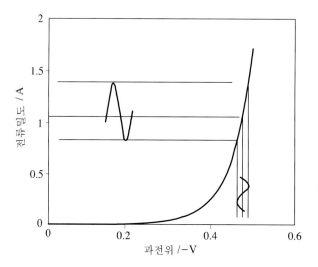

그림 8.1.2 Butler-Volmer 식에 따라 그린 음극 반응의 전류-전위 곡선과 그 위에 교류신호를 중첩한 모양. 여기에 사용한 교환전류는 1×10^{-4} A이고 a 값은 0.50임.

8.1.3 임피던스의 간단한 모형과 그에 대한 수식표현

그림 8.1.1에 보인 동등회로 또는 모형화된 회로에 대한 수학적인 표현을 생각해 보자. 이때, R_s를 넣지 않은 부분만을 우선 생각하여 보자. 이미 지적한 바와 같이 직류 전류가 이 회로를 통과하는 경우에는 저항 쪽으로 우회해 갈 것으로 예상된다. 왜냐하면 전기축전기는 직류가 통과할 수 없을 만큼 커다란 저항을 제공하기 때문이다. 그러나 교류인 경우에는 병렬로 연결된 두 개의 소자, 즉 저항과 축전기를 통하여 전류가 흐르며 이 두 개의 저항의 총합은 Ohm의 법칙에 따른다. 즉 이들을 각기 $Z_2(\omega)$와 $Z_3(\omega)$라고 한다면 전체 복합저항 $Z_1(\omega)$는

$$\boxed{\frac{1}{Z_1(\omega)} = \frac{1}{Z_2(\omega)} + \frac{1}{Z_3(\omega)}} \tag{8.1.1}$$

이 될 것이다. 여기서 괄호 속에 있는 ω는 각속도 $2\pi f$ (f는 주파수)로서 이들 복합저항이 교류의 주파수의 함수임을 나타낸다. 그런데 사실은 Z_2는 R_p이고 Z_3는 $1/(j\omega C_d)$이므로 이 식은 다음과 같이 쓸 수 있다. 즉,

$$\frac{1}{Z_1(\omega)} = \frac{1}{R_p} + j\omega C_d \tag{8.1.2}$$

여기서 두번째 항은 허수항이므로 그 연산자 j, 즉 $(-1)^{1/2}$을 붙였음을 상기하기 바란다. 그림 8.1.1에 보인 전체 회로의 복합저항은 R_s에 $Z_1(\omega)$을 합친 양이므로 위의 식으로부터 $Z_1(\omega)$를 얻은 뒤 전체를 합치고 식을 적절히 정리해서 얻어지는 전체의 복합저항 $Z(\omega)$는

$$\boxed{Z(\omega) = R_s + Z_1(\omega) = R_s + \frac{R_p}{1+\omega^2 R_p^{\,2} C_d^{\,2}} - \frac{j\omega R_p^{\,2} C_d}{1+\omega^2 R_p^{\,2} C_d^{\,2}}} \tag{8.1.3}$$

이 됨을 알 수 있다. 이 식으로부터 알 수 있는 사실은 그림 8.1.1에 나타낸 회로의 복합저항은 주파수의 함수이며 실수항(식 8.1.3의 우변 앞의 두 항)과 허수항(맨 마지막 항)으로 이루어짐을 알 수 있다. 또한 첫 항인 R_s를 제외하고는 두 항 모두가 주파수에 따라 변하지만 그 변하는 함수관계가 서로 다름을 알 수 있다. 위의 (8.1.3)식은 실수항과 허수항으로 이루어진 식으로 다시 쓰면,

$$Z = Z' + jZ'' \tag{8.1.1'}$$

이 되는데 여기서 Z'과 Z''은 모두 ohm(Ω)의 단위를 가지며

$$Z' = R_s + \frac{R_p}{1 + \omega^2 R_p^2 C_d^2}$$

$$Z'' = \frac{-\omega R_p^2 C_d}{1 + \omega^2 R_p^2 C_d^2}$$

으로 표현된다. 이와 같이 실수항과 허수항들이 한데 어울어져 있는 경우는 그 해석이 쉽지 않다. 따라서 몇 가지의 해석방법이 제시되었는데, 이들은 뒤에 살펴보기로 하고 여기서는 주어진 주파수에서 허수항을 실수항의 함수로 도시하는 방식인 소위 Nyquist 도시법을 살펴보기로 한다.

실제로 작업전극과 전해질 용액의 계면이 어떻게 모형화되어야 하느냐를 살펴보기 위하여 계면을 하나의 복합저항으로 생각해 보자. 그리고 그림 8.1.1에서 제시한 모형에 따라 각 경우에 대한 Nyquist 도시에 관해서 기술해 보고 이들이 전해조 안에서의 실제의 행동과 어떻게 일치하는가를 조명해 보기로 하자. 이를 위하여 R_s 값을 107Ω, R_p 값을 1115Ω, 그리고 C_d 값을 20μF으로 택하여 위 식에 따라 주파수 영역 10^5으로부터 10^{-4} Hz의 구간에서 도시해 보자. 이 값들은 대략 전도성이 낮은 비수용성 용액에서 비가역적인 전기화학 반응의 경우에 해당하는 값들이고, 요즘의 복합저항 측정장치는 대략 10^6으로부터 10^{-4} Hz의 구간에서의 측정이 가능하다. 만일 작업전극/전해질 계면에 축전기적인 요소는 없고, 단순히 R_s 또는 R_s와 R_p 만의 합이라면 이들은 모두 교류의 주파

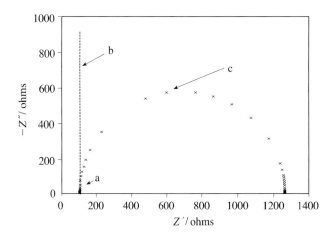

그림 8.1.3 식 8.1.3으로 나타낸 임피던스 및 그림 8.1.2에 보인 동등회로에 대한 임피던스 신호

수에 영향을 받지 않으므로, 그림 8.1.3의 왼쪽에 X-축과의 절편인 a점으로 나타낸 점과 이 그림의 맨 오른쪽 절편으로 나타난 1222Ω (= 177 + 1115Ω)에 있는 점 등 두 점으로 기술될 것이다.

만일에 이 계면을 R_s와 C_d가 직렬로 연결되었다고 본다면, 이 a점 위에 수직으로 그린 b선만으로 기술될 것이다. 왜냐하면 이 경우 $Z(\omega)$는 C_d 하나만으로 되었을 경우에는 $1/(j\omega C_d)$이지만, R_s와 C_d가 직렬로 연결되었을 때는

$$Z(\omega) = R_s - \frac{j}{\omega C_d} \qquad (8.1.4)$$

으로 됨을 쉽게 알 수 있다. 그 이유는 (8.1.4)식의 둘째 항은 주파수에 따라 그 크기가 결정되지만 그에 해당하는 실수항은 주파수와는 관계가 없는 R_s 하나 뿐이므로 a점으로 표시된다. 그러나 C_d가 포함된 임피던스는 주파수가 작아질수록 그 값이 증가하지만 그에 해당하는 실수는 여전히 a점 하나 뿐이므로 a점 위의 점선으로 나타낸 직선으로 표시된다. 그러나 (8.1.3) 식의 경우에는 이들과는 또 다르다. 주어진 주파수에서 매 실수값에 대한 허수값이 존재하므로 실수항을 x축으로, 허수항을 y축으로 사용하여 도시가 가능하며 실제로 그들을 계산하여 도시하면 c에 보인 바와 같은 반원형의 모양이 얻어진다.

여기서 식 (8.1.3)과 그림 8.1.3에 관하여 다시 한번 음미해 볼 필요가 있다. 우선 식 (8.1.3)만을 가지고 보면 몇 가지의 사실을 알 수 있다. 첫째로 주파수가 무한대일 경우에는 어떻게 되는가? 이 식의 둘째 및 셋째 항이 없어지므로 R_s, 즉 용액의 저항만 남는다. 이는 그림 8.1.3의 x축의 왼쪽 절편(a점)에 해당한다. 그러나 주파수가 0일 때는 $R_s + R_p$ 만이 남게 되어 그림에서는 x축의 오른쪽 절편에 해당한다. 그리고 (8.1.3)식의 허수항은 그림 8.1.3의 c선에서 볼 수 있는 바와 같이 반원형의 중간에 최고값을 가지므로, 어떤 조건하에서 반원값의 최고값을 가질까를 생각해 보면 쉽게 구할 수 있다. 그러기 위해서는 식 (8.1.3)의 허수항을 ω에 대하여 미분한 뒤 그 값이 0일 때를 구하면 $R_p \cdot C_d = 1/\omega = 1/(2\pi f)$가 됨을 알 수 있다. $R_p \cdot C_d$는 RC 회로의 시간상수 τ이기도 하므로, 이는 바로 이 전기화학 반응계의 시간상수, 즉 반응이 얼마나 쉽게 일어나느냐 하는 척도가 되기도 한다. 이와 같은 분석으로 우리는 이 전기화학 반응계에 관하여 기술할 수 있다. 즉 임피던스 측정으로 R_s와 R_p 그리고 C_d를 구하게 되고 이는 바로 우리가 다루는 전기화학 반응을 결정하는 계면을 기술하는 데 가장 중요한 인자들이다.

문제는 실제의 전기화학 반응계의 전극/전해질 계면의 성질이 과연 그림 8.1.2에 도시한 회로처럼 행동하고, 그림 8.1.3에 도시한 바와 같은 복합저항이 얻어지느냐 하는 데 있다. 전기화학 반응계에 다른 복잡한 요인이 없는 경우에는 실제로 그림 8.1.3에 도시한 Nyquist plot처럼 행동한다. 그 실제의 예들을 그림 8.1.4에 보였다. 이 그림에 나타난 임피던스는 0.050 M의 $Fe(CN)_4^{4-}$를 포함하는 0.50 M의 KNO_3 용액에서 여러 전극전

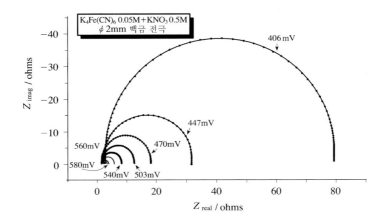

그림 8.1.4   물질확산의 영향을 포함하지 않는 실험조건하에서 $Fe(CN)_4^{4-}$의 산화시 측정한 임피던스.
표시한 숫자는 측정할 때 걸어준 전압임.

위 값에서 얻은 임피던스 곡선들이다.[2] 따라서 이 그림에 나타난 개념으로는 주어진 조건, 이를테면 정해진 전위에서 전자가 금속 전극으로부터 금속/전해질 계면을 건너뛰어 전해질로 가거나 그 반대 방향으로 갈 때 그 진로에 있는 저항 또는 축전기를 기술하고 있을 뿐, 4장과 6장에서 설명했던 바와 같이 전기화학 반응에서 매우 중요한 물질운반에 관한 고려는 전혀 없다. 과전압이 크거나 작은 과전압하에서도 전해시간이 오래 걸리면 물질운반이 매우 중요해지고 이를 전기화학 반응을 생각하는 데 고려 대상에 넣어야 함은 당연한 일이다. 다음 소절에서는 이를 다루고자 한다.

8.1.4   반응물질의 확산 (diffusion) 과 이에 연관된 복합저항

이제까지 우리가 다루어 온 내용은 실제의 전기화학 셀에 근거한 것이 아니라, 전기화학 셀을 전기회로로 모형화한 회로에 대한 기술이었으며, 모형과 실제의 전기화학적 거동이 제한된 범위 안에서는 서로 일치함을 보였다. 그러나 앞의 장들에서 본 바와 같이 전기화학 셀 안에서는 물질의 운반이 전기화학 반응의 속도를 결정하는 데 매우 중요하므로 이제 물질의 운반이 셀의 복합저항에 어떻게 영향을 주는가를 생각해 보자. 이미 5장과 7장에서 다룬 바와 같이 특별한 경우를 제외하고는, 전기화학적으로 산화 또는 환원될 수 있는 화합물은 국부농도에 따라 전극을 향해서 또는 전극으로부터 확산으로 운반된다. 이때 확산

---

2) 이 임피던스 그림은 높은 주파수에서 낮은 주파수로 훑으면서 각 주파수의 작은 교류를 직류 전극전위에 포갠 다음 임피던스를 측정하는 전통적인 방법을 사용하지 않고 Dirac-delta 함수의 적분된 형태인 계단 전위를 가하여 전류를 측정한 다음, 이 전류를 미분하여 얻은 신호를 Fourier 변환하여 얻은 결과이다. 이 방식을 사용하면 임피던스를 전통적인 방식에 비하여 매우 짧은 시간 안에 측정할 수 있다 (J.-S. Yoo and S.-M. Park, *Anal. Chem.*, **72**, 2035 (2000) 참고).

은 Fick의 제2법칙으로 기술됨은 이미 알고 있는 바이다. 그리고 4장에서 이미 다루었듯이 전극 반응의 속도는 Butler-Volmer 식에 의하여 기술되었다. 이들 현상이 복합저항을 측정하기 위하여 계에 가해준 교류파에 의하여 어떻게 섭동받는가를 생각해 보자.

그러기 위해서는 다시 한번 그림 8.1.1에 보인 바와 같은 동등회로를 생각해 보기로 하자. 그러나 이번에는 R_p 대신에 패러데이 전류의 흐름에 저항할 뿐만 아니라 물질운반에 의한 영향으로 어떤 형태의 저항이 될지 알 수 없으므로 이를 Z_f라고 하는 복합저항이라고 부르기로 하고 이 Z_f는 다시 주파수의 함수일 수도 있는 R_w와 C_f라는 축전기로 이루어졌다고 하자. 교류 전위를 가해주는 경우에는 전극 표면의 전위가 시시각각으로 변하게 되며 이는 표면 농도가 시시각각으로 변하는 결과를 초래하고 이로 인하여 물질의 확산방향이 교류의 방향에 따라 달라질 것이다. 확산으로 인한 농도의 변화는 교류 전위를 미처 따르지 못할 경우도 있을 것이며 이런 경우 두 현상간에는 상의 변화가 생기고 이 현상은 마치 축전기에서 일어나는 현상과 비슷할 수도 있다. 이런 이유로 이 특별한 저항은 물질운반에 따라 영향을 받으며, 따라서 물질운반도 주파수에 따라 영향을 받아 축전기와 비슷하게 행동한다. 이와 같은 회로에 사인파를 통과시켜 회로, 즉 셀을 섭동시켜 보자. 이 회로에서 R_s와 C_d 쪽은 생각하지 말고 Z_f쪽, 즉 R_w와 C_f의 직렬회로로 흐르는 전류만 생각해 보기로 하자. 이에 대한 답을 구한 뒤 이를 전체와 합치면 전체회로에 대한 답을 얻게 되기 때문이다. 이 때 이 R_w와 C_f의 직렬회로를 통하여 흐르는 전류는

$$I = I_p \sin \omega t \tag{8.1.5}$$

로 쓸 수 있으며 여기서 I_p는 $\sin \omega t$의 값이 1일 때 얻어지는 전류의 최대값이다. 이때 직렬로 연결되어 있는 R_w와 C_f에서의 전위차의 합은

$$\boxed{E = I \cdot R_w + \frac{Q}{C_f}} \tag{8.1.6}$$

가 될 것이다. (8.1.6)식을 시간에 대하여 미분하면

$$\frac{dE}{dt} = R_w \frac{dI}{dt} + \frac{1}{C_f} \frac{dQ}{dt}$$

이 얻어진다. 이 식에 식 (8.1.5)를 대입하면

$$\frac{dE}{dt} = R_w I_p \omega \cos \omega t + \frac{I_p}{C_f} \sin \omega t \tag{8.1.7}$$

를 얻는다. 그런데 전하이동시에 전기화학적 계의 전위는 흐르는 전류와 $C_O(0, t)$ 및 $C_R(0, t)$의 함수, 즉 $E = f[I, C_O(0, t), C_R(0, t)]$이므로 이로부터

$$\frac{dE}{dt} = \frac{\partial E}{\partial I}\frac{\partial I}{\partial t} + \frac{\partial E}{\partial C_O(0,t)}\frac{dC_O(0,t)}{dt} + \frac{\partial E}{\partial C_R(0,t)}\frac{dC_R(0,t)}{dt} \qquad (8.1.8)$$

를 얻게 된다. 여기서 $\partial E/\partial I$는 바로 전하전이에 연관된 저항 R_p이고 나머지 편미분으로 표시한 양들은 바로 반응속도에 연관된 양들이다. Laplace 변환을 사용하여 표시되는 전극 표면에서의 농도는 각기[2]

$$C_O(0,t) = C_O^* + \frac{1}{nFAD_O^{1/2}\pi^{1/2}}\int_0^t \frac{I(t-u)}{u^{1/2}}\,du \qquad (8.1.9)$$

및

$$C_R(0,t) = C_R^* + \frac{1}{nFAD_R^{1/2}\pi^{1/2}}\int_0^t \frac{I(t-u)}{u^{1/2}}\,du \qquad (8.1.10)$$

로 표시된다. 그런데 (8.1.5)식에 삼각함수의 등식관계를 이용하면 위의 식 (8.1.9)와 (8.1.10)과 같은 표현을 얻을 수 있다. 그 등식관계는

$$\sin \omega(t-u) = \sin \omega t \cos \omega u - \cos \omega t \sin \omega u \qquad (8.1.11)$$

이므로 위의 (8.1.9) 및 (8.1.10)식 안의 적분은

$$\int_0^t \frac{I_p \sin \omega(t-u)}{u^{1/2}}\,du = I_p \sin \omega t \int_0^t \frac{\cos \omega u}{u^{1/2}}\,du - I_p \cos \omega t \int_0^t \frac{\sin \omega u}{u^{1/2}}\,du \qquad (8.1.12)$$

가 된다. 이 적분을 농도 식 (8.1.9) 및 (8.1.10)에 대입해서 농도식으로 나타내면 전극 표면의 농도는 앞에서 지적한 바와 같이 시시각각으로 변함을 알 수 있다. 그러나 사실은 교류전류가 흐르기 시작한 뒤 얼마가 지난 뒤부터는 농도는 **정류 상태**(steady state)에 들어가게 된다. 그 이유는 교류전류가 흐를 때는 사실상 한쪽 방향으로 진행되는 순(net) 전기화학 반응은 없으므로 몇 차례의 순환 뒤에는 정류 상태에 도달하게 될 것이다. 이와 같은 경우는 사실상 위 적분에 상한을 무한대로 놓으면 될 것이므로 이로부터

$$\int_{ss} \frac{I_p \sin \omega(t-u)}{u^{1/2}}\,du = I_p \sin \omega t \int_0^\infty \frac{\cos \omega u}{u^{1/2}}\,du - I_p \cos \omega t \int_0^\infty \frac{\sin \omega u}{u^{1/2}}\,du \qquad (8.1.13)$$

가 된다. 이제는 이 적분값을 구할 수 있으며 (8.1.13)의 오른쪽 적분값은 $I(\pi/\omega)^{1/2}$가 됨을 적분표로부터 알 수 있다. 이들 값들을 사용하면 농도식 (8.1.9) 및 (8.1.10)은

$$C_O(0,t) = C_O^* + \frac{I_p}{nFA(2D_O\omega)^{1/2}}(\sin \omega t - \cos \omega t) \qquad (8.1.14)$$

및

$$C_R(0, t) = C_R^* + \frac{I_p}{nFA(2D_R\omega)^{1/2}}(\sin\omega t - \cos\omega t) \tag{8.1.15}$$

가 된다. 이제는 위 식들로부터 (8.1.8)식 중에 있는 농도의 시간에 대한 미분항들, 즉 $dC_O(0, t)/dt$ 및 $dC_R(0, t)/dt$를 구할 수 있다[2]. 이들로부터

$$\frac{dC_O(0, t)}{dt} = \frac{I_p}{nFA}\left(\frac{\omega}{2D_O}\right)^{1/2}(\sin\omega t + \cos\omega t) \tag{8.1.16}$$

및

$$\frac{dC_R(0, t)}{dt} = \frac{I_p}{nFA}\left(\frac{\omega}{2D_R}\right)^{1/2}(\sin\omega t + \cos\omega t) \tag{8.1.17}$$

를 얻는다. 이제 이들 식 (8.1.16)과 (8.1.17)을 식 (8.1.8)에 넣는다. 또한 Nernst 식

$$E = E^0 + \frac{RT}{nF}\ln\frac{C_O}{C_R}$$

에서 C_R을 상수로 놓고 E를 C_O에 대하여 편미분하면 $\partial E/\partial C_O = RT/nFC_O$가 되므로 이를 식 (8.1.8)에 대입하고 아울러 앞에서 이미 지적한 대로 $\partial E/\partial I$가 R_p임을 상기하면 우리는

$$\frac{dE}{dt} = \left(R_p + \frac{\sigma}{\omega^{1/2}}\right)I_p\omega\cos\omega t + I_p\sigma\omega^{1/2}\sin\omega t \tag{8.1.18}$$

를 얻는다. 여기서 σ는

$$\sigma = \frac{RT}{n^2F^2A\sqrt{2}}\left(\frac{1}{D_O^{1/2}C_O^*} + \frac{1}{D_R^{1/2}C_R^*}\right) \tag{8.1.19}$$

와 같은 표현을 가진다. 이제 식 (8.1.18)식의 $I_p\omega\cos\omega t$ 및 $I_p\omega\sin\omega t$ 항들은 dI/dt임을 상기하고 (8.1.18)식을 (8.1.7)식과 비교해 보면 (8.1.7)식의 첫 번째 항 중 R_w는 (8.1.18)식의 첫 번째 항의 $R_p + \sigma/\omega^{1/2}$항과 같아야 하고 또한 (8.1.7)식의 $1/C_f$는 (8.1.18)식의 $\alpha\omega^{1/2}$과 같아야 함을 알 수 있다. 즉 첫 항 중의 R_w는

$$\boxed{R_w = R_P + \sigma\omega^{-1/2}} \tag{8.1.20}$$

$$\boxed{1/C_f = \sigma\omega^{1/2}} \tag{8.1.21}$$

임을 알 수 있다. 다시 말하면, Z_f는 두 개의 항으로 이루어지며 그 중 하나는 (8.1.20)으로 표현되는 R_w이고 다른 하나는 (8.1.21)로 이루어지는 Z_f''이다. 여기서 (8.1.20)식의

둘째 번 항은 주파수에 영향을 받는 저항, 즉 Warburg 저항이고 (8.1.21)식으로 나타낸 C_f는 소위 가짜 축전기 또는 Warburg 축전기(pseudo-capacitance)로써, 이 가짜 축전기에 의한 임피던스는 $Z_f'' = -(\omega C_f)^{-1}$이므로 $Z_f'' = -\sigma\omega^{-1/2}$이 된다. 전체 파라데이 임피던스(faradaic impedance) Z_f는 이 둘의 합으로 이루어진다. 즉

$$\boxed{Z_f = R_w' + Z_f'' = R_p + \sigma\omega^{-1/2} - j\sigma\omega^{-1/2}} \qquad (8.1.22)$$

가 된다. 위의 (8.1.22)식 중 Warburg 임피던스의 두 항들은 서로간에 90°의 위상차이를 가진다. 그리고 R_w와 $-Z_f''$은 각기 $\omega^{-1/2}$의 함수로 도시하면 일직선을 얻게 되고 그 기울기로부터 σ를 얻으며 R_w와 $\omega^{-1/2}$의 도시의 절편으로부터는 R_p를 얻는다. 그 기울기인 σ로부터는 확산계수를 얻을 수 있다. 그리고 R_w와 $-Z_f''$의 크기는 정확히 같으나 두 성분이 서로 직교하므로 그들의 합은 $[(R_w)^2 + (Z_w'')^2]^{1/2}$, 즉

$$Z_w = \left(\frac{2}{\omega}\right)^{1/2}\sigma \qquad (8.1.23)$$

가 된다. 그리고 이들 Warburg 복합저항의 허수항을 실수항에 대하여 도시하면 기울기 1의 직선이 얻어짐을 알 수 있다.

지금까지 이 절에서는 Z_f에 해당하는 임피던스만 생각했다. 이제 다시 그림 8.1.5에 보인 Randles의 동등회로로 돌아가 전체를 종합해 보자. 이렇게 하려면 식 (8.1.2)의 R_p 대신에 이제까지 얻은 Z_f를 대치하여 Z_l을 얻고, 이 Z_l을 써서 (8.1.3)식을 다시 정리하면 아래와 같은 식, 즉

$$Z(\omega) = R_s + \frac{R_P + \sigma\omega^{-1/2}}{(\sigma\omega^{1/2}C_d + 1)^2 + \omega^2 C_d^2(R_P + \sigma\omega^{-1/2})^2}$$

$$- \frac{j[\omega C_d(R_P + \sigma\omega^{-1/2})^2 + \sigma\omega^{-1/2}(\omega^{1/2}C_d\sigma + 1)]}{(\sigma\omega^{1/2}C_d + 1)^2 + \omega^2 C_d^2(R_P + \sigma\omega^{-1/2})^2} \qquad (8.1.24)$$

을 얻는다. 이 식이 전기화학 셀 안에서 일어나는 전기화학 반응에 대한 전체의 임피던스가 되며 그림 8.1.5에 도시한 완전한 Randles의 동등회로에 대한 거동을 나타낸다. 이 식으로 기술되는 전기화학 반응계로부터 얻어지는 임피던스 신호의 Nyquist 도시를 그림 8.1.6에 나타내었다. 이 그림으로부터 알 수 있는 바와 같이 걸어준 교류 전위의 주파수에 따라 높은 주파수 쪽에는 그림 8.1.3에서 본 바 있는 반원이, 낮은 주파수 쪽에는 45°의 기울기를 가지는 직선이 나타난다. 이 식을 주파수의 영역에 따라서 어떻게 해석할 수 있는가를 생각해 보자. 주파수에 따른 이 식의 거동을 살펴보면,

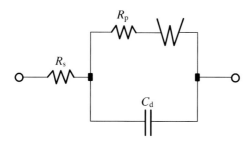

그림 8.1.5 물질운반(확산)을 고려한 동등회로

1) 주파수가 0에 가까울 때, 즉 $\omega \to 0$ 일 때는

$$Z = R_\text{s} + R_\text{p} + \sigma\omega^{-1/2} - j(\sigma\omega^{-1/2} + 2\sigma^2 C_\text{d}) \tag{8.1.25}$$

가 되며 이는 곧 낮은 주파수 영역에 보이는 직선 방정식이고 그 기울기는 1이 됨을 알 수 있다. 이 식을 외삽하여 x축과 만나는 절편은 $R_\text{s} + R_\text{p} - 2\sigma^2 C_\text{d}$ 이 되며 이 절편으로부터 σ와 C_d을 얻을 수도 있다. 이 선이 나타나기 전에는 이 반응은 반응 속도의 지배를 받지만, 이 선이 나타나기 시작하는 영역, 즉 매우 낮은 주파수 영역 에서는 전극 반응은 반응물질의 확산에 의하여 지배를 받는다.

2) 주파수가 큰 영역에서는 우리가 이미 얻었던 (8.1.3)식, 즉,

$$Z(\omega) = R_\text{s} + \frac{R_\text{p}}{1 + \omega^2 R_\text{p}^2 C_\text{d}^2} - \frac{j\omega R_\text{p}^2 C_\text{d}}{1 + \omega^2 R_\text{p}^2 C_\text{d}^2} \tag{8.1.3}$$

이 된다. 이 식의 오른쪽의 뒤 두 항들, 즉 $Z'(\omega)$ 및 $Z''(\omega)$로부터 다음과 같은 관 계식, 즉

$$\left(Z'(\omega) - R_\text{s} - \frac{R_\text{P}}{2}\right)^2 + [Z''(\omega)]^2 = \left(\frac{R_\text{P}}{2}\right)^2 \tag{8.1.26}$$

을 증명할 수 있는데, 이 식은 실수축, 즉 x축에 R_s ($\omega \to \infty$일 때)와 $R_\text{s} + R_\text{P}$ ($\omega \to 0$일 때)의 두 점들을 가로지르며 그 반지름이 $R_\text{P}/2$인 원의 방정식임을 우리는 곧 알 수 있다.

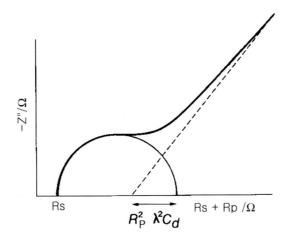

그림 8.1.6   그림 8.1.5에 보인 동등회로에 대한 임피던스 신호

3) 위에서 지적한 바와 같이 Warburg 임피던스는 낮은 주파수 영역에서 나타나며 실수항에 대한 허수항의 도시는 기울기 1의 직선으로 나타난다. 그 직선의 실수축의 절편은 $R_s + R_p$보다 $R_p^2 \lambda^2 C_d$만큼 작은 값으로 주어진다. 여기서 λ는 다음과 같이 정의된다:

$$\lambda = \frac{k_f}{\sqrt{D_O}} + \frac{k_b}{\sqrt{D_R}}$$

과전압이 양이냐 음이냐에 따라 위의 k_f 또는 k_b 중 한 항은 없어지므로 이 방법은 전기화학 반응 상수를 구하는 데도 유용하게 이용될 수 있다.

이제까지 우리가 논의해 온 전기화학 반응은 용액에서 일어날 뿐만 아니라 다른 화학반응 또는 전기화학 반응들과 겹쳐지지 않았을 경우이며 반응이 하나 이상일 경우에나 반응이 하나라도 몇 개의 단계를 거쳐 일어나는 경우에는 반원이 두 개 이상 인접해서 관측될 수도 있다. 이와 같은 경우에는 이들 반원들을 분해(deconvolution)해야 하며 이와 같은 컴퓨터 프로그램들을 시중에서 쉽게 구매할 수 있다.

반(半) 확산성의 경우에는 낮은 주파수쪽에서 Warburg 복합저항이 나타나지만 직선성 확산의 경우, 즉 얇은 층의 전해조(thin layer electrochemical cell)에서는 높은 주파수 영역에서 Warburg 복합저항이 나타난다. 이 경우 별로 용이하지는 않지만 얼마간의 수학적인 연산을 통하여 다음과 같은 식[4], 즉

$$Z(\omega) = R_s + R_p \left[1 + \frac{k_f \cdot \tanh(l(j\omega/D_O)^{1/2})}{(j\omega D_O)^{1/2}} + \frac{k_b \cdot \tanh(l(j\omega/D_R)^{1/2})}{(j\omega D_R)^{1/2}} \right] \quad (8.1.27)$$

을 얻을 수 있다. 이 식의 l은 두 전극, 즉 작업전극과 상대전극 간의 거리, 다시 말하면 전해조의 두께이다. 이 식을 다시 Nyquist 방법에 따라 도시하면 그림 8.1.7과 같은 그래프를 얻는다. 이 식을 검토해 보면 thin layer cell이나 전기화학적으로 활성적인 물질, 예를 들면 전도성 고분자로 된 박막에서 복합저항을 주파수의 함수로 측정하는 경우 다음과 같은 관측이 예상된다.

고 주파수 영역 즉, $\omega \rightarrow \infty$일 때에는 $\tanh l(j\omega/D_O^{1/2})$은 1이 되고 오른쪽 항은 모두 0이 되어 위 식은

$$Z(\omega) = R_s + R_P \tag{8.1.28}$$

이 되어 R_p의 값을 얻을 수 있도록 한다. (8.1.27)식으로부터 직감적으로 알기는 쉽지 않지만, 높은 주파수 영역에서 반 무한성 확산 전해조의 Warburg 복합저항처럼 45°의 기울기를 가지는 직선으로 증가하다가 낮은 주파수에서 반원에 근사하게 끝난다. 주파수가 아주 작아 $\sigma(j\omega/D_O^{1/2})$이 0에 가까울 때는 $\tanh x \simeq x$이므로 $\tanh(l(j\omega/D_O^{1/2}) \simeq l(j\omega/D_O^{1/2})$이 되며 오른쪽으로 진행하는 반응(forward reaction) 반응속도 k_f가, 반대편으로 진행하는 반응의 반응속도 k_b에 비해 훨씬 크게 되도록 과전압을 가했을 경우에 (8.1.27)식은

$$\begin{aligned}
Z(\omega) &= R_s + R_P\left(1 + \frac{k_f l(j\omega/D_O)^{1/2}}{(j\omega D_O)^{1/2}}\right) \\
&= R_s + R_P\left(1 + \frac{k_f l}{D_O}\right)
\end{aligned} \tag{8.1.29}$$

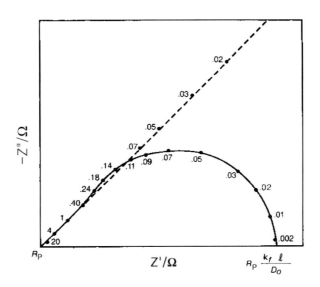

그림 8.1.7 매우 얇은 전해조에서 가역적인 전기화학 반응으로부터 얻어지는 임피던스 신호

이 되어 x축의 낮은 주파수 쪽의 절편은 (8.1.29)식으로 표시됨을 알 수 있다. 이 절편으로부터 이 전극반응계에 대한 몇 가지의 반응상수를 구할 수 있음을 알 수 있다.

8.1.5 임피던스 결과의 도시 방법들

임피던스의 결과를 얻은 뒤에는 이들을 어떻게 효과적으로 도시하느냐 하는 것도 매우 중요하다. 왜냐하면 어떤 방식의 도시방법을 택하느냐에 따라 데이터를 대하는 사람들이 그 물리적인 의미를 영상화시키는 방식이 달라질 수도 있기 때문이다. 이 절에서는 임피던스 결과를 어떻게 처리하는가에 대하여 간단히 살펴보기로 하자.

이미 위 절에서 여러 번 보여왔고 때에 따라 논의했듯이 허수값 $-Z(\omega)''$을 실수값 $Z(\omega)'$의 함수로 도시하는 소위 Nyquist 또는 Cole-Cole 도시법은 매우 많이 사용된다. 이에 대해서는 이미 8.1.3절에서 상술했으니 참조하기 바란다.

다음으로 많이 사용되는 방법으로는 소위 Bode법이 있다. 이 방법은 두 가지로 나뉘는데, 이 중 하나는 $\log|Z(\omega)|$를 $\log\omega$의 함수로 도시하는 방식이며 다른 한 가지는 실수와 허수 두 벡터 Z'과 Z'' 사이의 위상각 ϕ를 $\log\omega$에 대하여 도시하는 방식이다. 여기서 물론 $|Z(\omega)| = [Z'^2(\omega) + Z''^2(\omega)]^{1/2}$이고 또한 $\tan\phi = Z''(\omega)/Z'(\omega)$이다. 그림 8.1.3에 사용했던 데이터를 사용해서 얻은 Bode 도시의 예를 그림 8.1.8에 보였다.

이 그림에 보인 방식의 도시법의 해석은 식 (8.1.3), 즉

$$Z(\omega) = R_s + \frac{R_p}{1 + \omega^2 R_p^2 C_d^2} - \frac{j\omega R_p^2 C_d}{1 + \omega^2 R_p^2 C_d^2} \tag{8.1.3}$$

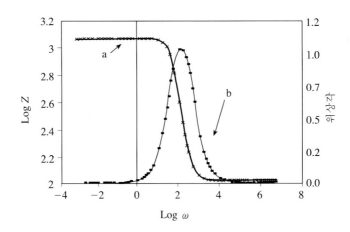

그림 8.1.8 그림 8.1.3에서 사용한 값들을 사용해서 얻은 Bode plots:
(a) $\log |Z|$ vs. $\log\omega$ plot 및 (b) ϕ vs. $\log\omega$ plot.
위상각의 단위는 $\pi/2(=90°)$임

에 비추어 보면 쉽게 해석할 수 있다. 즉 주파수가 아주 낮을 때의 한계값 $\log | Z(\omega) |$ 의 값은 $\log (R_s + R_p)$로 간략화 되는 반면에, 주파수가 아주 높을 때는 $\log R_s$로 간략화 됨을 쉽게 알 수 있다. 주파수가 높지도 낮지도 않은 중간 영역에서는 식 (8.1.3)의 오른쪽 항들 중 맨 끝 허수항만 남게 되어 대략

$$Z(\omega) \cong R_s - \frac{1}{\omega C_d} \tag{8.1.30}$$

로 간략화 됨을 쉽게 알 수 있다. 따라서 R_s를 무시한 뒤 이 식의 양쪽의 절대값에 log를 취하면

$$\log Z(\omega) = -\log \omega - \log C_d \tag{8.1.31}$$

를 얻는다. 따라서 $\log Z(\omega)$를 $\log \omega$에 대하여 도시하면 직선이 되고 그 기울기는 -1이 되며 절편은 $-\log C_d$이 됨을 알 수 있다. 이 때 $\log \omega$가 0일 때 $Z(\omega)$의 값이 바로 $1/C_d$임을 쉽게 알 수 있다.

그림 8.1.8(b)에 도시한 바와 같이 두 벡터간의 위상 각 ϕ를 $\log \omega$에 대하여 도시하면 ϕ의 최대값을 가지는데, 이때의 주파수 ω_{max}는 다음 식으로 주어짐을 증명할 수 있다.

$$\omega_{max} = \frac{1}{R_p \cdot C_{dl}} \cdot \left[1 + \frac{R_p}{R_s} \right]^{1/2} \tag{8.1.32}$$

이 식으로부터 필요한 인자들을 쉽게 구할 수 있음을 알 수 있다.

끝으로 $\log Z(\omega)''$을 $\log \omega$에 대하여 도시하는 방법도 흔히 사용된다. 이의 예를 그림 8.1.9에 보였다. 이미 Nyquist plot에서도 본 바와 같이 $Z(\omega)''$은 어느 주파수에서 최고값을 가지므로 $\log Z(\omega)''$을 $\log \omega$에 대하여 도시하면 종(bell) 모양의 그래프가 나타나리라고 쉽게 예상할 수 있다. Kendig와 Mansfeld는 이 종 모양의 오른쪽 반을 적분해서 얻어지는 값은 R_p임을 증명하였다.[3] 즉,

$$R_p \cong \left| \int_{-\infty}^{\log \omega_{max}} Z''(\omega) \cdot d\log_{10} \omega \right| \tag{8.1.33}$$

이며 이 방법으로 R_p의 값을 쉽게 구할 수 있도록 한다. 주파수간의 간격을 작게 하면, 즉 주파수간의 10단위(decade)당 측정값을 늘이면 늘일수록 더 정확한 값을 얻게 된다.

이처럼 몇 가지 다른 방법을 제시하는 이유는 실제의 실험계는 매우 복잡하여 어느 한

---

3) M. Kendig and F. Mansfeld, *Corrosion*, **39**, 466 (1982).

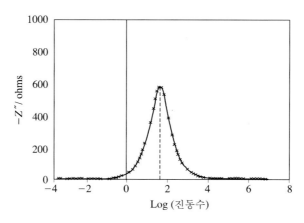

그림 8.1.9   그림 8.1.3에 사용한 값들을 사용하여 식 (8.1.33)으로부터 얻은 Kendig-Mansfeld plot. 본문참조.

방법만으로는 명확한 답을 얻기 힘든 경우가 많기 때문이다. 예를 들어 Nyquist 도시방법으로 잘 정의된 반원을 얻지 못하여 원하는 값을 얻기가 어려운 경우가 많다. 특히 전극이나 전해 조건이 잘 정의되지 않은 경우 이상한 모양의 결과가 얻어질 수 있다. 이런 경우 위에서 열거한 다른 방법들을 동원하면 문제의 해를 좀더 쉽게 구할 수도 있다. 많은 경우에 이런 식의 방법도 만족할 만한 답을 제시하지 못하는 경우도 있다. 그런 경우에는 여러 가지 모형의 동등회로를 그린 다음 이로부터 얻어지는 임피던스 식을 얻어 이 식으로부터 얻어지는 값들을 컴퓨터로 계산하여 이를 Nyquist 또는 다른 방법으로 도시하여 관측된 신호와 비교하는 방법도 가능하다. 이런 일들을 하는 프로그램들을 시중에서 쉽게 구매할 수 있으며 때로는 전자공학도를 위해 마련된 circuit simulation program들도 큰 도움이 될 수 있다.

8.1.6   교류 전압전류법(Ac Voltammetry)

이제까지 본 바와 같이 임피던스 방법에서는 전극에 연관되어 있는 저항 요소를 구함으로써 전기화학 반응을 전기회로로 모사하여 기술하는 데 매우 유용하다. 또한 지금까지의 방법에서는 직류 전위를 고정시켜 놓고 평형 상태에서 실험을 했다. 그러나 전위를 변화시키면서도 이와 같은 실험을 할 수 있으며 이때에는 또 좀 다른 정보를 얻을 수 있다. 이 절에서는 이와 같은 실험 방법인 교류 전압전류법(ac voltammetry)에 대해서 간단히 생각해 보기로 하자.

이미 앞에서 언급한 바와 같이 **교류 전압전류법**(ac voltammetry)이란 서서히 증가하는 경사 전위(ramp)에 조그만 교류를 첨가하면서 측정한 임피던스로부터 계산된 전류를 전위의 함수로 도시하는 법이다. 이때 교류 한 주기간의 평균값이 사실은 경사 전위가 되며 교류의 주파수는 10 내지 100,000 Hz 사이의 값을 사용한다. 임피던스로부터 얻어지는 전류와 교류 전위 간의 위상차도 중요한 요인이다. 교류 전압전류법에서는 직류 전위로 설립된 농도 구배에다 크기가 작은 교류 전위로 인한 조그만 농도의 요동(fluctuation)에 대한 임피던스를 측정하는 방법으로 보는 것이 적절하다. 이 요동으로 인하여 항상 조그만 전위만큼 커졌다 작아졌다 하므로 전기화학 반응은 가역적으로 움직일 것이며, 따라서 전극 반응의 가역성을 판단하기에 알맞은 방법이다. 여기서는 가역적인 전기화학 반응에 관하여만 비교적 상세히 논의하기로 하자.

이미 위에서 기술한 대로 이 실험은 근본적으로 임피던스를 구하는 방법이므로, 그리고 전해 과정에 확산이 연관되어 있으므로 식 (8.1.23)으로부터 시작하는 것이 마땅하다. 즉

$$Z_{\mathrm{w}} = \left(\frac{2}{\omega} \right)^{1/2} \sigma \tag{8.1.23}$$

인데 이 식은 곧 패러데이 반응에 관한 임피던스를 제공하기 때문이다. 여기서 σ는 식 (8.1.19), 즉

$$\sigma = \frac{RT}{n^2 F^2 A \sqrt{2}} \left(\frac{1}{D_{\mathrm{O}}^{1/2} C_{\mathrm{O}}^*} + \frac{1}{D_{\mathrm{R}}^{1/2} C_{\mathrm{R}}^*} \right) \tag{8.1.19}$$

이다. 가역적인 전기화학 반응에서는 전자의 전이속도가 매우 빠르므로 전자전이로 인한 저항을 무시할 수 있으며 이 식을 전극의 표면에서나 용액의 속에서나 사용할 수 있다. 따라서 이 식을 다음과 같이 쓸 수도 있다. 즉

$$\sigma = \frac{RT}{n^2 F^2 A \sqrt{2}} \left(\frac{1}{D_{\mathrm{O}}^{1/2} C_{\mathrm{O}}(0, t)} + \frac{1}{D_{\mathrm{R}}^{1/2} C_{\mathrm{R}}(0, t)} \right) \tag{8.1.34}$$

으로도 표현이 가능하며 여기서 $C_{\mathrm{O}}(0, t)$와 $C_{\mathrm{R}}(0, t)$는 전극 표면에서의 평균농도이고 이들은 Nernst 식으로부터 용이하게 구할 수 있다. 전극 표면의 농도는 전극에 가해주는 교류 전위로 인하여 수시로 변하므로 평균농도임을 기억하기 바란다. $C_{\mathrm{O}}(0, t)$와 $C_{\mathrm{R}}(0, t)$의 관계는 이미 4장에서 살펴본 바와 같이 직류 전위에 따라 결정되며 다음과 같은 형태를 가진다. 즉,

$$C_{\mathrm{O}}(0, t) = C_{\mathrm{O}}^* \left(\frac{\xi \theta}{1 + \xi \theta} \right) \tag{8.1.35}$$

및

$$C_{\mathrm{R}}(0, t) = C_{\mathrm{O}}^* \left(\frac{\xi \theta}{1 + \xi \theta} \right) \tag{8.1.36}$$

이며 여기서 C_{O}^*는 이미 여러 번 보았듯이 산화제 O의 용액농도이며 ξ는 $(D_{\mathrm{O}} / D_{\mathrm{R}})^{1/2}$이

다. 그리고 θ는 $C_O(0, t)$와 $C_R(0, t)$의 비이며 Nernst 식으로부터 구할 수 있다. 즉 이 관계는

$$\frac{C_O(0, t)}{C_R(0, t)} = \theta = \exp\left[\frac{nF}{RT}(E_{dc} - E^{\circ\prime})\right] \tag{8.1.37}$$

의 형태를 취한다. 따라서 식 (8.1.35)와 (8.1.36)을 (8.1.34)에 넣고 이를 다시 (8.1.23)에 대입하면 패러데이 반응에 대한 임피던스를 얻게 되며 그 결과는

$$Z_w = \frac{RT}{n^2F^2A\omega^{1/2}D_O^{1/2}C_O^*}\left(\frac{1}{\xi\theta} + 2 + \xi\theta\right) \tag{8.1.38}$$

가 된다. 이 식의 $\xi\theta$는 식 (8.1.37)로부터 다음과 같은 표현을 가짐을 알 수 있다. 즉,

$$\begin{aligned}\xi\theta &= \left(\frac{D_O}{D_R}\right)^{1/2}\exp\left[\frac{nF}{RT}(E_{dc} - E^{\circ\prime})\right] \\ &\cong \exp\left[\frac{nF}{RT}(E_{dc} - E_{1/2})\right]\end{aligned} \tag{8.1.39}$$

이며, 따라서 식 (8.1.38)의 오른쪽 괄호 속은 $(e^{-a} + 2 + e^a)$의 형태로서 이를 $4\cosh^2(a/2)$로 대치할 수 있다. 여기서 a는 (8.1.39)식에서 볼 수 있는 바와 같이 $\frac{nF}{RT}(E_{dc} - E_{1/2})$이다. 그러므로 식 (8.1.38)은

$$Z_w = \frac{4RT}{n^2F^2A\omega^{1/2}D_O^{1/2}C_O^*}\cosh^2\left(\frac{a}{2}\right) \tag{8.1.40}$$

가 된다. 이제 전류는 교류 전위를 위의 임피던스로 나눔으로써 쉽게 구해지며 그 값은

$$I_{ac} = \frac{E_{ac}}{Z_w} = \frac{n^2F^2A\omega^{1/2}D_O^{1/2}C_O^*\Delta E}{4RT\cosh^2(a/2)}\sin\left(\omega t + \frac{\pi}{4}\right) \tag{8.1.41}$$

가 된다. 여기서 ΔE는 교류 전위의 최대값이며, 이 전류는 가역적인 계에서 교류 전위와 $45°$의 위상차를 가짐을 앞 절에서 이미 살펴보았다. 따라서 직류 부분의 최대 크기는

$$I = \frac{\Delta E}{Z_w} = \frac{n^2F^2A\omega^{1/2}D_O^{1/2}C_O^*\Delta E}{4RT\cosh^2(a/2)} \tag{8.1.42}$$

임을 알 수 있고 이는 a가 반파 전위의 함수임을 알 수 있다. 반파 전위 때 $\cosh^2(a/2)$는 1이 되므로 최대 전류는

$$I_p = \frac{n^2F^2A\omega^{1/2}D_O^{1/2}C_O^*\Delta E}{4RT} \tag{8.1.43}$$

가 된다.

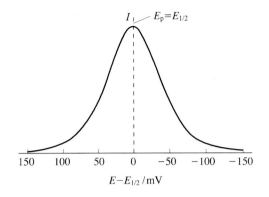

그림 8.1.10 가역적인 전기화학 반응에 대한 ac 전압전류 곡선

식 (8.1.42)을 사용해서 직류 전류를 반파 전위 주위에 도시한 결과를 그림 8.1.10에 도시하였다. 이로부터 알 수 있는 바와 같이 반파 전위 때 최고의 전류를 나타내며 양쪽으로 대칭관계가 얻어져 펄스 차이 전압전류법(differential pulse voltammetry)(9장) 또는 박막셀(thin-layer cell)에서의 전압전류 곡선과 비슷한 모양을 가진다. 그리고 이때의 전류는 n^2, $\omega^{1/2}$, C_O^* 등에 직접 비례함을 알 수 있다. 이론상 교류 전위의 크기는 어떤 값이든 상관없지만, 전류 봉우리간의 해상도를 높이고 직선성을 유지하기 위해서는 ΔE의 값이 $10/n$ [mV] 이내이어야 하며 이런 경우에 반봉우리 넓이(half peak width)는 상온에서 $90.4/n$ [mV]이다.

8.1.7 임피던스 측정실험들

지금까지 임피던스란 무엇이며 이를 어떻게 전기화학을 연구하는 데 사용할 수 있는가에 대하여 설명하였다. 이제 그 개념을 어느 정도 다루었으므로 실제로 어떻게 데이터를 얻는가에 대하여 생각해 보자.

복합저항 역시 저항의 특수한 형태이므로 그 측정방법은 근본적으로 저항측정과 같다. 단지 단순한 저항뿐만 아니라 축전기나 유전기(inductor)까지도 측정해야 하므로 단순한 직류에 의한 측정으로는 전류의 위상 변화를 일으키는 허수항이나 위상각 등을 구할 수 없을 것이라는 것을 쉽게 짐작할 수 있다. 따라서 그 측정에는 교류를 사용해야 한다.

교류신호를 넣어주어 임피던스를 측정하는 방법으로는 초기에 교류 브리지(ac bridge)를 사용한다거나 실험계로부터 얻어지는 교류 전류를 오실로스코프의 y축으로 그리고 계에 넣어준 교류신호를 x축으로 받아서 얻어지는 소위 리사주 도형(Lissajous diagram)으로부터 필요한 정보를 얻을 수 있는 방법들이 있다. 그러나 이들은 매 주파수마다 실험을 해야 하는 번거로움이 있고, 시간도 엄청나게 많이 걸리므로 요즘에는 이들 방법이 사용되지 않고 있다. 근년에는 고정위상 증폭기(lock-in amplifier)를 사용하는 위상감별 검출기법(phase sensitive detection), 고속 푸리에 변환법(fast Fourier transform, FFT), 그리고 주파수응답 해석법(frequency response analyzer, FRA) 방법 등이 사용되고 있었다. 이들 중 고정위상 증폭기를 사용하는 방법은 한 때 상업화되어 사용된 적이 있었으나 1 Hz 이하에서는 사용하기 힘들다. 따라서 현재 가장 널리 상업화된 기기로는 FRA법이므로 이 절에서는 이 방법의 원리만 간략히 설명하고자 한다. 이 방법에서는 전해조에 섭동신호인

$$E(t) = E_{max} \cdot \sin \omega t \tag{8.1.34}$$

를 가해서 얻어지는 전류신호는 본래 전해조에 넣어주었던 전위신호와는 위상도 달라졌을 뿐 아니라 측정계 전체의 임피던스에 따라 전류의 크기가 다를 것이다. 이 신호를 처음에 넣어준 신호와 위상이 같은 신호와 90° 만큼의 위상차가 나는 신호로 가르는 방법은 두 개의 표준신호, 즉, sine 함수와 cosine 함수와의 상관함수(correlation)를 얻는 방법이다. 이 관계를 그림 8.1.11에 도시하였다.

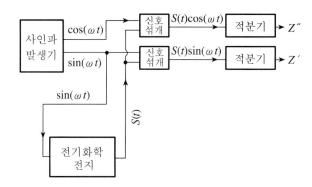

그림 8.1.11   FRA의 원리. 여기서 $S(t)$는 전해조로부터 얻어지는 신호임.

위에서 언급한 신호를 작업전극에 가해 주었을 때 얻어지는 신호는

$$S(t) = X_0 K(\omega) \sin[\omega t + \phi(\omega)] + \Sigma A_m \sin(m\omega t - \phi_m) + n(t) \tag{8.1.35}$$

가 되므로 이 중 가해 주었던 신호와 위상이 같은 신호와 위상이 90°가 되는 신호를 갈라내어야 실수 및 허수 영역의 임피던스를 구하게 된다. 이를 위해서는 사인(sine) 및 코사인(cosine) 함수와의 상관함수를 구해야 하는데, 이들은 신호 섞개(signal mixer)에서 각각 사인 및 코사인 함수로 곱해준 뒤 적분해서 얻는다. 즉

$$Z' = \frac{1}{T} \int_0^T S(t) \cdot \sin(\omega t) dt \tag{8.1.36}$$

및

$$Z'' = \frac{1}{T} \int_0^T S(t) \cdot \cos(\omega t)\, dt \tag{8.1.37}$$

을 구하면 된다. 여기서 T는 교류의 한 주기에 해당하는 시간이다. 이론상으로는 식 (8.1.36)에서 첫번째 조화파(harmonic)만 살아남고 나머지 항들은 그 값이 0이 되겠지만 실제로는 많은 잡음(noise)이 따라 들어오게 되는데, 이들 잡음은 적분시간이 길수록 줄어들게 된다. 그러나 적분시간을 한정 없이 길게 할 수는 없으며, 잡음의 띠너비 (bandwidth)는 중심 주파수의 몇 주기만큼 적분하느냐에 반비례한다. 즉 잡음의 띠너비 (Δf)와 측정 중심 주파수 (f)와의 관계는

$$\frac{\Delta f}{f} = \frac{1}{N} \tag{8.1.38}$$

이며 여기서 N은 총 몇 주기 동안 적분하느냐를 나타낸다.

이 방법을 사용하여 100주기 이상 적분한다 해도 1 Hz 이상의 고 주파수 영역에서는 별로 긴 시간이 걸리는 것은 아니나, 1 mHz 또는 그 이하에서는 매우 긴 시간이 소요된다. 임피던스를 측정할 때는 측정하는 반응계를 가해준 전위 또는 다른 실험 조건하에서 평형에 도달하게 한 뒤 적분시간을 길게 하여 측정함이 중요하다.

최근에 이산시간 푸리에변환법(discrete time Fourier transform)을 적용해서 전 주파수 영역의 임피던스를 매우 짧은 시간 안에 구하는 방법이 보고되었다.[4] 이 방법은 측정 시간의 단축으로 여러 가지 장점을 제공하지만 확산항에 관한 정보를 제공하지 않는다.

8.1.8 임피던스 측정의 전기화학적 연구에의 응용

임피던스 측정법은 오래 전부터 알려져 왔고 전기화학 연구에 도입된지도 꽤 오래 되었지만, 이 방법이 전기화학 분야 연구에서 인기를 누리게 된 것은 비교적 최근의 일이라 하겠다. 그러나 근간에 매우 많은 양의 연구가 이루어져 이를 총괄적으로 다루기는 그 양이 너무나 방대하다. 여기서는 몇 가지의 예를 들어 이 방법의 유용성을 보이고자 한다.

앞에서 본 바와 같이 주어진 전기화학 반응에 대하여 여러 과전위에서 R_p 값을 얻을 수 있다. 이렇게 얻은 값은 R_{CT} 또는 교환전류를 얻는 데 사용될 수 있다. $R_p = d\eta/dI$로 정의되므로 다음 식으로부터 전류를 구할 수 있다. 즉

$$I = \int \frac{1}{R_p}\, d\eta$$

이렇게 얻은 전류의 값으로 $I-E$ 곡선을 구할 수 있으며 Buttler-Volmer 식을 사용하여

---

4) 8.1.3절에 있는 그림 8.1.4와 그에 관련된 설명 및 각주 2)에 인용된 논문 참조.

이 곡선으로부터 교환전류를 얻게 되고, 교환전류는 식 $R_{CT} = RT/nF_{i^\circ}$에 따라 R_{CT}로 변환된다(4.3절 참조).

전기화학을 공부하는 데에 어려운 문제 중의 하나는 다공성 전극에서의 결과의 해석이라 하겠다. 전극의 표면이 잘 정의된 경우에는 물질운반에 관한 여러 식들을 세워서 풀거나 식이 어려우면 전산기를 사용하여 수치해(numerical solution)를 얻을 수 있다. 그러나 전극 자체가 다공성인 경우에는 이와 같은 이론을 방정식으로 세워서 이들을 푸는 게 어려우며 포공(pore)의 모양에 따라 물질운반의 형태가 다를 것이므로 이들로부터 얻어지는 결과를 예측하기 쉽지 않다. 뿐만 아니라 재현성 있는 결과를 얻기도 쉽지 않다. 그러나 실제의 응용에는 이와 같은 전극이 가장 중요한 자리를 차지한다. 이런 경우에 임피던스 측정 결과는 다른 실험 결과가 제공하지 못하는 점을 제공할 수도 있다.

다공성 전극의 세공의 모양에 따라 임피던스 결과가 어떻게 다를가 하는 문제를 이론적으로 다룬 결과를 그림 8.1.12에 나타내었다.[5] 이 그림으로부터 알 수 있는 바와 같이 세공의 형태에 따라 예기되는 임피던스의 결과가 다르다[5]. 백금 흑 전극이나, 탄소 전극, 얇은 막으로 된 전극[6] 등을 사용하여 이들을 확인한 실험들이 보고되었다. Delnick 등은 다공성 전극의 임피던스 측정결과로부터 포공(pore size)의 너비, 깊이 등을 계산해 낼 수 있는 식들을 유도했다.[7] 이와 같은 실험을 잘 사용하면 다른 실험으로부터 얻기 힘들거나 불가능한 정보를 얻을 수 있다.

임피던스 측정을 통해서 다른 실험 방법에 비해 비교적 쉽게 얻을 수 있는 것들 중의

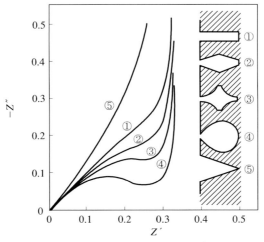

그림 8.1.12 전극의 세공에 따라 얻어지는 임피던스 도시. 번호는 세공의 모양(오른쪽)을 나타냄.
참고문헌 참조.

5) H. Kaiser, K. D. Beccu, and M. A. Gutjahr, *Electrochem. Acta*, **21**, 539 (1976).

6) R. de Levie and D. Vukadin, J. *Electroanal. Chem.*, **62**, 95 (1975).

7) F. M. Delnick, C. D. Jaeger, and S. C. Levy, *Chem. Eng. Comm.*, **35**, 23 (1985).

하나가 부식률의 측정과 부식의 메카니즘을 밝히는 일이다. 부식률의 측정은 어렵지는 않지만 긴 시간이 걸리는 단점이 있다. 임피던스 측정으로 이 시간을 많이 단축시킬 수 있다.

수용액 속에서의 부식 반응은 전기화학 반응이라는 것은 잘 알려진 사실이다[6]. 따라서 부식률 측정과 부식 메카니즘 연구에 전기화학적 방법을 사용할 수 있다. 부식률의 측정은 곧 R_{corr}을 측정하는 문제로 귀착되며, 부식을 연구하는 데에 임피던스 방법이 다른 어떤 분야보다 많이 사용되었고, 따라서 이 분야가 임피던스 측정 방법에 많은 발전을 가져다 준 것도 사실이다. 또한 부식전문가들에 의하여 임피던스 데이터 결과를 해석하는 방법이 많이 개발되었다. 부식연구에 임피던스 측정이 어떻게 이용되는가에 대해서는 첨부한 문헌들([6]~[8])을 참고하기 바란다.[8]

전지나 연료전지의 중심이 되는 반응이 전기화학 반응임은 우리가 잘 알고 있다. 전지에 관한 전기화학 반응에는 여러 가지 종류가 있다. 예를 들면, 수용액 또는 비수용액에 우리가 잘 아는 전해질을 사용하는 경우가 있는 반면에 zirconia나 β-alumina와 같은 고체전해질 또는 polyethylene oxide(PEO)와 같은 고분자를 사용하기도 한다[11]. 뿐만 아니라 Li/SOCl$_2$와 같이 용매인 동시에 반응물질로 사용되는 경우도 있다. 이들 전해질과 전극과의 계면은 매우 복잡해서 임피던스 측정이 다른 방법으로 주지 못할 정보를 제공하는 경우가 많다. 특히 고체전해질이나 PEO의 경우에는 전도도도 낮을 뿐 아니라, 고체와 고체 간에 계면을 이루므로 그 계면이 균일하다는 보장이 없다.[9]

뿐만 아니라 이들로 만들어진 전지들은 매우 얇아서 박막 전해조로 간주되어 물질운반의 형태도 Warburg의 형태를 따르는 게 보통이다. 이런 이유로 인하여 그 동등회로도 여러 요소로 구성되어 있으며 그 일례를 그림 8.1.13에 도시한다. 그로부터 얻어지는 가능한 임피던스 신호도 함께 도시하였다. 실제로 이와 같은 임피던스의 결과를 얻기는 주파수 영역에 관한 문제 등으로 쉽지 않지만 이와 비슷한 예들이 보고되고 있다.[10] 반면에 고체 전해질과 전극이 깨끗하면 이보다 훨씬 간단한 결과가 얻어질 수도 있다.[11] 이와 같

---

8) 이 밖에도 (a) I. Epelboin, M. Keddam, and H. Takenouti, *J. Appl. Electrochem.*, **2**, 71 (1972); (b) I. Epelboin and M. Keddam, *J. Electrochem. Soc.*, **117**, 1052 (1970); (c) I. Epelboin, P. Morel, and H. Takenouti, *J. Electrochem. Soc.*, **118**, 1282 (1971); (d) T. Murakawa, S. Nagaura, and N. Hackerman, *Corrosion Sci.*, **7**, 79 (1967); (e) B. Dus and Z. Szklarska-Smialowska, *Corrosion*, **25**, 69 (1969); (f) M. W. Kending and H. Leidmeiser, *J. Electrochem. Soc.*, **123**, 982 (1976); (g) H. J. De Wit, C. Wijenberg, and C. Crevecoeur, *J. Electrochem. Soc.*, **126**, 779 (1976); (h) C. Gabrielli, M. W. Keddam, H. Takenouti, V. Q. Kinh, and F. Bourelier, *Electrochim. Acta*, **24**, 61 (1979); (i) D. D. MacDonald, B. C. Syrett, and S. S. Wing, *Corrosion*, **34**, 289 (1978); (j) U. Bertocci, *J. Electrochem. Soc.*, **130**, 127 (1980); (k) H. M. Kaim, R. B. Beard, and A. S. Miller, *J. Electrochem. Soc.*, **127**, 680 (1977); (l) M. W. Kendig, E. M. Meyer, G. Lindberg, and F. Mansfeld, *Corrosion Sci.*, **23**, 1007 (1983) 등과 같은 논문에서 많은 자료를 발견할 수 있다.

9) J. El Bauerle, *J. Phys. Chem. Solids*, **30**, 2657 (1969).

10) C. Gabrielli, *Identification of Electrochemical Processes by Frequency Response Analysis*, Technical Report No. 004/83, Schlumberger Technologies, Farnborough, England, 1984, 80-81쪽.

11) D. K. Cha and S.-M. Park, *J. Electroanal. Chem.*, **459**, 135 (1998).

은 특이한 예 외에도 다른 많은 전지 반응에 대하여 임피던스 측정법의 응용이 보고되었
으므로 이들을 참조하기 바란다[1].

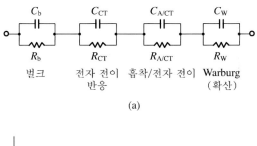

(a)

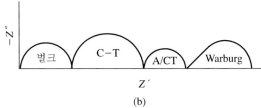

(b)

그림 8.1.13 고체전해질과 전극과의 계면의 동등회로와 그로부터 예상되는 임피던스 신호

8.2 진동수정 미량계량법

전극에서 일어나는 반응이나 흡착의 결과로 전극 표면의 질량이 미세하게 증가 또는 감
소하는 것을 측정하는 방법에 **전기화학적 진동수정 미량계량법**(electrochemical quartz
crystal microgravimetry, EQCM)이 있다. 진동할 수 있는 수정 결정 위에 금속을 입혀
서 그것을 전극으로 사용하면 반응에 의하여 전극 표면에 얇은 막이 생긴다든지 또는 전

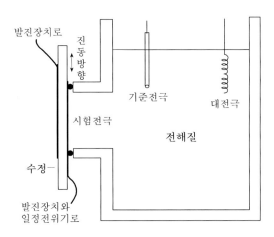

그림 8.2.1 진동수정 전극이 셀에 부착된 모양

극 퍼텐셜의 변화에 따라 흡착층의 양이 달라질 때 진동하는 전극은 거기에 달라붙은 물질과 함께 움직여야 하기 때문에 진동 주파수가 낮아진다. 진동수정 미량계량 실험에서는 이 진동수의 변화로부터 표면에 달라붙은 흡착층이나 표면막의 질량을 구하는 것이다.

전극의 밑받침이 되는 수정진동체는 전자시계의 진동자와 같은 원리로 일정한 진동수로 진동을 계속한다. 즉 강체의 고유진동수 $\nu_\circ$는 힘상수 k와 유효환산질량 μ의 비에 의해서 다음과 같이 정해진다.

$$\nu_\circ = \frac{1}{2\pi} \left(\frac{k}{\mu} \right)^{1/2} \tag{8.2.1}$$

힘상수 k는 결정의 크기와 강도(modulus)에 의해서 결정되는 양이다. 수정과 같은 압전 현상(piezoelectric effect)을 나타내는 결정은 전기장을 걸어줄 때 변형이 되므로 결정축에 대하여 적당한 각도로 잘린 두 면에 전극을 붙이고 그 전극 사이에 결정의 고유 진동수에 가까운 교류를 걸어주면 엇밀림 진동(shear oscillation)이 계속된다. 전극 표면에 물질이 붙어서 그 물질의 질량에 비례하여 결정의 유효환산질량이 증가하면 그 만큼에 해당하는 주파수 감소가 일어난다. 주파수 감소는 작은 질량의 증가에 대하여 정비례한다. 진동수정 미량계량법에서 사용하는 수정은 특수한 방향으로 잘라서 (AT-cut) 온도에 대한 진동수의 안정도가 큰 얇은 두께의 수정 결정의 판이고 양면에 금속 (예를 들면 금)의 얇은 막을 입힌 것이다(그림 8.2.1). 이런 진동자가 기체 흡착 등의 측정에 쓰인 것은 오래된 일이나 이것을 용액에 접촉하여 사용할 수도 있다는 점에 착안하여 전기화학 실험에 쓰이게 된 것은 1980년대부터이다. 양면 중에 한 면은 전해질에 접촉되어 전극의 역할을 하고 다른 면은 셀의 외부에 노출되게 사용한다. 바깥쪽 전극과 안쪽의 전극 사이에 발진장치를 연결하여 결정의 양면 사이에 진동 전압이 걸리게 한다.

앞서 말한 바와 같이 진동수의 변화는 질량 증가 m에 정비례한다.

$$\delta\nu = -\frac{2\nu_\circ^2}{A(\beta\rho)^{1/2}} m \tag{8.2.2}$$

이 식 ― Sauerbrey 식 ― 에서 A는 전극의 면적이고 β는 수정 결정의 엇밀림 모듈러스(shear modulus)이고 ρ는 밀도이다. 전기화학 실험에서는 보통 두께가 수백 μm이고 진동수가 5 MHz 또는 10 MHz 등의 값을 가지는 결정을 쓰는데 표면에서의 질량으로 ng/cm^2 정도의 변화에 대한 감도를 갖는다. 이와 같이 아주 적은 질량 변화에도 민감한 측정가능성 때문에 작은 분자나 이온들의 단분자층 이하의 흡착을 측정하는 데 이용되고 금속 표면의 산화, 전도성 고분자의 생성과 그 산화 환원에 따른 질량의 변화, 금속 이온의 미달전위 석출 등에 대하여 이용되고 있다.[12]

이 방법을 쓰면 전극 전위를 변화시키면서 제자리 (*in situ*) 실험으로 전류의 변화와 동시에 질량변화의 데이터를 얻을 수 있다. 그림 8.2.2는 아세토니트릴 용액으로부터 thiol 분자들이 금 전극 표면에 흡착될 때 얻어지는 산화전류와 주파수 감소, 및 이로부터 환산된 질량의 증가를 보여준다.

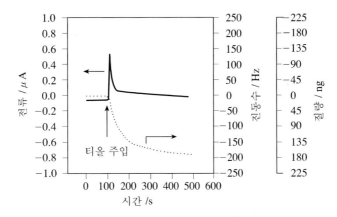

그림 8.2.2   진동수정 미량계량법—금 전극에 흡착하는 dodecanethiol의 흡착에 따른
산화전류(실선)와 진동수의 감소, 및 그로부터 환산된 질량의 증가(점선)*

8.3 분광학적 실험

8.3.1 분광학적 방법의 도입

순수한 전기화학 실험에서는 전위 또는 전류만을 측정해서 그로부터 전기화학 반응에 연관된 메카니즘을 밝히거나 유추하므로 유추된 메카니즘이나 메카니즘에 등장하는 중간 물질 등에 관해서 직접적인 증거가 없는 경우가 많았다. 따라서 1960년대 이전의 전기화 학에서는 전기화학의 이론에 근거한 동력학적 거동이라든가 열역학적 수치 등과 관측된 데이터와의 비교에서 대부분의 결론을 내리는 수밖에 없었다. 이런 제한점들은 임피던스 측정과 같은 방식으로 다소 보완될 수 있었지만, 아직도 많은 제한점을 가지고 있었다. 이와 같은 전기화학 실험의 제한점은 1964년에 Kuwana 등이 전기분광학적 실험을 도입 함으로써 전기화학 연구는 다시 활기를 띠게 되었다.[13) Kuwana 등의 실험은 전기화학

12) S. Bruckenstein and R. Hillman, *Electrochemical Quartz Crystal Microbalance Studies of Electroactive Surface Films*, in A. T. Hubbard ed., *Handbook of Surface Imaging and Visualization*, CRC, 1995; D. A. Buttry and M. D. Ward, *Chem. Rev.* **1992**, *92*, 1355; M. D. Ward, *Principles and Applications of the Electrochemical Quartz Crystal Microbalance*, in I. Rubinstein Ed. *Physical Electrochemistry*, Marcel-Dekker, 1995.

* W. Paik, S. Eu, K. Lee, S. Chon, and M. Kim, *Langmuir*, **2000**, *16*, 10198; S. Eu and W. Paik, *Chem. Lett.*, **1998**, 405

13) T. Kuwana, R. K. Darlington, and D. W. Leedy, *Anal. Chem.*, **36**, 2023 (1964).

실험을 하는 도중에 투명한 전극을 사용하여 근자외선에서 가시광선에 이르는 영역에서 스펙트럼을 측정하는 실험이었는데 이들 근자외선/가시광선(uv-vis) 스펙트럼은 그 흡수 띠가 매우 넓어 중간체의 검출에 다시금 한계점을 제시함을 곧 알게 되었다. 이와 같은 한계점을 극복하기 위하여 1980년대에는 전기화학 실험 도중 적외선[14] 또는 Raman[15] 스펙트럼을 측정함으로써 진동분광학을 전기화학 반응의 중간체 검출에 이용하려는 시도 가 이루어졌다[12]. 진동분광학은 uv-vis 스펙트럼이 가지는 많은 단점들을 보완하므로 그 실험방법이 까다롭긴 하나 전기화학 실험 도중 생기는 중간체의 검출에 커다란 도움이 되는 것이 사실이다.

연관된 실험으로 전기화학 반응 중간체들 간의 반응이 그들 중간체들 자신 또는 다른 생성물의 들뜬 상태로 유도되어 이들 들뜬 상태로부터 형광을 관측하는 실험인 소위 전기 화학발광[16](electrogenerated chemiluminescence 또는 electrochemiluminescence, ecl) 실험 또한 얼마간 많은 사람들의 관심을 끌었다. Ecl 실험은 들뜬 상태의 분자의 성 질을 연구한다든가, 화학발광의 메카니즘을 연구하는 데 널리 사용되었다. 최근에는 전기 화학발광 실험을 이용하여 빛의 증폭(lasing) 현상을 관측했다는 보고도 나오고 있다.[17]

X-선 분광법을 이용한 표면분석방법 또한 최근에 전기화학 실험에 도입되어 전기화학 실험 도중 전극 표면의 변화를 알아내는 데 널리 사용되고 있다. 이와 같은 실험은 처음에 는 X-선의 강도가 약했던 탓으로 딴자리(*ex situ*) 실험으로 대부분 행해졌으나 최근에는 방사광 가속기에서 나오는 광선의 세기가 높아 제자리(*in situ*) 실험으로 자리 잡아가고 있다. 따라서 이와 같은 분광법의 이용도 점점 더 대중화되고 있는 추세이다. 그러나 이와 같은 실험방법은 그 자체로서 충분한 논의거리가 되어 8.5절에서 간단히 기술하겠다.

이 절에서는 uv-vis 전기분광학 실험에 연관된 원리를 소개하고, 또한 얼마간의 전기분 광학 응용 예를 간단히 기술하고자 한다.

8.3.2 흡수 전기분광학 실험

위에서 지적한 바와 같이 전기분광학 실험은 "전극을 통해서 볼 수 있는" 필요성을 느 낀[18] Kansas 대학의 Adams 교수의 대학원생이었던 Kuwana가 졸업한 뒤인 1964년 광 학적으로 투명한 전극(optically transparent electrode, OTE)을 전기화학 실험에 도입

---

14) 참고문헌 12의 5장 참고.
15) 참고문헌 12의 6장 참조.
16) S.-M. Park and D. A. Tryk, Rev. *Chem. Intermed.*, **4**, 43 (1981).
17) T. Horiuchi, O. Niwa, and N. Hatakenaka, *Nature*, **394**, 659 (1998).
18) T. Kuwana 교수가 Kansas 대학의 대학원 재학시절 R. N. Adams 교수의 지도하에 phenylene diamines의 유도체의 전기화학적 산화 반응에 관하여 연구할 때 그 생성물인 quinone들이 색을 가지는 이유로 Adams 교수가 자주 하던 얘기라고 한다.

해서 사용함으로써 시작되었다. 초기에는 uv-vis 흡수 분광학 실험에 투명 전극을 사용하여 투과실험을 했었고 이보다는 훨씬 뒤에 개발된 방법으로서 전극을 윤이 나도록 매우 잘 연마해서 사용하는 반사형 실험도 있다.[19] 이들 두 실험에서 사용하는 전기화학 셀의 구조를 그림 8.3.1 및 그림 8.3.2에 보였다. 그림 8.3.1에 보인 전기화학 셀은 상업화되어 있는 분광기의 빛의 통로에 놓이도록 설계되었지만, 반사형 실험에서는 이 셀을 중심으로 분광기를 조립해서 사용하고 있다(8.3.3절 참조). 이들 중 어느 방법을 사용하든 전극 표면에서 전극 반응이 일어날 때 생기는 중간체 또는 최종 생성물의 스펙트럼을 측정하자는 것이 목적이므로 전극 표면의 반응 층이 빛의 통로에 있어야 하는 게 필수 조건이다. 광투과 전극물질로는 소위 ITO(indium tin oxide)를 입힌 유리 슬라이드를 전극으로 사용하기도 했지만, 두 유리 슬라이드 사이에 미세한 금망 전극(gold grid electrode)을 끼워 넣어 만든 소위 광학적으로 투명한 얇은 층 전극(optically transparent thin-layer electrode, OTTLE)을 사용하기도 한다(그림 8.3.1). ITO는 약 350 nm 이하의 빛을 흡수하는 동시에 전기 전도체이다. 빛이 ITO 전극을 통과하므로 이 전극의 표면에서 생성되는 중간체나 최종생성물이 빛을 흡수하는 경우에는 그 스펙트럼을 측정할 수 있다. OTTLE를 사용할 경우에는 금망 전극에 사용된 금줄의 크기에 따라 그 투과도가 70~85% 정도된다. 전극 표면에서 일어나는 반사를 이용하는 경우에는 거의 모든 금속 전극이 사용될 수 있으며 유리나 수정의 표면 위에 금속으로 얇게 입힌 박막 전극을 사용할 수도 있다.

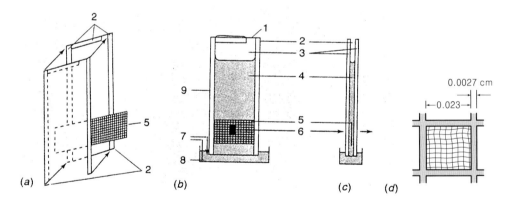

그림 8.3.1 광학적으로 투명한 전극: (a) 전해조의 조합, (b) 앞에서 본 전해조, (c) 옆에서 본 전해조, (d) 1인치당 100개의 줄을 가지는 금망 전극의 크기. (1) 용액을 새로 넣을 때 연결하는 감압장치에 연결하는 부분, (2) Teflon tape spacer, (3) 현미경 슬라이드, (4) 용액, (5) 투명한 금망 전극, (6) 분광기의 빛의 통로, (7) 기준 및 상대전극, (8) 용액을 담는 용기, (9) 전해조를 조립하기 위해 사용한 epoxy 층. T. P. DeAngelis and W. R. Heineman, *J. Chem. Ed.*, **53**, 594 (1976) 참고.

19) C.-H. Pyun and S.-M. Park, *Anal. Chem.*, **58**, 251 (1986).

반사를 이용하는 경우에는 전극 표면에서 반사되는 빛을 다시 모아야 하므로 두 갈래로 된 광섬유관(bifurcated optical fiber)을 사용하는 것이 보통이다. 광섬유관을 사용하지 않고 전극 뒤에서 반사가 일어나도록 하는 소위 내부반사(internal reflectance) 실험도 가능하지만 실험방법이 비교적 까다롭고 그 응용에 한계가 있어 여기에서는 다루지 않기로 한다.

전기분광학 실험은 투과형 실험이든 반사형 실험이든, 실험의 성격상 홑살 분광실험(single beam spectrometric experiments)으로 배치할 수밖에 없다. 따라서 분광기는 전기분해실험 전과 전기분해하는 동안, 또는 그 후의 빛의 세기를 측정해서 기억할 수 있는 능력이 있어야 한다. 위에서 지적한 바와 같이 빛의 통로에 전기분해로 인하여 생기는 중간체 또는 최종생성물이 빛을 흡수함으로써 빛의 세기가 줄어들기 때문에 이들 전기화학 분광법 실험이 가능한 것이다. 기초 분석화학 과목에서 보았듯이 흡광도 A(absorbance)는 다음과 같이 정의되는데

$$A = -\log \frac{I_x}{I_0} \tag{8.3.1}$$

여기서 I_x는 전기분해 뒤 또는 전기분해 중에 측정한 빛의 세기이며 I_0는 전기분해 전의 빛의 세기이다. 전기분해 반응

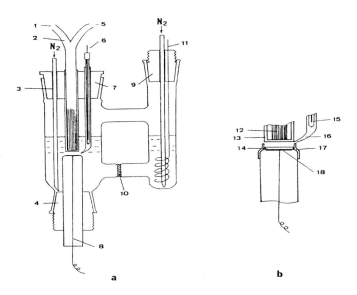

그림 8.3.2 반사형 전기분광학 실험에 사용되는 전해조의 예. 본 전해조는 벌크 셀(a) 또는 얇은 층 용기 (thin layer cell) (b)로 사용 가능하다. 여기서 1. 광원, 2. 광섬유, 3. 산소의 제거, 용액을 채우는 등의 용도로 사용할 수 있는 유리관, 4. 테플론 마개, 5. 광전자 증배관 또는 CCD, 6. 기준전극, 7 & 9. 테플론 마개, 10. 가는 소결유리, 11. 상대전극, 12. 광섬유, 13. 석영유리관, 14. 석영유리판, 15. 기준전극 끝, 16. 루긴 모세관, 17. 열수축 테플론 관, 18. 작업전극

$$O + ne^- \rightarrow R \tag{8.3.2}$$

에 의하여 생긴 R의 스펙트럼이 반응물인 O의 그것과 다른 파장 영역에서 흡수하거나 또는 O는 흡수하지 않는데, R만이 흡수할 때 좋은 전기분광학 실험 데이터를 얻을 수 있다. 선정된 파장 영역에서 O는 흡수하지 않고 R만 흡수하는 경우, 흡수분광학에서 널리 쓰이는 Beer-Lambert의 법칙을 사용하여 다음과 같은 식을 얻을 수 있다. 즉

$$A_R = \varepsilon_R \int_0^\infty C_R(x, t)\, dx \tag{8.3.3}$$

이며 여기서 ε_R은 R의 몰흡광도(molar absorptivity)이고 $C_R(x, t)$는 전기분해중 전극으로부터의 거리 x와 전기분해 시작 후의 시간 t일 때의 전기분해 생성물 R의 농도이다. 빛의 통로에 있는 모든 R은 모두 흡광도를 결정하는 데 사용되므로 전극의 표면으로부터 전 공간에 걸쳐 적분해서 식 (8.3.3)과 같이 된다. 위 식으로부터 알 수 있는 사실은, 흡광도는 시간의 함수이므로, 전기화학 실험의 성격을 알아야만 그 의미를 찾을 수 있다. 왜냐하면 전기분해 도중 농도는 끊임없이 변하고 그 변하는 거동은 7장에서 살펴보았듯이 실험 방법에 따라 다르기 때문이다. 따라서 위 식으로 표현하면 식으로서는 완전하지만 이 식에다 물리적인 의미를 부여하기는 쉽지 않다.

실제로는 전기분해하는 도중에 흡광도를 연속적으로 측정하는 경우 그로부터 생성되는 R의 양은 전기분해 도중에 소비한 전하에 관련이 있으리라는 생각을 쉽게 할 수 있다. 전해조의 용액을 젓지 않고 전기분해를 하는 경우에, 그 실험을 정전위 또는 정전류 방식으로 할 수 있으며 어떤 경우이든 전기이중층을 충전하는 전기량을 무시하면 전류를 적분해서 얻은 양으로부터 파라데이 법칙을 사용해서 얻은 양, 즉 Q/nFA가 전해로 얻어진 총량, 즉 식 (8.3.3)의 적분기호 속의 양이 될 것이다. 따라서 정전위 실험을 하는 경우에는 그 전류가 Cottrell 방정식을 따를 것이 예측되고 그 적분한 식은 우리가 잘 알고 있는 대시간 전하법(chronocoulometry) 식이 될 것이므로 곧 다음 식을 쉽게 유도할 수 있다. 즉, (6.7.20) 식의 전류를 시간에 대한 적분을 하여,

$$A_R = \frac{2\varepsilon_R C_O^* D_O^{1/2} t^{1/2}}{\pi^{1/2}} \tag{8.3.4}$$

의 형태를 취할 것이다. 여기서 C_O^*는 O의 초기농도이고 D_O는 O의 확산계수임은 우리가 수차 보아왔다. 따라서 확산 지배 영역의 일정한 전위에 고정시켜 놓고 전기분해를 하면서 그 때 생겨나는 R의 흡광도를 시간의 함수로 측정하면 바로 대시간 전하 곡선과 같은 관계인 식 (8.3.4)를 따른다. 이로부터 알 수 있는 바와 같이 흡광도는 t의 제곱근에 직접 비례하는 관계를 가지며 흡광도를 $t^{1/2}$에 대하여 도시하면 직선이 얻어진다. 그림

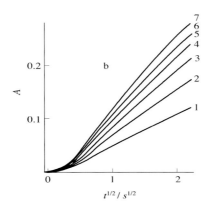

그림 8.3.3 $Fe(CN)_4^{2-}$ (20 mM) 용액을 0.50 M NaCl, 0.10 M $H_2PO_4^-$ 완충 용액에서 산화시키는 동안 기록한 흡광도의 변화. 이때 사용된 전위는 1. 0.25, 2. 0.27, 3. 0.29, 4. 0.31, 5. 0.33, 6. 0.35, 7. 0.39 V(vs. Ag|AgCl)이다.

8.3.3에 그 예를 보인다.[20] 이 직선의 기울기로부터 확산계수 D_O를 쉽게 계산해 낼 수 있다. 식 (8.3.4)는 다분히 상식적인 면에서 유도되었으나 아래에 이를 조금 더 일반적으로 유도해 보겠다.

위에서 생각한 문제는 전해를 일정한 전위에 놓고 실험했을 경우 우리가 관측할 때에 흡광도와 시간 또는 전위와의 관계이다. 그러나 전기화학 실험은 반드시 정전위 실험만 하는 것은 아니며 사실은 순환 전압-전류법(cyclic voltammogram, CV)이 더 널리 사용된다. 따라서 일차적인 전기분광학 실험으로부터 전기화학 반응 중간체 또는 생성물의 스펙트럼을 얻은 뒤 분광기의 파장을 이 스펙트럼의 적절한 파장, 예를 들면 최대흡수파장에 고정해 놓고 순환 전류-전압법 실험을 하면서 흡광도를 측정해서 어떤 전위에서 이 중간체 또는 생성물이 생기며 없어지는가를 알아낼 수 있다. 사실은 이렇게 얻는 흡광도 곡선은 순환 전압-흡광도 곡선(cyclic voltabsorptogram, CVA)이 되므로 순환 전압-전류 곡선과 직접 비교할 수는 없다. 순환 전압-흡광도 곡선은 순환 전압-전하 곡선(cyclic charge-voltage curve)과 직접 비교 가능하나 순환 전압-전하 곡선은 그 변화가 CV보다 완만하여 별 정보를 얻기 힘들다. 이는 순환 전압-전하량 곡선이나 CVA가 다 같이 적분 형태의 신호이기 때문이다. 변하는 전위에 따른 정보는 아무래도 미분 형태이고 반응속도를 나타내는 CV와 같은 곡선에 더 잘 나타나기 마련이다. 따라서 이들 두 가지의 다른 형태의 실험을 직접 비교할 수 있는 곡선은 CVA를 미분한 형태의 곡선과 CV가 될 것이다. 이와 같은 이유로 미분 형태의 CVA인 소위 순환 전압-미분흡광도법(derivative cyclic voltabsorptometry, DCVA)이 도입되었다.[21] DCVA는 반사형 전기분광학 실험에 대하

20) C. Zhang and S.-M. Park, *Bull. Korean Chem. Soc.*, **10**, 302 (1989).

여 처음으로 유도되었으므로 이에 연관되는 식들을 제시하겠다.

반응 (8.3.2)식에 의하여 R이 생성될 때 이에 들어가는 전하의 총량은 전압-전류 곡선을 기록할 때 흐르는 전류를 적분하여 쉽게 얻을 수 있으며 이 관계는 패러데이의 법칙과 Beer-Lambert 법칙에 따른 흡광도와의 관계에서 얻을 수 있다. 즉,

$$Q = \int_0^t I\,dt = nFS \frac{A_R}{2 \cdot 1000 \cdot \varepsilon_R} \qquad (8.3.5)$$

인데 여기서 S는 전극의 표면적이고 나머지 기호들은 이미 정의되었다. 이 절에서 이미 A를 흡광도의 기호로 사용하고 있으므로 여기서는 S를 표면적의 기호로 사용한다. 식 (8.3.5)의 오른쪽 분모 속에 2를 곱한 이유는 반사식 전기분광학 실험이 빛이 전기화학 반응층 즉 흡수물질이 있는 층을 빛이 들어갈 때와 나갈 때, 두 번 통과하기 때문이고(그림 8.3.2 참조), 1000을 곱한 이유는 전기화학에서 사용하는 농도의 단위가 mole/mL이므로 보통 화학에서 사용되는 농도 단위인 mole/L를 전기화학에서 사용하는 단위로 고쳐주기 위해서이다. 이 식의 분수로 표시된 부분은 Beer-Lambert 법칙으로부터 전기분해 시 생성된 R의 양을 계산하기 위해서 쓰여졌고 이때 계산된 몰 단위의 양과 패러데이 법칙으로부터 전하가 얻어져 위 식이 가능하게 된다. 따라서 식 (8.3.5)의 양쪽을 미분하면 오른쪽, 즉 dQ/dt는 I가 되므로 이 식은

$$\frac{dA_R}{dt} = \frac{2000\,I\varepsilon_R}{nFS} \qquad (8.3.6)$$

이 됨을 쉽게 알 수 있다. 이 식은 사실상 어떤 형식의 전기화학 실험에서든 전류의 표현만 알면 쉽게 이용할 수 있는 식이다. 즉 이 식의 오른쪽에 나타난 i 대신에 전기화학 실험에서 사용되는 전류의 표현을 대입하면 그 실험에 대한 dA/dt의 표현이 쉽게 얻어진다. 예를 들어 정전위 실험에는 그 관측된 전류의 표현에 Cottrell 방정식이 사용되므로 이를 대입하면 곧 식 (8.3.4)의 미분한 형태인

$$\frac{dA_R}{dt} = 2000\,\varepsilon_R C_O^* \left[\frac{D_O}{\pi t}\right]^{1/2} \qquad (8.3.7)$$

가 됨을 쉽게 알 수 있고 이 식으로부터 R의 생성속도를 분광학적 입장에서 표현한 dA_R/dt 신호의 시간에 대한 의존도는 정전위 전해시 전해속도인 전류와 정확히 같음을 알 수 있다. 이 식을 적분하고 단위를 바꾸면 식 (8.3.4)와 같은 식이 되지만 그 크기가 식 (8.3.4)의 두배가 됨을 알 수 있다. 따라서 식 (8.3.4)는 식 (8.3.6)으로부터 얻어질 수

21) (a) C. Zhang and S.-M. Park, *Anal. Chem.*, **60**, 1641 (1988); (b) C. Zhang and S.-M. Park, *Bull. Korean Chem. Soc.*, **10**, 302 (1989).

있는 하나의 특별한 형태에 불과하다.

식 (8.3.6)에 CV에서 사용되는 전류식들을 대입하면 곧 CV에서 얻어지는 전류와 직접 비교할 수 있는 식이 얻어진다. 가역적인 전기화학 반응의 경우 CV의 봉우리 전류는

$$I_p = 2.69 \times 10^5 n^{3/2} SD_O^{1/2} C_O^* v^{1/2} \tag{7.4.1}$$

이므로 이를 대입하면

$$\left[\frac{dA_R}{dt}\right]_p = 5.58 \times 10^3 n^{1/2} \varepsilon_R D_o^{1/2} C_O^* v^{1/2} \tag{8.3.8}$$

이 됨을 알 수 있다. 즉 CV 실험에서와 마찬가지로 정점신호가 얻어지며 전기화학 반응이 확산 지배 반응일 경우에는 이 봉우리 신호가 전위의 주사속도의 제곱근에 직접 비례함을 알 수 있다. 한가지 흥미있는 사실은 CV와 DCVA 실험을 함께 하여 i_p와 $[dA_R/dt]_p$를 함께 구하면 이로부터 R의 몰 흡광도를 쉽게 구할 수 있다는 사실이다. 즉 식 (8.3.8)을 식 (7.4.1)로 나눈 뒤 ε_R에 대하여 정리하면

$$\varepsilon_R = 48.2 \, nS \frac{(dA_R/dt)_p}{i_p} \tag{8.3.9}$$

를 얻게 되어 전극의 표면적에 관한 정보만 가지면 봉우리 전류 및 dA/dt의 봉우리신호로부터 쉽게 구할 수 있음을 알 수 있다. 이 방법은 O나 R의 농도를 모르면서도 ε_R을 쉽게 구할 수 있도록 한다.

8.3.3 전기분광학 실험에 관한 고려

앞의 절에서 기술한 바와 같이 전기분광학 실험은 초기에는 OTTLE과 같은 작업전극 및 상대전극과 표준전극을 가지는 전기분광학 셀을 분광계의 단색화 장치와 빛의 검출장치 사이의 빛의 통로에 넣고 전극들을 일정전위기에 연결한 뒤 전기분해를 하면서 스펙트럼을 기록했었다. 이와 같은 장치로 일정전위에 전위를 고정시켜 놓고 스펙트럼을 기록하므로 전 파장을 훑어야 하기 때문에 실험이 좀 느리다는 단점이 있었다. 따라서 이런 경우에는 아주 안정한 반응 중간체나 생성물의 스펙트럼을 비교적 장시간에 걸쳐 측정하는 데에만 만족스러우며 주어진 파장에서 단시간 안에 흡광도가 어떻게 변하는가 등의 실험을 할 때에는 셀의 대응시간(rise time)이 따라주질 못했다. 그 이유 중의 하나로 OTTLE 속에는 매우 얇은 층의 용액이 들어 있고 이를 통해서 셀의 용액과 전자가 통신을 하므로 용액으로 인한 저항이 크며 전극의 어느 끝에 일정전위기가 연결되었느냐에 따라 같은 전극에서도 그 거리에 따라 전위가 다를 수가 있다. 즉 일정전위기가 연결된 지점에서 가까운 거리에 있는 경우에는 그 전위가 비교적 실험에서 원하는 전위에 가까울 것이나, 먼

곳에서는 용액과 전극에 의한 저항(ohmic drop)이 더해져 매우 다른 전위를 나타낼 수도 있다. 이를 해결하기 위하여 ITO를 입힌 전극을 사용했지만, 산화인듐이나 산화주석은 약 350 nm 이하의 빛을 흡수하므로 스펙트럼의 영역에 제한을 받는다.

이와 같은 결점을 해결하기 위하여 고안한 방법이 반사형 실험이다. 이 경우에는 분광계에 맞추어 전기화학 셀을 설계한다기 보다는 이 셀을 중심으로 분광계를 설계하여 분광계에 필요한 모듈을 사용하여 분광계를 조립할 수 있다. 이렇게 함으로써 계기의 융통성을 얻을뿐 아니라 위에서 지적한 몇 가지의 단점들을 보완할 수 있다. 초기의 반사형 실험에서는 광섬유를 통해서 빛을 전극의 표면에 가져온다는 점 이외에는 재래의 단색화 장치를 사용한다는 점 등에서 투과형 실험과 크게 다르지 않았다. 그렇다 하더라도 세 전극이 배치된 방식이 투과형에서보다는 훨씬 더 전류를 통하기 쉬운 형태로 되어 있어서 용액에 의한 저항에 의한 영향을 훨씬 덜 받도록 설계되었다(그림 8.3.1 및 8.3.2 참조). 뿐만 아니라 이 방법을 사용하면 전기화학에서 매우 중요한 역사적 의미를 가지는 수은 전극까지도 작업전극으로 사용할 수도 있다. 분광계에 사용되는 모듈이 개선됨에 따라 반사형 전기분광학 실험방법도 점차 개선되었고, 그림 8.3.4에 도시한 것은 최근에 대중화된 전하결합소자(charge-coupled device array, CCD 배열)를 사용해서 조립한 모양이다.

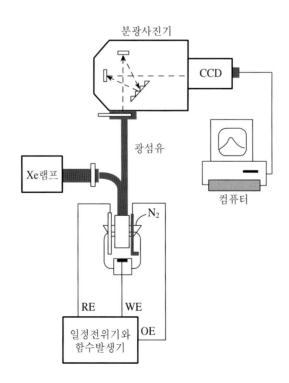

그림 8.3.4 CCD 배열 검출기를 사용하여 조립한 전기분광계의 개략도

　　CCD 검출기를 사용할 경우에는 재래의 분광계에서처럼 스펙트럼을 얻기 위하여 전 파장 영역을 훑어야 할 필요가 없으므로 전 파장 영역의 스펙트럼을 25 ms까지의 짧은 시간 안에 기록할 수 있다. 이와 같이 빠른 스펙트럼 기록 시간으로 인하여 순환 전위전류 실험을 하는 중에도 실시간으로 매 10 mV 또는 50 mV 간격으로 스펙트럼을 측정할 수 있다.

　　DCVA 실험은 재래 또는 반사형 실험으로 비교적 쉽게 행할 수 있다. 재래의 장치에서는 파장을 일정한 값, 예를 들면 시작물질 또는 중간물질이 다른 물질의 방해 없이 흡수하는 파장에 고정시켜 놓고 전위를 변화시키면서 흡광도를 측정한 뒤 그 값들을 변하는 전위에 대하여 미분한 뒤 주사속도를 곱해주면 된다. 이는 즉, $(dA/dE) \cdot (dE/dt) = (dA/dE) \cdot v = dA/dt$가 되어 앞 절에서 유도한 식에서 나타난 방식으로 행동할 것이 예측된다. CCD 검출장치를 이용한 반사형의 실험에서도 동력학적 측정법에서와 같이 측정할 수도 있고 또는 CV 실험을 하면서 실시간으로 가까운 전위 간격으로 스펙트럼을 측정한 경우에는 데이터에서 일정한 파장에서 흡광도를 읽어서 위에서와 마찬가지로 DCVA의 형태로 계산할 수 있다.

　　다음 절에서 이들 실험의 예를 몇 개 보여줌으로써 전기분광학 실험이 전기화학 반응의 중간체를 검출하거나 메카니즘을 연구하는 데 큰 도움이 될 수 있음을 보여주겠다.

8.3.4 흡수 전기화학 분광법의 응용

　　흡수 전기화학 분광법이 사용되던 초기부터 전기화학 반응 결과로 생기는 중간체 또는 최종생성물의 흡수 스펙트럼을 기록해서 전기화학 반응 메커니즘을 규명하는 데 널리 사용되었다. 가장 간단한 경우는 생성물이나 반응 중간체가 비교적 안정한 경우인데, 그림 8.3.5에 그 한 예를 보인다. 여기에 보인 스펙트럼은 1 M $HClO_4$의 전해질 용액 속에 함유되어 있는 10 mM Mn(II)의 용액에 전위를 1.20V [vs. Ag | AgCl 전극(saturated KCl)]에서 1.65 V까지 5 mV/s의 주사속도로 변화시키면서 매 40 mV 마다 스펙트럼 하나씩 기록한 것이다.[22] 이 그림을 보면 전위가 증가함에 따라 스펙트럼이 서서히 변화하는 사실을 분명히 알 수 있기는 하나 어떤 화학종이 생기는지 구별해 내기는 쉽지 않다. 그래서 이 그림을 각 전위에 따라 기록된 스펙트럼을 하나씩 갈라서 보인 것이 그림 8.3.6에 도시되었다. 이로부터 알 수 있는 사실은 1.35 및 1.50 V에서는 475 nm에 흡수 봉우리를 가지는 스펙트럼이 얻어지는 반면에 1.65 V에서는 525 nm 쯤에 흡수 봉우리를 가지는 스펙트럼으로 변하는 것을 알 수 있다. 이 스펙트럼들을 망간의 여러 산화 상태의 이온 또는 화합물의 흡수 스펙트럼들과 비교해보면, 1.35~1.50 V에서 얻은 스펙트럼은 Mn

---

22) H. Zhang and S.-M. Park, *J. Electrochem. Soc.*, **141**, 2422 (1994).

(Ⅲ)의 스펙트럼이며, 1.65 V에서 얻은 것은 MnO_4^-임을 쉽게 알 수 있다. 이 산화 반응이 관측된 실험 조건하에서는 Mn(Ⅱ)는 Mn(Ⅲ)를 거쳐 최종산화물인 MnO_4^-로 산화됨을 알 수 있다.

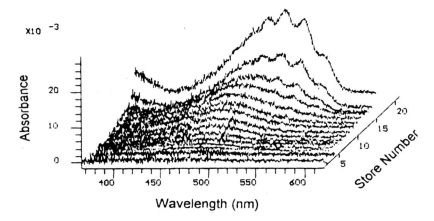

그림 8.3.5 Bi가 혼입(dope)된 PbO_2 전극에서 Mn(Ⅱ)를 산화시키는 동안에 얻어지는 흡수스펙트럼. 용액은 10 mM Mn(Ⅱ) 1.0 M $HClO_4$를 포함했으며 1.20 V 에서 5 mV/s 로 주사하면서 매 8 초마다 기록했음. 각주 22에 인용한 논문 참조.

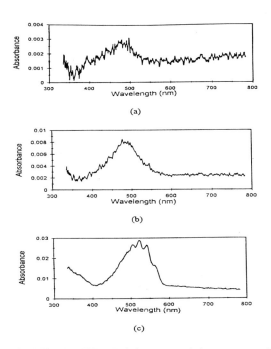

그림 8.3.6 그림 8.3.4에 보인 스펙트럼 중 (a) 1.35 V, (b) 1.50 V 및 (c) 1.65 V에서 얻은 스펙트럼만 분리한 것들

　이와 같은 전기분광학 실험은 전기화학 반응으로 인하여 전극 표면에 생기는 고분자막 등의 연구에도 매우 유용하게 쓰였다.[23] 전도성 고분자막이 전기분해 반응에 의하여 전극 표면에 비교적 쉽게 형성되기 때문에, 전도성 고분자막의 전기분광학 실험은 투과형이든 반사형이든 간에 쉽게 사용될 수 있다. 전도성 고분자가 전도성을 가질 때는 가시광선 영역에서 매우 세게 흡수하기 때문에 전기분광학 실험의 수행이 비교적 용이하다. 이에 대한 보다 자세한 기술은 10.4 및 10.5절을 참조하기 바란다.

　전기분광학 실험의 중요한 응용 중의 하나는 이를 금속의 산화 반응 또는 부식 반응 등의 연구에도 사용할 수 있다는 점이다. 이와 같은 실험은 금속 전극이 전자파를 통과시키지 않기 때문에 투과형 실험에서는 불가능하지만, 대부분의 금속은 빛을 매우 잘 반사시키므로 전극 자체의 전기화학적 반응에 적합할 때가 많다. 많은 경우에 금속 자체는 빛을 잘 반사시키지만 금속 산화물이나 금속의 전기화학 반응생성물들은 빛을 흡수하기 때문이다. 하나의 예로 니켈 전극을 염기성 용액에서 전기화학적으로 산화시키면 처음의 산화단계에서 $Ni(OH)_2$가 생성된다. 이 $Ni(OH)_2$는 생성 당시에는 α형이지만 시간이 지나거나 전위를 높이면 더욱더 결정수를 흡수하고 분자 내 재배치로 인하여 β형으로 바뀐다. $\alpha - Ni(OH)_2$는 $Ni(0)$로 환원될 수 있지만 $\beta - Ni(OH)_2$는 환원될 수 없어 니켈 전극을 부동화(passivation)시킨다. 이들 산화니켈을 더욱더 산화시키면 $\alpha - Ni(OH)_2$는 $\gamma - NiO_2$로 $\beta - Ni(OH)_2$는 $\beta - NiOOH$로 산화된다. 불행히도 $\alpha -$ 및 $\beta - Ni(OH)_2$는 그 흡수 스펙트럼이 같아 비교할 수 없으나 그림 8.3.7에 보인 바와 같이 이들 두 개의 산화니켈을 산화시켜 얻은 $\beta - NiOOH$와 $\gamma - NiO_2$는 스펙트럼은 $Ni(OH)_2$의 스펙트럼과도 다를 뿐만 아니라 그들간에도 서로 매우 달라 쉽게 구별할 수 있다.[24] 이들 스펙트럼을 보면 $Ni(OH)_2$의 스펙트럼을 제외하고는 $\beta - NiOOH$와 $\gamma - NiO_2$의 스펙트럼은 그 흡수띠들이 매우 넓은데, 이는 NiOOH나 NiO_2와 같은 산화니켈의 성분이 정확하게 분자식으로 표현되는 성분이 아니기 때문이다. 다시 말하면 $Ni(III)$ 및 $Ni(IV)$가 적절히 섞여 $\beta - NiOOH$의 니켈은 약 3.25가인 반면 $\gamma - NiO_2$의 니켈은 약 3.75인 것으로 알려져 실제의 분자식처럼 3 및 4가의 산화 상태를 가지는 것은 아니다.

　그림 8.3.7에서 보는 바와 같이 $\alpha -$ 또는 $\beta - Ni(OH)_2$로부터 시작하면 $\beta - NiOOH$와 $\gamma - NiO_2$가 생길 것이라는 사실을 알게 되고 따라서 이들을 주어진 조건하에서 산화시키면 $\beta - NiOOH$와 $\gamma - NiO_2$를 얻을 수는 있다. 하지만 이 실험을 메커니즘 규명에 사용하는 데에는 어려움이 있다. 따라서 이런 때는 DCVA 실험이 훨씬 더 강력한 도구를 제공한다는 사실을 지적하고자 한다. 그러기 위하여 파장을 266 nm에 놓고 DCVA와 CV를 함께

23) (a) S.-M. Park in *"Handbook of Conductive Molecules and Polymers,"* H. S. Nalwa Eds., Vol. 3, Wiley, Chichester, England, 1997; (b) M. Zagorska, A. Pron, and S. Lefrant in *"Handbook of Conductive Molecules and Polymers,"* H. S. Nalwa Eds., Vol. 3, Wiley, Chichester, England, 1997.

24) C. Zhang and S.-M. Park, *J. Electrochem. Soc.,* **136**, 3333 (1989).

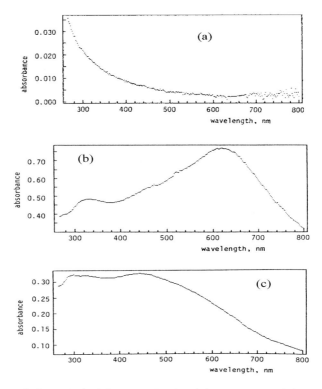

그림 8.3.7   제자리 실험으로 기록한 (a) α- $Ni(OH)_2$, (b) β- $NiOOH$, (c) γ- NiO_2의 스펙트럼들

기록하면 그림 8.3.8에 보인 바와 같은 곡선을 얻는다. 우선 CV로부터 알 수 있는 사실은 0.5 V 근처에서 관측되는 전류는 매우 두리 뭉실해서 어떤 일이 일어나는지를 분별하기가 힘들다(그림 8.3.8(a)). 그런데 266 nm에서 기록한 DCVA에는 우선 −0.7 V 근처에서 α-$Ni(OH)_2$가 생기는 것이 명확히 보인다[그림 8.3.8(d)]. 그 생기는 반응속도는 전위가 증가됨에 따라 차츰 감소하다가 0.35 V쯤에서 α-$Ni(OH)_2$가 산화되는 것이 보인다. 왜냐하면 이때부터 DCVA 신호가 갑자기 감소하다가 0.45 V 근처에서는 최소의 신호에 도달된 뒤 다시 증가하기 시작한다. 그러다 α-$Ni(OH)_2$의 산화생성물인 γ-NiO_2가 다시 환원되면서 $Ni(OH)_2$가 재생되고 있다. 이때에 생긴 환원생성물은 아마도 $Ni(OH)_2$는 β-형일 것이다. 왜냐하면, α-$Ni(OH)_2$는 위에서 지적한 대로 오랜 시간 동안 에이징 시키거나, 전위를 높이면 β-형으로 바뀌기 때문이다. 이와 같은 사실은 방금 전기화학적으로 생성된 α-$Ni(OH)_2$와 전위를 높이거나 상당한 시간이 지난 뒤에 얻어진 β-$Ni(OH)_2$를 산화시키는 경우 얻어지는 DCVA에 전위나 모양이 차이가 나기 때문이다. 이와 같은 실험을 통하여 $Ni(OH)_2$의 산화시 그 형태에 따라 각 화합물로 산화되는 전위를 비교적 정확히 측정할 수 있다.

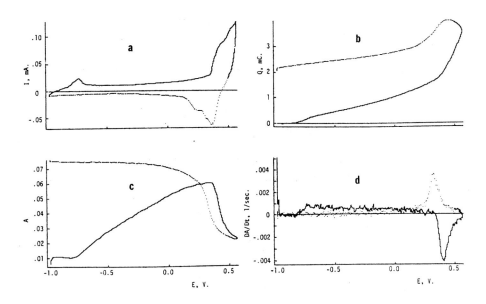

그림 8.3.8 (a) 방금 연마된 Ni 전극을 사용하여 10 mV/s로 주사하면서 얻어진 CV, (b) CV를 적분해서 얻은 Q vs. E plot, (c) 흡광도를 전위에 대해 도시한 A vs. E plot, (d) (c)의 데이터를 미분해서 얻은 DCVA 곡선.

8.4 타원편광 실험(Ellipsometry)

전극 표면에 흡착 또는 반응에 의해서 생기는 얇은 막들의 생성, 변화 등을 조사하는 광학적 방법에 **타원편광**을 이용하는 실험이 있다.

8.4.1 타원편광 이용의 원리

광은 전자기파이므로 전기장의 파동으로 나타낼 수 있다. 두 상(相)의 경계면에 — 여기서는 전극물질인 금속과 전해질 용액 사이의 계면을 예로 생각하자 — 평면편광이 입사되어 반사될 때 일반적으로 반사광은 타원편광이 되어 나온다(그림 8.4.1A). 이러한 편광 상태의 변화는 금속의 광학 성질뿐 아니라 금속의 표면에 있는 얇은 막의 성질에 따라 민감하게 변한다. 편광 상태의 변화를 측정하여 이로부터 표면에 존재하는 막의 두께(이후 τ로 나타냄)와 굴절률 n을 구하는 것이 보편적인 **타원편광법**(ellipsometry)의 목표이다.

입사광과 반사광의 진로를 포함하는 하나의 평면을 생각할 수 있다. 광파의 진동은 그 입사면에 평행인 성분(p 성분)과 수직인 성분(s 성분)으로 나누어 생각할 수 있다. 평면편광(linearly polarized light)은 s 성분과 p 성분이 일정한 진폭을 가지고 함께(위상차 없이) 진동하는 것이다.

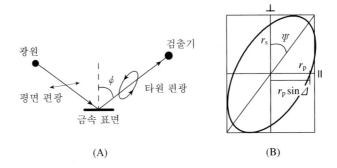

(A)　　　　　　　　(B)

그림 8.4.1　광선의 반사에 따른 편광 상태의 변화(A)와 타원 편광 상태를 나타내는 파라미터들(B)

두 성분은 각각 다음과 같이 진동하는 전기장의 파동으로 기술할 수 있다.

$$E_p = E_p^{\circ} e^{j\omega t}$$
$$E_s = E_s^{\circ} e^{j\omega t}$$

(8.4.1)

E_p°와 E_s°는 각각 p 성분과 s 성분의 진폭이고 ω는 각속도, 즉 주파수의 2π배이다. j 는 $\sqrt{-1}$이다.

진동하는 전기장에 대한 이 복소수 표현에서 실수 부분만이 실제 물리적 양에 대응한다. 평면편광이 어떤 표면에 입사되어 반사될 때 반사광에서는 일반적으로 p 성분과 s 성분의 위상은 서로 같지 않다. 즉 반사광 전기장의 p 성분과 s 성분을 각각 E_p^r, E_s^r로 나타내면,

$$E_p^r = E_p^{r\circ} e^{j(\omega t + \delta_p)}$$
$$E_s^r = E_s^{r\circ} e^{j(\omega t + \delta_s)}$$

(8.4.2)

여기서 δ_p와 δ_s는 각각 s 성분과 p 성분의 위상(phase)이다.

입사광 전기장에 대한 반사광 전기장의 비가 반사계수이므로 각 성분에 대한 반사계수들은 다음과 같다.

$$r_p = (E_p^{r\circ}/ E_p^{\circ}) e^{j\delta_p} = |r_p| e^{j\delta_p}$$
$$r_s = (E_s^{r\circ}/ E_s^{\circ}) e^{j\delta_s} = |r_s| e^{j\delta_s}$$

(8.4.3)

두 반사율 $|r_p|$와 $|r_s|$의 비를 $\tan \Psi$로 나타내고 δ_p와 δ_s의 차이를 Δ로 나타내면 r_p, r_s의 비는 다음과 같은 복소수로 나타낼 수 있다.

$$\frac{r_p}{r_s} = (\tan \Psi) \exp(j\Delta)$$

(8.4.4)

r_p/r_s는 복소수이고 크기 부분 ($\tan \Psi$)과 위상 부분 ($e^{i\varDelta}$)으로 되어 있다. p 성분과 s 성분 사이에 위상차가 있을 때(즉 $\varDelta \neq 0$) 타원편광(elliptically polarized light)이 나타난다(그림 8.4.1B).

어떤 경계면에서 맞대고 있는 두 개의 상을 이루고 있는 물질들을 각각 매질 l, m이라 하면 이 경계면에서의 p 성분과 s 성분에 대한 반사계수(Fresnel 계수) $r_s(l, m)$, $r_p(l, m)$는 각각 다음과 같다.[25]

$$r_p(l, m) = \frac{n_l \cos\phi_m - n_m \cos\phi_l}{n_l \cos\phi_m + n_m \cos\phi_l}$$
$$r_s(l, m) = \frac{n_m \cos\phi_m - n_l \cos\phi_l}{n_l \cos\phi_l + n_m \cos\phi_m} \tag{8.4.5}$$

n_k는 k번째 매질의 굴절률이고 ϕ_k는 그 매질에서의 입사각이다.

광을 반사하는 금속 표면이 막으로 덮여 있는 경우에 전해질, 막, 금속의 세 가지 매질(媒質)을 각각 1, 2, 3번 매질이라 하면 막으로 덮인 금속의 p, s 편광에 대한 반사율 r_p, r_s는 각각 다음과 같다(Drude 식).

$$\boxed{\begin{aligned} r_p &= \frac{r_{p(1,2)} + r_{p(2,3)} \exp(-j\delta)}{1 + r_{p(1,2)} r_{p(2,3)} \exp(-j\delta)} \\ r_s &= \frac{r_{s(1,2)} + r_{s(2,3)} \exp(-j\delta)}{1 + r_{s(1,2)} r_{s(2,3)} \exp(-j\delta)} \end{aligned}} \tag{8.4.6}$$

이 식들에서 막의 광 통과 길이에 해당하는 δ는 막의 두께 τ와 관계된 값으로 다음과 같다.

$$\delta = \frac{4\pi\tau n_2}{\lambda} \cos\phi_2 \tag{8.4.7}$$

그러므로 r_p와 r_s는 모두 막의 두께 τ와 막의 굴절률 n_2의 함수이며, 따라서 (8.4.4)식의 Ψ를 포함하는 부분과 $\varDelta$를 포함하는 부분들도 τ와 n_2의 함수이다. 실험에서 Ψ와 $\varDelta$를 측정함으로써 수치계산을 통하여 τ와 n_2 값을 찾아낼 수 있다. 금속이나 반도체와 같이 광을 흡수하는 매질에 대하여는 굴절률이 복소수 $\mathbf{n} = n - jk$가 된다. 광선이 흡수 없이 투과하는 보통의 매질(유전체)에서는 $\mathbf{n}$에 실수 부분 n만 있고 허수부분 k는 0인

---

25) 광학 원리에 대한 일반적인 참고서적: (a) F. A. Jenkins and H. E. White, *Fundamentals of Optics*, 4th ed., McGraw-Hill, 1976; (b) O. S. Heavens, *Optical Properties of Thin Solid Films*, Dover Publications, New York, 1965; (c) M. Born and E. Wolf, *Principles of Optics*, 6th Ed., Pergamon Press, 1980; (d) J. B. Marion, *Classical Electromagnetic Radiation*, Academic Press, 1965. 타원편광에 관한 문헌: R. M. A. Azzam and N. M. Bashara, *Ellipsometry and Polarized Light*, North Holland, Amsterdam, 1977.

것이다. k가 흡광계수에 해당한다. 그러므로 이들 광학상수 n과 k는 중요한 막의 물리적 성질을 나타내는 값들이다.

8.4.2 타원편광 실험 방법과 응용

많은 경우에 타원편광 측정을 하면 구체적 수치 계산을 하지 않더라도 Δ와 Ψ가 표면막이 없을 때의 이들의 값 ($\Delta°$, $\Psi°$)에서 얼마나 멀어지는지를 봄으로써 표면막의 생성을 반 정량적으로 조사할 수 있다. 표면막이 있는 경우와 없는 경우의 차이 ($\Psi° - \Psi$)와 ($\Delta° - \Delta$)는 막의 두께가 그리 두껍지 않으면 ($< 100 Å$)막의 두께에 비례한다. 대체로 수 nm 두께에 대하여 $d\Delta = \Delta° - \Delta$는 1~2도 또는 그 이상이며 $d\Psi = \Psi° - \Psi$는 그 1/10 정도이다. 그러므로 두께 수 옹스트롬의 막이 생길 때라도 $d\Delta$는 충분한 감도로 측정될 수 있다.

그림 8.4.2는 전형적인 하나의 수동식 **타원편광기**(ellipsometer)와 그에 설치한 시료 전극이 들어 있는 전기화학 셀을 나타낸다. 한쪽 끝에 광원이 있고 반대편에 광전증배관(photomultiplier tube)이나 광다이오드 같은 감광 장치가 있다. 레이저 같은 단색 광원이 아니면 간섭필터 또는 단색화장치(monochromator)도 있어야 한다. 편광체로 쓰는 두 개의 편광프리즘 중 입사광 쪽의 것은 polarizer, 반사광 쪽의 것은 analyzer라 부른다. 이 장치에서는 위상차 Δ의 측정을 위하여 $\frac{1}{4}\lambda$판(quarter-wave plate)을 써서 조절된 크기의 $-\Delta$를 미리 도입하여 타원편광이 입사되고 반사에 의하여 다시 평면편광으로 되게 하였다.

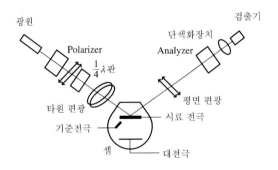

그림 8.4.2 타원편광 실험장치와 그에 설치된 전기화학 셀

■ **흡광성 막의** n, k, τ **측정** 표면막이 금속성이거나 반도체성일 경우 막의 광학상수는 복소수이다. 즉 k_2가 0이 아니기 때문에 미지수는 n_2, k_2, τ의 3개가 되는 것이다. 그러나 타원편광법의 근본적인 식인 (8.4.4)식은 Δ와 Ψ에 관한 2개의 식일 뿐이다 [(8.4.4)식은 하나의 식처럼 보이나 실수부분과 허수부분이 있으므로 2개의 식이다]. 막이 일정한

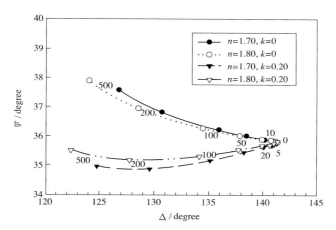

그림 8.4.3   금속 표면에서 성장하는 피막의 두께 증가에 따른 Δ와 Ψ의 변화. 금속의 광학상수는 1.99 − 3.44j(닉켈의 값)로 가정하고, 광선의 파장은 6328Å(He−Ne laser 파장), 물의 굴절률은 1.336, 입사각은 55°로 계산하여 평면에 Δ에 대한 Ψ로 도시하였고, 피막의 두께를 곡선을 따라 Å 단위로 표시하였다.

광학상수를 가지고 성장하는 것으로 가정하고 임의의 n_2, k_2 값에 대하여 τ를 변화시키며 Δ, Ψ의 계산을 하면 Δ와 Ψ를 좌표축으로 하는 평면에 곡선이 얻어진다. 이 곡선이 실험값의 곡선과 맞으면 가정한 n_2, k_2 값이 맞는 것이므로 이런 곡선맞추기 시행(curve fitting)으로 표면막의 n_2, k_2, τ를 찾을 수 있다. 전극 표면에서 산화가 진행됨에 따라 막의 성장이 계속될 때 이 방법은 쉽게 적용할 수 있어서 많이 이용되는 방법이다.

그런 예로서 그림 8.4.3은 금속 표면에 가상적 피막이 생겨 두께가 증가할 경우 수용액 중에서 관측될 $\Delta-\Psi$의 변화를 계산으로 구하여 도시한 것이다. 피막의 광학상수에 따라 $\Delta-\Psi$의 궤적이 달라짐을 볼 수 있다. 막이 성장하지 않는 경우나 성장하면서 광학상수들이 변하는 막에 대하여는 위에서 말한 곡선맞추기를 할 수가 없다. 그러므로 **삼변수 타원편광법**(three-parameter ellipsometry)에서는 타원편광의 각도들 Δ와 Ψ를 측정하는 데 추가하여 반사율을 측정한다.[26] 반사율 R은 Δ와 Ψ에 관한 식과는 별도로 n_2, k_2, τ에 관한 독립된 식이다.

$$R = f(n_2, k_2, \tau) \tag{8.4.8}$$

실험에서 R 값 자체는 측정할 필요가 없고 막의 생성에 따른 반사광의 세기의 변화를

---

26) W. Paik and J. O'M. Bockris, Surf. Sci. **28** 61(1971); W. Paik, "Ellipsometry in Electrochemistry" in *Modern Aspects of Electrochemistry* (#25), J. O'M. Bockris, B.E. Conway, and R.E. White Eds., Plenum Press, New York, 1993, Chapter 4 (pp.191-252).

광도계로 읽으면 된다. 다만 삼변수 타원편광법의 적용에 있어서 주의할 점은 적당한 입사각의 선택 등 실험 조건을 알맞게 하여 오차의 최소화에 주의할 것이다[27].

■ **분광학적 타원편광법** 여러 파장의 광선으로 실험하여 n_2, k_2를 파장의 함수로 얻으려는 분광학적 타원편광법이 있다. n, k의 스펙트럼이 물질의 확인과 물성의 규명 등에 유용한 점이 있기 때문에 분광학적 타원편광법(spectroscopic ellipsometry) 연구의 중요성이 인식되고 있다.[28]

타원편광법이 전기화학적 대상에 대한 연구에 쓰인 한 가지 예로서 그림 8.4.4는 pH 4.6 또는 6.0인 완충용액에서 크롬에 부동화 전위(0.6 V vs. 0.1 N KCl 칼로멜 전극)를 가한 다음 Δ와 Ψ, 및 R의 변화를 시간에 따라 기록한 것이다.[29] $0 \sim 60$ 초간의 시간에 거의 모든 변화가 끝났다. 이로부터 계산하면 도달한 부동화 막의 두께는 1.55 nm, 복소수 굴절률은 $\mathbf{n} = 2.40 - j0.008$이었다.

타원편광법 실험이 특히 전기화학적 대상의 연구에 적합한 이유는 다음과 같이 요약할 수 있다: (1) 측정대상 부분을 전기화학 셀 밖으로 꺼낼 필요 없이 그대로 두고 실험하는 제자리 실험(*in situ*) 방법이다. 즉, 전극 반응이 계속되는 동안에도 전기화학적 실험과 병행하여 진행될 수 있는 실험이기 때문에 실제로 전극에서 일어나고 있는 변화를 추적하는 데도 알맞은 방법이다. (2) 대단히 감도가 높은 실험법이다. 타원편광법에서 측정되는 값은 작은 분자나 이온의 단분자층에도 민감한 변화를 나타낸다. 나노미터(nm) 영역의 막의 두께를 측정하거나 수 옹스트롱 정도의 두께 변화를 측정하는 것은 쉽다. (3) 막의 두께뿐 아니라 이의 광학적 성질이 측정되므로 그로부터 막의 전자적 구조와 다른 물리적 성질의 유추가 가능하다. 지난 약 40여 년간 타원편광법은 전기화학 실험실에서 금속이 부동화될 때 표면에 생기는 부동화막, 흡착으로 생기는 이온층이나 분자층, 단분자막, 전해석출(electrodeposition)에 의한 금속막, 전도성 고분자막 등을 연구하는 데 쓰여왔다.[30][31]

27) G. Chung, D. Lee, and W. Paik, *Bull. Korean Chem. Soc.*, **12** 477(1991).

28) K. Vedam, *Thin Solid Films*, **313**, 1 (1998); D.E. Aspnes, in *Optical Properties of Solids: New Developments*, B.O. Separin, Ed., North-Holland, 1976.

29) C. Kim and W. Paik, *J. Electrochem. Soc.* **144**, 1581 (1997).

30) S. Gottesfeld, in *Electroanalytical Chemistry: A series of Advances*, Vol.15, A. J. Bard, Ed., Marcel Dekker, 1989.

31) R. H. Muller, in *Techniques for Characterization of Electrodes and Electrochemical Process*, R. Varma and J. R. Selman, Ed., John-Wiley, 1991.

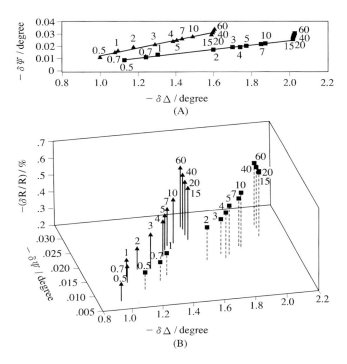

그림 8.4.4 전해질 용액에서 크롬에 부동화 전위를 걸어주어 부동화막이 생길 때 기록된 Δ, Ψ, R의 변화. (A) $d\Delta$와 $d\Psi$만을 기록한 2차원 그림, (B)는 dR까지 기록한 3차원 그림. ■ pH 4.6; ▲ pH 6.0[30]

8.5 X-선 분광법

지금까지 기술한 전기분광학 실험은 전기분해 도중에 생성되는 생성물 또는 중간체가 빛을 흡수하는 경우에 이를 검출해서 전기화학 반응 메커니즘을 규명하는 데 유용하게 쓰일 수 있음을 보았다. 그리고 타원편광 실험은 전극 표면에 생기는 박막을 연구하는 데 매우 강력한 도구를 제공한다. 그러나 많은 경우에 전기화학 실험 중에 전극 자체의 화학 성분이 변화하거나 그 구조가 바뀔 수가 있는데, 이와 같은 연구에는 전기분광학 또는 타원편광 실험이 큰 도움이 안되는 경우도 있다. 이와 같은 경우에는 X-선 분광법을 사용하면 결정구조나 화학성분 변화에 관해서 좀더 확실한 정보를 얻을 수 있는 경우가 많다. 따라서 이 절에서는 X-선 분광법에 관해서 간단히 기술하겠다.

8.5.1 X-선 분광법의 원리

X-선 분광법은 원자에 의하여 흡수 또는 반사되는 X-선을 측정하는 실험이므로 주어진 화합물을 구성하는 원자에 관한 정보를 얻는다[9,10]. 이를테면 X-선 회절로부터 우리는

그 물질의 결정구조에 관한 정보를 얻으며 이의 **흡수**로부터는 구성원자간의 상호 배열 상태, 원자가 등과 같은 정보를 얻는다. 사용하는 X-선의 강도가 비교적 낮았던 초기의 실험에서는 고진공하에서나 X-선 측정이 가능했으나 요즘에는 방사선 가속기로부터 강력한 X-선을 얻을 수 있어서 제자리 실험도 비교적 용이하게 할 수 있다. 상술한 바와 같이 X-선 분광법에서는 반사(산란 또는 회절) 및 흡수 실험이 중요하므로 이 절에서는 이에 관계되는 원리를 약술하겠다.

X-선이 어떤 물질을 통과하는 도중에 원자의 그 주위를 돌고 있는 전자와 만났을 때 이 전자의 속도가 광속보다 느리면 이 전자는 X-선의 전장(electric field)과의 작용에 의해 가속되어 X-선과 같은 주파수를 가지는 방사원이 되어 산란된다. 이 산란된 전자파의 세기, I_e는 X-선을 산란시킨 원점으로부터 R만큼의 거리와 θ의 각도에서 톰슨의 방정식을 따라

$$I_e = \frac{e^4 \mu_0^2 I_0}{16\pi^2 R^2 m^2 c^4}\left(1 + \frac{\cos^2\theta}{2}\right) \tag{8.5.1}$$

가 되며 여기서 e는 전하, μ_0는 진공에서의 유전상수, I_0는 X-선의 초기 세기, m은 전자의 질량, c는 광속 등이다. 그 원자 주위에 여러 개의 전자가 있으면 소위 전자산란인자의 개념인 f_e를 도입한다. 전자산란인자는

$$f_e = \int_0^\infty 4\pi r^2 \rho(r)\left(\frac{\sin(4\pi r \sin\theta/\lambda)}{4\pi r \sin\theta/\lambda}\right)dr \tag{8.5.2}$$

의 형태를 가지며 여기서 r은 반지름이고, $\rho(r)$은 전자밀도이며 λ는 X-선의 파장 또는 전자의 평균자유행로(mean free path)이다. 주어진 원자에 대한 산란인자는 그 주위의 모든 전자에 대한 산란인자의 합으로 다음과 같은 표현을 가진다. 즉,

$$f_i = \sum_n \int_0^\infty 4\pi r^2 \rho(r)\left(\frac{\sin(4\pi r \sin\theta/\lambda)}{4\pi r \sin\theta/\lambda}\right)dr \tag{8.5.3}$$

만일 $\sin(\theta/\lambda)$의 값이 작으면 f_i는 다음의 값을 가지게 된다. 즉,

$$f_i \rightarrow \sum_0^\infty 4\pi r^2 \rho_n(r)\,dr \tag{8.5.4}$$

이 되는데 이는 결국 그 원자가 가지는 전자의 수 z와 같다.

X-선이 결정성 물질로부터 산란될 경우에 산란된 빛의 강도를 나타내는 데는 Bragg의 식을 사용하며 이는

$$n\lambda = 2d\sin\theta \tag{8.5.5}$$

의 형태를 가진다. 여기서 d는 결정의 층간 거리이다. 이 식은 원자들의 층간 간격과 X-

선의 파장 그리고 반사각에 따라서 X-선의 보강(constructive) 또는 상쇄(destructive) 간섭(interference)이 관측되는데 이때 보강간섭의 조건을 명시한다. 결국 이 법칙으로부터 어떤 각도에서 보강간섭이 나타날 것인지 예측할 수는 있지만 그때의 세기는 알 수 없다. 결국 위에서 기술한 산란인자와 Bragg의 법칙으로부터 단위 결정격자 내의 모든 원자의 산란인자를 고려해서 보강간섭으로 얻어지는 빛의 세기를 알아내는 수밖에 없다. 3차원의 결정격자의 (hkl) 평면상으로부터 얻어지는 전자파의 세기는 위에서 기술한 산란인자를 사용해서 다음과 같은 표현을 가진다. 즉,

$$F_{hkl} = \sum_i f_i \exp[2\pi j(hx_i + ky_i + lz_i)] \tag{8.5.6}$$

이며 **회절점**의 세기는 이의 제곱에 비례한다. 결정성 물질의 경우에는 이 회절의 세기가 주어진 각도에서 매우 잘 정의된 봉우리로 나타나며 그 각도에 대한 회절광선의 세기에 따라 원자의 배열에 관한 정보를 얻을 수 있다. 회절 빛 신호의 세기는 각도의 함수로 나타내며 3차원 결정격자의 경우에는 로렌츠(Lorentzian)형의 모양을 가진다. 어느 각도에서 어떤 세기의 회절선이 나타나느냐에 관한 정보로부터 결정성 물질의 결정구조를 확인할 수도 있다. 그러나 비결정성 물질이라 해서 X-선을 산란시키지 않는 것이 아니다. 이 경우에도 회절은 나타나지만 앞에서처럼 잘 정의된 봉우리 신호가 나타나는 것은 아니고 방사방향 분포함수로 나타난다. 우리의 경우에는 전해질로부터도 이와 같은 회절 스펙트럼을 얻게 되며 이로 인하여 이 방법의 감도가 낮아진다.

X-선 광량자는 위에서 기술한 바와 같이 산란되기도 하지만 전자의 높은 에너지 준위로의 전이로 인하여 흡수되기도 한다. 그럴 경우 흡수되기 전의 빛의 세기 I_0와 흡수 후의 세기 I 간에는 우리가 잘 알고 있는 **Lambert의 법칙**인

$$I = I_0 \exp(-\mu_m m) \tag{8.5.7}$$

의 관계를 갖는다. 여기서 m은 단위면적당 질량이며 μ_m은 질량흡수계수라고 부른다. μ_m 값은 X-선의 파장에 따라 증가하지만 이들을 연관짓는 간단한 관계는 없다. 이는 어느 정도 증가하다가는 갑자기 그 값이 증가하는 소위 "**흡수끝**(absorption edge)"이 나타나 흡광도가 계단함수의 형태를 보이기 때문이다. 그림 8.5.1에 X-선 흡수 스펙트럼의 전형적인 모양을 보인다. 이 스펙트럼으로부터 알 수 있는 바와 같이 X-선의 에너지가 증가함에 따라 흡광계수가 갑자기 증가한 다음 진동하는 형태로 서서히 감소하고 있다. 이 그림에서와 같이 스펙트럼에는 네 개의 영역이 있다. 여기서 흡수 끝의 에너지(영역 B)는 원자에 따라 특수한 값을 가지며 이 흡수 끝 에너지 또한 원자가 가지는 원자가에 따라 수 eV씩 이동한다. 따라서 흡수 끝 에너지로부터 원자를 구별해 낼 수 있으며, 0가의 원자의 흡수 끝 에너지에서 얼마나 큰 에너지만큼 이동했느냐로 원자가를 알 수 있다. 이

와 같이 이 흡수 끝 에너지를 분석해서 구성원소에 관한 정보를 얻는 방법을 XANES (X-ray absorption near edge structures)라고 부른다. 그리고 흡수 끝을 지난 뒤 그 흡 광도가 계단함수로 증가한 다음 X-선의 에너지를 증가시키면 500~1000 eV의 에너지 영 역에서 진동형으로 감소하는 영역(영역 D)을 X-선 확장흡수 상세 구조(extended X-ray absorption fine structure, EXAFS)라고 부르며 그 스펙트럼의 진동구조는 구성 원자들 이 상호간 어떤 작용을 가지느냐에 따라 달라진다. 이에 대해 간단히 설명하기 위해서 그 림 8.5.2에 보인 바와 같이 배열된 원자단의 구조를 생각해 보자. 이 경우 맨 가운데에 있는 원자가 X-선 광자를 흡수했다고 하면 그로부터 광전자가 방출되고 이에 의한 파가 그 원자를 둘러싼 다른 원자들에 의하여 **후방산란**(back scattering)이 일어나게 되고 이 로부터 나오는 전자파(점선)와의 간섭을 일으키게 된다. 이 간섭은 흡수되는 X-선의 에 너지가 변함에 따라 생기는 위상차로 인하여 보강 또는 상쇄되어 전자파의 강도가 높아지 거나 낮아져 진동하는 것처럼 기록된다(영역 D). 이 진동하는 모양의 흡수 영역을 정규화 (normalize)시켜 소위 "운동량 공간(momentum space)" $\chi(k)$라고 부르는 흡수율로 나 타내면,

$$\chi(k) = \frac{m}{4\pi h^2 k} \sum_j \frac{N_j}{r_j^2} S_j(k) \sin[2kr_j + 2\delta_j(k)] e^{\frac{-2r_j}{\lambda}} e^{-2k^2\delta_j^2} \tag{8.5.8}$$

의 형태를 가지게 되는데, 여기서 $S_j(k)$는 옆에 있는 N_j 원자의 j번째 전자각으로부터의 후방산란파의 크기이고, λ는 전자의 평균자유행로이며, k는 들뜬 광전자의 운동 에너지 로부터 얻는 운동량, $\delta_i(k)$는 상전위(phase shift), r_j는 가운데의 원자 주위를 둘러싸고 있는 j번째의 원자와 중앙의 원자로부터의 거리이다. 이들로부터 얻어지는 $e^{-k^2\delta_j^2}$ 항은

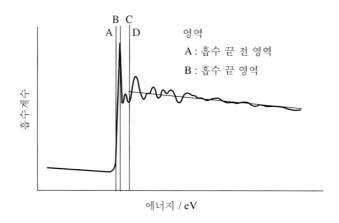

그림 8.5.1   전형적인 X선 흡수 스펙트럼. A는 흡수 끝 전(pre-edge) 영역, B는 흡수 끝 영역(edge), C는 흡수 끝 근처(near edge) 영역, D는 EXAFS 영역임.

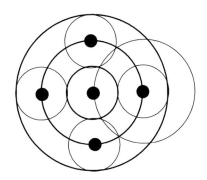

그림 8.5.2 밖으로 나가는 전자파(실선)와 후방산란(back scattering: 점선)광과의 간섭을 보이는 그림

소위 Debye-Waller 인자라고 불리며 열 운동에 의한 진동을 설명한다. 이를 푸리에 변환시켜서 얻은 인자,

$$F(r) = \frac{1}{2\pi} \int e^{-2kr} \chi(k)\, dk \tag{8.5.9}$$

를 얻게 되며 이는 각(shell) 거리 r_j에서 봉우리 신호를 보인다. 즉 이 피분석 물질의 원자의 중심에 다른 원자들이 어떻게 배열되어 있는가에 관한 정보를 준다. 이것이 바로 EXAFS 데이터 분석의 기초가 되는 이론이다. 즉 X-선 흡수 스펙트럼을 얻은 뒤 EXAFS 영역의 데이터를 푸리에 변환시키는 것이다. 그러나 봉우리 신호가 꼭 각(shell)에 해당하는 위치에 있는 것은 아닌데, 그 이유는 식 (8.5.8)의 sine 속의 두번째 항인 $\delta(k)$만큼의 상전위(phase shift) 때문이다. 이와 같이 상전위로 인하여 생기는 위치의 변화는 동일한 원자들을 함유하고 그 구조를 이미 알고 있는 화합물을 사용해서 얻은 EXAFS 스펙트럼을 사용해서 보정한다. 그러나 최근에는 많은 전산 프로그램이 개발되어 원자의 위치와 배열에 관해서 상당히 정확한 정보를 얻을 수 있으며 이들을 이용해서 피분석물질의 구조에 관한 정보를 얻어낸다.

8.5.2 X-선 분광법의 실험방법

X-선은 보통 Cu Kα 선이나 Mo Kα 선과 같은 실험실용 광원을 사용하기도 하나 이들은 그 세기가 낮아 단색화장치(monochromator)를 사용하기가 힘들어 간단한 필터를 사용해야 하는 경우가 많다. 이런 경우에는 EXAFS에 관한 정보를 얻기가 쉽지 않고 또한 제자리 실험이 불가능한 경우가 많다. 따라서 이들은 과거에 고진공 실험에서는 어렵지 않게 사용되었지만 요즘에 많이 보고되는 제자리 실험에서는 가속기로부터 얻는 X-선을 사용하는 실험이 점점 더 인기를 얻고 있다. 가속기로부터 나오는 X-선은 그 강도가 강해서 단색화 장치를 사용해도 각 파장에서 충분히 높은 세기의 X-선 광량자를 얻도록 하므

로 제자리 실험이 쉬워진다. 즉 X-선의 세기가 충분히 높아 매우 고해상의 스펙트럼을 얻게 해주며 이로 인하여 XANES 또는 EXAFS 데이터를 정확히 해석하도록 해 준다.

X-선 분광법을 수행할 전기화학 셀은 별로 어렵지 않게 제작할 수 있으며 다른 전기분광학 실험을 할 때와 비슷한 조건을 만족시키면 된다. 즉 입사나 반사광이 방해받지 않아야 할 것이며 우리가 원하는 부분에 의하지 않는 광원의 흡수나 반사가 최소이어야 하고 전극의 전류나 전위의 분포가 일정하도록 설계되어야 한다.

X-선 분광학 실험은 반사식(Bragg 형) 또는 투과식(Laue 식)으로 할 수 있다. 그러나 반사식이라 해도 8.3.4절에서 이미 기술한 정각반사(normal refelction)를 사용하지 않고 45도의 각도 등을 사용한다. 입사광을 향한 쪽의 창의 물질로는 기계적으로 강도가 높아야 하고 X-선에 대한 투과도가 좋아야 하며 두께가 $5 \sim 25 \mu m$ 정도의 고분자 물질이나 myler 또는 Melinex 등과 같은 물질이 많이 사용되고 있다. 실험하는 사람이 셀의 내부를 들여다 볼 수 있도록 이들 창이 투명한 것이 좋다. 투과식이든 반사식이든 간에 전해질 용액에 의한 흡수를 줄이기 위해 그 두께가 얇아야 한다. 특히 투과형 실험에서 사용하는 전극은 그 두께가 매우 작아야 충분한 강도의 X-선이 투과된다. 그림 8.5.3에 X-선 분광학 실험을 위해서 설계된 전기화학 셀의 사진을 보인다. 흑연 전극으로 만들어진 창을 가진 이 셀은 백금 줄 상대전극과 루긴 모세관(Luggin capillary)을 통한 Ag/AgCl(포화 KCl 용액) 기준전극을 함유한다. 탄소는 X-선을 흡수하지 않으므로 창과 동시에 전극으로 많이 사용된다. 이와 같은 실험을 할 때는 물론 X-선 광원과 함께 일정전위기와 다른 부대시설이 있어야 한다. 실험은 전극의 전위를 일정한 값으로 맞춘 뒤 X-선의 흡수나 반사실험을 하기도 하고 때로는 일정한 간격으로 전위 펄스를 주면서 양전위에서 측정한 뒤 그 차이를 구하기도 한다.

그림 8.5.3 EXAFS 측정에 사용되는 전기화학 셀의 사진

8.5.3 X-선 분광법의 응용 예

상술한 바와 같이 X-선 방법이 제공할 수 있는 정보는 그 회절 스펙트럼으로부터 전극 표면에서 일어나는 전극 또는 전기화학 반응생성물의 결정성의 변화와 X-선 흡수분광법을 사용해서 얻을 수 있는 원자가에 관한 변화(XANES) 또는 분자구조에 관한 정보(EXAFS) 등을 들 수 있다. 여기서는 이들 예들을 각기 하나씩 들어 보기로 하겠다.

앞의 8.3.4절에서 이미 기술한 바와 같이 니켈이 산화되면 $\alpha-Ni(OH)_2$가 되지만 이는 시간이 지나면서 또는 전극의 전위를 높여주면 $\beta-Ni(OH)_2$로 변한다는 사실을 분광학적 연구로 보여준 바가 있다. 그러나 DCVA를 사용해서 얻은 정보는 사실상 $\alpha-Ni(OH)_2$는 $Ni(0)$로 환원될 수 있으나 $\beta-Ni(OH)_2$는 환원이 불가능하다는 이미 알려진 사실에 따라 그와 같은 결론을 얻었을 뿐 uv-vis 전기분광학적인 실험이 직접적인 증거를 제시하지는 않는다. 여기서는 직접적인 증거를 얻을 수 있음을 보여주기로 하자. 이와 같이 직접적인 확인이 가능한 이유는 이미 많은 물질들의 X-선 회절이나 흡수에 관한 데이터가 많이 축적되어 있기 때문이다.

$\alpha-Ni(OH)_2$는 1 M KOH 용액에서 약 0.20 V(vs. SCE) 이상에서 $\gamma-NiO_2$로 산화되고, 다시 전위를 돌리면 $\alpha-Ni(OH)_2$로 환원된다. 이 과정을 거치는 사이에 $\alpha-Ni(OH)_2$는 서서히 $\beta-Ni(OH)_2$로 변한다. 즉 이와 같은 변화는 50 mV에서 400 mV 사이를 반복적으로 주사함으로써 산화-환원 과정이 반복되고 아울러 $\alpha-Ni(OH)_2$는 $\beta-Ni(OH)_2$로 변한다. 이때 100 mV에서 얻은 제자리 X-선 **회절 스펙트럼**을 그림 8.5.4에 보인다. 여기서 높은 반사각에서 보이는 두 개의 뾰족한 신호는 니켈기질의 (111) 및 (222) 평면으로부터 얻어지는 회절로부터 나오고 나머지 두 개의 넓은 봉우리들은 $Ni(OH)_2$ 속에서 수소결합한 물의 구조로부터 유래한다. 이들로부터는 $Ni(OH)_2$의 결정구조로부터 얻어지는 회절 봉우리들은 보이지 않는다. 이들의 회절을 얻기 위해서 400 mV에서 회절스펙트럼을 얻은 뒤 이들 둘로부터의 차이를 구하면 그림 8.5.5에 보인 것과 같은 회절 스펙트럼을 얻는다.[32] 여기에서는 매우 선명한 회절 봉우리 신호들을 볼 수 있으며 그 봉우리로부터 $\alpha-Ni(OH)_2$와 $\gamma-NiO_2$를 모두 확인할 수 있다. 여기서는 100 mV에서 얻은 스펙트럼에서 400 mV에서 얻은 회절 스펙트럼을 뺐으므로 $\alpha-Ni(OH)_2$는 0보다 큰 봉우리 신호로 $\gamma-NiO_2$는 0의 아래의 신호로 나타난다. 이와 비슷한 방법으로 $\beta-Ni(OH)_2$와 $\beta-NiOOH$의 변화도 명확하게 볼 수 있다.

---

32) G. W. D. Briggs and W. F. K. Wynne Jones, *Electrochim. Acta*, **7**, 241 (1962).

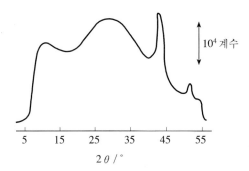

그림 8.5.4 Ni 전극을 산화시켜 얻은 $\alpha - Ni(OH)_2$ 박막으로부터 100 mV (vs. SCE)에서 얻은 회절 스펙트럼

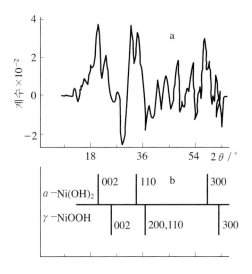

그림 8.5.5 $Ni(OH)_2$의 100 mV 및 400 mV 에서 얻은 회절 스펙트럼간의 차이 스펙트럼

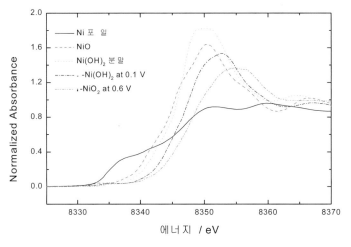

그림 8.5.6 여러 가지 원자가를 가지는 Ni 산화물들의 XANES 스펙트럼

두번째 예로 제시하고자 하는 바는 흡수 끝 에너지가 원소의 산화 상태에 따라 변한다는 XANES 스펙트럼의 해석결과이다. 그림 8.5.6은 몇 가지 니켈화합물의 흡수 끝 영역의 X-선 흡수 스펙트럼이다.[33] 이로부터 우선 몇 가지를 볼 수 있다. 첫째로 니켈이나 그 산화물들은 Ni K-끝(K-edge)의 흡수에 의해 약 8300 eV 이상에서 X-선 흡수가 나타나기 시작한다. 따라서 니켈을 함유하는 시료나 전극에 관한 연구를 할 때는 이 부근의 에너지를 가지는 X-선을 사용해야 함을 알 수 있다. 두번째로 흡수 끝에 도달하기 전에 비교적 낮은 흡수가 보이는데, 이를 흡수 끝 앞 스펙트럼(pre-edge spectrum)이라고 한다. 여기서는 생략하지만 이들도 많은 정보를 함유하고 있다. 끝으로 흡수 끝 스펙트럼이 시작되는 에너지가 원자가가 높아짐에 따라 점차적으로 증가함을 볼 수 있다. 이는 원자가가 증가하면 전자수가 줄어들고 이에 따라 K-각의 전자의 전이에 의한 흡수가 점점 더 어려워지기 때문이다. 이 때 얻어지는 XANES 스펙트럼에 나타나는 에너지는 주어진 원소의 주어진 원자가 상태 또는 다른 원소와 결합한 양상에 따라 달라지기 때문에 전기화학 실험시 전극 자체 또는 전극 반응생성물의 결합 상태가 어떻게 변하는가 등에 관한 정보를 얻을 수 있다. 이와 같은 실험은 제자리로 수행하는 것이 별로 어렵지 않으며 따라서 전극 반응이나 부식의 연구 등에 널리 사용될 수 있다. 많은 경우에 XANES 영역의 스펙트럼과 EXAFS 영역의 스펙트럼을 동시에 얻는 데는 특별한 노력이 더 필요한 것은 아니므로 EXAFS 영역의 스펙트럼도 함께 기록하는 것이 여러모로 유리하다.

그림 8.5.7에 20Å 두께의 Fe/Cr(13%) 박막을 0.1 M의 $NaNO_2$ 용액에서 부동화시킨 뒤 얻은 EXAFS 스펙트럼의 예를 보인다.[34] 이 시료는 유리 기질 위에 증착시킨 것으로

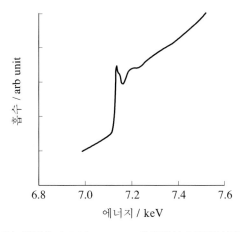

그림 8.5.7 Fe/Cr(13%) 합금을 0.1 M $NaNO_2$ 용액에서 부동화시킨 뒤의 EXAFS 스펙트럼

33) J.-W. Kim and S.-M. Park, *J. Electrochem. Soc.*, **150**, in press (2003).
34) C. Forty, M. Kerka, J. Robinson, and M. Ward, *J. Phys. (Paris), C8*, **47**, 1077 (1986).

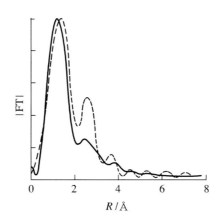

그림 8.5.8   그림 8.5.7에 보인 데이터의 EXAFS 부분을 푸리에 변환시킨 결과

그 두께를 얇게 해서 전 합금층이 부동태로 변하도록 한 것이다. 이 스펙트럼의 EXAFS 영역의 데이터를 푸리에 변환시킨 것을 그림 8.5.8에 도시한다. 여기에 γ—FeOOH로부터 얻은 데이터도 점선으로 함께 보인다. 이들과 또 딴자리 실험으로부터 얻은 결과로부터 얻은 결론은, 용액 속에서는 이 부동태의 성분이 γ—FeOOH이지만 용액 밖에서는 이 화합물이 탈수되어 γ—Fe$_2$O$_3$로 바뀜을 알 수 있었다.

X-선 분광학 실험은 전기화학 실험 중에 일어나는 물질이 구조의 변화 등을 직접적으로 알 수 있다는 장점이 있다. 이와 같은 이유로 지금까지는 이들이 금속이나 합금의 부식연구나 또 금속/합금의 전기도금 그리고 이차전지나 연료전지에 사용되는 전극촉매에 관한 연구에 강력한 도구를 제공하고 있다. 아직까지는 X-선 분광법이 널리 알려지지 않고 그 실험시설에 많은 비용이 요구되어 비교적 초기 상태에 있지만 **방사광 가속기** 시설이 일반에게 공개되고 또 비교적 쉽게 사용할 수 있도록 하는 기반시설이 잡혀 있어 앞으로 이 분야에 많은 발전이 기대된다. 일례로 포항가속기 연구소에는 전기화학 전용 EXAFS 빔 라인이 설치되어 있으며 전기화학 실험수행에 필요한 시설이 갖추어져 있다. 뿐만 아니라 이 빔 라인으로부터 얻어지는 X-선의 에너지 범위가 4500 eV에서 25,000 eV까지 비교적 넓은 영역이어서 전기화학 실험 중 여러 가지 전극 및 전극표면의 물질의 EXAFS 스펙트럼을 볼 수 있도록 한다.

8.6   이동탐침에 의한 전극 표면 조사

전극 표면의 입체적 모양을 원자 분자의 크기 수준에서 조사하기 위하여 표면 위를 정밀하게 더듬어 가는 날카로운 바늘 ─ 이를 탐침(probe)이라 한다. ─ 을 이용하는 방법들이 있다.[35) 이 방법에서는 **주사터널링 미시법**(scanning tunneling microscopy, STM)
에서 쓰는 이동탐침(scanning probe) 기술이 그 핵심이다.

그림 8.6.1이 거기에 쓰는 장치의 개략도이다.

시료 표면에 가까이 위치시킨 바늘을 표면에 평행한 방향 $x-y$축으로 또는 수직인 z
축 방향으로 움직이게 하기 위하여 각 좌표축에 따라 피에조 결정을 연결하고 필요한 전
압을 가한다. 압전현상(piezoelectric effect)을 나타내는 피에조 결정은 역압전현상으로
전압에 따라 결정의 크기가 변하는 것을 이용하는 것이다. 이에 의하여 바늘 끝의 위치가
수 마이크로미터의 범위 안에서 옹스트롱 크기로 미세 조정될 수 있다. STM에서는 시료
와 탐침 사이에 전압을 걸어주었을 때 시료 표면과 탐침 끝의 거리에 따라서 전자 터널링
(tunneling)에 의한 전류의 세기가 결정된다. 전류는 거리에 따라서 지수함수적으로 급
격히 감소하므로 탐침이 일정한 z값을 유지하면서 옆 방향으로 이동함에 따라 전류의 세
기를 기록함으로써 시료 표면과 탐침 사이의 거리, 즉 시료 표면의 높낮이 변화가 알려진
다. 또 다른 방법으로는, 전류의 세기를 되먹임 장치에 입력하여 탐침이 옆 방향으로 이
동해도 전류값이 일정하게 유지되도록 탐침의 z좌표가 변하도록 하면 역시 시료 표면의
높이 변화가 기록된다. 최고의 공간적 분별 수준(resolution)은 0.1 Å 정도이다.

이 STM 기술은 1980년대에 전도체의 표면에 대한 진공 중의 조사를 위하여 발명되어
(1986년 노벨상 수상자 Binning과 Rohrer의 업적) 발전하여 왔으나 이제 이동탐침의 여
러 가지 응용은 전극 표면의 제자리(*in situ*) 검사에도 이용되게 되었다. 전기화학적 주사
탐침 미시법(scanning electrochemical microscopy, SECM)[36)에서는 전해질 용액 속에

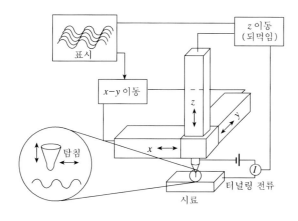

그림 8.6.1 이동 탐침 실험의 개략도

35) S. N. Magonov and M.-H. Whangbo, *Surface Analysis with STM and AFM: Experimental and Theoretical Aspects of Imaging Analysis.*, VCH, 1996.

36) A. J. Bard, G. Denault, C. Lee, D. Mandler, D. O. Wipf, *Acc. Chem. Res.*, 1990, **23**, 357.

서 전극과 탐침 사이에 흐르는 전류를 이용하는 기술이다. 탐침은 금속의 표면이 끝에서만 용액에 노출되도록 금속을 유리관에 밀봉하고 끝 부분만 갈아낸다. 탐침과 전극 사이에 존재하는 이온들이나 전극반응물질 때문에 흐르는 전류를 이용하기 때문에 미세한 구역별로 물질의 특성과 반응을 조사할 수 있는 방법이다. 여기서의 분별능력은 STM보다는 떨어진다.

전자의 터널링을 이용하지 않으나 탐침의 미세 훑기(주사)를 이용하는 방법 중에 특히 전극 표면의 모양 또는 흡착 분자들의 표면 배치를 조사하는 좋은 방법에 **원자힘 탐침법**(atomic force microscopy, AFM)이 있다. 이 방법은 전축 바늘과 같이 용수철 막대에 고정된 탐침이 시료 표면을 옆 방향으로 이동할 때 탐침의 끝과 시료 표면 원자들 사이의 상호작용 힘에 의하여 바늘의 높낮이가 미세하게 변하는 것을 기록하는 방법이다. AFM은 터널링 방법과 달리 표면이 전도성을 띠는 시료에만 국한되지 않는 장점도 있다. AFM의 공간적 분리 능력은 STM에 약간 뒤지는 정도이다.

이런 이동 탐침에 의한 표면 조사 실험 방법의 발달로 인하여 이제는 전극 표면의 원자 분자까지 "보면서" 실험하는 것이 가능하게 되었다. 단결정 표면의 원자배열이 보이고 그 위에 흡착된 화학종의 배열의 규칙성도 보인다. 흡착 원자의 이동도 관찰된다. 이런 실험들은 실험실 환경으로부터 오는 진동이 장치에 전달되지 않도록 철저한 보호를 하여야 성공할 수 있다. 물체의 조그만 진동도 그 진폭이 원자의 스케일보다 크기 때문이다. 탐침에 쓰이는 재료는 텅스텐이나 백금 또는 백금의 합금으로 끝이 뾰족하게 하기 위하여 에칭을 시킨다. AFM에서는 다이아몬드나 질화규소 바늘을 쓰고 바늘이 고정된 용수철 막대의 휨이 나타나게 하기 위하여 작은 거울을 붙이고 레이저 광선의 반사각도를 기록한다.

이상에서 본 바와 같이 표면의 원자 분자들의 배열을 조사하는 몇 가지 기술들의 공통점은 원자 크기로 미세하게 움직임을 조절할 수 있는 탐침들을 쓰는 것인데 그 움직임의 조절은 역피에조 현상을 이용하여 이루어지며, 표면의 원자들에 근접하여 움직이므로 이동탐침 또는 근접탐침(proximal probe)이라고도 한다. 이런 근접탐침을 쓰는 표면 조사의 방법들로 얻은 표면 분자들의 배열 모양들을 그림 8.6.2에 예로 보였다. 첫째 그림(A)는 티올 분자들이 금 단결정 표면에 자기조립하여 이룬 단분자 막(10.6.2절 참조)을 STM으로 조사하여 얻는 그림인데, 밝고 어두운 부분이 표면의 높낮이를 등고선과 같이 나타낸다. 밝은 곳이 표면의 높은 곳(티올 분자의 끝 부분)이다. 티올 분자들의 배열이 규칙적으로 배열된 것을 알아볼 수 있다. 이 것은 그 밑에 있는 금의 표면 원자들의 배열이 규칙적이기 때문이다. 둘째 그림(B)는 은의 결정면에 흡착한 안트라퀴논-2-카르복실산 분자들의 배열을 원자힘 탐침(AFM) 기술의 한 가지인 측면 마찰력 탐침법으로 조사한 결과를 나타내는데 밝은 부분이 마찰이 큰 곳(분자의 몸체가 있는 곳)이고 어두운 부분은 마

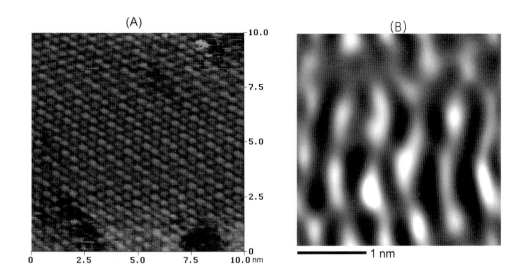

그림 8.6.2 금속표면에 흡착된 분자들의 배열을 이동탐침 기술로 조사한 결과. (A) 금 결정표면에
흡착한 티올 분자들이 자기조립한 모양을 STM으로 얻은 그림[37] (B) 은 결정 표면에 흡
착한 안트라퀴논-2-카르복실산 분자들을 AFM으로 본 모양[38]

찰이 적은 곳(비어있는 곳)이다. 길쭉한 벽돌 모양의 배열이 보이는 것은 이 유기산 분자
들이 납작한 분자 평면들이 서로 평행이 되게 촘촘한 배열을 하고 서있는 것을 나타낸다.

근접탐침은 표면을 그리는 데 뿐만 아니라 표면의 원하는 위치로 원자를 이동하여 놓는
데에도 사용된다. 원자들을 모아 한 두 개의 분자를 만들거나 특수한 원자 배열의 구조를
만드는 것이 가능하게 되었다. 이런 기술은 앞으로 혁신적인 기술을 낳을 나노과학(na-
noscience)과 나노기술(nanotechnology)을 발전시키는 데 핵심적인 역할을 할 것이
다.[39]

37) Kohei Uosaki (Hakkaido U.) 제공
38) *Lamgmuir*, **1998**. *14* 권 표지 그림 [p. 6113 김관 등(Han, S. W. ; Ha, T. H.; Kim, C. H.; Kim, K.)의
    논문에서]
39) Special Reports by R. Dagani, and by M. Jacoby, *C & EN*, October 16, 2000, p. 27-35

참 고 문 헌

1. J. R. MacDonald, *Impedance Spectroscopy*, Wiley/Interscience, New York, 1987.

2. A. J. Bard and L. R. Faulkner, *Electrochemical Methods*, Wiley, New York, 1980, Chapter 9.

3. I. Rubinstein, Ed., *Physical Electrochemistry, Principles, Methods, and Applications*, Marcel-Dekker, 1995.

4. C. Gabrielli, *"Identification of Electrochemical Processes by Frequency Response Analysis,"* Technical Report No. 004/83, Solartron, Hamphshire, Engliand, 1984.

5. R. de Levie in *Advances in Electrochemistry and Electrochemical Engineering*, P. Delahay and H. Gerischer Eds., Vol. 6, Wiley/Interscience, New York, 1967.

6. J. O'M. Bockris and S. U. M. Kahn, *Surface Electrochemistry*, Plenum, New York, 1993, Chapter 3.

7. F. Mansfeld in *Advances in Corrosion Science and Technology*, Vol. 6, Plennum Press, New York, 1976.

8. I. Epelboin, C. Gabrielli, M. Keddam, and H. T. Takenouti, *"Progress in Electrochemical Corrosion Testing,"* Proceedings of the ASTM Symposium, F. Mansfeld and U. Bertocci Eds., ASTM Publications, Washington, DC., 1981.

9. J. R. MaCullum and C. A. Vincent Eds., *Polymer Electrolyte Reviews*, Elsevier Applied Science, London, 1987.

10. R. J. Gale, Ed., *Spectroelectrochemistry - Theory and Practice*, Plenum Press, New York, 1988.

11. H. D. Abruňa Ed., *Electrochemical Interfaces - Modern Techniques for In-Situ Interface Characterization*, VCH Publishers, Inc. New York, 1991.

12. A. J. Bard and L. R. Faulkner, *Electrochemical Methods, Principles and Applications*, Wiley, 1980.

13. P. T. Kissinger and W. R. Heineman, *Laboratory Techniques in Electroanalytical Chemistry*, Marcel Dekker, 1984.

14. R. Greef, R. Peat, L. M. Peter, D. Pletcher, and J. Robinson, *Instrumental Methods in Electrochemistry*, Ellis Horwood, 1985.

15. *新編 電氣化學測定法*(일본어), 일본전기화학회, 1988.

연 습 문 제

1. 식 (8.1.3)에서 실수부분과 허수부분 사이의 관계는 실수부분 축의 $(R_p + R_s)/2$에 그 중심을 가지며 지름 R_p의 값을 가지는 원의 방정식임을 증명하라.

2. 다음은 간단한 산화·환원 전극 반응 시스템에 대한 임피던스 그림이다. 용액의 저항, 편극 저항, Warburg 임피던스 등을 그림에 나타내고 그림에 대한 간단한 설명을 하여라. 또한 이 데이터

로부터 어떻게 R_s, R_p, C_d 및 W의 값을 구할 수 있는가 설명하라.

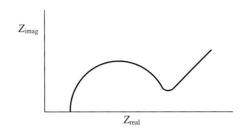

3. 식 (8.3.4)를 유도하라. 이 식을 대시간 전하법에 사용되는 식과 비교하고 이들로부터 어떤 정보를 얻을 수 있는가를 설명하라.

4. 전기 분광학 실험을 하여 전기화학적으로 생성된 물질의 몰 흡광도를 구하는 방법을 설명하라.

5. 타원편광 실험(ellipsometry)의 원리를 간단히 설명하고 이 실험으로부터 얻을 수 있는 정보는 무엇인지 설명하여라.

6. 삼변수 타원편광 실험은 이변수 타원편광 실험과 대비하여 다른 점이 무엇인가?

7. 전극 표면에 생기는 얇은 막에 대해 연구한 학생이 타원편광 실험 결과를 발표하는데 데이터에 다음과 같은 것들을 포함시켰다. 그런데 중요한 한 가지가 빠졌다. 그것은 무엇인가?
　　포함된 것: 사용 파장, 용액의 굴절률, 위상차 각도 $\varDelta$, 진폭 비 각도 $\varPsi$

　　　　　　☞ 광선의 입사각. 입사각의 값 없이 주어지는 $\varDelta$와 $\varPsi$는 정량적 의미가 없다.

8. 이동탐침에 의한 표면 분석법들의 공통적인 핵심기술은 무엇이며 이에 속하는 주사터널링 미시법과 전기화학적 이동탐침법, 원자힘 탐침법들 각각의 특징은 무엇인지 설명하여라.

9. 이차 전지의 충·방전 실험 동안에 그 전극의 성분, 결정구조, 표면 형태(morphology) 등의 변화를 알아내려면 어떤 실험이 적합할 것인가?

9

분석전기화학

9.1 분석방법으로서의 전기화학

전기화학은 초기에는 물리학 또는 물리화학의 한 분야로 발전되어 왔었지만, 1922년 체코의 J. Heyrovsky가 폴라로그래피(polarography)를 발명하여 1959년에 노벨 화학상 수상이 계기가 되어 분석방법으로서도 크게 발전되었다. 요즈음에는 폴라로그래피를 미량분석의 방법으로 분류하기에는 그 분석감도가 낮고 측정한계가 너무 높지만, Heyrovsky가 폴라로그래피를 발명했을 때는 획기적인 미량분석법으로 평가되어 1933년 New York Times에 그의 사진과 함께 소개될 정도였다.[1] 물론 당시에 발명된 직류(DC) 폴라로그래피로는 측정한계가 약 10^{-5} M이므로 오늘의 기준으로는 미량분석의 근처에도 가기 어려울 정도이지만 근래에 들어와 다른 방법으로 다양하게 발전되어 그 분석감도가 매우 증가하였다. 본 장에서는 이들 폴라로그래피와 분석에 사용되는 센서들을 소개하겠다.

분석전기화학 방법의 시작이라고 할 수 있는 초기의 폴라로그래피 실험에서는 전위를 서서히 변화시키는 경사 전압(ramp)을 계속해서 떨어지는 **수은방울 전극**(dropping mercury electrode, dme)에 인가하면서 얻어지는 전류를 전위의 함수로 도시하였다. 폴라그래피법의 고질적인 단점인 커다란 잡음을 제거하기 위하여 이 방법은 소위 신호채취 폴라로그래피(tast polarography)로, 다시 정상펄스 폴라로그래피(normal pulse polarography, NPP)로, 더욱더 개선하여 펄스차이 폴라로그래피(differential pulse polarography, DPP)로, 그리고 요즘은 네모파 폴라로그래피(square wave pulse polarography, SWPP) 등으로 발전되었다. 이처럼 변하는 동안에 이들 방법들의 분석감도는 점점 좋아져 이제는 10^{-8} M 정도까지는 비교적 쉽게 측정할 수 있으며, 분석 희망물

---

1) H. A. Laitinen and G. W. Ewing, *"A History of Analytical Chemistry,"* American Chemical Society, Washington, DC, 1977, 252쪽.

질의 농축과정을 포함하는 벗김 분석법을 사용하면, $10^{-11} \sim 10^{-13}\,M$ 까지도 쉽게 그 측정 한계를 낮출 수 있다.

많은 화학자들이 폴라로그래피와 전압-전류법(voltammetry)을 구별하지 못하는 경우가 많다. 폴라로그래피에서는 모세관의 끝으로부터 일정한 시간 간격으로 떨어지는 적하 수은 전극(dropping mercury electrode, dme)을 사용하지만, 전압-전류법에서는 고체 전극이나 정지된 수은 전극(hanging mercury electrode, hme)을 사용한다. 재미있는 사실은 Heyrovsky가 수은 전극을 알게 된 것은 폴라로그래피 발명의 행운을 주기 위한 운명적인 사건이었다고 보는 이들도 있다. 왜냐하면, 이상적인 전극물질로 생각되었던 백 금이나 금 또는 탄소 전극을 사용했더라면 폴라로그래피는 영원히 빛을 볼 수가 없었을 수도 있었기 때문이다. 4.2절에서 언급되었고 그림 10.1.2에 나타낸 바와 같이 이들 전 극, 특히 백금 전극에서는 물을 전해질로 사용하고 pH = 0.0인 경우에 0 V(vs. SHE) 이 하에서는 물이 환원되어 수소가 격렬히 발생되어 금속 이온의 환원을 볼 수 없기 때문이 다. 단지 수은 전극에서만 수소 환원에 대한 과전압이 커서 금속 이온들은 환원하며, 수 용액에서 수소이온이 환원될 수 없기 때문에 폴라로그래피의 측정이 가능했던 것이다. 더 욱 중요한 것은 많은 금속들이 환원된 뒤에는 상당한 활성을 가지고 있어, 물로 다시 녹 아 들어가는 반면에 수은과는 아말감을 형성하여 녹지 않는다는 사실도 전극으로서는 매 우 중요한 특성이다.

폴라로그래피 실험에서는 비교적 작은 전류를 흘리므로 대전극을 사용하는 일이 별로 없고 기준전극을 대전극으로 동시에 사용함이 보통이다. 7장 및 8장에서 기술한 전기화학 실험과 본 장에서 기술하는 폴라로그래피 실험에서는 주어진 전위의 범위 안에서 전해되 지 않는 염을 가해 소위 **지지전해질**(supporting electrolyte)로 사용한다. 지지전해질을 사용하는 데는 두 가지의 목적이 있다. 첫째는 용액의 전도도를 높여주어 전류를 흘리는 데 문제가 없도록 하자는 목적이고 또 하나는 이온화된 전해가능물질, 예를 들면 Cd^{2+}, Pb^{2+}, Zn^{2+} 또는 CrO_4^{2-} 등과 같은 이온들이 전장 기울기(electric field gradient)에 따른 이동(migration)을 최소화시키자는 데 있다. 이들 목적을 위해서는 최소한 0.1 M 이상 의 지지전해질을 사용해야만 용액의 전도도 충분히 높아지고 또한 전해질에 의한 이동 의 상대적 분율이 피분석물질에 의한 그것보다 훨씬 커서 소위 **이동전류**(migration current)를 효과적으로 억제하고 피분석물질에 의한 **확산전류**(diffusion current)만 다 루게 된다. 수용액에서 자주 사용되는 지지전해질로는 KCl, KNO_3, $NaClO_4$ 등과 같은 염이며 비수용액을 사용하는 경우에는 $(C_4H_9)_4N^+ClO_4^-$ (tetrabtutylammonium perchlorate)와 같은 유기염을 사용한다.

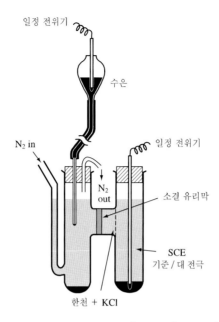

그림 9.1.1 폴라로그라피 실험에 사용되는 H형 셀

폴라로그라피 실험에서는 전위를 서서히 변화시키면서 적하수은 전극(dropping mercury electrode)에서 환원전류를 측정하므로 이미 7.2절에서 언급한 바 있는 일정전위기를 사용한다. 그러나 적하수은 전극 또는 정지 수은전극 등을 사용하는 관계로 수은 용기를 비교적 높은 위치에 놓고 수은 방울을 유리 모세관을 통하여 지속적으로 떨어뜨리면서 실험을 한다. 이와 같은 배치는 그림 9.1.1에 간단히 그 개념을 제시한다.

분석전기화학이 다른 분석법에 비하여 그 범용성이 뒤지기는 하지만, 검출한계 등에서는 다른 방법들을 따라잡고 있다. 이처럼 단점이 있는 반면에 장점도 있다. 분석방법 중 가장 분석감도가 높고 범용성이 좋은 원자 흡수 분광법은 여러 원소에 편리하게 사용되지만 단점으로는 같은 원소의 경우에 그 원자가를 구별해 낼 수가 없다. 예를 들어 크롬의 함량을 분석하는 경우에 원자 흡수 분광법에서는 크롬의 원자가에 상관없이 총 크롬의 양을 분석할 수는 있지만, 크롬 6가인지 3가인지 등에 관해서는 알 수가 없다. 이는 환경분석 등에서 매우 중요한데, 그 이유는 크롬 6가는 맹독성인 반면에 3가는 독성이 적기 때문이다. 또 한가지 전기화학 분석법의 장점은 분석시 사용되는 계기가 매우 저렴하며, 휴대용 계기도 비교적 쉽게 제작할 수 있다는 점이다. 이 점은 엄청난 가격을 치러야 하는 원자 분광법과 매우 좋은 대조를 이룬다.

이 장에서는 DC 폴라로그래피 실험으로부터 시작해서 그로부터 유도된 다른 폴라로그래피 법들, 전압-전류법 방법들, 벗김 전압-전류법(anodic stripping voltammetry), 그리고 전기화학 센서 등에 관하여 살펴보기로 하겠다.

9.2 DC 폴라로그래피

9.2.1 DC 폴라로그래피에서 얻어지는 확산전류

DC 폴라로그래피 실험에서는 위에서 지적한 바와 같이 dme를 사용한다. 이 전극은 유리로 된 모세관 끝에서 용액 속으로 주기적으로 떨어지며 그 주기는 모세관의 반지름과 수은 그릇이 달려 있는 높이에 따라 0.5 내지 3초 정도 된다. 따라서 이 전극이 자라기 시작하는 점에서 떨어질 때까지는 전극이 있는 셈이지만 떨어진 뒤 새로 시작할 때에는 전극이 없어진다. 그림 7.4.1에 보인 바와 같이 이와 같은 전극에 서서히 증가하는, 예를 들면 1~10 mV/s의 기울기를 가지는, 경사 전위를 가해준다. 그림 7.4.1에 보인 순환 전압-전류 곡선과의 차이는 전압의 증가속도가 매우 느리고 전위를 한 방향, 즉 음극 쪽으로 증가시킨 뒤 되돌리지 않는다는 점이다. 이 경사 전위의 증가속도가 느리고 수은방울이 떨어질 때까지의 시간이 비교적 짧아서 수은 전극이 생겼다가 떨어지는 동안에는 전위가 변하는 실험으로 보기보다는 7.1절에서 이미 다룬 바 있는 일정전위 실험으로 간주할 수 있다. 따라서 이로부터 얻어지는 전류는 6.7절에서 얻었던 Cottrell 식, 즉 식 (6.7.20)의 형태를 가진다. 단지 이들이 서로 다른 것은 식 (6.7.20)에 나타난 전류는 일차원의 확산층을 가지는 원판 전극에서 얻어지는 반면에 이 절에서 다루는 전극은 구형 전극일 뿐아니라 전극 자체가 시간의 함수로 자라고 있다는 점이다(7.7.1절 참조). 그러나 전해물질의 구형 전극에로의 확산은 너무 복잡하고 어차피 수은 전극이 처음에 시작할 때는 원판 전극과 크게 다르지 않으므로 원판 전극으로 단순화시킨 뒤 전극이 자란다고 단순화시켜 취급하고자 한다. 이 밖에도 dme는 몇 가지의 특징을 가진다. 수학적인 식들에 관해 살펴보기 전에 이들 특징을 생각해 보기로 하자. 이들은

① 전극이 계속해서 바뀌어 새로운 전극으로 되므로 전기화학 실험의 문제 중의 하나인 흡착으로 인한 영향을 적게 받거나 받지 않게 된다.
② 전극이 확산층으로 계속 팽창하므로 수은방울이 자라는 동안 확산층이 계속 얇아진다. 이에 의한 영향을 고려해야 한다.
③ 전극의 팽창은 확산뿐이 아닌 대류(convection)에 의해서도 물질운반을 초래하게 된다.
④ 전극이 떨어지는 모세관은 두꺼운 유리로 되어 있어 그로부터 소위 가려막기 효과(shielding effect)를 가지게 된다.
⑤ 끝으로 가장 중요한 점은 전극이 계속 자라므로 전극의 면적이 시간의 함수로 증가한다는 사실이다.

우선 위에서 지적한 사실 중 맨 끝에 지적한 면적의 변화가 어떻게 Cottrell 식에 영향

을 미치는가를 살펴보자. 다시 말하면, Cottrell 식의 면적에 해당하는 항만 바꾸어 보자. 수은방울의 면적 [$A(t)$]은 시간 (t)의 함수로 커지며 이는 $A(t) = 4\pi[r(t)]^2$의 관계를 가진다. 여기서 $r(t)$는 시간에 따라 변하는 방울 전극의 반지름이다. 따라서 일정한 시간 간격으로 떨어지는 방울 전극의 총 무게 역시 시간의 함수이며 다음과 같은 표현을 가진다. 즉,

$$V(t) \cdot d = mt = \frac{4}{3}\pi[r(t)]^3 d$$

로 표시되며 여기서 m은 mg/s의 단위를 가지는 수은방울의 유속이고, d는 수은의 밀도이다. 이 식으로부터 $r(t)$의 값을 구하여 면적식에 대입하면

$$A(t) = 4\pi\left(\frac{3}{4\pi d}\right)^{2/3} m^{2/3} t^{2/3}$$

이 되며 이를 다시 Cottrell 식 (6.7.20)에 대입하면 다음과 같은 수은 전극에서의 전류를 얻는다. 즉,

$$I_d(t) = 4\left(\frac{3}{4\pi d}\right)^{2/3} \pi^{1/2} m^{2/3} nFC_O^* D_O^{1/2} t^{1/6}$$

의 복잡한 식이 되며 이 식의 π값, F값, 그리고 수은의 밀도 1.354×10^4 mg/cm^3 등의 값을 넣은 다음 전해가능물질의 전극표면에로의 확산으로 인하여 확산층이 얇아지는 영향(deletion effect)인 $(7/3)^{1/2}$을 곱해주고 정리하면,

$$\boxed{I_d(t) = 708 n D_O^{1/2} C_O^* m^{2/3} t^{1/6}} \tag{9.2.1}$$

이 된다. 이 식에 시간 t와 수은의 흐르는 속도가 들어갔을 뿐 근본적으로 Cottrell 식과 다르지 않다. 이 식은 D. Ilkovic에 의하여 처음으로 얻어졌으므로 Ilkovic 식이라고 한다.[2] 이 식에서 사용하는 단위는 각각 $I_d(t)$는 A, 농도 (C_O^*)는 mole/cm^3, 그리고 D_O는 cm^2/s임을 주의하기 바란다.

Ilkovic 식이 알려주는 것은 단위 방울수명 동안에 확산전류는 전자전이 숫자 n, 전해되는 화합물의 농도 C_O^*에 따라 그 크기가 달라지지만, 시간의 1/6제곱의 함수로 증가함을 알 수 있다. 따라서 일정한 전위에서 단위 방울수명 동안의 확산전류 $I_d(t)$는 그림 9.2.1에 보인 모양과 같은 형태를 취한다. 실제로는 전위가 느리긴 하지만, 서서히 변하

---

2) 원 논문에 관심 있는 독자는 D. Ilkovic, *Collect. Czech. Chem. Commun.*, **6**, 498 (1934); *J. Chim. Phys.*, **35**, 129 (1938)을 보기 바란다. 20세기 초기에는 *Collection of Czech. Chemical Communication*이 전기화학 발전에 매우 중요한 논문들을 많이 실었다.

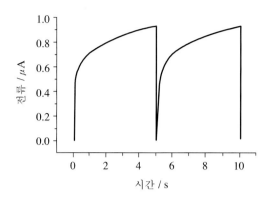

그림 9.2.1 $n=1$, $D_O = 1 \times 10^{-6}\,\mathrm{cm^2/s}$, $C_O^* = 1\mathrm{mM}$, $m = 1\mathrm{mg/s}$를 사용하여 계산한 확산전류

고 있고 방울의 숫자가 늘어남에 따라 전기분해에 요구되는 과전압을 서서히 증가시키므로 확산전류는 0에서 시작해서 점점 커지다가 어느 전위이상 되면 더 이상의 증가는 없게 된다. 이들을 모두 연결하여 전류를 전위의 함수로 도시하면 그림 9.2.2에 도시한 바와 같은 폴라로그램(polarogram)을 얻는다. 이 폴라로그램에서는 7.4절에서 소개한 일정속도 전위훑기 실험(linear sweep voltammetry)에서 보았던 봉우리 전류는 보이지 않고 평평한 전류가 관측된다. 이는 일정속도 전위훑기 실험에서는 확산층이 연속적으로 늘어나므로 높은 전위에서는 선속(flux)이 줄어들어 전류가 감소하지만, 폴라로그램에서는 새로운 방울이 형성되어 번번이 새로운 확산층을 만들기 때문이다. 또한 방울이 떨어지면서 생기는 대류로 인하여 새로운 초기 조건으로 시작되는 것도 이와 무관하지 않다.

이 그림에서 보는 평평한 전류는 확산에 의하여 전기화학 반응이 제한되어 관측되므로 이를 **확산전류**(diffusion current, I_d), 한계 전류(limiting current) 또는 확산제한전류 (diffusion limited current)라고 부른다. 이 확산전류는 위의 식 (9.2.1)에서 본 바와 같이 주어진 실험조건하에서 농도에 직접 비례하므로 이 방법은 물질분석에 사용될 수 있었던 것이다. 이 확산전류의 반이 되는 지점의 전위를 **반파 전위**(half-wave potential, $E_{1/2}$)라고 부르며

$$E_{1/2} = E^{\circ\prime} + \frac{RT}{nF}\ln\frac{D_R^{1/2}}{D_O^{1/2}} \tag{9.2.2}$$

임을 쉽게 증명할 수 있다. 이 식에서 대부분의 경우에 $D_R \cong D_O$이므로 $E_{1/2} \cong E^{\circ\prime}$이다. 즉, 반파 전위의 측정은 곧 식 (2.4.4)로 표현되는 열역학적 상수이며 표준전위의 근사값인 형식 전위의 측정이 된다. 폴라로그래피 측정의 가장 중요한 것은 바로 이 점이다. 즉 확산전류의 농도 의존과 전극 반응의 열역학적 상수를 직접 측정한다는 점이다. 전위훑기 실험에서 측정되는 봉우리 전위도 궁극적으로 열역학적 전위에 연결되지만, 그것은 전극

반응이 가역적이라는 가정하에서이다. 반면에 폴라로그래피 측정에서의 반파 전위는 반응의 가역성을 가정하지 않는다.

9.2.2 DC 폴라로그래피의 한계

DC 폴라로그래피의 방울 하나 동안 얻어지는 전류는 Ilkovic 식으로 계산 또는 예측된다. 이때 얻어지는 패러데이 전류가 수은 전극의 전기이중층을 충전하는 데 사용되는 전류와 비슷할 만큼 전해물질의 농도가 낮아지면, 이 충전전류는 무시할 수 없는 잡음신호가 된다. 이 잡음의 크기가 패러데이 전류의 크기의 1/3 이상이 되면 측정이 어려워지고 검출한계에 도달하게 된다. 따라서 여기서 이 충전전류에 관하여 간단히 살펴보자.

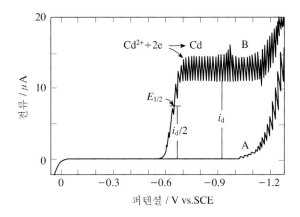

그림 9.2.2   1M HCl 전해질로부터 얻은 polarogram: (A) Cd^{2+}를 함유하지 않을 때 및
(B) 0.50 mM Cd^{2+}를 함유할 때

단위면적당 커패시턴스 C_d를 가지는 전기이중층을 충전하는 전하의 양을 Q_d이라고 한다면 우리는 $Q_d = C_d \cdot A(t) \cdot (E_z - E)$의 표현으로 이 양을 나타낼 수 있다. 여기서 E_z는 전극 표면의 전하가 0일 때의 전위이며, 면적을 $A(t)$로 쓴 이유는 전극의 면적이 시간에 따라 변함을 나타내기 위해서이다. 전기이중층을 충전하는 전류는 전하의 시간에 대한 일차미분이므로 그 값은

$$I_c = \frac{dQ_d}{dt} = C_d(E_z - E) \cdot \frac{dA(t)}{dt}$$

가 되며 C_d는 전위에 따라 변하지 않는다는 가정하에서 이와 같은 식을 쓸 수 있다. 여기에 (9.2.1)식을 유도할 때 사용했던 면적에 관한 식을 사용하여 이를 윗식에 대입하고 정리하면

$$I_c = 0.00567 \, C_d(E_z - E) \, m^{2/3} \, t^{-1/3} \tag{9.2.3}$$

을 얻는다. 따라서 식 (9.2.1)을 식 (9.2.3)으로 나누면 신호 대 잡음의 비 (S/N)가 되며 이로부터 얻어지는 식에 C_d의 값으로 $20\,\mu\text{F}$와 $D = 1.0 \times 10^{-6}\,\text{cm}^2\text{s}^{-1}$을 사용하여 계산 하면 다음과 같은 표현을 갖는다. 즉,

$$\frac{I_d(t)}{I_c} = \frac{S}{N} = 2 \ \text{또는} \ 3 = 6 \times 10^6 \cdot \frac{C_O^* \cdot t^{1/2}}{(E_z - E)}$$

여기서 $(E_z - E)$의 값을 $0.2\,\text{V}$로, 그리고 t를 $4\,\text{s}$로 놓고 최소농도를 구해보면 C_O^* $= 5 \times 10^{-8}\,\text{mol cm}^{-3} = 5 \times 10^{-5}\,\text{M}$ 정도 됨을 알 수 있다. 실제로는 전류가 잡음 발생형인 미분형태이므로 이보다 검출한계가 더 높은 경우가 대부분 이어서 $1 \times 10^{-5}\,\text{M}$ 이하가 되 면 전기이중층 충전전류와 경쟁하게 되어 좋은 폴라로그램을 얻기 힘들다. 따라서 DC 폴 라로그래피로 정량 분석할 수 있는 검출한계 농도는 약 $1 \times 10^{-5}\,\text{M}$ 정도이다. 이미 지적했 던 대로 이 검출한계는 오늘날의 미량분석으로서는 받아들일 수 없는 숫자이다. 이와 같 은 이유로 검출한계를 낮추기 위하여 다각도의 노력이 진행되었으며 그 결과들을 다음 절 에서 기술하고자 한다.

9.3   그 외 다른 폴라로그래피나 전압-전류법들

위 절에서 기술한 바와 같이 DC 폴라로그래피는 그 감도에 한계가 있고, 이 한계를 극 복하려는 노력은 다각도로 이루어졌다. 그 첫째 노력이 소위 **신호채취**(tast) **폴라로그래 피**인데 "tast"는 독일말로 영어에 "sampling", 즉 "신호채취"에 해당되는 단어이다. 식 (9.2.1)을 보면 패러데이 전류는 시간에 따라 $t^{1/6}$으로 증가하는 반면, (9.2.3)식에 따라 $t^{-1/3}$으로 감소하고 있다(식 7.3.2 참조). 따라서 얼마간의 시간이 지난 뒤에는 패러데이 전류가 충전전류에 비하여 훨씬 크므로 신호채취 폴라로그래피 실험에서 얻어지는 신호 를 모두 기록하는 게 아니고 수은방울이 시작된 뒤 일정한 시간 뒤에 흐르는 전류신호를 "채취(sampling)"하는 방식이다. 이런 방식을 사용하여 수은 전극의 각 방울이 시작되기 직전에 채취한 전류의 값들을 전위의 함수로 도시한 것이 신호채취 폴라로그램이다. 신호 채취 폴라로그래피에서는 수은방울이 시작된 뒤 긴 시간을 보낸 뒤에 신호를 채취할수록 신호 대 잡음 (S/N) 비가 좋아짐을 알 수 있다. 약 3초쯤 후에 신호를 채취함으로써 검출 한계를 약 $1 \times 10^{-6}\,\text{M}$까지 낮출 수 있다. 이 방식은 오늘날 별로 사용되지 않으나 폴라로 그래피 발전의 역사적인 의미를 가진다고 하겠다.

다음 단계로 개선된 방식이 소위 **정상펄스 폴라로그래피**(normal pulse polarography, NPP)이다. 신호채취 폴라로그래피에서는 근본적으로 재래의 DC 폴라로그래피에서 하는 실험과 같으나 그 신호채취 방식만 좀 다르게 하였다. NPP에서는 그 사용하는 실험방식

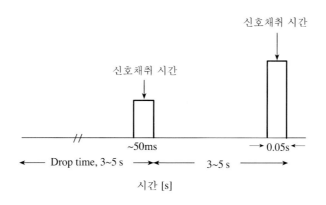

그림 9.3.1   NPP 실험에 사용되는 전위의 파형

부터 DC 폴라로그래피와는 다르다. 첫째로 DC 폴라로그래피에서 사용하던 경사 전위를 사용하지 않고 그림 9.3.1에 도시한 바와 같이 약 50 ms의 펄스를 매 방울마다 한번씩 사용한다. 이와 같은 실험을 하기 위해서는 방울이 떨어지는 시간이 일정해야 하므로 소위 방울망치(drop knocker)를 사용하여 수은방울이 떨어지는 유리 모세관을 일정한 시간 간격으로 한번씩 때려 떨어트린다. 따라서 실제 실험에서는 수은방울이 다 자랄 때까지 기다리다가 방울을 떨어트리기 50 ms 전에 50 ms 길이의 펄스를 가한다. 펄스를 가하면 패러데이 전류는 우리가 잘 아는 Cottrell 식으로 표현되는 전류인

$$I_d(t) = \frac{nFAD_O^{1/2}C_O^*}{(\pi t)^{1/2}} \tag{6.7.20'}$$

식을 얻게 된다. 이때 전해시간 t는 전류를 채취한 시간 τ에서 펄스를 시작한 시간 τ'을 뺀 시간이다. 보통의 경우 τ는 수은 전극을 떨어트리기 전 약 17ms로 한다. 즉 t의 값은

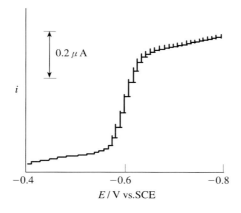

그림 9.3.2 1×10^{-5} M의 Cd^{2+}가 포함된 0.01 M의 HCl 용액으로부터 얻은 NPP

33 ms 정도의 짧은 시간이다. 신호채취 시간은 임의로 조절할 수 있으나 여기에 기술한 시간은 EG&G PAR 회사의 계기에서 사용하는 신호채취 시간이다. 분모의 t값이 작으므로 Cottrell 식으로 표현되는 전류는 상당히 크다. 이 전류가 큰 또 하나의 이유는 매번 수은 전극을 떨어트린 뒤에는 전위를 반응이 일어나지 않는 기준 전위(base potential)로 되돌리므로 펄스로 인하여 형성되었던 확산층이 새로이 수은방울이 자라는 시간인 3~5초 동안에 원상태로 돌아가게 된다. 원상태로 돌아간다는 것은 확산층이 없어진다는 얘기이며 따라서 다음에 펄스를 가할 때 전해물질의 커다란 환원가능 물질의 선속이 형성되므로 가능한 최대의 전류를 얻는다. 이 전류를 비교적 짧은 시간에 채취하므로, 신호가 상대적으로 클 수밖엔 없다. 그러나 펄스를 가한 뒤 33 ms 정도 뒤에는 충전전류는 실질적으로 0에 가까워질 것이다(충전전류는 계단 전위를 가했을 때, 즉 방울이 시작될 때 관측되는 충전전류인 i_c^o에서 $i_c^o e^{-t/RC}$로 그 값이 급격히 감소한다. 여기서 R은 용액의 저항이고 C는 전극/전해질 간의 이중층의 커패시턴스이다. 용액의 저항은 수용액의 경우에 10Ω 이내이고 이중층의 커패시턴스는 약 20 μF 정도되므로 이 점은 독자들이 계산으로 확인해 보기 바란다). 이렇게 각 방울마다 채취된 전류를 전위의 함수로 도시하면 그림 9.3.2에 보인 바와 같은 폴라로그램을 얻는다. 이와 같이 주어진 여건하에서 최대의 신호를 얻도록 실험함으로써 검출한계를 1×10^{-7} M 정도로 낮출 수 있다. 즉 이 실험에서 검출한계를 낮추기 위한 파라미터의 조절은 두 가지이다. 첫째는 전위를 원위치로 돌려 확산층을 없앰으로써 전해물질의 선속을 크게 한 점이고 동시에 충전전류가 충분히 줄어들 때에 패러데이 전류를 읽도록 한 것이다. 둘째는 신호채취 시간을 짧게 해서 산술적인 값이 크도록 한 점이다.

그러나 NPP에서의 측정은 이중층을 충전시키는 전류를 얼마간 포함해서 측정할 수도 있다. 왜냐하면, 충전전류의 크기는 측정 전위 E가 E_z로부터 얼마나 떨어져 있느냐에 달려 있기 때문이다[식 (9.2.3) 참조]. 이중층 충전전류를 가능한 한 많이 제거하고 전자전이속도의 차이를 측정함으로써 감도를 더 올리고 측정한계를 더 낮추는 방법으로 **펄스차이 폴라로그래피(DPP)**가 도입되었다. 이 실험에서는 그림 9.3.3에 보인 바와 같은 전위를 사용하는데, 이는 NPP에서와 비슷하기는 하지만 그 기준 전위가 계속 변하고 있는 점이 다르다. 기준 전위는 매 방울당 일정한 크기만큼씩 증가하고 거기에 방울이 떨어지기 약 50 ms 전에 ΔE만큼의 50 ms 정도 길이의 짧은 펄스를 가해준다. 그리고 펄스를 가하기 직전인 시간 τ'과 방울이 떨어지기 약 17 ms 전인 τ에서 신호의 채취를 한 뒤 그 두 점에서의 전류의 차이, 즉 $\delta I = I(\tau) - I(\tau')$을 전위의 함수로 도시한다. 이런 이유로 "펄스차이(differential pulse)"라는 이름을 가지게 되었다. 따라서 이 실험에서 측정하는 전류는 주어진 전위에서의 전류의 절대값이 아니고 펄스로 주어지는 두 전위에서의

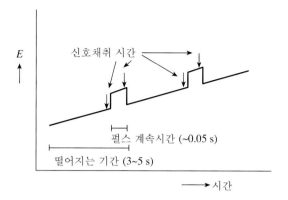

그림 9.3.3 DPP 측정에 사용되는 파형

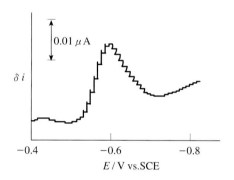

그림 9.3.4 $1 \times 10^{-6}\,M$의 Cd^{2+}가 포함된 0.01M의 HCl 용액으로부터 얻은 DPP

반응속도의 차이이다. 그림 9.3.4에 DPP의 예를 도시한다. 물론 전극에 펄스를 가해줌으로써 얼마간의 유속의 차이를 유도하기는 하지만, 이에 의한 차이로 인한 전류의 증가는 비교적 적다고 보아야 할 것이다. 또 한가지 이 방법이 감도를 높이는 이유는 본 문단의 첫 문장에서 암시했듯이 이중 층을 충전시키는 전류를 가능한 한 많이 제거하기 때문이다. 이 점을 이해하기 위해서 식 (9.2.3)으로부터 다시 시작해 보자. 즉,

$$I_c = 0.00567\,C_d(E_z - E)\,m^{2/3}\,t^{-1/3} \tag{9.2.3}$$

에서 E 값이 $E(\tau')$에서 $E(\tau)\,(=E(\tau') + \varDelta E)$로, t 값은 τ' 에서 τ 로 바뀐다. 이들 값을 대입해서 두 점간의 충전전류의 차이를 구해보면,

$$\delta I_c = -0.00567\,C_d m^{2/3}\tau^{-1/3}\Big[(E_z - E - \varDelta E) - \Big(\frac{\tau}{\tau'}\Big)^{1/3}(E_z - E)\Big]$$

를 얻는다. 여기서 $(\tau/\tau')^{1/3}$은 거의 1이므로 결국 [   ]안에는 비교적 작은 양인 $\varDelta E$만이 남게 되어

$$\delta I_c = -0.00567 \, C_d \, m^{2/3} \tau^{-1/3} \Delta E \tag{9.3.1}$$

이 된다. 따라서 이중층을 충전하는 전류의 전체적인 기여는 식 (9.2.3)에 비하여 훨씬 작게 됨을 알 수 있다. 뿐만 아니라 펄스의 크기가 작으면 작을수록 충전전류도 작아짐을 알 수 있다.

펄스로 인하여 생기는 패러데이 전류차인 δI는 그 이론적인 계산이 이중층 충전전류에 비하여 어려운 편이다. 그 이유는 펄스를 가하기 전·후의 농도를 알아야 펄스로 인한 선속(flux)을 구할 수 있고 선속으로부터 전류를 구할 수 있기 때문이다. 이와 같은 작업은 어려운 것은 아니지만 자세한 것은 원 논문을 참조하길 바라며 여기서는 결과만 제시하기로 하자.[3] 여러 과정을 거쳐서 시간 τ'과 τ에서 채취한 전류의 차이는

$$\delta I = \frac{nFAD_O^{1/2}C_O^*}{\pi^{1/2}(\tau - \tau')^{1/2}} \left[\frac{P_A(1 - \sigma^2)}{(\sigma + P_A)(1 + P_A\sigma)} \right] \tag{9.3.2}$$

인데 여기서 P_A와 σ는 다음과 같이 정의된다. 즉

$$P_A = \xi \exp\left[\frac{nF}{RT} \left(E + \frac{\Delta E}{2} - E^{\circ\prime} \right) \right] \tag{9.3.3}$$

$$\sigma = \exp\left(\frac{nF}{RT} \frac{\Delta E}{2} \right) \tag{9.3.4}$$

며 여기서 ξ는 $(D_O / D_R)^{1/2}$으로서 1.0과 별로 다르지 않은 값이다. 식 (9.3.2)로부터 알 수 있는 바와 같이 두 점에서의 전류차 δi의 크기는 분모의 전류채취 시간의 차 $(\tau - \tau')^{1/2}$과 [ ] 속의 파라미터의 크기에 달려 있다. 전류채취 시간의 차이 $(\tau - \tau')^{1/2}$으로부터 전류차를 짐작하는 것은 비교적 쉽지만 [ ] 속의 크기가 어떻게 바뀔 것인가를 짐작하기는 쉽지 않다. [ ] 속의 값의 크기가 ΔE의 값에 달려 있을 것이라는 사실은 쉽게 알 수 있지만 ΔE의 값에 따라 어떻게 변하리라고 예측하긴 쉽지 않다. 방법이 있다면 이 값들을 계산해 보아야만 알 수 있다. 그러나 현 단계에서 계산하는 것도 현실적이 아닌데 그 이유는 식 (9.3.2)의 [ ] 속의 크기를 결정하는 인자는 두 개, 즉 펄스의 크기인 ΔE와 기준 전위 E값이다. 따라서 현재로는 식 (9.3.3) 어떤 인자에 의하여 영향을 받는지 알기는 쉽지 않다.

이 식을 정성적으로 해석해 보기로 하자. 이 식의 [ ] 속의 파라미터 중에서 σ의 값은 고려하지 않고 P_A 값의 영향만 생각해 보자. 우선 E의 값이 $E^{\circ\prime}$의 값보다 훨씬 더 양일 때를 생각해 보면, 식 (9.3.4)로 정의된 P_A 값이 매우 커지게 될 것이고, 따라서 [ ] 속의 숫자는 실질적으로 0이 될 것이다. E의 값이 E°의 값에 비해 매우 음일 때도 이 사

---

3) E. P. Parry and R. A. Osteryoung, *Anal. Chem.*, **37**, 1634 (1965).

정은 비슷하다. 왜냐하면 P_A의 값이 0이 될 것이고 [ ] 속의 분자의 값이 0이기 때문이다. 따라서 측정할 만한 δi의 값은 E°의 근처에서만 관측될 것이다. 이를 확인하기 위하여 식 (9.3.2)의 [ ] 안을 미분하여 0으로 놓고 풀면 $P_A = 1$일 때 δI의 값이 최고임을 확인할 수 있다. 따라서 식 (9.3.3)의 P_A 값을 1로 놓고 그때의 전위 E를 E_{max}로 놓고 이에 대하여 풀면

$$E_{max} = E^{\circ\prime} + \frac{RT}{nF} \ln\left(\frac{D_R}{D_O}\right)^{1/2} - \frac{\Delta E}{2} = E_{1/2} - \frac{\Delta E}{2} \tag{9.3.5}$$

이 된다. 다시 말하면, DPP에서 δi의 값이 최고가 되는 전위는 $E_{1/2} - \Delta E/2$이다. 즉 펄스의 값인 ΔE 값이 작으면 작을수록 $E_{1/2}$에 가까운 전위에서 최고전류가 관측된다. 이 전위에서 P_A 값이 1이므로 이를 식 (9.3.3)에 대입한 뒤 정리하면 δI의 최고값을 얻는다. 이로부터

$$\delta I_{max} = \frac{nFAD_O^{1/2}C_O^*}{\pi^{1/2}(\tau - \tau\prime)^{1/2}} \cdot \left(\frac{1-\sigma}{1+\sigma}\right) \tag{9.3.6}$$

를 얻는다. 이 식 중의 실험 파라미터들은 신호채취 시간 τ와 $\tau\prime$, 그리고 식 (9.3.4)의 정의에 의하여 σ의 값을 결정하는 것은 ΔE 값이다. 따라서 ΔE 값은 전류 봉우리의 크기도 결정할 뿐 아니라 봉우리 전위도 결정한다. 식 (9.3.6)의 괄호 안의 파라미터인 $(1-\sigma)/(1+\sigma)$의 값은 식 (9.3.4)를 사용하여 쉽게 계산할 수 있으며 펄스의 폭을 $-10\,\mathrm{mV}$에서 $-200\,\mathrm{mV}$까지 변화시키면서 얻은 상대적인 봉우리의 크기를 그림 9.3.5에 도시하였다. 이 그림에서 알 수 있는 바와 같이 봉우리의 크기의 상대적인 값은 펄스의 폭이 증가함에 따라서 증가한다. 이 값은 전자전이 수 n이 1일 때는 비교적 서서히 증가하지만, n이 2나 3일 때는 매우 급격히 증가하며 펄스 폭이 $-100\,\mathrm{mV}$쯤일 때 거의 100%에 달한다. 따라서 $n=1$일 때보다는 n의 숫자가 클 때 봉우리의 폭이 더 좁아짐을 알 수 있다. 결론적으로 펄스 폭이 커지면 봉우리의 높이는 커지므로 분석의 감도는 올라가지만, 봉우리 자체의 폭이 넓어져 환원되는 물질이 두 개 이상이고 그들의 $E^{\circ\prime}$값이 가까운 경우에는 그들간의 해상도가 나빠진다. 따라서 펄스의 폭을 얼마로 하느냐에 따라 검출한계와 두 개 이상을 분리 분석할 수 있는 능력인 해상도가 서로 협상하는 결과가 나온다. DPP 실험에서는 펄스의 폭을 적절히 잡아서 검출한계도 낮추고 또한 두 개 이상을 분석할 때 이들을 잘 분리분석할 수 있도록 최적화시키는 것이 중요하다.

　DPP의 전류차 봉우리는 이와 같이 전위의 펄스 폭이 작아질수록 좁아진다. 가장 작을 수 있는 봉우리 폭은 ΔE가 0에 접근할 때

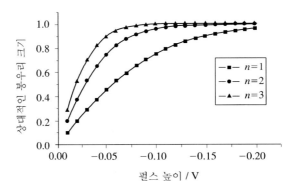

그림 9.3.5 펄스 폭에 따른 봉우리의 크기

$$W_{1/2} = 3.52\, RT/nF \tag{9.3.7}$$

이며 이에 따르면 25℃에서 n의 값이 1, 2, 3일 때 봉우리의 반폭(half width)이 각기 90.4, 45.2 및 30.1 mV이다. 그러나 ΔE가 0에 가까이 되도록 실험할 수는 없으므로 이렇게 좁은 봉우리 폭은 관측될 수 없다.

지금까지 다룬 실험들은 모두 폴라로그래피에 기초했고 따라서 폴라로그래피 실험의 변형된 형태로 기술되었다. 이들 방법에서는 dme를 전극으로 사용했으며, 전극의 방울 수명 동안에 전류의 한 점씩을 채취하여 이를 전위의 함수로 도시하는 형태를 취했다. 이와 비슷한 개념으로 처음에 Barker 등이 개발했던 소위 square wave pulse 폴라로그래피가 있으나 이는 기본적으로 8.1.6절에서 다룬 AC 폴라로그래피와 크게 다르지 않다.[4] Barker가 개발했던 초기에는 이런 방법이 별로 인기가 없었는데, 그 이유는 이와 같은 실험을 실현시키기 위한 전자회로의 제작이 만만치 않았기 때문이다. 이 방법의 또 다른 단점은 위에서 기술한 바와 같이 폴라로그래피 실험에서와 같이 비교적 긴 시간이 걸린다는 점이다. Osteryoung 등은 Barker의 방법을 기초로 하여 최근에 소위 Osteryoung의 네모파 펄스 전압-전류법(Osteryoung square wave pulse voltammetry, OSWPV)을 개발했는데, 이 방법에서는 정지 수은방울 전극(static mercury drop electrode, smde)을 사용하며 짧은 실험시간 안에 DPP와 비등한 감도로 전해물질의 분석을 할 수 있다.[5]

여기서는 Barker가 개발했던 방법보다도 현재 상용 기기에서는 Osteryoung 방식을 사용하므로 Osteryoung 방식만 소개하겠다. Osteryoung 방식의 OSWPV에서는 그림 9.3.6에 도시한 바와 같은 파형의 전위를 사용한다. 펄스의 폭이 5~50mV 정도이고 펄스의 길이가 약 5 ms 정도이므로 실험이 끝날 때까지 걸리는 시간은 1초 이내이고 따라서

4) 독자들은 여러 가지 형태의 square wave pulse 폴라로그래피에 관하여 참고문헌 7의 6장을 참고하기 바란다.

5) J. H. Christie, J. A. Turner, and R. A. Osteryoung, *Anal. Chem.*, **49**, 1899 (1977).

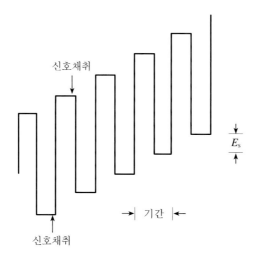

그림 9.3.6   OSWPV에서 사용되는 전위 파형. 여기서 주기는 5ms 정도이고
전위계단의 높이는 10mV 정도이다.

수은 전극의 방울을 떨어뜨리는 등의 조작을 할 필요가 없다. 앞쪽펄스(forward pulse)
를 가한 뒤 어느 시간 뒤에 전류 (I_f)를 읽고, 다시 뒤쪽펄스(reverse pulse)를 가한 뒤
전류 (I_b)를 읽은 다음, 그 차이 즉 $I_f - I_b$를 전위의 함수로 도시한다. 펄스 하나당 소비
하는 시간이 5 ms 정도이므로, 하나의 방울 수명 동안에 전체 전위 범위에서의 측정이 끝
난다.

   그림 9.3.6에서 보는 바와 같이 이 방법에서는 연속적인 전위계단(potential step)을 가
하는 실험이며, 전위계단을 가한 뒤 읽는 전류의 값은 전극 주변의 농도분포가 연속적인
펄스로 인하여 우리가 쉽게 예측할 수 있는 값은 아니지만, 근본적으로 Cottrell 식을 따른
다. 따라서 앞쪽펄스 동안이냐 또는 뒤쪽펄스냐에 따라 다음과 같이 표현될 수 있다. 즉

$$I_f(j) = \frac{nFAD_O^{1/2}C_O^*}{\sqrt{\pi\tau}} \cdot \Psi_f(E_{sw}, \Delta E, \tau_1, \sigma); \quad I_r(j) = \frac{nFAD_O^{1/2}C_O^*}{\sqrt{\pi\tau}} \cdot \Psi_r(E_{sw}, \Delta E, \tau_2, \sigma)$$

이며 여기서 f와 r은 각기 정(forward) 및 역(reverse)쪽 펄스동안에 관측되었음을 나타
내고 j는 j번째의 펄스 동안에 관측되었음을 나타내며, τ는 펄스의 주기, Ψ는 소위 전
류함수로서 이를 영향하는 변수들은 앞쪽펄스가 시작되는 전위 E_{sw}, 펄스 폭 ΔE, j번
째 앞쪽펄스를 가한 뒤 앞쪽펄스 및 뒤쪽펄스 동안에 신호를 채취한 시간 τ_1과 τ_2, 그리
고 전체 펄스에서 앞쪽펄스가 차지하는 분율 σ 등이다. 즉 이들 식의 앞부분은 Cottrell
식이며, Ψ로 시작되는 뒷부분은 기본 전위, 펄스 폭, 펄스주기, 그리고 펄스를 가한 뒤
얼마만에 신호를 채취했느냐 등으로 결정된다. 이들 함수에 관한 수식적 표현에 관해서는

원 논문을 참조하기 바란다. 그러나 마지막으로 기록되는 전류는 위의 두 식의 차, 즉

$$\Delta I_f(j) = \frac{nFAD_O^{1/2}C_O^*}{\sqrt{\pi\tau}} \cdot \Delta\Psi(j) \tag{9.3.9}$$

이며 여기서 $\Delta\Psi$는 두 함수의 차이다. 이들 두 함수와 그 차이를 그림 9.3.7에 도시하였다. 이로부터 볼 수 있는 바와 같이 DPP에 비하여 봉우리의 폭이 넓은 편이지만 이중층 충전전류를 효과적으로 제거하여 신호/잡음의 비가 비교적 높아 DPP와 대등한 분석감도를 가진다. 그림 9.3.8에 펄스 폭에 따른 전류함수 Ψ의 크기를 도시하였다. DPP 실험에서 보았던 바와 같이 펄스 폭이 커짐에 따라 전류 또한 커져 분석의 감도가 증가함을 알 수 있다. 이미 지적했던 바와 같이 DPP에 대등한 분석감도를 제공하면서도 매우 짧은 시간 안에 분석을 끝낼 수 있다는 점이 이 분석방법의 큰 장점이라 하겠다.

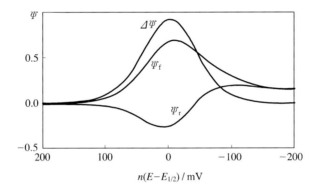

그림 9.3.7 정전류 (Ψ_f)와 역전류 (Ψ_r) 및 그 차이 ($\Delta\Psi$)

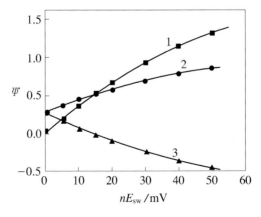

그림 9.3.8 네모파의 크기에 따른 전류에의 영향. 1. $\Delta\Psi$, 2. Ψ_f, 3. Ψ_r.

9.4 양극 벗김 분석법(Anodic Stripping Voltammetry)

지금까지 소개한 전기화학 분석법에서는 전위를 변화시킬 때 얻어지는 전류신호의 절대량으로부터 분석물질의 양을 정량분석한다. 이때의 전류는 분석물질의 전기분해로부터 얻어지는 패러데이 전류와 분석물질의 양과는 상관없으면서도 우리가 원하는 신호인 패러데이 전류를 방해하는 비패러데이 전류를 어떻게 적게 하거나 없애느냐를 가지고 분석의 감도를 높이려고 노력했다. 이 노력의 결과로 검출한계를 10^{-8} M까지는 내릴 수 있었지만 그 이상 분석감도를 개선하기는 어려운 것이 사실이다. 이런 한계를 극복하기 위해서 고안된 방법이 양극 벗김 분석법이다. 이 절에서는 이 방법을 간단히 개관하겠다.

양극 벗김 분석법에서는 **매달린 수은방울 전극**(hanging mercury drop electrode)을 사용하며 그 실험은 두 단계로 이루어진다. 이 두 단계의 과정과 그로부터 얻어질 가상 전압-전류 곡선을 그림 9.4.1에 도시하였다. 그림 9.4.1(a)의 첫 단계에서는 분석물질, 즉 금속 이온을 일정한 전위(E_D)에서 환원시켜 전극 속으로 농축시킨다. 이 때 분석물질을 전극에 끌어 모으고 이 과정을 촉진시키기 위해서 용액을 일정한 속도로 저어주어야 한다. 이 과정에서는

$$M^{n+}(aq) + ne^- \rightarrow M(Hg)$$

의 반응이 일어나 그 생성물인 금속은 수은 전극 속에 녹아들어 아말감을 만든다. 두번째 단계는 이렇게 작은 부피의 수은 전극 속으로 금속을 농축시킬 때 사용했던 전위에다 양으로 증가하는 경사 전위를 가함으로써 전위를 변화시켜 수은 전극 속의 금속의 산화 전위를 지나칠 때 금속 이온이 다시 산화되어 다음과 같은 벗김 반응, 즉

$$M(Hg) \rightarrow M^{n+}(aq) + Hg + ne^-$$

때문에 용액으로 다시 녹아 들어갈 때의 전류를 측정한다. 이 전류를 **벗김전류**(stripping current)라고 하며 이 전류는 양극 쪽으로 전위를 증가시킬 때 얻어지므로 양극 벗김 분석법이라고도 한다. 그림 9.4.1(b)에 보통 얻어질 수 있는 양극 벗김 전압-전류 곡선을 보였다. 실제의 농축시간대 경사 전위로 훑는 시간의 비는 그림 9.4.1(a)에 도시한 시간보다 훨씬 길어 약 30분 정도 또는 그 이상이다. 정량분석을 하기 위해서는 농축시킬 때의 조건, 즉 용액의 전체 부피, 교반속도나 기타 실험조건이 일정하게 유지되어야 한다. 이와 같이 일정한 실험 조건하에서 농도를 아는 용액을 사용하여 얻은 양극 벗김 전압-전류를 사용하여 검정 곡선을 작성해야 하며 시료에도 같은 조작을 거쳐 얻어진 전류로부터 시료 속에 함유된 분석 목표물질의 양을 측정한다.

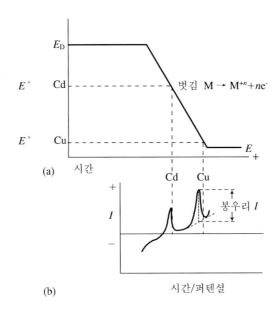

그림 9.4.1 (a) 벗김 분석법에서 사용하는 전위 파형, (b) 양극 벗김 분석에서 얻어지는 전압–전류 곡선

이 분석방법에서 분석의 감도를 높이는 요인은 바로 분석물질의 농축에 있다. 용액 중의 금속 이온의 농도가 매우 낮아 그 환원전류신호를 위의 절에서 기술한 폴라로그래피 또는 전압–전류법 실험으로 기록하기 힘든 경우에, 이와 같이 작은 부피의 수은 전극 속에 농축시키면 수은 전극 속에서 그 농도가 매우 높아지므로 전류신호를 높일 수 있다. 따라서 이 방법은 7.5절에서 이미 다룬 바 있는 벌크전해법(bulk electrolysis)과 감도가 높은 폴라로그래피 또는 전압–전류법을 조합한 방법으로 보아야 한다. 더욱이 선형 훑음 전압–전류법을 사용하는 경우에는 그 감도가 별로 높지 못하지만 위에서 기술한 DPP 또는 OSWV 등의 방법을 사용하면 그 감도를 매우 높일 수 있으며 농축시간과 농축 조건, 그리고 농축한 뒤 적절한 전압–전류법을 사용하면 분석감도를 10^{-11} M까지 낮추는 것은 어렵지 않은 것으로 보고되었으며, 납이나 카드뮴의 경우에 0.010 ppb의 검출한계까지 보고되었다.[6] 따라서 이 실험에서는 분석시간을 희생시켜 분석감도를 높이는 방법으로 보아야 한다.

이렇게 양극 벗김전류를 측정하여 이를 분석물질의 농도에 연관시키는 방법이 보편화되었으나, Jagner와 Graneli에 의하여 벗김전류를 측정하는 대신에 벗김 조작을 선형 전위 훑음으로 하지 않고 농축된 금속보다 산화 환원 전위가 높은 산화제를 용액에 가하여 수은 속의 금속을 벗기는 동안에 전위를 측정하는 소위 potentiostatic stripping analy-

---

6) S. D. Brown and B. R. Kowalski, *Anal. Chim. Acta*, **107**, 13 (1979).

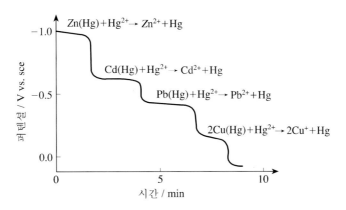

그림 9.4.2   1.5 μM의 Zn(II), Cd(II), Pb(II) 및 Cu(II)와 0.5 M의 NaCl을 포함하는 용액에서
수은박막 전극을 사용하여 $-1.25\,V\,(vs.\,SCE)$에서 3분간 전기분해한 뒤 $500\,\mu M$
의 Hg(II)로 산화시키면서 얻은 전위

sis(PSA)가 도입되었다.[7] 이 방법도 그 개념이 위에서 설명한 벗김 분석방법과 비슷하
다. 그러나 이미 지적했듯이 벗김 조작이 다르고 전극 또한 수은방울 전극이 아닌 얇은
수은박막 전극을 사용한다. 즉 수은박막 전극에 환원되어 농축되어 있는 금속은

$$M(Hg) + oxidant \rightarrow M^{n+} + reductant + Hg$$

의 반응에 의하여 이온으로 산화되어 용액 속으로 녹아 들어간다. 산화제로는 산소,
Hg^{2+}, Cr(VI) 등이 사용된다. 산화에 의한 벗김 반응이 일어나는 동안에 수은박막 안에
있는 금속이 전극 표면으로 이동하는 것을 돕기 위해 전극을 회전시켜 주거나 용액을 적
절한 유속으로 흘려준다. 몇 개의 금속을 수은박막 전극에 농축시킨 전극에서 이와 같은
조작을 하면서 전극의 전위를 기록하면 그림 9.4.2와 같은 전위의 변화를 얻는다. 이 그
림에서 볼 수 있는 바와 같이 어떤 금속이 수은 박막 전극 속에서 완전히 산화되어 그 농
도가 0으로 될 때에 전위가 매우 급하게 변함을 볼 수 있다. 금속이 산화되는 동안에 유지
되는 전위는 전극 속의 금속의 농도 ($[M(Hg)]$)와 용액 속의 금속 이온의 농도 ($[M^{n+}]$)
를 사용하여 Nernst 식으로부터 계산되며 그 값은

$$E = E^\circ + \frac{2.304\,RT}{n} \log \frac{[M^{n+}]}{[M(Hg)]}$$

이 된다. 따라서 어떤 금속이 벗겨지고 있는가를 이 전위로부터 확인할 수도 있다. 벗김
단계에는 수은박막 전극 속에 있는 금속이 사실상 산화제에 의하여 연속적으로 적정 되고
있는 것이나 마찬가지이다. 이때 전극 속에 녹아 있던 금속이 적정되는 시간은 그 양과

7) D. Jagner and A. Graneli, *Anal. Chim. Acta*, **83**, 19 (1976).

비례하므로 이 시간을 측정하는 것이 바로 정량분석하는 방법이다. 이 시간은

$$t_{M,strip} \propto \frac{[M^{n+}]t_d\,\delta_2}{\delta_1 D_0[O]} \tag{9.4.1}$$

로 표시되는데, 여기서 t_d는 금속의 전착시간이고, δ_1과 δ_2는 금속이 환원되어 들어올 때와 벗겨나갈 때의 확산층의 두께이며, D_0와 $[O]$는 산화제(oxidant)의 확산계수와 농도이다. 산화제의 농도와 용액을 젓는 속도가 일정하면 위 식은

$$t_{M,strip} \propto ([M^{n+}]t_d)$$

가 된다. 즉 일정전위에서의 벗김시간은 금속 이온의 농도와 전착시간에 비례하게 된다. 이 방법으로 10^{-10} M의 검출한계까지의 납 분석이 보고되었다.[8]

벗김 분석은 지금까지 기술한 바와 같이 금속 이온의 분석을 위하여 개발되었다. 그러나 근래에 유기화합물의 흡착을 이용하여 벗김 분석을 한 예들이 적잖이 보고되었다. 일반적으로 흡착현상은 전기화학의 문제점으로 많이 거론되었으나 이를 잘 이용하면 그들 자신의 분석에도 이용될 수 있다. 이를테면 수은방울 전극을 사용해서 heme, chlorpromazine, phenothiazines, codenine, cocaines, digitoxin, 9,10-phenanthrenequinone, oxoamorphine, polychlorinated biphenyls 등과 같은 유기화합물의 정량분석이 보고되었는가 하면, 탄소반죽, 흑연 및 백금 등의 전극을 이용한 보고도 발견되고 있다. 이들 예로부터 알 수 있는 바와 같이 이 방법들은 유기 약품이나 유기 공해물질의 분석에 사용될 수 있다. 벗김 분석법의 응용에 관해서는 참고문헌 5를 읽어보기 바란다.

9.5 전기화학 센서들(Electrochemical Sensors)

센서(sensors) 또는 **트랜스듀서**(transducers)라고 함은 한 영역의 신호를 다른 영역의 신호로 바꾸는 장치를 말한다. 따라서 화학에서의 센서라고 함은 어떤 화학물질의 존재와 양 또는 그들간의 반응으로 인하여 그들의 성질 또는 성질의 변화로부터 유래하는 신호를 전기 또는 빛 신호로 바꾸는 장치를 화학센서라고 부른다. 그러나 어떤 신호이든 궁극적으로는 전기신호로 바꾸어야 하며 이는 빛을 내는 센서라고 해도 예외는 아니다. 이런 면에서 전기화학은 화학센서로 이용하기에 가장 좋은 위치에 있다고 하겠다. 왜냐하면 전자를 이동하는 반응은 전류라는 형태나 또는 전위라는 형태의 변화로 측정되므로 전기화학적 측정으로 센서를 쉽게 구축할 수 있음을 알 수 있다. 전기화학적 반응으로 인하여 전자가 흐르거나 전극의 전위에 변화가 생기므로 이들의 측정방법 자체가 곧 센서이고 따라

---

8) A. Graneli, D. Jagner, and M. Josefson, *Anal. Chem.*, **52**, 2220 (1980).

서 우리는 쉽게 전류 측정법(amperometry)과 전위차 측정법(potentiometry) 등을 생각할 수 있다. 전위차 측정법에 관해서는 이미 2.6, 2.7, 2.8절에서 기술했으므로 여기서는 그에 대한 약간의 보충설명과 아울러 전류 측정법에 관해서 약술하겠다.

9.5.1 전위차법을 이용한 전기화학 센서들(Potentiometric Sensors)

전위차법을 이용한 전기화학 센서도 두 가지로 나눌 수 있다. 그 한 가지가 어떤 전극물질이든 간에 비활성 전극을 사용하여 용액 속의 농도의 분포로부터 얻어지는 전위를 측정하는 방법을 생각해 낼 수 있고, 또 하나는 두 용액이 분석물질을 선택적으로 투과시킬 수 있거나 흡착시킬 수 있는 막으로 분리되었을 때 그로부터 생기는 전위차를 측정하는 방법이다. 전자의 예로는 전위차 적정 법 등에 사용되며 백금, 금 등과 같은 비활성 전극을 사용한다. 이런 방식은 학부 분석화학 교과서에 널리 기술되어 있으므로 여기서는 생략하겠다. 후자의 예로는 pH 전극을 들 수 있는데 pH 전극은 인류가 발명해낸 가장 좋은 화학센서라고 해도 과언이 아니라고 생각된다. 이미 2.8절에서 살펴본 바와 같이 농도와의 연관이 아주 이상적이며 직선이 성립되는 농도의 범위가 다른 어떤 센서보다도 넓고 또한 분석물질인 수소이온에 대한 선택성이 뛰어나다. 여기서는 이와 같은 원리로 작동되는, 전위차의 측정을 이용하는 센서에 관하여 간단히 기술하고자 한다.

이들은 일반적으로 **이온선택성 전극**(ion selective electrodes)이라고 부르며 그 이름이 나타내듯 분석을 원하는 물질의 이온에 선택적인 감응을 보인다. 이온선택성 전극의 일반적인 구조를 그림 9.5.1에 제시했다. 원하는 이온에 선택성을 보이기 위해서는 2.6절 및 3.2절에서 논의한 바와 같이 두 상의 계면에 존재하는 두 이온 간에 평형을 이루어야 하

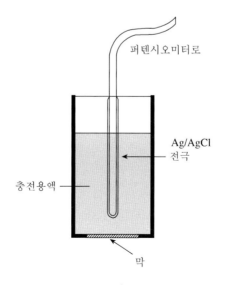

그림 9.5.1 이온선택성 전극

며 이로부터 전위가 결정된다. 따라서 농도에 대한 전위는 이미 식 (2.8.7)로 표현되었던 pH 전극에서의 표현과 같다.

이 식을 조금 더 일반적인 모양으로 바꾸면 막전위 E_m은

$$E_m = E_{const} \pm \frac{RT}{z_i F} \ln \left(a_i + \sum_{j=1}^{j} K_{i,j} \cdot a_j \right) \tag{9.5.1}$$

의 형태를 취하는데, 여기서 E_{const}는 막이 어떻게 만들어졌는가 또는 막을 경계로 하는 내부 용액의 성분과 농도에 따라 결정되는 어떤 일정한 전위이며, i는 우리가 분석을 원하는 이온 그리고 j는 방해이온이다. E_{const}와 농도 항 사이에는 + 또는 − 일 수 있는데, 이는 이온이 가지는 전하에 따라 달라진다. 그리고 $K_{i,j}$는 j번째 이온에 대한 i 이온의 선택계수이다. 이 선택계수가 작으면 작을수록 i이온의 선택성이 높다.

이온선택성 전극에 쓰이는 물질로는 분석희망 물질(analytes)과 평형을 이룰 수 있는 물질이면 모두 사용될 수 있다. 이를테면 분석희망 이온과 같은 이온을 함유하는 불용성 염이라든가 또는 그들과 착물을 형성할 수 있는 금속 이온을 포함하는 화합물, 이온교환이 가능한 유기 염 화합물들, 또는 요즈음에는 이온과 **주인-손님 작용**(host-guest interactions)을 할 수 있는 화합물들이 사용된다.

불용성 염으로서는 LaF_3막을 사용한 F^- 선택성 막을 비롯해서 CuS, AgX(X = halides), Ag_2S − AgX 등을 적절한 방법으로 막전극을 만드는 경우 모두 이들을 형성하는 양이온 또는 음이온 센서로 사용될 수 있다. 이중 Ag_2S − AgX 같은 경우에는 용해도가 가장 낮은 Ag_2S는 기질로 AgX는 X^- 이온의 이온선택성 물질로 사용된다.

근래에 포피린(porphyrins)이나 이들 유도체가 적절한 금속 이온을 그 분자의 가운데에 가지는 경우, 다른 방법으로는 분석하기 힘든 NO_3^- 또는 NO_2^- 등과 같은 음이온들의 이온선택성 막으로 사용될 수 있음이 보고되었다. 이 경우에 포피린 분자의 가운데 있는 금속 이온의 수직방향은 리간드가 없어서 새로운 음이온을 받아들일 수 있으므로 음이온 센서로 사용이 가능하게 되는 것이다. 음이온의 경우에 이온 교환제로 4부틸암모늄 염을 사용하면 친유성 이온에 대하여 그 선택성이 높음이 잘 알려져 있으며 이를 소위 호프마이스터계(Hofmeister series)라고 부른다. 즉 친수성 이온의 선택성을 나타내기는 쉽지 않은데 이와 같은 이유로 친수성 이온을 선택적으로 검출할 수 있는 음이온 센서가 요구되며 따라서 이에 대한 많은 연구가 이루어졌다.

최근 들어 이 계통에 주인-손님 분자 간의 화학작용을 이용한 센서가 많이 개발되고 있다. 이에 대한 예로 크기가 다른 왕관형 에테르(crown ethers)나 칼릭스아렌(calixarene)계의 화합물들이 알칼리 이온의 센서로 사용되고 있고, 비타민 K를 K^+의 센서로 사용하며, 항생제의 일종인 논악틴(nonactin)을 NH_4^+로 사용하는 등 여러 가지의 주인-

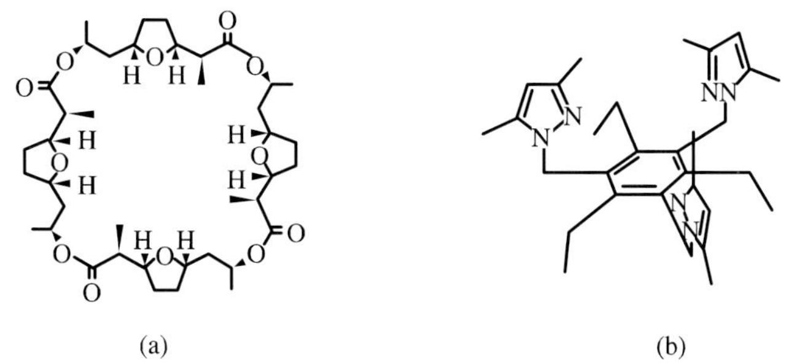

(a)   (b)

그림 9.5.2 (a) 논악틴과 (b) 1,3,5-tris(3,5-dimethyl-pyrazol-1-ylmethyl)-2,4,6-triethylbenzene

손님 분자간의 상호 작용을 이용하고 있다. 주인분자들의 예로서 논악틴과 최근에 합성된 암모늄이온의 주인분자의 구조를 그림 9.5.2에 도시하였다.[9] 논악틴의 경우에 NH_4^+의 K^+에 대한 선택상수 $K_{i,j}$는 약 0.1 정도밖에 되지 않아 $[K^+]$가 $[NH_4^+]$의 농도의 10배 정도 이상이 되면 이 두 이온들을 식별을 할 수 없게 된다. 세 개의 피라졸기가 암모늄이온을 둘러싸도록 설계된 그림 9.5.2(b)에 보인 화합물, 1,3,5-tris(3,5-dimethyl-pyrazol-1-ylmethyl)-2,4,6-triethylbenzene은 논악틴에 비하여 더 좋은 선택성을 보이지만 검출한계가 논악틴보다 못하다. 암모늄 이온은 생체분석 등에서 그 분석 필요성이 많은 이온이므로 선택성이 높은 전극막 물질이 요구된다.

생체시료의 분석희망 물질 중에는 이온이 아닌 화합물들이 다수 있다. 이를테면 요소(urea)라든가 glucose와 같은 중성의 화합물을 분석해야 될 때가 많이 있다. 이와 같은 경우에는 막전극에 적절한 효소를 침윤(impregnate)시켜 만들면 효소가 분석희망 물질을 분해하여 이온을 만들고 이렇게 해서 얻어진 이온에 선택성을 나타내도록 막전극을 제작하면 분석 가능해진다. 요소의 경우에는 urease를 사용하면 NH_4^+와 CO_3^{2-}로 분해하게 되어 NH_4^+ 또는 CO_3^{2-}에 선택성을 가지는 전극을 사용하면 분석 가능하다. 근래에 이와 같은 방법을 사용하여 여러 가지 물질들의 분석방법의 개발에 관하여 많은 연구가 이루어졌다.

이온선택성 센서가 각광을 받고 있는 또 다른 이유는 현재 이 방법만이 센서를 극소화시켜 반도체 소자로 만들어졌고 또한 앞으로 이 부분의 발전이 크게 기대되기 때문이다. 센서의 소자화를 위해서는 전계효과 트랜지스터(field effect transistor, FET)를 사용한다. 이의 원리를 설명하기 위하여 FET의 구조를 그림 9.5.3에 보였다. 이 그림에서 볼 수 있는 바와 같이 D(drain)에서 S(source)로 전원을 연결하고 G(gate)에 적절한 전위를

9) J. Chin, C. Walsdorff, B. Stranix, J. Oh, H. J. Chung, S.-M. Park, and K. Kim, *Angew. Chem. Intl. Ed.*, **38**, 2756 (1999).

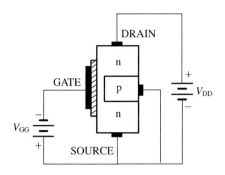

그림 9.5.3 금속산화물 전계효과 트랜지스터(metal oxide field effect transistor: MOSFET): D=drain,
G=gate, S=source

가함으로써 D에서 S로 전류를 흐르게 할 수 있으며 흐르는 전류의 양은 G의 전위를 바꾸어 조절한다. 따라서 이론상 G에 전원을 연결하는 대신에 이온선택성 막을 입혀 놓으면, 이 막이 처해 있는 주위의 환경에 따라 전원이 연결된 FET에 전류를 흐르게 할 수 있고 이 전류의 양은 G 위에 있는 이온선택성 막의 전위를 결정해 주는 분석희망 물질의 양에 따라 결정된다. 이 막은 이온선택성을 가지므로 이와 같이 만들어진 FET를 ISFET(ion selective field effect transistor)라고 한다. 이렇게 제작된 ISFET의 예를 그림 9.5.4에 제시하였다. 예를 들어 이온선택성 막이 AgBr로 되어 있다면 이 센서는 Ag^+ 또는 Br^-에 감응할 것이다. 이들 이온이 용액 속에 존재하는 경우에 그로부터 발생되는 전위는 바로 G의 전위를 조절하는 것과 같으며 이로 인하여 S로부터 D로 전류가 흐르게 된다. 이때 아래편 왼쪽에 있는 연산증폭기 회로는 S와 기준전극 간에 전위를 조절하여 일정한 전류를 흘리도록 설계되었다. 즉 두 개의 연산증폭기 중 왼쪽의 입력에 달려있는 전원을 조절하고 이 값을 읽어 이와 피분석 이온의 양과 연관시키는 것이다. 앞으로 이 방면에 많은 연구와 발전이 있을 것으로 기대된다.

현대에는 많은 생체분석이나 생체로부터 유래한 시료와 여러 가지 환경시료의 분석이 요구되고 있으므로 이와 같은 물질의 요구는 매우 다양하며 이들에 관한 연구 또한 전에 없이 활발하게 진행되고 있다. 이들 시료들을 분석하는 데에는 여러 가지 방법이 사용될 것이지만 이들 중 이온선택성 센서가 가장 큰 장점을 보유하고 있다고 생각된다. 그 이유로는 이들은 저비용으로 다량제조가 가능하며, 사용이 비교적 간편하고 측정의 전산화가 쉬우며, 사용자의 훈련이 별로 필요하지 않다. 현재 미국에서 임상분석에 이온선택성 센서가 가장 많이 사용되고 있으며 진단에 필요한 더 많은 분석희망 물질이 생겨남에 따라 이 추세는 앞으로도 계속될 전망이다. 이와 같은 이유로 이 계통에 많은 연구 노력이 투입될 것으로 믿는다.

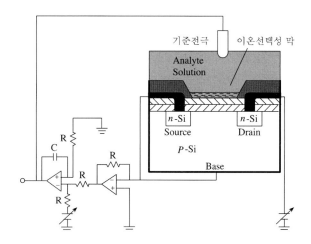

그림 9.5.4 ISFET(ion selective FET)와 그로부터 나오는 신호처리 회로

9.5.2 전류 측정을 통한 전기화학 센서들(Amperometric Sensors)

지금까지 전극의 전위를 측정해서 농도에 관련지음으로써 센서를 구축했다. 이제부터는 전극 반응으로 인하여 전극에 흐르는 전류를 측정함으로써 분석희망 물질을 검출하고 정량 분석할 수 있는 전류 측정을 사용한 센서에 관하여 간단히 기술하겠다.

전류 측정법을 사용한 센서로서 가장 먼저 개발된 것은 아마도 소위 산소의 분석을 위한 Clark 전극일 것이다.[10] Clark 전극이라는 것은 그림 9.5.5에 보인 바와 같이 테플론으로 덮인 백금 음극과 상대전극이면서 기준전극인 Ag | AgCl 전극 등 2개의 전극을 하나의 전극처럼 만들어 센서로 사용한다. 이 전극이 작동하기 시작하면 기준/상대전극에 대하여 −0.60 V의 전압이 가해져 산소가 테플론 막을 통과하여 백금 전극에 이르러 환원되도록 되어 있다. 이 전극을 충분히 작게 만들어서 수술할 때 사용하는 도뇨관(導尿管) 속에 넣어 살균되고 건조한 공기 중에 보관하다가 신생아의 탯줄의 혈관에 넣어 산소의 농도를 측정하여 신생아의 숨쉬는 상태를 관측하는 데 사용되었다.[11] 이때 산소를 함유하는 혈액은 약 20 내지 50초 동안에 테플론 막을 통과하여 확산해 들어가서 작업전극에서 환원되며 이때의 환원전류로부터 산소의 양을 계산하도록 하고 이 결과에 따라 환자에게 산소를 공급해야 하는가를 결정하도록 한다.

이처럼 Clark 전극을 사용해서 산소를 측정하기도 하지만, 이를 이용해서 glucose를 측정하는 센서도 개발되었다. glucose 센서도 그 근본적인 구조는 산소센서와 마찬가지

10) L. C. Clark, Jr., *Trans. Am. Soc. Antif. Intern. Organs*, **2**, 41 (1956)이 원 논문이지만, D. T. Sawyer and J. L. Roberts, Jr., *Experimental Electrochemistry for Chemists*, John Wiley & Sons, New York, 1974의 383-4쪽에도 자세히 언급되어 있음.

11) D. Parker, *J. Phys. E: Sci. Instrum.*, **20**, 1103 (1987).

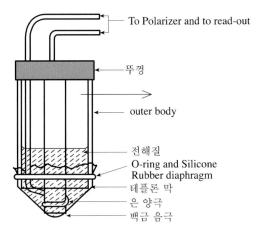

To Polarizer and to read-out

뚜껑

outer body

전해질
O-ring and Silicone Rubber diaphragm
테플론 막
은 양극
백금 음극

그림 9.5.5   Clark 전극의 구조

이나 단지 테플론 막 속에 glucose oxidase(GOD)를 침윤시켜 GOD로 하여금 glucose를 산화시킨다. 이 산화 반응,

$$C_6H_{12}O_6 \xrightarrow{\;O_2,\; GOD\;} C_6H_{10}O_6 + H_2O_2$$
$$\text{glucose} \qquad\qquad\qquad \text{gluconolactone}$$

로부터 생성된 과산화수소가 Clark 전극에서 환원되어 그 전류를 포도당(glucose)의 양에 연관시키는 것이다. 이 반응에서 산소는 GOD를 산화시키고, 이 산화된 GOD는 다시 포도당을 산화시킨다. 혈액 속에 녹아 있는 산소만으로는 GOD를 산화시키기는 그 양이 부족하기 때문에 산소를 공급해 주어야 한다. 운전자가 입으로 불어내는 공기 중의 알코올 센서도 이들과 크게 다르지 않으며 알코올이 산화되는 동안에 관측되는 전류로 호흡중의 알코올의 양을 측정한다. 전극재료가 다르고 전류의 방향이 환원전류가 아닌 산화전류로 측정되는 것이 산소센서에서와 다르다.

위에서 기술한 바와 같이 환원 또는 한계산화전류의 값을 측정해서 분석희망 물질의 양과 연관시키는 방법인데, 이와 같은 분석을 위해서는 분석희망 물질의 양이 비교적 높아야 하고 어떤 형태로든 전해질이 있어야 한다는 어려움이 있다. 이를 극복하기 위하여, 최근에는 미세 전극이 전류센서로 많이 사용되고 있다. 7.7.2절에서 이미 논의한 바와 같이 미세 전극은 정류 상태의 전류값에 빠르게 도달하므로 감응시간이 빠르며, 면적이 작으므로 커패시턴스가 작아 패러데이 전류에 비해 잡음신호가 낮으며, 전류의 절대값이 작아서 용액저항에 의한 전압 강하가 작아 전해질의 농도가 극히 낮거나 없는 경우에도 사용할 수 있다. 예를 들면 전해질을 포함하지 않는 비수용액에서도 사용될 수 있다. 이와 같은 이유로 미세 전극은 전해질을 가할 수 없는 환경인 액체 크로마토그래피의 검출장치로도 사용되고 있다. 그러나 전류의 절대값이 작아서 배율이 높고 소음이 낮은 증폭기를 사용해야 하는데 요즈음에는 이와 같은 계기의 제작은 별로 어려운 일은 아니다. 분석감도를 높이기 위하여 여러 개의 미세 전극들을 그들의 확산층이 겹치지 않을 만한 일정한 간격으로 배열시켜 사용하면 신호 자체가 증폭되어 상당히 유리한 전류법 센서로 사용할 수 있다.

이 밖에도 저항 또는 전도성을 이용하는 센서들, 그리고 전극의 표면을 고분자나 효소로 수식함으로써 특정한 분석희망 물질에 대한 선택성을 가지도록 하는 방법 등 여러 가지의 전기화학 센서가 있다.

참 고 문 헌

1. I. M. Kolthoff and J. J. Lingane, *Polarography*, Vol. 1 & 2, Interscience Publishers, New York, 1952 & 1964.

2. P. Zuman and I. M. Kolthoff, *Progress in Polarography*, Vol. 1 & 2, Interscience Publishers, New York, 1962.

3. L. Meites, *Polarographic Techniques*, Interscience Publishers, New York, 1965.

4. A. M. Bond, *Modern Polarographic Methods in Analytical Chemistry*, Marcel Dekker, Inc., New York, 1980.

5. J. Wang, *Stripping Analysis*, VCH Publishers, Deerfield Beach, FL, 1985.

6. A. J. Bard and L. R. Faulkner, *Electrochemical Methods, Principles and Applications*, Wiley, 1980.

7. Z. Galus, *Fundamentals of Electrochemical Analysis*, R. A. Chalmers and W. A. J. Bryce, Translators, Ellis Horwood, New York, 1994.

8. J. Janata, *Principles of Chemical Sensors*, Plenum Press, New York, 1989.

9. P. T. Kissinger and W. R. Heineman, *Laboratory Techniques in Electroanalytical Chemistry*, 2nd Ed., Marcel Dekker, Inc., New York, 1996.

10. 최규원 저, *분석화학*, 제2전정판, 양영각 1994

11. 채명준, 이후성, 김하석 편집, *기기분석*, 동아기술, 1989

연 습 문 제

1. 직류 폴라로그래피로부터, 정상파, 펄스 차이 및 네모파 폴라로그래피로 진화해가는 과정을 설명하고 이들이 어떻게 S/N과 검출한계를 개선해 가는가를 설명하라.

2. 식 (9.2.2)를 유도하라.

3. 왜 양극 벗김 분석법이 폴라로그래피법에 비하여 더 감도가 높은가를 설명하고 이 방법의 어떤 점을 더 개선시킬 수 있는가를 설명하라.

4. 쌍극성 트랜지스터(bipolar)를 사용해서 그림 9.5.4에 도시한 바와 같은 전류센서를 제작할 수 있는 방식을 제안하라.

5. 하천수나 바닷물에 미량 포함되어 있는 Cd^{2+}, Pb^{2+}, Zn^{2+} 등과 같은 중금속 이온을 분석하기 위한 가장 좋은 전기화학적 분석방법을 들고, 그 원리와 이유를 설명하라.

6. 생체의 신호전달 물질 중 acetylcholine이란 화합물이 있는데(12장, 표 12.2 참조) 이의 분석방법을 구상하라.

10

전기화학 물질과 반응

전기화학적 반응들은 반응 물질이 전극의 표면에서 전자를 받거나 전자를 전극에 전달하면서 일어난다. 따라서 반응 분자들이 전극 표면에 흡착된 상태에서 일어나든지 또는 반응 분자들이 전극 표면으로부터 수 옹스트롱 이내의 가까운 거리에 있을 때 일어난다. 즉 반응이 전극-전해질 계면에서 일어난다는 것이 전기화학 반응들의 공통적인 특징이며 그런 이유로 전극 반응이라 부르기도 한다. **전극 과정**(electrode process)이란 말은 전극 반응과 전기 이중층의 변화를 포함하는 좀더 넓은 의미를 가지고 있다. 전극 반응의 또 다른 특징이라 할 수 있는 것은 그 속도가 전극과 전해질 사이의 전위차에 의하여 크게 영향을 받는다는 것이다(4장 참조).

일반적으로 화학 반응들은 온도, 관여 물질들의 농도, 또는 압력에 의하여 그 진행속도가 결정된다. 그러므로 화학자들이 반응속도를 조절하는 수단은 온도의 변화, 농도나 압력의 변화들이다. 그러나 전극 반응은 전극 전위를 조절함으로써(또는 전류를 조절함으로써) 간편하고 신속하게 속도를 조절할 수가 있을 뿐 아니라 반응이 정지하게도 할 수 있고 역반응이 일어나게 할 수도 있다. 또 여러 가지 가능한 반응들 중에서 원하는 반응이 선택적으로 일어날 수 있도록 전극 전위로서 조정하는 것도 가능하다. 이렇게 편리한 조절 가능성이 전기화학 실험이 재미있게 하는 한가지 요인이다. 무수히 많은 전극 반응들 중에서 대표적이라 할 만한 것들을 이 장에서 다룬다.

10.1 금속의 용해와 부식 및 부동화

10.1.1 금속의 용해와 부식

많은 금속은 전해질 용액과 접촉될 경우 표면에서 녹거나 녹이 슨다. 대기중의 물기

속에는 여러 가지 이온들이 들어 있어 모두 전해질로서 작용한다. 금속은 일반적으로 산성 용액에서 용해가 더 잘 된다. 이런 변화는 모두 다음과 같은 전기화학 반응으로 일어나는 것이다.

$$M \rightarrow M^{z+}(aq) + ze^-$$

$$M + zH_2O \rightarrow M(OH)_z + zH^+(aq) + ze^-$$

$$\text{또는} \quad M + zHO^-(aq) \rightarrow M(OH)_z + ze^-$$

금속 수산화물 $M(OH)_z$는 산화물 MO_x로 될 수도 있다. 산화물이나 수산화물이 생기는 과정은 표면에 녹지 않는 고체가 생기므로 **부식**(腐蝕, corrosion)이라 하나 물에 녹는 양이온이 생기는 과정은 **용해**(metal dissolution)라 한다. 그러나 두 경우 모두 산화 반응이라는 점에서는 공통적이며 모두 넓은 의미의 부식에 속한다. 진한 산 용액에서 전류를 통해줌으로써 빠른 속도로 금속이 용해하는 것은 **전기화학적 기계공작**(electrochemical machining)에 이용된다(11.3절 참조).

저절로 부식이 일어나는 경우에 전기화학적 산화 반응이 일어나기 위하여 생성된 전자를 소모하는 다음과 같은 환원반응들이 역시 금속 표면에서 일어난다.

$$2H^+(aq) + 2e^- \rightarrow H_2$$

$$O_2(aq) + 4H^+(aq) + 4e^- \rightarrow 2H_2O$$

$$\text{또는} \quad O_2(aq) + 2H_2O + 4e^- \rightarrow 4HO^-(aq)$$

양극 반응과 음극 반응이 동시에 일어난다는 점에서 전지의 반응과 같은 점이 있다. 그러므로 부식이 일어나는 금속 표면에는 **국부적 전지**(local cell)가 형성되는 것이다. 그림 10.1.1에 이 국부 전지를 도식적으로 나타내었다. 이 전지는 회로가 연결되어 전류가 흐르고 있는 전지인 셈이다.

보통 많이 사용되는 금속, 즉 철이나 알루미늄, 니켈 등은 열역학적으로 볼 때 그들의

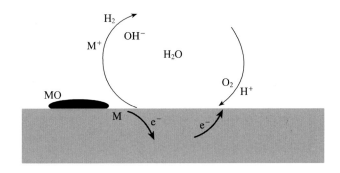

그림 10.1.1 부식 과정의 전극 반응

산화물이나 수산화물 또는 이들 금속의 이온들에 비하여 불안정하다. 즉, 이 금속들의 부식 반응은 자유에너지의 감소가 따르는 반응들이므로 자발적 반응으로서 불가피한 것이다. 부식은 우리가 생활 주변에서도 늘 경험하는 일로서 이로 인한 불편과 경제적 손실은 대단한데 이 손실의 규모는 산업화된 사회일수록 더욱 크고 대형 사고의 원인이 되기도 한다. 그러므로 부식 과정과 그 방지 대책에 대한 과학적 이해가 중요하다. 부식의 속도는 금속의 산화에 따른 전류의 세기로 나타낼 수가 있다. 그러므로 부식에 관한 연구는 금속의 퍼텐셜과 부식 전류 사이의 관계를 조사하여 하는 것이 기본이다.

10.1.2 열역학적 요인

부식은 앞서 살펴본 바와 같이 산소나 수소 이온의 환원 반응이 있어야 금속의 퍼텐셜이 높아져서 가능하게 된다. 따라서 이들 환원 가능한 화학종들의 전위가 금속(예컨대 철)의 전위보다 높아야 부식이 일어날 수 있다. 환원 반응의 전위는 pH에 의존한다.

$$2H^+(aq) + 2e^- \rightarrow H_2 \qquad\qquad E° = -0.059\,pH\;V$$

$$O_2(aq) + 4H^+(aq) + 4e^- \rightarrow 2H_2O \qquad E° = (1.23 - 0.059\,pH)\;V$$

$$(또는 \quad O_2 + 2H_2O + 4e^- \rightarrow 4HO^-)$$

그러므로 산이나 pH가 낮은 용액 속에서 금속은 부식되기 쉽다. 전극 전위가 낮은 아연이나 알루미늄, 마그네슘 등은 부식되기 쉬운 반면 구리나 은, 금, 백금 등은 그들의 전위가 높기 때문에 부식되지 않거나 부식되는 경우에도 그 속도가 대단히 느리다. 전극 전위의 비교로 부식 여부를 판정할 수 있다. 그러나 이런 열역학적 판단만으로 부식 여부를 판단하는 데는 한계가 있다. 금속의 표면에 치밀한 구조의 산화물의 막이 생기면 내부의 금속은 보호받아 부식이 실제적으로 멈추는데, 이를 **부동화 현상**(passivation)이라 하고 다음에 더 자세히 설명하겠다.

pH에 따라 부식의 가능성을 판별하기 쉽게 하는 자료가 Pourbaix diagram[1]이라 하는 그림들로서 그 중의 하나 철에 대한 것을 그림 10.1.2에 보였다. 점선으로 그린 빗금들은 수소 이온과 산소의 환원 반응들의 전위가 pH에 따라 변하는 것을 나타낸다. 빗금보다 위쪽은 산화된 상태를, 아래쪽은 환원된 상태를 나타낸다.

철의 산화는 다음 반응들 중에서 하나 또는 둘 이상에 의하여 일어난다.

$$Fe \rightarrow Fe^{2+}(aq) + 2e^- \qquad\qquad\qquad E° = -0.44\;V$$

$$Fe + 2H_2O \rightarrow Fe(OH)_2 + 2H^+(aq) + 2e^-$$

---

[1] Marcel Pourbaix, *Atlas of Electrochemical Equilibria in Aqueous Solutions*, National Association of Corrosion Engineers (US), 1974.

$$Fe^{2+}(aq) \rightarrow Fe^{3+}(aq) + e^- \qquad\qquad E° = +0.771 \text{ V}$$

$$Fe^{2+}(aq) + \frac{3}{2} H_2O \rightarrow \frac{1}{2} Fe_2O_3 + 3H^+(aq) + e^-$$

$$Fe \rightarrow Fe^{3+}(aq) + 3e^- \qquad\qquad E° = -0.04 \text{ V}$$

$$Fe + \frac{3}{2} H_2O \rightarrow \frac{1}{2} Fe_2O_3 + 3H^+(aq) + 3e^-$$

$$3Fe + 4H_2O \rightarrow Fe_3O_4 + 8H^+(aq) + 8e^- \qquad E° = (-0.087 - 0.059\,pH)\,V$$

이 반응들 중에서 산화물 또는 수산화물이 생기는 반응을 제외한 반응들은 pH에 무관하게 일정한 전위에서 일어난다. 그러므로 철의 산화에 대한 평형 전위는 낮은 pH에서는 pH에 무관하기 때문에 그림에서 보는 바와 같이 $E-pH$ 관계가 수평선으로 나타난다. 그러나 산화물들이 생기는 높은 pH에서는 pH의 영향을 받으므로 기울기 있는 직선으로 나타난다.

그림에서 보는 바와 같이 여러 반응의 전위를 나타내는 선들의 상대적 위치에 따라 안정한 전위-pH 영역, 부식 가능한 영역, 부동화 영역 등을 표시하고 이를 부식 판단의 자료로 쓰는 것이다.

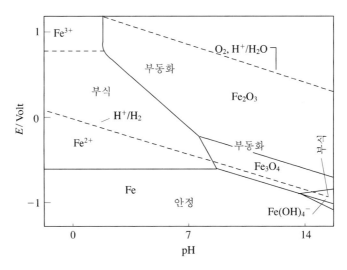

그림 10.1.2 수용액과 접촉된 철의 부식 가능 영역을 나타내는 pH-전위 Pourbaix 그림. 용액 중 금속 이온의 활동도가 10^{-6}인 경우만 나타내었음.

10.1.3 부식 속도와 부동화

금속이 산화되는 속도는 그 금속이 전해질 용액과의 접촉 부위에서 어떤 전위에 있느냐에 관계된다. 금속의 전위에 따라서 부식에 의한 전류의 크기를 재면 그림 10.1.3과 같은 관계가 얻어진다. 다른 전기화학 반응들과 마찬가지로 가역적 전극 전위 근처에서 전위가 양전위로 갈수록 급격히 속도가 빨라진다. 그러나 전위가 어느 값을 지나면 부식 속도는 오히려 급격히 감소한다. 이 때 전류의 밀도는 보통 수 $\mu A cm^{-2}$ 이하에 이르며 이렇게 낮은 전류밀도는 1년에 수 μm 이하의 깊이로 부식하는 극히 작은 속도에 해당한다. 이렇게 부식이 실제적으로 멎은 상태를 **부동화 상태**(passivivity)라 한다.

그림 10.1.3에서 보는 바와 같이 부동화는 어느 범위의 전위 안에서 유지된다. 부동화가 시작되는 전위를 **부동화 전위**(passivating potential) 또는 Flade 전위라 한다(엄밀하게는 부동화 전위와 Flade 전위를 구별하여 전자는 부식속도가 줄기 시작하는 전위를, 후자는 부식전류가 바닥에 이른 전위를 말하기도 하나 부식전류는 시간에 따라 점차로 변하기도 하므로 두 전위의 엄밀한 구별은 애매하고 큰 의미도 없다). 어떤 이유로 부동화가 일어나는지에 관하여 오랫동안 논란이 있어왔으나 지금은 부동화 상태에 있는 금속의 표면에는 금속 산화물의 치밀하고 극히 얇은 막(**부동화 막**, passive film)이 존재한다는 증거가 확실하다. 이 부동화 막의 두께는 **타원편광 실험** 등으로 조사된 바에 의하면 수 옹스트롱 정도로 얇은 것들로부터 두꺼운 것들도 있으나, 얇은 것들도 부식을 억제하는 데 대단히 효과적인 것으로 보인다.

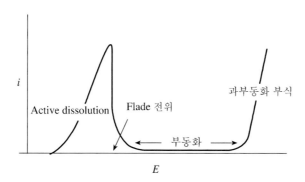

그림 10.1.3 금속 부식과 부동화의 전압-전류 관계

전위가 더욱 높아지면 물의 전기분해로 산소가 발생하기 시작하며 부동화 막은 파괴되고 다시 빠른 부식이 시작된다. 이 영역에서의 부식을 **과부동화 부식**(transpassive dissolution)이라 한다.

금속의 전위에 따라 금속은 활발히 부식 받기도 하고 부동화 상태에 이르기도 하는데 그러면 전위는 무엇에 의해서 결정되는가. 자연 상태의 금속의 전위는 어떤 전기적 장치에 의한 조절을 받고 있는 것이 아니고 주위의 영향을 받아 전위가 정해져서 소위 "열린회로 전위 (open circuit potential)"를 갖는 것이다.

전해질 용액에는 수소 이온과 산소가 있어 이들이 환원됨으로써 전위를 양 전위 쪽으로 끌어올리는 역할을 한다. 한편 금속의 산화 반응은 전위를 낮추는 역할을 하므로 환원 반응의 전류와 산화 반응의 전류세기가 같아지는 점에서 전위가 고정된다. 그림 10.1.4에 나타낸 바와 같다. 이런 전위를 **혼성 전위**(mixed potential)라 한다. 이처럼 산화 환원 물질들이 공존하는 경우에는 열린회로 전위는 혼성 전위이며, **부식전위**(corrosion potential)라고도 부른다. 그림에 보인 것처럼 수소 이온의 환원이 일어나고 금속의 활발한 부식이 가능한 영역에 혼성 전위가 성립할 수 있다. 이 전위가 부식전위(corrosion potential)이다. 산소의 환원 반응은 부동화 영역에 혼성 전위(부동화 전위)가 성립하게 한다. 부동화는 열역학적 기준만으로 볼 때는 불안정할 수밖에 없는 알루미늄, 철 등의 금속의 부식을 대단히 느리게 함으로써 이들 금속에 의존하고 있는 현대 문명이 가능하게 하는 중요한 요인이다.

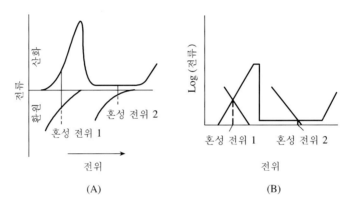

그림 10.1.4   혼성 전위로 결정되는 금속의 부식과 부동화. 그림 (A)는 환원 전류를 마이너스로 나타낸 것이고 그림 (B)는 전류들의 절대값의 로그를 취한 것을 도식적으로 그린 것이다.

10.1.4   여러 가지의 부식

균일한 금속 표면에서 균일하게 일어나는 부식을 **일반부식**(general corrosion)이라 한다. 칼날이 녹스는 것과 같이 흔히 보는 부식이다. 서로 다른 금속이 접촉하고 있을 때 부식 속도가 대단히 빨라지는 경우가 있다. 알루미늄 파이프와 구리 파이프를 연결하면 알루미늄은 그 자체의 산화·환원에 대한 전극 전위가 낮기 때문에 그 표면이 부식하기 쉽고 구리 표면에서는 수소 이온의 환원에 대한 과전위가 작기 때문에 알루미늄의 부식을 도와준다. 즉 주위에 있는 물과 더불어 이상적인 전지를 이루는 셈이다. 이와 같이 서로 다른 두 금속 간의 접촉에 의하여 그 중 한 금속의 산화를 촉진하여 일어나는 부식을 **갈바니 부식**(galvanic corrosion)이라 한다. 기계적인 스트레스가 가해지면 스트레스가 집중되는 위치에서 부식이 심하게 일어날 수 있다. 이를 **스트레스 부식**(stress corrosion)이라 하는데, 화학 퍼텐셜의 증가와 부동화 막의 파괴에 의한 것으로 이해할 수 있다. 어떤 이온들 특히 Cl^- 이온은 부동화 막을 침투하며 곳곳에서 부분적으로 부동화 막을 파괴하여 그

곳에서 빠른 부식이 일어나게 하고 작은 구멍들이 생기게 한다. 그 구멍으로부터 부식은 넓게 퍼진다. 이런 부식을 **점식**(點蝕, pitting corrosion)이라 한다. 염화칼슘을 뿌린 길에서 자동차의 차체가 심하게 부식하는 것이나 바닷물에 접촉하는 금속 기구들이 쉽게 부식하는 것은 모두 염소 이온의 점식 작용에 의한 것이다. 그 외에도 부식의 메카니즘과 형태에 따라 여러 가지 부식의 분류가 있다.[2]

10.1.5 부식의 방지 - 전기화학적인 대응

금속의 전위를 아주 낮추어 부식 전위보다 낮은 곳에 유지하면 부식이 일어나지 않는다. 이런 부식 방지 기술을 **음극보호**(cathodic protection)라고 한다. 땅 속에 묻힌 금속 파이프를 보호하기 위하여 그 파이프와 주위에 묻은 다른 금속판 사이에 직류 전원을 연결하여 파이프가 마이너스 극이 되게 하면 된다(그림 10.1.5). 직류 전원을 쓰는 대신에 아연, 알루미늄, 또는 이들의 합금을 파이프 주위에 묻고 이를 도선으로 파이프에 연결하면 이들 금속에서는 산화가 일어나서 파이프의 전위를 낮추어 줌으로써 파이프가 부식하지 않게 할 수도 있다. 간단히 하려면 아연이나 알루미늄 덩어리를 보호할 파이프 표면에 직접 붙여 놓을 수도 있다. 이런 보호 방법도 일종의 음극보호라 할 수 있다. 이때 산화로 소모되는 금속들은 **희생양극**(sacrificial anode)이다. 그림 10.1.6은 배의 물 속에 잠기는 부분에 붙여놓은 희생양극들을 보여준다.

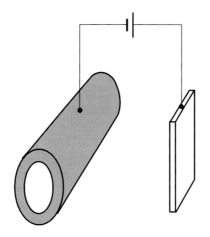

그림 10.1.5 땅 속에 묻힌 파이프의 부식을 방지하기 위하여 직류 전원을 쓰는 음극보호.

---

2) M. G. Fontana and N. D. Green, *Corrosion Engineering*, 2nd Ed. McGraw-Hill, 1978; H. H. Uhlig, *Corrosion and Corrosion Control*, 2nd Ed. Wiley, 1971.

그림 10.1.6 선체의 스크류 주변에 −자 모양으로 붙여놓은 희생양극들

아연을 입힌 철판(아연도 강철)은 어쩌다 아연이 긁혀 벗어진 데가 있어도 노출된 철은 별로 부식을 받지 않는다. 습기가 있을 때 철이 아연과 함께 국부 전지를 형성함으로써 아연이 희생양극이 되고 철은 음극보호를 받는 것이다.

전위를 높게 하여 부동화 영역에 머물게 하는 방법은 **양극보호**이다. 페인트를 칠함으로써 부식이 방지되는 이유는 부식 반응에 필요한 수소 이온과 물의 접촉을 막기 때문이다. 광명단(PbO)을 페인트 밑에 바르는 것은 광명단의 강력한 산화성을 이용한 양극보호라 할 수 있다. 크롬, 니켈, 주석 등은 아주 얇으면서도 효과적인 부동화 막을 잘 형성하는 금속이므로 다른 금속의 표면에 입혀(도금) 속에 있는 금속을 보호하는 데 쓰인다. 여러 가지 아민 등을 포함하는 **부식억제제**(corrosion inhibitor)들[3]은 금속 표면에 흡착함으로써 부식 반응에 필요한 화학종들의 접촉을 방해하여 부식을 억제하는 효과를 나타낸다.

> **참고자료 : 은수저 빛내기**[4]
>
> 은으로 만든 수저 등의 기구나 장식품은 흑갈색의 녹이 잘 낀다. 그것은 은이 황과 결합하는 경향이 크기 때문에 표면에 Ag_2S 등의 막이 생기는 것이다. 공기 중의 황화수소나 티올계 기체와 접촉하여 생기는 것이다. 은수저의 검은 녹을 없애고 다시 깨끗한 은의 반짝임을 보려면 간편한 처방을 쓸 수가 있다. 따뜻한 물에 식용 소다(탄산수소나트륨)를 푼 다음 은수저를 알루미늄 포일로 겉을 느슨하게 싸서 소다 용액에 넣는다. 조금 시간이 지나면 은수저의 녹은 사라지는 것을 볼 수가 있다.
>
> 알루미늄은 열역학적으로 보아서는 대단히 산화되기 쉬운 금속이지만 표면에 산화알루미늄의 막이 생기면 부동화되기 때문에 더 이상 부식되지 않는다. 그러나 알루미

3) B. G. Clubley, ed. *Chemical Inhibitors for Corrosion Control*, Royal Society of Chemistry, 1990.
4) D. B. Hibbert, *Introduction to Electrochemistry*, Macmillan Press, 1993, p. 317.

늄 산화물은 염기성 용액에서는 $Al(OH)_4^-$로 녹아 버리므로 부동화가 성립되지 않는다. 그러므로 알루미늄은 빠르게 부식될 수 있는데 은수저와 접촉함으로써 은수저는 환원 전극(+극), 알루미늄은 산화전극(-극), 탄산수소나트륨 용액은 전해질 역할을 하는 전지를 형성하는 셈이다. 전지 반응은 다음과 같다.

$$Al + 4OH^- \rightarrow Al(OH)_4^- + 3e^-$$

$$Ag_2S + 2e^- \rightarrow 2Ag + S^{2-}$$

두번째 반응에 의하여 은 황화물은 환원되어 은으로 돌아가는 것이다. 알루미늄이 갈바니 부식을 하는 것을 이용한 것이다.

10.2 금속의 전기 석출

금속 이온이 음극 반응으로 금속 표면에 붙어 나오는 과정을 **전기석출**(electrodeposition)이라 한다. 전기 석출은 **전기도금**(electroplating)에 이용되는 과정이고 금속의 정제(electrorefining)에도 쓰이는 반응으로서 금속의 용해 과정의 역반응이다.

$$M^{z+}(aq) + ze^- \rightarrow M(s)$$

여기서 금속 이온을 $M^{z+}(aq)$로 나타내었는데 경우에 따라서는 어떤 리간드에 결합된 착이온일 수도 있다. 이미 있는 금속의 표면에 새로운 금속이 입혀지는 과정은 처음에는 **흡착된 금속 원자**(adatom)가 생기고 이 금속 원자들이 모여서 결정을 만드는 단계 즉 **전기결정화**(electrocrystallization) 단계를 거친다. 원자들이 모이기 위하여 흡착된 원자들은 표면에서 이차원 확산 이동을 하기도 한다.

표면의 다른 자리들에서 시작된 결정들은 크면서 서로 맞붙어 층을 이루어 나간다. 때로는 결정이 용액 쪽 방향으로 자라서 바늘과 같이 되는 경우도 있는데, 이 바늘같은 모양의 것들을 **덴드라이트**(dendrite)라 한다. 도금을 하는 경우나 이차전지의 충전 과정에서 생기는 덴드라이트는 원하지 않는 문제들을 불러 일으키므로 이를 방지하는 기술이 필요하다.

전류밀도가 아주 낮을 때에는 대체로 결정이 서서히 크게 자라는데, **나사형 어긋남**(screw dislocation) 자리로부터 시작하여 그림 10.2.1과 같이 나사형으로 자라는 경우가 많다. 석출하는 원자들은 평면 위에 흡착할 때보다는 계단자리에 달라붙는 것이 더 큰 흡착 에너지에 의하여 안정되기 때문에 계단 옆에 원자들이 모여듦으로써 계단이 전진하는 것처럼 나타난다. 일반적으로 흡착 원자는 평면보다는 계단자리에, 계단자리보다는 **꺾임자리**(kink site), 즉 두 계단이 직각으로 만나는 자리에 생기는 구석 자리에서 더 안정하다. 원자가 한 방면에서 이끌리기보다 여러 방면에서 이끌리는 경우가 상호작용 에너지

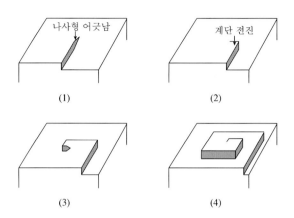

그림 10.2.1 결정의 나사형 성장 모형. (1)에서 (4)까지 계단이 수직 방향으로
전진함으로써 나사모양을 이루며 성장한다.

가 크기 때문이다. 그림에서 볼 수 있는 바와 같이 한 계단의 전진은 그와 수직 방향으로 전진하는 다른 계단을 낳는다. 이런 과정이 계속되어 나사 모양을 만든다.

단결정의 한 표면에 석출하는 원자들이 그 표면과 같은 결정면을 이루면서 성장할 때 이를 **적층성장**(epitaxial growth)이라 한다.

전류밀도가 좀 클 때는 작은 결정들이 많이 생겨 다결정성 석출층이 생기고, 금속 이온 농도가 아주 낮을 때 전류밀도가 높으면 덴드라이트가 생기기도 한다. 전류밀도가 아주 높으면 석출된 금속이 가루같이 생겨서 튼튼하지 못한 석출층이 생긴다.

낮은 과전위로 일정 전압의 조건에서 석출을 시킬 때 처음에는 결정이 생기기가 어렵다. 결정이 아주 작을 때는 표면 에너지의 영향이 크기 때문에 작은 결정의 존재 자체가 어렵기 때문으로 이는 마치 대기 중 수증기의 과포화 현상에 비유할 수 있다. 그러나 우연히 작은 결정이 생기면 이 결정이 커가면서 표면적이 넓어지므로 그 가장자리에 석출하는 속도는 급격히 빨라진다. 결정들이 옆으로 모여서 넓적한 표면을 만들면 다시 작은 결정이 출현할 때까지 석출은 멈춘다. 이런 과정의 반복 때문에 일정한 전압에서 전류의 요동이 관찰된다.

평형 전위보다 높은 전위에서도 금속 원자가 석출할 수 있다. 이런 석출을 **미달전위 석출**(underpotential deposition)이라 하는데 대체로 단원자층 이하에 머문다. 한 금속의 원자가 다른 금속 표면에 붙을 때의 부착 에너지는 같은 금속 표면에 붙을 때보다 클 수 있기 때문에 전위가 약간 높아도 자유에너지가 감소하는 석출이 가능한 것이다. 납은 미달전위 석출로 백금표면에 잘 석출한다.

전기 석출이 응용 목적에 맞도록 일어나게 하기 위하여는 전류밀도의 조절, 적당한 전해질 용액(bath)의 조성, 온도와 pH의 조절, 첨가제의 사용 등이 필요한데, 각 경우에 대한 처방들은 과학적인 예측보다는 경험으로 얻은 기술인 경우가 많다(11.2.2절 참조).

10.3 수소와 산소의 반응들

■ 수소 발생

하이드로늄 이온의 환원 반응은 수소 발생(hydrogen evolution) 반응으로서 전체 반응은 다음과 같다.

$$2H_3O^+ + 2e^- \rightarrow H_2 + 2H_2O \quad (또는 \ 2H_2O + 2e^- \rightarrow H_2 + 2OH^-)$$

이 반응은 물의 전기분해 과정에서 − 극에서 일어나는 반응으로서 백금족 원소의 전극에서는 가역 전위 근처에서 대단히 빨리 일어나지만 수은, 납, 카드뮴 같은 금속에서는 관찰될 만한 속도로 환원이 일어나려면 약 1 V 또는 그 이상의 과전위가 필요하다. 금, 은, 구리, 철 등의 전극은 과전위 크기가 앞에서 든 두 극단의 경우들의 중간에 속한다. 금속 표면에 따라서 다음과 같은 여러 가지 반응 경로를 따라서 일어나는 것으로 알려졌다.

$$H_3O^+ + e^- \rightarrow H_{ads} + H_2O \qquad \text{Volmer 반응}$$

$$(또는 \quad H_2O + e^- \rightarrow H_{ads} + OH^-)$$

$$H_{ads} + H_{ads} \rightarrow H_2 \qquad \text{Tafel 반응}$$

$$H_{ads} + H_3O^+ + e^- \rightarrow H_2 + H_2O \qquad \text{Heyrovsky 반응}$$

H_{ads}는 Volmer 반응의 결과로 금속 표면에 흡착된 수소 원자를 나타낸다. 수은, 납 등과 같이 과전위가 큰 금속 표면에서의 Volmer 반응은 대단히 느려서 이 반응이 수소 발생의 속도결정단계가 되며 Heyrovsky 반응은 빨라서 H_{ads}는 쉽게 소모되므로 H_{ads}에 의한 표면 덮임율 θ_H는 0에 가깝다 ($\theta_H \cong 0$). 전자전달계수 $\alpha \cong \frac{1}{2}$인 다른 1-전자 반응들과 같이 Tafel 기울기는 약 120 mV이다. 한편 텅스텐 등과 같이 수소의 흡착 에너지가 큰 금속 위에서는 Tafel 반응과 Heyrovsky 반응들이 느린 반응으로서 대체로 Heyrovsky 반응이 속도결정단계이다. 이 경우 $\theta_H \cong 1$이고 Tafel 기울기는 역시 120 mV 근처이다.

백금 전극 위에서는 첫 단계인 Volmer 반응이 대단히 빨리 일어나고 Tafel 반응도 쉽게 일어나기 때문에 $0 < \theta_H < 1$의 중간값을 나타내며, Volmer 반응에 잇달아 일어나는 Tafel 반응이 속도결정단계이다. 이 경우 Volmer 반응은 근사적으로 가역 평형에 있어 $\theta_H \sim \exp(-F\eta/RT)$가 성립한다. 즉 θ_H는 과전위 −60 mV마다 10배씩 증가한다. 그러므로 전체 수소 발생 과정의 속도결정단계인 Tafel 반응의 속도는 −60 mV에 대하여 10^2

배씩 증가하기 때문에 Tafel 기울기는 약 $30\,mV$가 된다. 이처럼 작은 기울기가 관찰되는 경우가 많지만 표면이 이물질의 흡착 등으로 사정이 바뀌면 다른 값의 기울기를 나타내기도 한다. 즉 수소 발생 반응은 금속에 따라, 또한 표면의 상태에 따라 다른 메카니즘으로 진행된다.

물의 전기분해로 수소를 얻을 때 얻어진 기체 중의 H/D의 비는 자연동위원소 존재비보다 커지는데 이것은 O-H 결합의 영점 에너지 $\left(\frac{1}{2}\,h\nu\right)$가 O-D의 그것보다 높기 때문에 생기는 반응속도 동위원소효과(kinetic isotope effect)이다. 중수소 또는 중수 농축 공정에 이용된다.

금속 표면에 생기는 수소 원자는 뒤이은 반응에 의하여 분자 상태의 수소로 되기 전에 금속 라티스 속에 흡수되는 경우가 있다. 팔라듐, 텅스텐, 니켈, 란탄계 원소 등의 금속에 스며들어 금속 수소화합물을 만드는 경우가 흔하여 이를 수소 저장의 수단으로 이용하기도 한다. 철에 스며드는 수소는 철의 라티스를 파괴하여 강철이 갑자기 약한 힘에도 부스러지게 하는 현상, 즉 **수소 취약화**(hydrogen embrittlement)를 일으켜 항공기나 교량 붕괴 사고의 원인이 되기도 한다.

■ 산소 환원

수용액 속에서의 산소 환원 반응은 다음 두 반응식으로 나타낼 수 있다.

$$O_2 + 4H_3O^+ + 4e^- \rightarrow 6H_2O \quad (\text{산성 용액}) \qquad E° = 1.228\,V$$

$$O_2 + 2H_2O + 4e^- \rightarrow 4OH^- \quad (\text{중성, 염기성 용액}) \quad E° = 0.41\,V$$

첫번째와 두번째 반응은 본질적으로 같은 반응임에도 불구하고 표준전극전위가 $0.82\,V$ 차이가 나는 것은 각각의 표준 상태가 pH 14 단위의 차이가 있으므로 $(RT/F)\ln 10$의 14배의 차이가 되는 것을 이해할 수 있다. 이 반응은 모든 금속 표면에서 모두 과전위가 큰 것이 특징이며, 이렇게 과전위가 크다는 것은 연료전지나 공기전지에서 에너지를 얻는 데 손실이 많음을 의미한다. 백금 전극이 그나마 가장 작은 과전위를 나타내는데, 백금 전극에서도 웬만한 감도로 환원전류를 검출할 수 있으려면 $0.3\,V$ 이상의 과전위가 필요하다. 그러므로 수용액 전해질을 쓰는 연료전지를 개발하는 데 가장 중요한 일이 백금보다 싸고 과전위는 크지 않은 전극촉매를 찾는 일이다[5]. 생체 내에서는 cytochrome-c 등과 같이 금속 원자를 중심에 가지고 있는 폴피린이 있는 분자들이 촉매 역할을 한다. 그러므로 금속-폴피린류의 화합물이 전극 표면에 고정되면 산소 환원에 대하여 나타낼 수 있는 전극 촉매기능의 가능성을 찾는 것은 흥미있는 연구의 대상이다.

산소 환원의 반응 경로는 위의 4-전자 반응의 식들이 나타내는 것과 같이 단순하지 않

---

5) K. Kinoshita, *Electrochemical Oxygen Technology*, Wiley, New York, 1992.

고 여러 단계를 거칠 수 있는 것으로 알려졌다. 2-전자전달 반응에 의하여 과산화수소가 생길 수 있다. 과산화수소는 다시 2-전자 반응에 의하여 물에 이르기까지 환원될 수 있다.

$$O_2 + 2H_3O^+ + 2e^- \rightarrow H_2O_2 + 2H_2O \qquad E° = 0.695\,V$$

$$H_2O_2 + 2H_3O^+ + 2e^- \rightarrow 4H_2O \qquad E° = 1.76\,V$$

위의 과산화수소가 생기는 2-전자 반응의 가역 전위 0.695 V는 4-전자 반응에 대한 전위 1.228 V보다 낮기 때문에 2-전자 반응이 일어나기 전에 4-전자 반응이 일어날 것으로 생각되기도 하지만 금을 포함하는 여러 가지 전극에서 반응속도론적 원인으로 4-전자 반응은 잘 일어나지 않고 2-전자 반응이 주로 일어난다. 백금에서는 4-전자 반응이 주로 일어나는 것으로 관찰된다. 위의 과산화수소가 생기는 반응보다 그것이 환원되는 반응의 가역 전위가 더 높기 때문에 첫 번째 2-전자 반응이 일어나면 즉시 두 번째의 반응이 일어나서 단번에 4-전자전달이 관찰될 것으로 기대할 수도 있겠으나 이 역시 속도론적 활성화의 어려움으로 인하여 그렇게 되지 않고 더 낮은 전위까지 내려가야 물에 이르는 마지막 2-전자 반응이 일어난다. 과산화수소가 생기는 반응마저도 위의 식과 같이 한 단계 반응이 아니고

$$O_2 + e^- \rightarrow O_2^-\cdot, \qquad O_2^-\cdot + H^+ \rightarrow HO_2\cdot,$$

$$HO_2\cdot + e^- \rightarrow HO_2^-, \qquad HO_2^- + H^+ \rightarrow H_2O_2$$

와 같이 여러 단계를 거치는데, 첫 단계가 속도결정단계로서 나머지 단계들은 빨리 연달아 일어나므로 한 단계로 일어나는 것같이 보인다고 해석한다.

■ 산소 발생

전해질 용액에서 물을 전기분해할 때 +극에서 일어나는 반응은 산소 발생 반응으로서 앞서 살핀 산소의 환원 반응의 역반응이다.

$$6H_2O \rightarrow O_2 + 4H_3O^+ + 4e^- \qquad E° = 1.228\,V$$

반응의 과전위가 커서 가역 전위 1.228 V보다 높은 전위에서 일어나며 물 또는 OH^- 이온의 산화에 의해서 표면 금속 원자에 흡착된 OH 라디칼이 생기고 이 라디칼로부터 생긴 O 원자들이 결합하여 O_2 분자를 이루는 것으로 알려졌다.

■ 수소 산화

수소 기체는 수용액을 전해질로 하는 전극에서 산화되어 수소 이온이 되는 반응은 앞서 살핀 수소 발생 반응의 역반응이다.

$$H_2 + 2H_2O \rightarrow 2H_3O^+ + 2e^-$$

여러 금속 표면에서 이 반응은 거의 과전위 없이 잘 일어나기 때문에 여러 가지 연료전지에서 수소가 연료로서 사용된다.

■ **전극촉매**

위에서 산소가 관련된 반응이나 수소와 수소 이온 사이의 반응에서 본 것처럼 같은 반응이라도 전극이 어떤 금속(혹은 물질)이냐에 따라 반응의 속도가 엄청나게 달라질 수 있다. 전극 물질의 차이는 과전위의 차이로도 나타난다. A 금속 표면에서 느리게 일어나는 반응(큰 과전위를 나타내는 반응)이 B 금속 표면에서는 월등히 빨리 일어나면 (혹은 낮은 과전위에서도 잘 일어나면) B 금속은 A보다 더 좋은 **전극촉매**(electro-catalyst) 라고 한다. 즉 전극 물질들은 서로 다른 전극촉매 작용(electrocatalysis)을 나타낸다고 보는 것이다. 실제로 전극 과정은 **흡착**과 같은 표면의 직접적인 참여에 의하여 이루어지는 경우가 많으므로 전극은 불균일 촉매의 한 가지로 볼 수 있다.

10.4 유기 전기화학 반응

5장의 서두에서 말한 바와 같이 물은 전해질의 용매로서 가장 많이 쓰이지만 **비수용매** (물아닌 용매, non-aqueous solvent)도 전해질 용액을 만드는 데 쓰인다. 많은 유기물의 전기화학 반응을 일으키기 위해서는 물 아닌 용매를 쓰는 것이 적합할 때가 많다.

물이 용매로서 적합하지 않은 경우는 물에 녹지 않는 유기물질을 반응시킬 때, 또는 높은 양전위나 낮은 음전위로 가야할 때 그 전위값이 물을 전기분해하여 +극에서 산소를 발생하거나 −극에서 수소를 발생할 수 있는 때인데 물 아닌 용매를 써서 이를 피할 수 있다. 물의 경우 안전한 전위의 범위는 가역수소전극을 기준으로 하여 0에서 1.23 V 사이이다. 수은이나 납, 탄소와 같이 수소 과전위가 큰 금속을 음극으로 쓰면 어느 정도 음전위 쪽의 범위를 넓힐 수 있기는 하다. 여러 가지 유기물 용매에 사알킬암모늄 염 등을 전해질로 녹여 만든 용액에서는 전위 범위가 5 V 이상 되는 경우도 있다. 표 10.2에 몇 가지 대표적인 용매-전해질 계를 예로 들어 사용 가능한 전위 범위 — 이를 "**전위 창**(potential window 또는 potential range)"이라 부르기도 함 — 를 표시하였다.[6]

물을 용매로서 사용할 수 없는 다른 이유는 용액 내에 있는 물질과 물이 원치 않는 반응을 일으킬 때가 있기 때문이다. 한편 유기 용매의 단점은 대체로 유전율이 물보다 작아

---

6) 여러 가지 용매-전해질 계의 특징과 한계에 관하여 다음 책들을 참고하기 바란다. R. Adams, *Electrochemistry at Solid Electrodes*, Marcel Dekker, 1969, p. 29; D. Brynn Hibbert, *Introduction to Electrochemistry*, Macmillan, 1993, p. 258; D. Aurbach, ed. *Nonaqueous Electrochemistry*, Marcel Dekker, 1999.

서 전해질을 잘 녹이지 못하므로 전도성이 좋은 용액을 만드는 데 한계가 있는 것이다. 또한 흡습성이 있는 용매는 그 속에 있는 불순물로서의 물을 힘들여 제거하여야 될 때가 많다.

표 10.2 용매–전해질 계의 사용 가능한 전위 범위

용 매	전해질	전위 범위 / V SCE	비 고
물	KCl, 등 다수	$-3.0^* \sim +1.2$	pH에 따라 범위 이동
CH_3CN	$LiClO_4$	$-3.0 \sim +2.5$	흡습성 강함
CH_3CN	$(C_2H_5)_4NBF_4$	$-1.8 \sim +3$	흡습성 강함
propylene carbonate	$(C_2H_5)_4NClO_4$	$-1.9 \sim +1.7$	증기압 낮고 유전상수 큼
CH_3COOH	CH_3COONa	$-1.0 \sim +2.0$	
dimethyl-formamide	$LiClO_4$	$-2.8 \sim +1.6$	
tetrahydro-furan	$LiClO_4$	$-3.2 \sim +1.6$	
dimethyl-sulfoxide	$NaClO_4$ $(C_2H_5)_4NClO_4$	$-1.8 \sim +0.8$	흡습성 강함

* 수은이나 납과 같이 수소 과전위가 큰 전극을 쓰면 낮은 쪽 전위 범위를 넓힐 수 있음

10.4.1 산화전극 반응

전극 반응이 맨 처음 유기화합물의 반응에 이용된 것은 1834년에 처음으로 M. Faraday에 의해서 발견된 Kolbe 반응이다.

$$2\,CH_3COO^- \quad \rightarrow \quad CH_3CH_3 + 2CO_2 + 2e^-$$

아세트산 염 용액을 전기분해하면 +전극에서 에탄이 얻어진 반응인데, 그 후 15년이 지난 후 H. Kolbe가 다른 카르복실산들과 그 염들로 이런 반응을 일으킬 수 있어 보편적 반응임을 보였기 때문에 Kolbe 반응이라고 이름 붙여진 것이다. 처음으로 탄화수소가 합성된 것이다. 이 반응은 라디칼 반응으로 알려졌다.

$$RCOO^- \rightarrow RCOO\cdot + e^-$$
$$RCOO\cdot \rightarrow R\cdot + CO_2$$
$$R\cdot + R\cdot \rightarrow R_2$$

두 가지 카르복실산 RCOOH와 R′COOH의 혼합물을 써서 RR′을 얻는 것도 가능하며 다음과 같은 응용도 가능하다.

$$2CH_3CONH(CH_2)_5COO^- \rightarrow CH_3CONH(CH_2)_{10}NHCOCH_3 + 2CO_2 + 2e^-$$

물론 화학 시약만으로 되는 다른 산화 반응도 전기화학적으로 가능하다.

$$RCH_2OH + H_2O \rightarrow RCOOH + 4H^+ + 4e^-$$

$$RR′CHOH \rightarrow RCOR′ + 2H^+ + 2e^-$$

$$hydroquinone \rightarrow quinone + 2H^+ + 2e^-$$

직접 산화되기 어려운 유기물들은 +전극에서 생기는 강력한 산화제인 금속 이온들 Mn^{3+}, Co^{3+}, Hg^{2+} 또는 IO_4^-, ClO^-와 같은 산화성 이온들에 의하여 간접적으로 산화될 수 있다. 예컨대, p-xylene은 다음과 같이 간접 산화된다.

$$Mn^{2+} \rightarrow Mn^{3+} + e^-$$

$$4Mn^{3+} + CH_3\langle\bigcirc\rangle CH_3 + H_2O \rightarrow CH_3\langle\bigcirc\rangle CHO + 4H^+ + 4Mn^{2+}$$

이 반응은 진한 황산 용액에서 진행된다. 다음은 또 하나의 예이다.

$$Hg_2^{2+} \rightarrow 2Hg^{2+} + 2e^-$$

$$CH_2 = CHCH_3 + 4Hg^{2+} + H_2O \rightarrow CH_2 = CHCHO + 4H^+ + 2Hg_2^{2+}$$

이 반응들에서 생성된 Mn^{2+}, Hg_2^{2+} 이온들은 +전극에서 다시 산화되므로 전류의 공급이 있으면 일정량의 금속 이온이 유지되어 반응은 계속된다. 이런 금속 이온들은 전자 전달 **매개체**(mediator) 역할을 한다.

고분자를 만드는 많은 **전극중합**(electropolymerization) 반응들 중에서 **전도성 고분자**(conducting polymer)가 생기는 반응은 근년에 와서 많이 쓰이는 흥미있는 반응이다. aniline, pyrrole, thiophene 및 그 유도체들을 포함하여 많은 종류의 단량체들이 +전극에서 산화되면서 중합 반응을 일으킨다. 예컨대 pyrrole은 적당한 전해질을 포함하는 수용액이나 비수 용매 용액에서 양극 표면에서 일어나는 산화로 중합하여 polypyrrole이 된다.

전해질 속의 음이온 (X^-)이 polypyrrole 고체 속에 끼어 들면서 고분자는 산화되어 짝 짓지 않은 전자를 남긴다. 즉 전자 구멍이 생김으로써 고체는 금속이나 반도체처럼 전기 전도성을 나타낸다.

Polyaniline도 산화에 의하여 중합되는 것은 마찬가지이나 전도성이 생기는 것은 산 HX가 고체 속에 들어가 회합함으로써 이루어진다. 이렇게 전극 표면에서 생기는 전도성 고분자는 전극 표면을 덮고 두껍게 자란다. 전도성 고분자의 산화와 환원은 가역적이므로 전극 전위를 조절함으로써 고분자의 전도도와 색과 같은 물성의 조절이 가능하다.

10.4.2 환원전극 반응

전기화학적으로 일으킬 수 있는 환원 반응들은 산화 반응에 비하여 훨씬 더 많이 알려 졌다. 올레핀의 수소 첨가 반응은 전기적으로 빨리 잘 일어난다.

$$\text{환원전극:} \quad CH_2 = CHCH_3 + 2H^+ + 2e^- \rightarrow CH_3CH_2CH_3$$

$$\text{산화전극:} \quad H_2 \rightarrow 2H^+ + 2e^-$$

$$\overline{\text{전체 반응:} \quad CH_2 = CHCH_3 + H_2 \rightarrow CH_3CH_2CH_3}$$

이 반응은 전력이 소모되지 않고 오히려 연료전지와 같이 전력이 부수적으로 생산되는 반응인데, 그 이유는 첫째 반응이 둘째 반응보다도 더 높은 전위에서 일어나기 때문이다. 전체 반응이 자유에너지 감소가 따르는 자발적 반응이기 때문이다.

아크릴로니트릴은 납이나 카드뮴 전극에서 환원되어 **수소이합체화**(hydrodimerization) 반응에 의하여 아디포니트릴이 된다. Na_2HPO_4와 사알킬암모늄 수용액에서 일으킨다.

$$2CH_2 = CHCN + 2H^+ + 2e^- \rightarrow NC(CH_2)_4CN$$

이 생성물은 가수분해에 의하여 아디프산이 되고 환원될 때는 헥사메틸렌디아민이 되 는데, 이 두 가지는 나일론-66의 원료이므로 수소이합체화 반응은 공업적으로 대단히 중 요한 반응이다. 반응은 강한 전자 끌기 그룹인 CN의 존재에 의하여 $CH_2 = CHCN$이 두 개의 전자를 받아들여 카르바니온을 형성하는 단계로 시작된다.

$$CH_2 = CHCN + 2e^- \rightarrow {}^-CH_2C{}^-HCN$$

$${}^-CH_2C{}^-HCN + CH_2 = CHCN \rightarrow NC\,C{}^-HCH_2CH_2C{}^-HCN$$

$$NC\,C{}^-HCH_2CH_2C{}^-HCN + 2H^+ \rightarrow NC\,CH_2CH_2CH_2CH_2CN$$

카르바니온 형성을 통한 수소이합체화 반응의 응용으로 다음과 같은 것들이 있는데, 세 번째와 네번째 예는 고리형성 반응이다.

$$2 \begin{array}{c} CH = CH \\ | \quad | \\ CN \quad CN \end{array} + 2H^+ + 2e^- \longrightarrow \begin{array}{c} CH_2-CH-CH-CH_2 \\ | \quad | \quad | \quad | \\ CN \quad CN \quad CN \quad CN \end{array}$$

$$2\ N\langle\bigcirc\rangle-CH = CH_2 + 2H^+ + 2e^- \longrightarrow N\langle\bigcirc\rangle-CH_2CH_2CH_2CH_2-\langle\bigcirc\rangle N$$

$$Z\begin{array}{c} {}^{\diagup}CH = CHCOOEt \\ {}_{\diagdown}CH = CHCOOEt \end{array} + 2H^+ + 2e^- \longrightarrow Z\begin{array}{c} CH_2COOEt \\ CH_2COOEt \end{array}$$

위에서 Z는 $(CH_2)_n$, $O-CH_2-CH_2-O$ 등이다.

$$NCCH = CH(CH_2)_4CHCN + 2H^+ + 2e^- \longrightarrow \bigcirc\begin{array}{c} CH_2CN \\ CH_2CN \end{array}$$

다음은 수소 첨가 없이 일어나는 **고리화 반응**으로 역시 음극 환원의 결과이다.

$$BrCH_2CH_2CH_2Br + 2e^- \longrightarrow \triangledown + 2Br^-$$

방향족 니트로 화합물의 환원은 전위 조절에 의해서 반응의 진행 방향을 조절할 수 있는 재미있는 예이다. 비수 용매에서는 음극 반응에 의하여 음이온화 한다.

$$\langle\bigcirc\rangle-NO_2 + e^- \longrightarrow \langle\bigcirc\rangle-NO_2^-$$

수용액에서는 다음 반응들이 가능하다.

$$\langle\bigcirc\rangle-NO_2 + 4H^+ + 4e^- \longrightarrow \langle\bigcirc\rangle-NHOH + H_2O \text{ (과전위가 작을 때)}$$

$$\langle\bigcirc\rangle-NHOH + 2H^+ + 2e^- \longrightarrow \langle\bigcirc\rangle-NH_2 + H_2O$$

위와 같이 히드록실아민이 생긴 셀에 잠시 산화 퍼텐셜을 걸어주면 그 일부가 산화되어

니트로소 화합물이 생기고, 이 두 가지가 결합하여 아족시 화합물이 생긴다.

$$\text{NHOH} \longrightarrow \text{NO} + 2H^+ + 2e^-$$

$$\text{NHOH} + \text{NO} \longrightarrow \overset{+}{N}=N + H_2O$$

여기에 다시 환원 전위를 가하면 환원과 자리 옮김을 거쳐 벤지딘이 생긴다.

$$\overset{+}{N}=N + 4H^+ + 4e^- \longrightarrow \text{NH}-\text{NH} + H_2O$$

$$\text{NH}-\text{NH} \longrightarrow H_2N \text{---} NH_2$$

이외에도 많은 유기화합물들의 산화·환원 반응과 이에 관련된 반응들을 전기화학적으로 일으킬 수 있는 것이 대단히 많고 앞으로도 새로운 흥미있는 반응들이 발견될 것이다.

10.4.3 가역적 산화와 환원

많은 종류의 화합물이나 이온들은 전극 반응을 통하여 산화 상태와 환원 상태 사이에서 쉽게 변환된다. Ferrocene($Fe(C_5H_5)_2$), viologens($R - {}^+NC_5H_5 - C_5H_5N^+ - R'$), 금속-포피린 등이 이에 속한다. Ferrocene은 ferrocenium 이온 $Fe(C_5H_5)_2^+$와의 사이에 변환의 가역성이 여러 가지 용매 속에서 특히 뛰어나기 때문에 물 아닌 용매에서의 기준전극으로 쓰인다. 이런 물질들은 다른 물질의 산화 환원 반응에 필요한 전자의 이동을 매개하는 역할을 할 수 있다. 앞에서 어떤 산화 반응들이 Mn 또는 Hg의 이온들을 매개로 하여 간접적으로 일어남을 본 것과 마찬가지로 환원 반응들도 전극으로부터 나오는 전자를 직접 받지 않고 전자전달을 매개해 주는 매개체(mediator)를 통하여 전달받아서 일어나는 경우가 많다(그림 10.4.1).

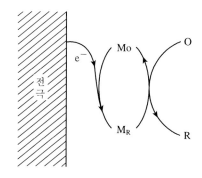

그림 10.4.1   전자 매개체를 통한 간접 환원 반응의 진행 모델. M_O, M_R은 각각 매개체의 산화된 종류와 환원된 종류를 나타낸다.

산화 상태의 매개체 M_O는 전극으로부터 전자를 받아서 환원된 상태 M_R이 되고 반응물 O와 M_R 사이에 전자 교환이 일어나서 환원 반응의 생성물 R이 생긴다. 생체 내에서의 많은 반응과 기타의 유기 반응들이 **효소**(enzyme)의 촉매작용에 의하여 일어나는데, 이런 효소의 촉매 역할에도 전자 매개 역할을 포함할 때가 있다. 몇 가지 효소들의 전극 전위를 표 10.1에 정리하였다.

표 10.1 효소들의 산화−환원 전위[*]

효 소	$E°'$ (mV vs NHE)[*]
CODH	−500
Ferredoxin (시금치)	−440
NAD^+/NADH	−320
FAD/$FADH_2$	−220
Cytochrome c	+220
Laccase(tree)	+440
Laccase(fungal)	+780

[*] pH 7.00인 용액에서 측정되는 생화학적 표준전위임.

생체 내의 pH는 7.0에 가까우므로 반응물질로서의 수소 이온의 농도에 대한 표준 상태를 열역학에서나 전기화학에서 pH 7.00인 상태로 정의한다. 효소들의 반응도 대체로 수소 이온이 관련되므로 pH 0을 표준 상태로 하는 표준전극전위 $E°$와 pH 7.00을 기준으로 하는 표준전극전위 $E°'$은 다르며 표에 실린 값들은 $E°'$이다. 반응에 참여하는 수소 이온 수와 전달 전자의 수가 같은 경우 Nernst 식에 의하여 $E°' = E° - 0.42\,V$이다.

10.5 전기화학적 소재 물질들

■ 전도성 고분자

앞서 말한 전도성 고분자는 여러 가지 새로운 용도 중에서 전극의 전극물질로서 촉망을 받는다. 그것은 전도성 고분자가 가역적으로 산화·환원되는 성질을 이용하는 것으로서 이미 전도성 고분자 막을 +극으로 하는 전지들이 생산되고 있다. 그뿐 아니라 전도성 고분자가 덮은 금속 전극은 전해질로부터 가리워지므로 전극은 고분자의 성질에 의하여 변성된다. 또한 전도성 고분자는 다른 활성 있는 물질들을 전극 표면에 고정하는 역할을 한다. 보통 전도성 고분자라고 하는 것은 전자 전도성을 가진 고분자를 말하는 것이다. 어떤 고분자 물질들은 전자성 전도성이 아닌 이온의 이동에 의한 전도성을 나타내는 것들이 있다. 상품명 Nafion으로 알려진 막 물질이 **고분자전해질**(polymer electrolyte)의 한 예이며 플라스틱에 전해질을 혼입시켜 만드는 이온 전도성 고분자들도 있는데, 이런 이온

전도성 고분자는 전해 공업이나 전지에 이용되므로 다음 장에서 다시 다룰 것이다.

■ 전극물질로서의 탄소

탄소의 가장 흔하고 안정한 동소체는 **흑연**(graphite)인데, 잘 알려진 바와 같이 한 평면상에 육각형의 sp^2 탄소의 고리가 그물을 이루고 있고 층과 층 사이에는 약한 결합력으로 고정되어 있다. 평면(a 축) 방향에서는 전기 전도성이 큰 편 ($\sim 10^5\,S\,cm^{-1}$)이나 그와 수직인 (c 축) 방향으로는 전도성이 현격하게 작다 ($\sim 1\,S\,cm^{-1}$). 그러나 단결정이라고 할 수 있는 큰 결정은 없기 때문에 보통 전극으로 쓰이는 탄소는 다결정성의 물질로서 반죽이나 접착 물질로 고형화시킨 것을 쓴다. 이런 탄소는 거시적으로 볼 때 등방성을 나타낸다. 알루미늄의 생산, 전지, 유기물의 생산 등에 전극으로 많이 쓰인다.

고분자 물질의 열분해로 생산되는 탄소인 **유리질 탄소**(glass-like carbon, glassy carbon)는 단단한 다결정성-비결정성 등방성 탄소이며 실험실에서 전극으로 많이 쓰인다. 탄화수소 기체의 열분해증착으로 만들어지는 **열분해 흑연**(pyrolytic graphite)은 밀도가 크고 역시 다결정성이나 어떤 것은 성질에 있어 비등방성을 나타낸다. 열분해 흑연을 압축하면서 고온에서 열처리하여 얻는 **배향성 열분해 흑연**(highly ordered pyrolytic graphite, HOPG)은 결정면에 따라 뚜렷하게 비등방성을 나타낸다. 육각 탄소면에 평행인 평면에서는 화학적 활성이 없어 그 자체로서는 전압-전류 곡선을 나타내지 않는다. 그러나 그와 수직인 방향으로의 표면은 결합이 채워지지 않은 탄소 원자, 즉 결합 끈(dangling bond)의 존재로 인하여 반응성이 있어 화학적으로 또는 전기화학적으로 산화되어 히드록실, 카르복실, 또는 카르보닐 그룹들이 생길 수 있고 이런 표면 그룹들은 더 산화되거나 환원 반응을 일으킬 수도 있다. HOPG의 육각 탄소면에 평행인 평면은 활성이 없어 흡착도 잘 일어나지 않는다. 그러나 거대 고리 화합물들과는 $\pi-\pi$ 결합을 이루어 흡착하는 것으로 알려졌다.

탄소의 다른 동소체인 **다이아몬드**는 sp^3 결합을 가진 활성 없는 전기 절연체이나 열전도성과 기계적 강도가 대단히 큰 것이 특징인데, 보론이 혼입된 것은 전도성을 나타내어 전극으로 쓰임이 연구되고 있다. 다이아몬드 박막 전극은 자체의 안정성에 의하여 넓은 전위 창을 가지고 있으면서도 어떤 전극 반응들에 대하여는 선택적 전극 촉매 활성을 나타내며 다른 반도체 전극처럼 광전기화학적 환원 반응을 일으킨다.[7] 탄소의 또 다른 동소체인 풀러린 및 탄소 나노튜브 거대 분자들은 그들의 전기화학적 반응에 대하여 많은 흥미를 일으키고 있으나 전기화학적 재료로 유용하게 쓰이려면 더 많은 연구의 진전이 있어야 할 것이다.

---

7) R. Tenne, K. Patel, K. Hashimoto, A. Fujishima, *J. Electroanal. Chem.* **347**, 409 (1993); L. Boonma, T. Yano, D. A. Tryk, K. Hashimoto, A. Fujishima, *J. Electrochem. Soc.* **144**, L142 (1997).

■ 층간 삽입 물질들

흑연 구조의 탄소와 여러 가지 금속의 산화물과 황화물들은 결정에서 층들이 쌓아 올려진 구조를 하고 있는데, 그 층들의 사이에 외부로부터의 원자나 이온들이 끼어 들어갈 수 있다. 이렇게 **층간삽입**(intercalation)을 일으키는 물질들에는 탄소, TiS_2, MnO_2, V_6O_{13}, CoO_2, MoS_2 등이 있는데, 이런 물질을 임자(host)라 하고 끼어 드는 이온이나 분자를 나그네(guest)라 한다. 나그네 분자들은 스스로 한 층을 이룰 때까지 들어갈 수 있으며, 임자 결정은 층과 층의 사이마다 나그네 층을 받아들이는 경우도 있고 두 층 또는 세 층마다 하나의 나그네 층을 두는 것들도 있다. 층간삽입이 일어날 때 층간 거리의 증가로 라티스의 한 방향 팽창이 일어나는 것이 보통이고 들어가고 나오는 반응은 가역적이다. 이온들이 끼어드는 경우 화학적 산화나 환원으로 일으킬 수도 있으나 전극 반응으로도 일으키는 것이 가능하다. 탄소 (C_n)의 경우를 예로 들면, 양이온 M^+, 음이온 A^-에 대하여

$$C_n + M^+(\text{solvent}) + e^- \rightleftharpoons C_n^- M^+(\text{solvent})$$

$$C_n + A^-(\text{solvent}) \rightleftharpoons C_n^+ A^-(\text{solvent}) + e^-$$

즉 양이온의 경우 끼어들기와 동시에 탄소는 환원되고, 음이온이 끼어드는 경우는 산환가 일어남으로써 전하 중성이 유지되는 것이다. 위 식에서 (solvent)는 삽입과정에서 용매가 같이 들어갈 수도 있음을 나타낸다. 또 산화물의 경우를 예로 들면,

$$CoO_2 + x\,Li^+ + x\,e^- \rightleftharpoons Li_x CoO_2$$

이런 반응은 뒤에 11장에서 더 설명하겠지만 전지의 전극물질로서 이용될 수 있기 때문에 많은 연구의 대상이 되고 있으며, 실용화한 리튬 전지들의 +극 물질로 쓰이고 있다.

10.6 전극 표면과 전극의 변성

10.6.1 단결정과 다결정

보통의 금속 재료는 **다결정성 고체**(polycrystal)로서 작은 결정들의 집합체라고 할 수 있고 표면에는 아주 작은 결정들의 여러 가지 표면, 즉 여러 가지 밀러 지표로 나타내는 면들이 노출된다. (111), (110), (100) 평면들과 그 외 높은 지표들의 표면도 나타난다. 한편 몇 mm 또는 수 cm 이상의 크기로 하나의 결정 — **단결정**(single crystal) — 을 만들 수가 있다. 여러 가지 금속의 작은 결정을 씨로 하여 용융 금속으로부터 단결정을 키우는 기술들이 있으며 이렇게 만들어진 단결정은 특수한 결정면을 노출시켜 전기화학 실

험에 쓰인다. 금의 경우에는 실험실에서 잘 가열하여 녹인 액체의 방울을 서서히 식힘으로써 단결정을 쉽게 얻을 수 있는 기술이 생겼다. 같은 물질이라도 전해질에 노출된 결정 표면에 따라 전기화학적인 반응이 달라진다는 것은 잘 알려졌다. 다결정 시료에서 얻어지는 반응성은 여러 결정면의 평균적인 성질이다. 예컨대 백금의 (111) 표면이 황산 용액에서 나타내는 순환 전위전류 곡선은 (110)면이나 (100)면이 나타내는 것과 상당히 다르다. 다결정의 전기화학적 성질은 여러 면의 평균적 성질을 나타낼 뿐 아니라 작은 결정들 사이의 낟알 경계 (grain boundary)에서 금속의 용해가 빨리 일어나는 등의 특징도 있다.

드물게는 유리와 같이 결정을 이루지 않는 '고체'도 있다. 무결정성 탄소와 Ni-P와 같은 합금에서 예를 찾을 수 있으며, 보통의 금속이나 합금 재료도 가열 후 급속 냉각하는 방법 등으로 **비결정성**(amorphous) 재료를 얻는 방법이 개발되었는데, 이들의 전기화학적 성질은 결정성의 것과 다른 특징이 있다.

10.6.2 전극의 변성

전극 표면의 처리에 따라서 전극으로서의 성질은 많이 달라질 수 있다. 전극 반응의 속도가 달라지게 할 수도 있고 또는 어떤 종류의 반응은 촉진하면서 다른 종류의 반응은 억제하는 성질을 갖도록, 즉 선택적 촉매기능을 부여할 수도 있다.[8] 여러 가지 방법에 의하여 전극으로서의 성질이 달라지게 한 전극을 **변성 전극**(modified electrodes)이라 한다. 전극 변성을 일으키는 방법은 다음과 같이 다양하다.

① 전극 표면에 흡착을 일으키는 방법. 예: 전자전달 매개체를 입히는 경우. 광화학 활성 분자를 흡착시키는 일. 자기조립 단분자 막을 형성하는 일.
② 고분자 등 막을 입히는 일. 전도성 고분자 또는 유전체의 얇은 막을 입히는 경우.
③ 전극 표면의 산화 상태를 바꾸는 일.

흡착을 일으키기 위하여는 단순한 물리적 흡착에 의존하는 경우도 있으나 전극 표면의 원자들과 흡착 분자 사이에 화학적 결합을 일으키는 경우도 있다. 예컨대 산화된 전극 표면에 실렌류 (X_3SiR)를 작용시켜 M-O-Si 결합을 맺음으로써 금속 표면에 실렌의 단분자 층이 이루어지게 할 수 있다.

8) J. S. Miller Ed., *Chemically Modified Surfaces in Catalysis and Electrocatalysis*, ACS Symposium Ser.192, American Chemical Society, 1982.

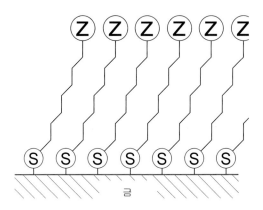

그림 10.6.1   금 표면에 형성된 티올의 자기조립 단분자층, Ⓩ는 기능성 그룹

티올(thiols) 등 여러 가지 유기황 분자들은 금, 은 등의 표면에서 금속-황 결합을 하여 분자들의 탄화수소 그룹들이 금속 면의 수직선에 대하여 약간 기울어진 각도로 가지런히 배열한다 (그림 10.6.1). 이렇게 정렬된 분자들의 단분자층을 **자기조립 단분자층**(self-assembled monolayer)이라 한다.[9] 이런 자기조립 단분자층은 분자 배열과 배향이 금속 표면의 원자배열에 맞추어져 규칙적인 것이 특징이며 그림 8.6.2에서 본바와 같이 이동탐침 기술로 잘 관찰된다.

티올(thiols)과 유기 이황화물들의 흡착 단계는 다음과 같은 전극 반응에 의하여 일어나는 것으로 알려졌다.[10]

$$RSH + M \rightarrow RS-M + H^+ + e^- (M) \quad (M = Au, \ Ag)$$

$$RSSR + e^- (M) \rightarrow RS-M + RS^-$$

여기서 M은 표면에서 M-S 결합을 하는 금, 은 등의 금속을 나타낸다.

흡착은 비교적 빠른 시간(수 십초)에 일어날 수 있으나 탄소 사슬들 사이의 상호작용에 의하여 가지런한 정렬이 완성되는 데는 몇 시간이 필요한 경우가 보통이다.

티올 분자들로 이루어진 자기조립 분자들은 길이가 길지 않은 경우에는 그 조립된 분자들이 마치 저항 있는 전선과 같은 역할을 하므로 분자는 터울이 낮은 터널링 장벽으로 전자의 이동을 도와 줄 것이다. 그 분자막을 통하여 전자가 이동하기 때문에 이런 분자막으로 변성된 전극에서도 전극 반응이 가능하다. 그림과 같이 알킬사슬의 한 쪽 끝에 전극 반응에 대하여 활성을 나타내는 작용기 Z 를 달고 있는 경우에는 전극이 이런 작용기에

9) A. Ulman, *Chem. Rev.*, **96**, 1533 (1996).
10) S. Eu and W. Paik, *Chem. Lett.* 1998, 405; W. Paik, S. Eu, K. Lee, S. Chon, and M. Kim, *Langmuir*, **2000**, *16*, 10198.

의한 성질을 나타낸다. 예컨대 페로센이나 바이올로젠, 금속-폴피린 착물 등이 작용기로 붙어 있는 경우는 이들 작용기의 가역적인 산화 환원전류를 관측할 수 있고 이들의 전자 매개작용에 의한 전극촉매작용을 나타낸다. 생화학적 활성을 나타내는 효소들은 그 일부 인 단백질이 금속과 직접 접촉하지 않고 단분자층으로 변성된 표면에 붙는 경우에만 전극 반응에 대한 활성을 나타내는 경우가 있다.[11]

전도성 고분자들의 얇은 막이 금속 전극을 덮고 있을 때 고분자 자체가 전자전달체로서 의 전극의 성질을 결정한다. 전도성 고분자는 그 속에 전기화학적 활성을 나타내는 분자 들을 고정시키는 역할도 한다. 고분자와 활성분자들의 단순한 혼합물을 만들 수도 있고 음이온 형태의 활성 물질은 고분자를 중합하는 과정에 혼입될 수도 있다.

납, 금, 백금 등의 금속은 표면이 산화되었을 때 금속 자체와는 다른 전극 성질을 나타 낸다. 탄소도 표면 산화에 의하여 카르보닐 또는 카르복실 등의 그룹이 노출되어 있을 때 는 탄소 자체와는 다른 활성을 나타낸다.

---

11) I. Taniguchi, *Electrochemical Society INTERFACE*, **4**, 34 (1997).

참고문헌

1. N. Hush Ed., *Reactions of Molecules at Electrodes*, Wiley, 1971.

2. D. Pletcher and F. C. Walsh, *Industrial Electrochemistry*, 2nd Ed., Chapman-Hall, 1993.

3. D. Aurbach, ed. *Nonaqueous Electrochemistry*, Marcel Dekker, 1999.

4. K. Yoshida, *Electrooxidation in Organic Chemistry : The Role of Cation Radicals as Synthetic Intermediates*, Wiley, 1984

5. E. Steckhan, *Electrochemistry I, Topics in Current Chemistry*, Springer-Verlag, 1987.

6. A. J. Fry, *Synthetic Organic Electrochemistry*, 2nd Ed., Wiley 1989.

7. J. Volke and F. Liska, *Electrochemistry in Organic Synthesis*, Springer Verlag, 1994.

8. A. E. Kaifer and M. Gómez-Kaifer, *Supramolecular Electrochemistry*, Wiley-VCH, 1999.

연습문제

1. 다음에 대하여 예를 들어 설명하라.

    (a) 금속의 부식과 부동화(passivation)

    (b) 갈바니 부식(galvanic corrosion)

    (c) Flade potential

    (d) 혼성 전위 (mixed potential)

2. 구리의 용해와 석출 실험에서 얻은 다음 데이터를 처리하여 교환전류밀도를 구하고 각 반응의 속도결정단계를 찾아보라.

$\eta/\,mV$	-90	-50	-10	10	50	90
$i/\,A\,m^{-2}$	-5.62	-2.55	-0.65	0.95	17.4	178

3. 백금(면심입방정계, fcc)의 원자 반지름은 139 pm이다. 백금 단결정의 (111) 표면 $1\,cm^2$에 노출된 원자 수는 얼마인가? 백금을 산 용액에서 순환 전압-전류 실험을 할 때 음전위 쪽에서 H^+의 환원으로 "수소 봉우리"가 생긴다. 표면의 백금 원자마다 수소 원자가 하나씩 붙어 단원자층을 이룰 수 있다고 가정하면 이 수소 봉우리를 적분하여 얻는 전기량은 얼마인가?

☞ $220\,\mu C\,cm^{-2}$

4. 다음 전기화학 반응들을 반응식으로 나타내고 간단히 설명하라.

   (a) Kolbe 반응

   (b) Heyrovsky mechanism에 따른 수소 이온 환원 반응

   (c) 산소 환원 반응의 두 가지 경로

   (d) 유기화합물의 간접 산화의 예

   (e) 전기화학적 수소이합체화 (electrohydrodymerization)

   (f) $CH_2 = CHCN$로부터 아디포니트릴의 합성

5. 니트로벤젠의 전극 환원 반응들을 반응식으로 표시하여라.

6. 액체 용액이 아닌 상태로 쓰이는 전해질들은 어떤 것이 있나? 몇 가지의 구조와 용도를 설명하라.

7. 물을 용매로 쓰지 않는 전해질 용액은 어떤 것이 있나? 수용액과 대비한 특징은 무엇인가?

8. 다음 각 반응을 전기화학적으로 일으킬 때 양극에서 일어나는 반응과 음극에서 일어나는 반응을 따로 따로 반응식으로 나타내라.

   (a) Butene → Methylethylketone(황산 용액)

   (b) hydroquinone → quinone

9. Benzyl iodide는 납 전극 등을 써서 환원하면 쉽게 톨루엔이 된다. 반응식으로 나타내라. 이 반응을 일으키는 데 −전극으로 납, 수은, 또는 카드뮴을 쓰는 것이 좋다. 그 이유는 무엇일까?

11

전기화학 산업

전기화학에서 나온 기술들은 산업의 현장에서 널리 쓰인다. 전지와 연료전지, 도금, 산-알칼리 공업, 금속의 생산 및 가공과 표면처리, 물질의 합성과 환경 정화 등을 꼽을 수 있는데 이 장에서는 이들 중 대표적인 것들을 다룬다.

11.1 전지와 연료전지

전지나 연료전지는 모두 전기 에너지를 화학적으로 생산 또는 저축하는 에너지 변환 장치들이다. 최근 수십 연간에 걸쳐 전지 산업에는 많은 발전이 있었는데 한편으로는 종래부터 있어온 전지들을 개량하여 사용 가능 시간이 월등히 길어지거나 출력이 커졌다. 또한편으로는 새로운 전지들이 만들어지고 있다. 이런 변화가 없었다면 오늘날 많이 사용되고 있는 휴대용 전기 전자제품들은 쓸만한 제품으로 나오지 못했을 것이다. 휴대용 컴퓨터, 통신 기기 등의 보편화로 좋은 전지에 대한 수요가 급격히 늘어남에 따라 다음 세대 전지의 개발은 대단히 활발한 산업계의 활동으로 지속될 전망이다.

일회용 전지인 **1차 전지**(primary battery)와 충전하여 반복적으로 재사용하는 전지인 **2차 전지**(secondary battery)에서 전극물질로 종래 사용하던 물질과는 다른 물질을 이용하여 새로운 전지들을 만들고 있다. 또한 전해질로는 물 아닌 용매들을 사용하는 새로운 전지들도 있다. 용매로서 물을 사용하지 않음으로써 리튬같은 물질을 $-$극 물질로 사용하여 한 개 전지의 전압을 크게 하는데 성공하였고, 고체 라티스에 반응물이 틈새형 원자로 들어가 만드는 **틈새형 화합물**(intercalation compound)을 이용하는 새로운 전지들도 있다. 용매에 녹여 만든 전해질 용액뿐 아니고 고분자 **여러자리 전해질**(예컨대 Nafion)의 고체를 쓰거나 플라스틱에 전해질을 첨가한 혼합물 전해질도 종전의 전해질 용액을 대신하는 물질들이다.

전지 개량의 목표는 단위 부피당 큰 출력(＝전류×전압)을 내는 전지, 즉 **출력밀도** (power density)가 큰 전지를 만드는 것, 또는 단위 부피당 에너지가 큰, 즉 **에너지밀도** (energy density)가 큰 전지를 만들기 위한 것이다. 부피를 작게 하는 것뿐 아니라 무게를 줄이는 것도 중요한 목표이다. 2차 전지에서는 충전 시간을 짧게 하기 위한 노력도 필요하다.

연료전지(fuel cell)들은 보통의 전지와 달리 산화되는 전극물질인 연료를 외부의 연료 공급원에서 필요에 따라 공급받고, 환원되는 전극물질로는 공기 중의 산소를 역시 필요에 따라 외부에서 공급받는 것을 특징으로 한다. 연료를 태워서 에너지를 얻는 열기관에 비하여 연료전지는 획기적인 장점을 갖는 새로운 에너지 변환 장치지만 아직 광범한 실용에는 이르지 못하였으므로 활발한 연구와 개발의 대상이다.

11.1.1 전지의 발전

현재에도 많이 쓰이고 있는 전지들과 새로 발전하고 있는 전지들은 그 종류가 대단히 많다. ＋전극과 －전극 및 전해질 사이의 조합이 많은 가능성을 나타내기 때문이다.[1] 다음에 있는 표들에 1차 전지와 2차 전지들의 대표적인 것들 몇 가지씩을 요약하였다.

표 11.1 대표적인 1차 전지들

이 름	＋극	전해질*	－극	전압 V	에너지밀도 Wh / kg	출력밀도 W / kg	특 징
망간 건전지 (Leclanché)	MnO_2, C	$NH_4Cl + ZnCl_2$	Zn	1.5	55~77	낮음	염가
알칼리 전지	MnO_2, C	KOH	Zn	1.5	38~95	중하	긴 수명
산화은 전지	Ag_2O, C	KOH/NaOH	Zn	1.55	130	중간	
수은-아연	$HgO(+MnO_2)$	KOH/NaOH	Zn	1.4	100	중간	방전전압안정
공기-아연	O_2, C	NH_4Cl 또는 KOH	Zn	1.4	290	낮음	긴 수명, 큰 용량
망간-리튬	MnO_2, C	Li염＋비수용매	Li	3	200	중간	저온특성
염화티오닐-리튬	$SOCl_2$, C	$SOCl_2$, $LiAlCl_4$ ＋비수용매	Li	3.6	250~500	높음	긴 수명

* 특별한 표시 없는 경우 용매는 물이다.

---

1) D. Linden, ed., *Handbook of Batteries and Fuel Cells*, McGraw-Hill, 1984; 脇原將孝(M. Wakihara)編 最新 電池技術, リアライズ社, 1990; 松田好晴(Y. Matsuda), 竹原善一郎(S. Takehara) 編 電池便覽, 丸善, 1990.

표에 실린 전지들 중에서 산화은 전지를 예로 들어 설명하면 각 전극에서 일어나는 반응은 다음과 같다.

$$+ 극 : \quad Ag_2O + H_2O + 2e^- \rightarrow 2Ag + 2OH^-$$

$$- 극 : \quad Zn + 4OH^- \rightarrow ZnO_2^{2-} + 2H_2O + 2e^-$$

+전극의 활성물질은 산화은 가루이며 이에 전도성을 주기 위하여 흑연과 섞어 펠릿을 만들어 쓴다.[2] −극의 활성물질은 약간 (3~6 %)의 수은이 포함된 아연 가루이다. 전해질로는 NaOH나 KOH, 또는 이들 혼합물의 수용액이며, 셀로판과 같은 이온 투과성 물질의 분리막을 쓴다. 단추형으로 만든 대표적인 산화은-아연 전지의 구조를 그림 11.1.1에 나타내었다. 니켈을 입힌 스테인리스 강철판으로 각 전극 활성물질을 감싸게 하고 두 극 사이의 절연과 밀봉을 위하여 절연 재료 플라스틱을 쓴다.

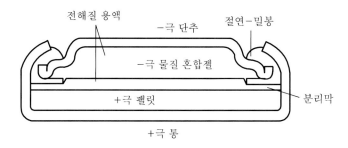

그림 11.1.1 단추형으로 만든 산화은-아연 전지의 구조

당량 비례로 +극 활성물질이 −극에 비하여 약간 많게 만든다. +전극물질 (Ag_2O)이 다 소모된 다음에도 아연이 남아 있으면 수소 발생 반응이 일어나 안전하지 못하기 때문이다. 이 전지는 그림 11.1.2에 나타난 바와 같이 사용하는 전류의 세기에 따른 전압의 변화가 적고, 용량이 거의 다 쓰일 때까지 전압의 큰 감소 없이 방전되는 좋은 특징을 가지고 있다.

그림은 1 mA 또는 3 mA의 방전전류로 방전을 시킬 때 이 전지의 방전 전기량이 약 90 mAh에 이르기까지 사용할 수 있음을 나타내는데, 이 전기량과 평균 전압을 곱한 결과, 더 정확히는 전압의 전기량에 대한 적분을 하여 얻는 값이 출력 에너지이다. 이 전지의 경우 내놓는 에너지가 약 150 mWh(= 540 J)인 것을 그림으로부터 추산할 수가 있는데,

---

2) 전지에서는 "양극", "음극"이라 부르는 명칭이 부적절하여 "+극", "−극"으로 부르기로 한다(p. 9 참조). 1차 전지에서는 −전극이 산화전극이다. 2차 전지에서는 전지가 사용(방전)되는 동안 −극이 산화전극이며 충전되는 동안에는 환원전극이다. 굳이 "산화전극" 또는 "환원전극" 등의 명칭을 쓰려면 전지에서는 방전 때의 역할로 이름을 정하는 것이 원칙이다. "양극" 또는 "음극"이라는 명칭은 피해야 한다. 일본에서는 "+극"을 정극(正極), "−극"을 "부극(負極)"이라 하며, 한국에서도 차용되는 술어들이다.

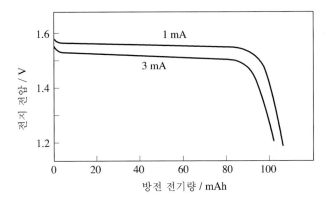

그림 11.1.2   어느 산화은-아연 전지의 방전 곡선

이 값을 전지의 무게로 나누어 단위 무게당의 **에너지밀도**(energy density, specific energy)를 얻는다. 전지의 무게가 1 g이라면 이 전지는 150 Wh kg^{-1}의 에너지밀도를 갖는 것이다. 때로는 단위 부피당의 에너지밀도 (Wh L^{-1} 단위)를 표시하기도 한다.

전지의 전압과 전류를 곱하면 **출력**(power)이 얻어진다(그림 11.1.3). 낮은 전류 수준에서는 전류세기가 전압에 큰 영향을 주지 않으므로 전류가 커짐에 따라 출력이 따라서 증가하다가 전압이 크게 낮아질 정도로 큰 전류가 흐르면 출력은 감소한다. 최대의 출력을 내는 전압-전류 조건에서 나타나는 출력을 전지 무게(또는 부피)로 나누어 **출력밀도**(power density)를 구한다. 전자 시계나 심장 박동용으로 쓰일 때처럼 낮은 전류만을 필요로 하는 용도에는 높은 출력밀도의 전지는 필요하지 않고 수명만 길면 되기 때문에 에너지밀도가 크고 자연 방전에 의한 수명 감소가 없는 전지가 필요하다. 그러나 기계의 시동이나 조명과 같이 큰 전류가 필요한 응용에는 출력밀도가 큰 것을 찾는 것이 중요하다. 출력밀도가 크려면 전극 면적이 커서 활성화 과전위나 농도분극이 적어야 하고 전해질의 저항이 적어야 한다.

리튬 전지들은 3 V 근처의 큰 전압을 내는 특징이 있는데 그것은 Li/Li^{+} 반응의 전위가 낮은 데 기인한다. 리튬은 물과 직접 반응하는 경향이 강하므로 전해질은 철저히 물이 배제된 비수 유기 용매를 쓰는 것이어야 한다. 프로필렌카보네이트에 녹인 염소산리튬 용액 같은 것을 쓴다. 염화티오닐-리튬 전지는 염화티오닐이 용매로서의 역할도 하고 다음과 같은 환원 반응을 통하여 +극 활성물질로도 작용하는 것을 이용한다.

$$2\,SOCl_2 + 4\,e^- \rightarrow S + SO_2 + 4\,Cl^-$$

$SOCl_2$를 표면적이 넓은 탄소와 섞어 +전극물질로 쓴다.

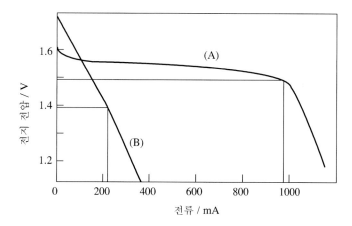

그림 11.1.3 전지의 출력은 전압과 전류를 곱한 것이다. 최대 출력을 얻기 위한 전류-전압은
그림의 직사각형들로 나타낸다. (A)는 큰 출력을 내는 전지, (B) 전지는 최대 전압
에서 (A)보다 크나 출력은 (A)보다 훨씬 작다.

표 11.2 대표적인 2차 전지들

이 름	+극 물질	전해질*	-극 물질	전압 / V	에너지밀도 Wh kg^{-1}
납 축전지	PbO_2	H_2SO_4	Pb	2.0	22~33
니켈-카드뮴	NiOOH	KOH	Cd	1.2	24~55
니켈-아연	NiOOH	KOH	Zn	1.7	37~77
니켈-철(에디슨)	NiOOH	KOH, LiOH	Fe	1.4	20~50
니켈-금속수소	NiOOH	KOH	수소흡수합금	1.2	60~75
리튬이온(산화코발트)	$LiCoO_2$	유기용매-Li염	Li (C)	3.7	100~120
리튬이온(산화망간)	$LiMn_2O_4$	유기용매-Li염	Li (C)	3.7	100~150
리튬이온(인산철)	$LiFePO_4$	유기용매-Li염	Li (C)	~3.2	>90
리튬이온고분자	$LiCoO_2$	고분자-전해질 겔	Li (C)	3.7	100~200
나트륨-황	S (l)	β-알루미나	Na (l)	2.1	100~150

* 특별한 표시 없는 경우 용매는 물

2차 전지로서 가장 오래 전부터 많이 쓰인 것은 **납 축전지**(lead-acid battery)이다. 이
전지의 +극 활성 물질은 PbO_2이고 -극의 활성물질은 Pb인데 황산 수용액을 전해질로
써서 두 전극 모두 방전 반응을 하면 $PbSO_4$가 된다. 각 전극에서의 반응은 다음과 같다.

$$+극: \quad PbO_2 + 4H^+ + SO_4^{2-} + 2e^- \underset{\text{충전}}{\overset{\text{방전}}{\rightleftarrows}} PbSO_4 + H_2O$$

$$-극: \quad Pb + SO_4^{2-} \underset{\text{충전}}{\overset{\text{방전}}{\rightleftarrows}} PbSO_4 + 2e^-$$

반응식이 나타내는 것처럼 전지가 충전될 때(← 방향)는 반응에 의하여 황산이 생기므로 황산의 농도가 높아지며, 반대로 방전된 때(→ 방향)는 황산이 소모되는 반응에 의하여 황산의 농도가 감소한다. 황산 농도에 따라 변하는 용액의 밀도를 잼으로써 전지의 충방전 상태를 알 수가 있다(완전히 충전되었을 때 황산 농도는 무게로 35 %, 밀도는 1.243 g cm^{-3}이다). 전극물질들은 창살 모양의 납으로 된 전극 격자판에 끼워 넣는다. 격자판의 납에는 보통 약간의 안티모니를 넣은 합금을 쓴다.

납 축전지는 150여 년의 역사를 가지고 있지만 아직도 많은 개선을 위한 연구가 진행되고 있다. 예컨대 −전극에서 산으로부터의 수소 발생을 억제하기 위하여 약간의 칼슘을 넣은 납의 합금을 쓰기도 하는데, 그것은 Pb-Ca 합금에서는 수소 이온 환원에 대한 과전위가 순수한 납보다 크기 때문이라 한다. 충전이 과도하게 될 때는 물이 전기분해하여 소모되는 것이 전지 유지에서 문제가 된다. 그러므로 전기분해로 +극에서 생긴 산소가 −전극에서 납을 산화시키면서

$$O_2 + 4H^+ + Pb + SO_4^{2-} + 2e^- \quad \rightarrow \quad PbSO_4 + 2H_2O$$

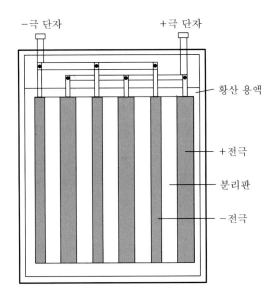

그림 11.1.4 납 축전지의 전극 배열

의 반응에 의하여 물을 생성시켜 이 문제를 해결하는 발전이 이루어졌다. 이것이 밀폐형 전지(sealed battery)의 기술이다.

니켈을 사용하는 2차 전지 중 많이 쓰이는 **니켈-카드뮴** 전지는 다음 반응을 기본으로 한다.

$$+극:\quad NiO(OH) + H_2O + e^- \underset{충전}{\overset{방전}{\rightleftharpoons}} Ni(OH)_2 + OH^-$$

$$-극:\quad Cd + 2OH^- \underset{충전}{\overset{방전}{\rightleftharpoons}} Cd(OH)_2 + 2e^-$$

니켈 전극은 수산화 니켈 이외에 수산화코발트(2%)를 포함시키고 흑연과 섞어 만든다. 카드뮴 전극은 철과 약간의 니켈 및 흑연을 포함한다. 전해질은 6 M KOH이다. 이 전지는 긴 수명을 갖는 것을 특징으로 한다.

니켈-금속수소 전지들은 어떤 종류의 금속(W, Ti, Pd 등)이나 합금들(예: MNi_5, M은 란탄계 금속)이 수소를 가역적으로 흡수·방출하는 성질을 이용한다. 란탄니켈은 2 atm 정도의 압력에서 수소를 흡수하여 $LaNi_5H_6$의 조성에까지 이르고 이보다 약간 낮은 압력에서 수소를 방출한다. 이런 물질을 전지에 써서 수소의 산화에 의한 −전극물질의 구실을 하게 하는 것이다. 기체 상태의 수소 부피는 너무 커서 전지 물질로서 쓰기 어려운 단점을 가지고 있는데 고체에 수소를 흡수시켜 이 단점을 극복하는 것이다. 이 전지들은 부피를 기준으로 하는 에너지밀도가 꽤 높다.

새로 개발 노력이 집중되는 2차 전지들 중에는 여러 가지 **리튬 전지**들이 있다. 금속 리튬(Li) 또는 탄소에 삽입된 리튬이 −전극물질로 쓰이고 전해질은 Li 염들이다. Li의 전극 전위가 모든 원소들 중에서 가장 낮은 값이기 때문에 전지 전압이 큰 전지를 구성할 수 있으며 리튬이 가벼운 금속이기 때문에 고 에너지 밀도의 전지가 얻어진다. 다양한 비수 용매와 + 극 물질들의 사용이 시도되고 있다. MnO_2, CoO_2, V_2O_5, $FePO_4$ 같은 산화물은 층상 혹은 스피넬 격자 구조를 가지고 있는 것들로서 + 전극으로 쓰일 때 CoO_2 같은 금속산화물의 환원반응과 함께 전해질 속의 Li^+ 이온전이 격자 속으로 **삽입**된다. 실용 전지들의 +극은 이미 약간의 Li 이온이 끼어 있는 산화물로 만들어졌으므로 다음 반응식으로 나타낸다.

$$+극\ 반응:\quad Li_{1-x}CoO_2 + xLi^+ + xe^- \underset{충전}{\overset{방전}{\rightleftharpoons}} LiCoO_2$$

$$-극\ 반응:\quad Li \underset{충전}{\overset{방전}{\rightleftharpoons}} Li^+ + e^-$$

+극에서 충전할 때는 Co 같은 금속의 산화수가 증가하며 층간에 들어 있는 리튬 이온이 전해질로 빠져나간다(10.5절 참조). 두 전극에서의 반응에 의하여 전해질 중 Li^+ 이온은 일정하게 유지된다. −극 반응식에 나타난 Li은 Li(C)로 표기함이 더 정확한데, 리튬 금속을 그대로 사용하지 않고 탄소에 층간삽입된 리튬을 사용하는 것이 보통이기 때문이다. 이것은 리튬이온이 환원될 때 리튬의 덴드라이트를 만드는 폐단을 피하기 위한 것이다.

여러 종류의 전도성 고분자들이 전기화학적으로 산화-환원을 반복할 수 있는 성질(10장 4, 5절 참조)을 이용하여 이를 전지의 전극으로 사용할 수 있다. 예컨대 산화 상태의 전도성 고분자를 +전극물질로 삼아서 리튬 전극과 짝을 이루면 가벼운 리튬-고분자 전지를 만들 수 있다. 그러나 오랜 반복 사용에 따른 전도성 고분자의 안정성 등의 문제로 실용화되지 않고 있다. 요즘 **"리튬-고분자 전지(lithium-polymer cell)"**라고 불리는 새로운 전지들은 리튬-고분자 전해질 전지들이다. 고분자 물질이 전극물질로서가 아닌 전해질로 쓰이는 것이다(고분자 전해질, polymer electrolyte). 전해질이 첨가된 고분자의 얇은 필름을 전해질로 씀으로써 부피와 전기저항을 줄인다. 고분자 자체가 이온성의 전도성을 나타내는 물질이 쓰이는 것이 아니고 PVDF (polyvinylidene fluoride), PAN (poly-acrylonitrile), 또는 polyethylene oxide와 같은 고분자와 리튬염의 혼합체이다. +극으로는 Li가 삽입될 수 있는 V_2O_5, CoO_2 등이 쓰이고, −극으로는 Li가 삽입된 흑연계 탄소가 쓰인다. 리튬과 다른 금속 사이의 합금의 사용도 시도된다.

실용화가 어렵지만 크게 기대될 수 있는 2차전지에 **나트륨-황 전지**가 있다. 용융 상태의 황과 용융 상태의 나트륨이 각각 +전극, −전극의 활성물질이며, 전해질과 분리막의 역할을 하는 것은 고체전해질인 나트륨-β-알루미나 ($Na_2O \cdot nAl_2O_3$, $n=5\sim11$)로 된 도가니 형태의 관이다. 방전 반응의 생성물은 나트륨폴리황화물 Na_2S_x이다. +극은 S와 Na_2S_x 및 흑연의 혼합물이다. 전극 활성물질이 가볍고 또한 두 물질의 전극 전위가 많이 차이나기 때문에 에너지밀도가 대단히 클 수 있다(이론값은 $740\ Wh\ kg^{-1}$). 값이 싼 전극물질을 쓰는 전지이므로 전기자동차 등에 응용이 기대되는 전지이나 높은 온도를 유지하는 문제, β-알루미나 관을 만들기 어려운 문제, 안전성의 문제 등이 개발에 장애가 되고 있다.

실용성 있는 2차 전지들은 긴 사이클 수명을 가져야 한다. 즉 충전-방전의 반복이 1000사이클 또는 그 이상 되는 것을 만드는 것을 배터리 개발의 목표로 한다.

최근에 계속되는 빠른 발달로 인하여 새로운 전지에 대한 오늘의 상식은 내일에는 낡은 것일 수도 있다. 다만 변함이 없는 것은 전지는 전자를 잃고 산화되는 물질이 있는 −전극과 전자를 받아들여 환원 반응이 일어나는 +전극으로 이루어진다는 것과, 산화 · 환원이 가능한 물질이 무수히 많은 것처럼 전지의 다양한 발전은 끊임없이 계속될 것이라는 것이다.

11.1.2 연료전지

1830년대에 이미 연료전지가 W. Grove에 의하여 보고된 바 있으나 본격적 실용화에 이른 것은 1960년대에 이르러 인공위성 Gemini와 Apollo에 실려 전력 공급원으로 쓰인 것이 시작이다. 여러 종류의 연료전지들은 모두 산소 환원전극을 쓴다는 공통점을 가지고 있으며 이 산소 환원 반응의 과전위가 높기 때문에 오는 손실을 줄이기 위하여 좋은 전극 촉매(전극물질)를 개발하고, 높은 온도에서 운전하고 전극에 기체-액체-고체의 3상간 물질이동을 촉진하기 위한 노력이 계속되고 있다.

수소를 연료로 쓰는 **연료전지**(fuel cell)는 다음과 같은 단순한 전극 반응을 이용하는 전지이다.

$$- \ 극: \quad H_2 \rightarrow 2H^+ + 2e^-$$

$$+ \ 극: \quad \frac{1}{2} O_2 + 2H^+ + 2e^- \rightarrow H_2O$$

수소 이외의 연료를 직접 사용하기 위한 연구도 계속되고 있으나 큰 산화 과전위, 전극 촉매의 중독 등의 어려운 문제로 인하여 실용화에 이르지 못하고 있다.

연료전지는 외부에서 계속하여 연료를 공급하기 때문에 산화전극 물질의 큰 무게가 전지 자체에 포함되지 않는다는 점과 환원전극 물질이 역시 외부에서 공급되는 공기(또는 산소)라는 점에서는 보통의 엔진이나 터빈기관 같은 열기관과 닮았다고 하겠다. 그러나 연료전지는 열역학적 원리의 면에서 볼 때 열기관과는 근본적으로 다르다. 열기관은 열역학 제2법칙에 의하여 그 효율이 열원과 환경의 온도 차이에 의하여 제한된다. 즉 열기관으로 실현될 수 있는 최대의 효율은 Carnot 효율이다. 공급 열량을 ΔH, 얻는 동력 에너지를 ω, 가열 부분의 온도를 T_h, 냉각 부분의 온도를 T_c라 하면

$$열기관의 \ 효율 = \frac{|w|}{\Delta H} \leq \frac{T_h - T_c}{T_h} \tag{11.1.1}$$

그러므로 가열 부분의 온도를 아무리 높여도 효율이 이론적으로 100 %에 접근할 수 없으나(실제로는 50 %에도 이르지 못함) 연료전지의 효율은 열역학 제2법칙의 제한을 받지 않는다. 연료전지는 열기관이 아니므로 그 효율은 자유에너지의 감소로 나눈 동력 에너지로 정의해야하고, 감소하는 자유에너지는 여러 가지 손실 요인이 작을 때는 거의 전부가 전지 출력 에너지로 나온다. 따라서 연료전지의 효율은 100 %에 가까운 값이 얻어질 수 있는 것이다. 이 것은 연료 에너지의 경제적인 사용이기 때문에 자원의 효율적인 이용을 가능하게 하는 점이다.

그 뿐 아니라 열기관들에서는 불가피한 환경오염이 연료전지에서는 생기지 않기 때문에 연료전지는 앞으로 에너지를 절약하고 환경을 보존하면서 이룩해야 할 지속적인 경제발전의 중요한 도구가 될 전망이다. 웬만한 규모의 화력발전소를 연료전지로 설치하고 전기자동차들이 연료전지로 운행하는 것이 보편화될 시기가 올 것을 기대할 수 있다.

비교적 낮은 온도에서 운전할 수 있는 연료전지는 **알칼리 연료전지**이다. 수소-산소 전지로서 반응을 다음과 같이 나타낼 수 있다(그림 11.1.5).

$$-극: \quad H_2 + 2OH^- \rightarrow 2H_2O + 2e^-$$

$$+극: \quad \frac{1}{2}O_2 + H_2O + 2e^- \rightarrow 2OH^-$$

한 회사의 제품을 예로 들면 석면과 같은 다공성 물질의 판에 약 30~50% KOH 용액을 흡수시켜 전해질로 하고, 수소 전극은 은으로 된 그물에 Pt-Pd 합금가루를 테플론과 섞어 바른 것으로 하며, 산소 전극은 금으로 된 그물에 Pt-Au 합금을 역시 테플론과 섞어 바른 것으로 한다. 테플론은 소수성 표면을 만들어 기체의 접촉을 도움으로써 기체-액체-고체의 3상간 접촉 영역을 넓힌다. 여러 개의 전지들을 붙여 만든 다층 전지(cell stack)는 집전체(current collector)와 전극 지지체 역할을 하는 탄소 토막을 **이중극판**(bipolar plate)으로 끼워 넣음으로써 구성한다(그림 11.1.6). 이 이중극판의 양쪽에 홈을 내어 한 쪽은 산소, 다른 쪽은 수소 공급에 쓴다.

이 연료전지는 70℃ 내지 100℃의 온도에서 운전된다. 이 전지는 산소 공급원으로서 공기를 사용하는 데에 문제가 있다. 공기중 이산화탄소가 들어가면 전해질이 점점

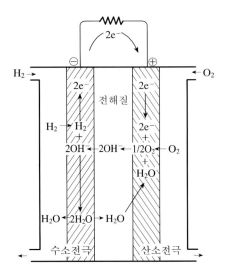

그림 11.1.5 알칼리 연료전지의 반응

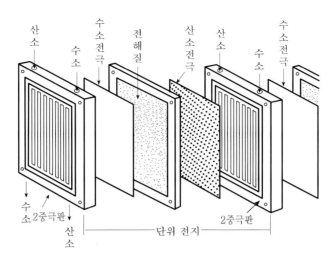

그림 11.1.6 알칼리 연료전지의 다층 전지 조립

KHCO$_3$, K$_2$CO$_3$로 되어 전도성이 떨어지기 때문이다. 그러나 정제된 산소를 사용하는 우주선에서는 성공적으로 쓰였으며 더욱이 반응 생성물이 물이기 때문에 이 연료전지는 우주선에서 음료수를 공급하는 데 쓰이는 장점까지 가지고 있다.

고분자 전해질 연료전지(solid polymer electrolyte fuel cell)는 비교적 저온에서 쓸 수 있는 또 하나의 연료전지이다. 이것은 전해질로서 Nafion[3] 또는 그와 비슷한 고분자 전해질의 얇은 막을 쓴다. 전극은 산소 전극이나 수소 전극이나 모두 얇은 탄소 천에 탄소가루를 테플론 용액과 반죽한 것을 입히고 그 탄소가루 표면에 미량의 백금을 입힌 것을 쓴다. 간단한 구조로 부피가 작은 전지를 만들어 쓸 수 있어 중요한 개발 대상 연료전지이다.

인산 연료전지(phosphoric acid fuel cell)는 진한 인산을 200℃ 근처의 온도에서 전해질로 쓰는 수소-산소 연료전지이다. 탄소-테플론의 다공성 전극물질에 소량의 백금을 침전시킨 것을 전극으로 쓴다. 현재까지 4.8 MW급의 대용량 발전설비까지 운전되고 있는 실용성 있는 연료전지이다. 고온에서 사용되는 연료전지에 용융탄산염 연료전지(molten carbonate fuel cell)가 있다. 전해질로 Li$_2$CO$_3$, K$_2$CO$_3$, LiAlO$_2$ 등의 공융 혼합물을 쓰므로 650℃ 정도의 고온을 유지해 주어야 한다. 이 연료전지는 다음 반응식으로 볼 수 있는 바와 같이 수소와 일산화탄소를 연료로 쓸 수 있다.

---

3) **Nafion**은 테플론과 비슷하게 플로오르화탄소의 고분자로 된 골격에 술폰산 그룹들이 매달린 구조를 하고 있는 이온교환 폴리머에 붙여진 **DuPont**사의 상표명이며, 작은 통로들로 이어진 동공들을 가지고 있어 산으로 이온교환을 하고 물로 충전하면 수소 이온의 이동에 의한 좋은 이온성 전도도를 나타낸다 (그림 11.2.2 참조).

$$- \, \exists: \quad H_2 + CO_3^{2-} \rightarrow H_2O + CO_2 + 2e^-$$

$$CO + CO_3^{2-} \rightarrow 2CO_2 + 2e^-$$

$$+ \, \exists: \quad O_2 + 2CO_2 + 4e^- \rightarrow 2CO_3^{2-}$$

이 연료전지에는 탄화수소 연료를 **개질 반응**(reforming)을 통하여 일산화탄소와 수소로 만들어 쓸 수 있고, H_2와 CO가 약 반씩 섞여 있는 석탄가스를 연료로 사용할 수도 있다. 공기로 부터 CO_2를 제거할 필요가 없기 때문에 경제성에서 앞선다. + 전극으로 NiO_2를, − 전극으로는 Ni를 사용한다.

$$\text{탄화수소의 개질:} \quad CH_4 + H_2O(g) \rightarrow CO + 3H_2 \quad \text{(고온, Ni 촉매)}$$

$$C_3H_8 + 3H_2O(g) \rightarrow 3CO + 7H_2 \ \text{(고온, Ni 촉매)}$$

아주 높은 고온 연료전지는 지르코니아 (ZrO_2)와 같은 산화물 세라믹을 전해질로 사용하는 **고체산화물 연료전지**(solid oxide fuel cell)이다. 지르코니아는 고온에서 O^{2-} 이온의 이동에 의한 전도성을 나타내는 것을 이용한다. 지르코니아로 만든 실린더 형의 관들을 연결하여 전지를 구성하고 1000℃ 근처에서 운전한다.

이상에서 본 바와 같이 전지에서나 연료전지에서나 전해질은 이온성 전도성을 나타내는 것이 중요한데, 특히 고체 전해질에서는 있을 수도 있는 전자성 전도가 조금이라도 있는 것은 전해질로서 사용할 수가 없다. 내부에 자체 방전회로가 형성되기 때문이다. 즉 한 물질의 여러 전하운반체들에 대하여 $t_+ + t_- + t_e + t_{hole} = 1$인데, 전자나 전자구멍의 운반율은 $t_e = t_{hole} = 0$이어야 한다. 즉, 인산 연료전지나 알칼리 연료전지들에서는 $t_+ + t_- = 1$이고, 나트륨-β-알루미나에서는 $t_{Na^+} = 1$이고 Nafion에서는 $t_{H^+} = 1$이며 지르코니아에서는 $t_{O^{2-}} = 1$이다. 이상에서 소개한 연료전지들 이외에도 알코올이나 탄화수소를 직접 연료로 사용하는 연료전지들의 개발에도 노력을 하고 있으나 이들 연료들은 산화반응의 과전위가 클 뿐만 아니라 일산화탄소 또는 탄소의 생성으로 인하여 전극촉매가 중독을 일으키는 등의 문제로 아직 완전히 성공적이라 할 수 없다. 연료전지들은 생성된 전력의 일부를 자체에 필요한 조절기능에 써야 하는 등의 이유로 이론적으로 얻을 수 있는 에너지 효율보다 훨씬 적은 효율(60% 전후)밖에 얻지 못하나 열기관들에 비하면 에너지 효율면에서 월등히 우수한 전기화학적 에너지 변환 장치이며 더구나 발생하는 열까지 이용하는 열병합발전 (cogeneration)에 이용할 경우에는 경제성이 더 좋아진다.

11.1.3 기타 에너지 변환 방법

현재 쓰이고 있는 태양전지들은 전해질을 쓰지 않고 반도체 물질이 광선을 흡수하여 전자의 에너지가 높은 상태로 올라가는 것을 이용하여 전기 에너지를 생산하는 것이지만 (4.8.9절 참조), 전기화학 셀의 한 전극이 광을 흡수하는 반도체 물질일 때 생산된 전기 에너지는 전해질 속에 있는 물질의 산화-환원 반응을 일으킬 수 있다. 예컨대 TiO_2 전극을 써서 물을 전기분해하는 것이 가능하다. TiO_2는 건물의 벽면에 바를 때 또는 타일에 넣어두면 광선에 의하여 냄새나는 물질을 분해한다는 보고도 있다.[4]

전기 에너지를 축전기(capacitor)에 저축할 수 있는 것은 간단한 상식이다. 축전기는 전지에 비하여 충전과 방전이 빠르게 일어나는 것과 전압이 방전되는 정도에 따라 급격하게 감소하는 것이 특징이다. 축전기는 이런 특징 때문에 장시간 사용하는 전원으로 사용할 수는 없지만 순식간에 큰 출력이 요구되는 플래시 조명, 동력장치의 시동 등에는 긴요한 장치이다. 전극과 전해질 계면의 큰 전기용량(3.4절 참조)을 이용하여 전기화학적 축전기를 만드는 것이 가능하며 이는 오래 전부터 양극 처리한 알루미늄(11.3절 참조)을 이용하여 전해콘덴서를 만드는 데 사용되고 있다. 최근에는 탄소가루 등 표면이 넓은 전극 물질을 써서 **초대용량 축전기**(super capacitor)를 만드는 연구가 진행되고 있다. 보통의 전극 반응과 달리 비교적 넓은 퍼텐셜 범위에서 일어나는 가역적 산화-환원 반응이 전극 표면에서 빨리 일어나면 이런 반응을 전기화학적 초대용량 축전기를 개발하는 데 쓸 수 있다.[5] 이런 전기화학적인 반응의 결과로 얻어지는 축전용량은 유사 축전용량(pseudo-capacitance)이라 한다. 여러 가지 전도성 고분자들은 그런 산화-환원 성질을 가지고 있을 뿐 아니라 표면의 면적 또한 넓은 구조를 가질 수 있어 축전기를 만드는 후보 물질이다. 루테늄은 여러 가지 산화물에서 산화수가 다양하게 변하여 퍼텐셜 범위에 따라 산화상태가 다양하게 변하는 특징이 있어 역시 초용량 축전기를 만드는 데 쓰일 후보 물질이다. 전극물질의 질량에 대한 축전용량의 밀도가 $700\,\mathrm{F\,g^{-1}}$ 이상에 이르는 축전용량이 얻어지고 있다.

11.2 전해산업

전기분해를 공정의 핵심으로 하는 산업들에는 염소-알칼리 산업을 위시하여 물의 전기분해, 유기물의 합성, 금속의 도금 등의 산업적으로 중요한 것들이 많이 있다. 관계되는 여러 반응들 중에 몇 가지는 10장에서 조금씩 설명하였다. 몇 가지 물질의 생산을 위한 전기화학 공정들을 표 11.3에 요약하였다.

전기분해 공정의 장치에서 전극을 연결하는 방법에 크게 두 가지가 있는데, 그 하나는

4) *Chem. & Eng. News*, 1998, Sept. 21, 70; H. Matsubura, M. Takada, S. Koyama, K. Hashimoto, and A. Fujishima, *Chem. Lett*. **9**, 767(1995).
5) B. E. Conway, *J. Electrochem. Soc.* **138**, 1539(1991).

단일 전극들을 병렬 연결하는 방식이고 다른 하나는 **이중 전극**(bipolar electrodes)들을 직렬로 배치하는 방식이다(그림 11.2.1). 첫째 방식에서는 양극과 음극을 교대로 배열하는데 양극은 양극끼리 음극은 음극끼리 연결하여 낮은 전압의 직류 전원으로부터 많은 전류가 흐르게 한다. 두 번째의 방법에서는 각 전극마다 한 쪽은 양극으로 다른 쪽은 음극으로 작용하게 된 전극, 즉 이중 전극들을 쓰는데, 중간에 놓여 있는 전극들에는 전해질을 통하여 균일하게 나누어지는 전압이 걸리므로 양쪽 끝에 있는 전극들 사이에는 높은 전압을 걸어준다. 이 경우에는 한 전극을 통과하는 전류가 모든 전극을 통하므로 전체 전류의 크기는 작다.

전해산업에는 표 11.3에 보인 것 이외에도 사용되는 공정들이 대단히 많이 있으나 다음에 특징 있는 몇 가지만을 들어서 설명한다.

표 11.3 물질 생산을 위한 전기화학 공정 몇 가지

공 정	반 응	주산물	전해질
구리 정제	$Cu(impure) \rightarrow Cu^{2+}(aq) \rightarrow Cu$	구리(전기동)	$CuSO_4 + H_2SO_4$
알루미늄 제련	$Al^{3+} + 3e^- \rightarrow Al(l);\ C + 2O^{2-} \rightarrow CO_2 + 4e^-$	Al	$Al_2O_3 + NaF\,(1000\,℃)$
염소-알칼리	$2Cl^-(aq) \rightarrow Cl_2(g) + 2e^-$ $2H_2O + 2e^- \rightarrow 2OH^- + H_2(g)$	$Cl_2;\ NaOH$	$NaCl(aq)$
이산화망간	$Mn^{2+} + H_2O \rightarrow MnO_2 + 2H^+ + 2e^-$	전해 MnO_2	$MnSO_4,\ H_2SO_4$
나트륨 생산	$Na^+ + e^- \rightarrow Na(l);\ 2Cl^-(aq) \rightarrow Cl_2(g) + 2$	Na	$NaCl + CaCl_2\,(l, 560\,℃)$
플로린 생산	$2F^- \rightarrow F_2 + 2e^-;\ 2H^+ + 2e^- \rightarrow H_2$	F_2	$KF \cdot HF\,(l, 100\,℃)$
아디포니트릴	$2CH_2CHCN + 2H^+ + 2e^- \rightarrow NC(CH_2)_4CN$	adiponitrile	$Et_4NC_6H_5SO_3(aq)$

11.2.1 염소-알칼리 공정

여기서는 여러 가지 전기화학적으로 고려해야 할 요인들이 있는 염소-알칼리 산업을 대표적인 예로 설명한다. 진한(약 25%) 소금물의 전기분해를 통하여 매년 약 4천만 톤의 염소와 이에 비슷한 양의 수산화나트륨이 세계에서 생산된다. 양극[6]에서는 염소가 생기고 음극에서는 수산화나트륨과 부산물인 수소가 생긴다.

$$\text{양극:}\quad 2Cl^-(aq) \rightarrow Cl_2(g) + 2e^-$$
$$(\text{경쟁 반응:}\ 4OH^- \rightarrow O_2 + 2H_2O + 4e^-)$$
$$\text{음극:}\quad 2H_2O + 2e^- \rightarrow 2OH^- + H_2(g)$$

---

6) 전기분해에서는 +전극에서 산화가 일어나고 −전극에서 환원이 일어나기 때문에 전지에서와 달리 +극을 양극(anode), −극을 음극(cathode)이라 부르는 데서 오는 혼돈은 없다.

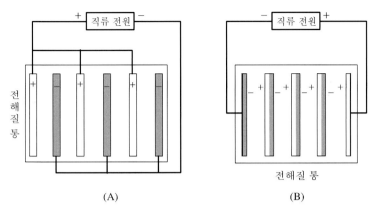

그림 11.2.1 전기분해 장치의 전극 연결의 두 방식, 단일 전극들의
병렬 연결 방식(A)과 이중 전극의 직렬식 배열(B)

염소와 수산화나트륨은 공업적으로 대단히 중요한 원료 물질이므로 이 염소-알칼리 공정(chlor-alkali process)은 화학공업에서 중요한 위치를 차지한다. 전기분해 장치에는 오랜 역사를 가진 수은 전해장치가 아직도 쓰이고 있으나 현대에 와서는 격막 전해장치(diaphragm cell)와 고분자막 전해장치(membrane cell)로 많이 대치되고 있다. 수은 전해장치에서는 음극으로 수은을 쓰기 때문에 주 반응이 직접 수소를 발생시키는 반응이 아니고 나트륨이 환원되어 아말감을 만들고 이 아말감은 별도 장치에 들어가서 물과 반응하여 수소와 수산화나트륨으로 된다.

$$Na^+ + e^- \rightarrow Na(Hg); \quad Na(Hg) + H_2O \rightarrow NaOH + \frac{1}{2}H_2$$

수은의 방출로 인한 환경문제 때문에 앞으로는 이 방법의 사용이 어렵게 될 것이다.

어느 전해장치에서나 전극물질의 선택이 중요하다. 양극에서는 물 또는 OH^-의 산화에 의한 산소의 발생이 경쟁적으로 일어날 수 있다. 아주 산성 용액이 아니면 산소 발생의 반응 전위가 염소 발생 반응보다 낮아서 염소 발생 반응이 열역학적으로 불리한 반응이다. 산소의 발생에 전류가 쓰이면 전류효율이 그만큼 떨어질 뿐 아니라 제품(Cl_2)의 순도도 나빠진다. 그러므로 양극으로 쓰는 전극은 산소 발생에 대하여는 과전위가 크면서 염소 발생에 대하여는 과전위가 작은 것을 쓰지 않으면 안 된다. 역사적으로는 흑연과 같은 탄소 전극이 쓰였으나 염소 발생에 대하여도 과전위가(실제적인 운전 전류밀도에 도달할 때) 500 mV나 되고 자체의 산화에 의한 전극 소모가 있어 좋지 않았다. 요즘은 티타늄에 산화지르코늄 등을 입힌 소위 DSA 전극[7]을 쓴다. 이 전극은 몇 년간 연속 사용이 가

---

7) DSA는 RuO_2에 TiO_2를 혼입하여 만든 dimensionally stable anode라는 이름으로 불려진 전극물질로서 Diamond Shamrock Technology 사의 등록상표명이었으나 지금은 이와 비슷한 산화물 조성을 가지고 부식에 대한 저항성이 큰 전극 물질들을 총칭하는 뜻으로도 쓰인다.

능할 만큼 안정성이 크고 염소 발생 과전위는 50 mV 이하로 줄어 이상적이다. 음극으로는 철 전극이 쓰이기도 하였으나 지금은 표면적이 큰 Ni 코팅을 한 것이 많이 쓰인다. 니켈을 사용함으로써 과전위는 50 mV에 불과하게 되었다.

소모되는 전기 에너지를 절약하는 것이 염소-알칼리 산업의 경제성에서 중요한 고려 대상이다. 전류효율을 높게 하는 것과 함께 전지에 걸어야 하는 전압의 크기를 줄이는 것이 중요하다. 전체 전압은 평형 전위차에 양쪽 전극의 과전위, 내부저항에 의한 전압 증가 등이 합쳐진 것으로 결정된다.

$$E_{cell} = E_A - E_C + \eta_A + |\eta_C| + IR$$

수은 음전극을 쓰는 경우에는 그 전위가 Na^+ 이온의 환원에 필요한 만큼 크게 낮은 값이 되어야 하므로 전체 전압이 약 4.4 V나 되어야 한다.

격막식 전기분해 장치에서는 철망으로 된 음극에 석면으로 만든 판을 붙여 양극 근처의 용액과 음극 근처의 용액의 자유로운 섞임을 방지하므로 양극 용액의 pH를 낮추어 산소 발생을 억제하는 등의 이점이 있으나 격막의 전기저항이 적지 않다. 대체로 3.5 V 정도의 전압이 필요하다. 격막은 이온들을 무차별하게 통과시킴으로써 생성된 NaOH가 Cl^- 이온으로 오염되는 것을 막을 수 없다. 또한 음극 쪽의 NaOH 농도가 커지면 OH^- 이온의 확산으로 인하여 양극 쪽의 pH가 높아져 상당량의 산소 발생을 막을 수 없다. 그러므로 격막 전해장치를 쓰면 생산된 수산화나트륨 농도가 15% 미만이며 농도를 보통 유통되는 상품의 농도인 50%까지 높이려면 증발과정을 거쳐야 하는 단점이 있다.

고분자막 전해장치에서는 그림 11.2.2와 같이 플로오르화탄화수소 고분자를 뼈대로 하고 곁가지에 $-SO_3^-$ 또는 $-COO^-$ 산기가 있는 양이온 교환막을 사용한다. 그림과 같이 슬폰산 그룹 $-SO_3^-$가 있는 것은 강산형인데 Nafion이 여기에 속한다. 카르복실기

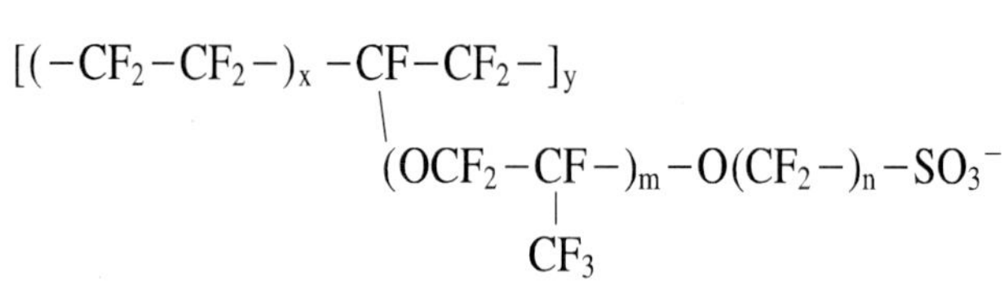

$$[(-CF_2-CF_2-)_x -CF-CF_2-]_y$$
$$(OCF_2-CF-)_m-O(CF_2-)_n-SO_3^-$$
$$CF_3$$

x=5~15,   y=~1000,   m=1~3,   n=1~4

그림 11.2.2 강산성이 있는 양이온 교환용 플로오르화된 고분자 구조, 약산형은 비슷한 구조를 가지고 있으나 SO_3^- 그룹 대신에 COOH 그룹을 가진다.

－COO⁻가 있는 것은 pK_a가 큰 산의 음이온에 해당하므로 약산형이다. 이들 양이온 교환막은 NaOH 용액과 접촉하여 Na⁺ 이온만을 통과시키므로 Cl⁻ 이온이나 OH⁻ 이온의 통과로 인한 문제가 없을 뿐 아니라 물을 머금고 있는 얇은 막으로 쓰일 때 전기저항이 적어서 전력 절감의 효과도 좋다.

특히 강산형은 저항이 작은데, 다만 이들은 머금고 있는 물 때문에 OH⁻ 농도가 커지면 이 음이온이 통과하므로 15% 이상의 진한 NaOH 용액의 생산에 쓰기 어렵다. 반면 약산형은 30~40% NaOH 용액의 생산에 쓰기 적합하다. 그러나 이의 단점은 산성 용액과 접촉할 때 큰 pK_a로 인하여 저항이 커지므로 양극 용액의 pH를 낮추는 데 문제가 생긴다. 한 쪽 면은 강산형, 다른 쪽 면은 약산형으로 만든 이중 고분자막을 사용함으로써 이상의 문제를 해결하는 새로운 공정이 개발되었다. 여기서는 강산형 면이 양극 쪽에, 약산형 면이 음극 쪽에 있게 한다. 염소-알칼리 공정은 오래된 기술로 출발하였으나 이상에서 본바와 같이 근년에 많은 공정상의 발전이 있었고 앞으로는 고분자 이온교환막을 쓰는 신공법으로 바뀌는 산업이 될 것이다.

11.2.2 전기 도금과 전착 도장

금속으로 된 물체의 부식을 방지하고 장식적 미관을 좋게 하는 방법으로 표면에 다른 종류의 금속을 입히는 전기분해 과정이 **도금**(electroplating)이다.[8] 기계적 강도나 전도성을 얻기 위해서도 도금을 한다. 도금은 대체로 금속 이온이나 이들의 착이온을 포함하는 수용액에 도금되어야 할 물체를 넣고 직류 전원의 －극에 연결함으로써 이루어진다. **금속의 전기석출**에 대한 10.2절을 참고하기 바란다. 용액 중에 녹아 있는 금속 이온이 환원되어 금속으로 석출되는 것이므로 용액 중 금속 이온 농도를 유지하기 위하여 같은 금속으로 된 ＋전극을 써서 전기분해가 진행되는 만큼 녹아 들어가게 한다. 그러나 크롬을 입힐 때 크롬 전극을 ＋전극으로 쓰면 부동화가 일어나 크롬이 녹지 않는다. 이런 때는 부득이 반응하지 않는 전극을 쓰되 필요한 금속의 염을 수시 보충하여야 한다. 이 경우 양극에서는 전해질의 산화 또는 다른 첨가 물질의 산화로 전류 전달이 이루어진다. 이런 경우 산화되는 물질을 **소극제**(depolarizer)라고 부른다.

금, 은, 니켈, 크롬, 주석, 구리 등 다양한 금속들을 도금으로 입히며 순수한 금속뿐 아니라 두 가지 이상의 금속을 함께 석출되게 하여 합금으로 도금할 수도 있다. 제3의 금속층을 속에 입혀 바닥 재료와 표면 금속 사이의 접착이 좋게 하기도 한다. 도금되는 물체의 외형에 굴곡이 있어도 높은 데와 구석진 데에 고른 두께로 입혀지게 하는 처방(전해질

8) F. A. Lowenhein, Ed., *Modern Electroplating*, 3rd Ed., Wiley, 1974; D. Pletcher and F. C. Walsh, *Industrial Electrochemistry*, 2nd Ed., Chapman-Hall, 1993; M. Schlesinger and M. Paunovich, Ed., *Modern Electroplating*, 4th Ed., Wiley & Sons, 2000.

용액 조성, 온도, 전류밀도 등)을 써야 한다. 이런 처방은 기술 용어로 "throwing power"가 크다고 한다. 전해질 용액에는 pH 완충제, 착이온 형성을 위한 리간드, 계면 활성제, 티오유레아 같은 유기 첨가제 등이 들어가는 경우가 많다. 첨가제는 표면을 매끄럽게 하여 광택을 내는 광택제 (brightener) 역할을 할 수 있고 구석진데까지 골고루 석출이 일어나게 하는 역할을 하기도 한다. 많은 경우에 표면 흡착이 잘 되는 유기물질을 쓴다. 음극에서는 보통 수소 발생이 따라 일어나서 전류효율은 100 %보다 작다. 표 11.4에 대표적인 몇 가지 도금에 쓰이는 조건들을 요약하였다.

금속 이온을 착이온으로 만드는 이유는 다음 예에서와 같은 자발적인 화학 반응을 막기 위한 것이다. 즉 철위에 구리를 도금할 때 다음 반응으로 철이 녹아나오는 것을 방지하려면 Cu^{2+} 이온의 착물이 형성되게 하고 전위를 낮게 유지한다.

$$Cu^{2+} + Fe \rightarrow Cu + Fe^{2+}$$

착이온 $Cu(CN)_4^{2-}$를 만듦으로써 더 낮은 전위에서 석출이 일어날 때까지 위의 화학적 반응은 일어나지 않는다. 착이온 형성 음이온들은 양극이 부동화하지 않고 잘 녹게 하는 역할도 한다.

전자회로의 인쇄 기판의 뚫린 구멍 같은 곳에는 플라스틱 재료가 전기를 통하지 않기 때문에 **화학 도금**(또는 무전해 도금, electroless plating)을 한다. Pd염 용액에 담가서 팔라듐의 작은 알맹이들이 석출된 다음 입히려는 금속 이온과 환원제(하이포인산염, 포름알데하이드, 보레인 등)가 들어간 용액을 써서 금속을 석출시킨다.

표 11.4 대표적인 전기 도금의 조건들

금 속	전해질(조성, gL^{-1}), 첨가제	온도/℃	i/ $mA\,cm^{-2}$	양 극	특 징
Cu	$CuCN(40)$, $KCN(20)$, $K_2CO_3(10)$, Na_2SO_3	$40 \sim 70$	$10 \sim 40$	전기동	TP*
Ni	Ni sulfamate (600), $NiCl_2(5)$, $H_3BO_3(40)$	$50 \sim 60$	$50 \sim 400$	Ni	TP, 거울광택
Ag	$KAg(CN)_2(50)$, $KCN(90)$, $K_2CO_3(10)$	$20 \sim 30$	$3 \sim 10$	Ag	TP
Sn	$Na_2SnO_3(50 \sim 100)$, $NaOH(8 \sim 18)$	$60 \sim 80$	$10 \sim 20$	Sn	TP
Cr	$CrO_3(450)$, $H_2SO_4(4)$, fluoride	$45 \sim 60$	$100 \sim 200$	PbO_2-coated Pb-Sb	전류효율 10%
65% Sn 35% Ni	$NiCl_2(250)$, $SnCl_2(50)$, $NH_4F \cdot HF(40)$, $NH_4OH(30)$	$60 \sim 70$	$10 \sim 30$	Ni판 + Sn판	TP 회로기판

* TP : 양호한 throwing power

　　전착 도장(electropainting; electrophoretic deposition)은 강철 등의 금속 표면에 페인트를 입히는 것을 전기장과 전극 반응의 도움을 받아 하는 것으로서 오늘날 대부분의 차량의 차체에 칠하는 작업 중 1차적 처리(priming)를 이 방법으로 하는 것이다. 칠할 차체를 ＋극으로 하는 방법과 ─극으로 하는 방법이 있는데, ＋극으로 하는 경우는 페인트를 구성하는 고분자가 카르복실 RCOO⁻ 그룹을 갖는 것들이어서 정전기적으로 금속 표면에 끌려가 중화되면서 붙게 된다. 차체가 ─극이 되게 하는 경우에는 RNH_3^+와 같은 양이온성 고분자가 금속 표면에 끌려가서 중화되면서 붙는다. 이 방법들의 장점은 첫째로 유기용매를 쓰는 보통의 페인팅 방법과 달리 수용액을 씀으로써 환경오염의 위험이 적은 것이고, 둘째로 물체의 구석구석까지 골고루 페인트를 입히는 능력(throwing power)이 뛰어난 것이다.

11.3 전기화학적 금속 가공과 양극처리

　　금속 가공은 보통 기계적 공작 도구를 써서 하는 것이 보통이지만 금속 재료 속에 아주 가늘고 긴 구멍을 낸다든지 원기둥 모양이 아닌 구멍을 뚫는 일 등은 보통의 공작 기계로는 불가능하다. 표면을 단순한 원기둥형이나 평면으로 깎는 일이 아니고 복잡한 높낮이 구조가 있는 표면을 만들기 위한 공구는 없다. 이런 경우 **전기화학적 기계공작**(electrochemical machining)의 방법이 대단히 유용하다. 가공할 금속 재료를 ＋극으로 하고 황산 용액같은 전해질을 흘려주면서 대전극(─극)을 가까이 대면 ＋극에서 금속이 산화 용해되므로 대전극의 모양과 같은 모양으로 파인다(그림 11.3.1).

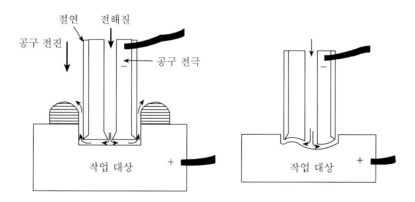

그림 11.3.1 전기화학적 기계공작

대전극은 공구 전극이다. 공구 전극을 전진시키면 파고 들어가는 깊이가 점점 깊어진다. 공구 전극의 전면의 단면 모양에 따라 여러 가지 형태의 구멍이나 입체적 표면을 얻는 것이 가능하다. 공구 전극에는 기계적인 힘이 가해지지 않기 때문에 폭에 대한 길이의 비가 큰 구멍을 뚫는 것이 가능하며 공작 물체에 스트레스가 남지 않는다. 속이 빈 터빈 블레이드 등을 이런 방법으로 만들 수 있다.

정밀한 모양의 금속 물체를 만드는데, 특히 원하는 모양의 구멍이 있는 얇은 두께의 금속 판(그림 11.3.2)을 얻는 데 **전기화학적 금속성형**(electroforming) 기술이 쓰인다. 금속 이온이 녹아 있는 전해질 용액으로부터 음극 표면에 금속을 석출시키는 점에서 전기 도금과 같은 공정이다. 그러나 원하는 모양의 금속 물체가 얻어지게 하기 위하여 도금되는 물체는 표면이 위치에 따라 전도성 표면과 절연성 표면으로 구별되어 있어야 한다. 또한 석출하여 생긴 금속판이 음극으로부터 쉽게 떨어져 나와야 하기 때문에 표면과의 접착이 강하지 않아야 하며, 그런 목적으로 음극은 매끄럽게 잘 연마한 다음 전도성 표면을 먼저 두꺼운 산화물 층으로 덮게 한다. 회전하는 롤러형 음전극을 쓰고 양극은 음극을 둘러 싸는 형태로 가까이 있게 한다. 절연성 표면 부분을 만드는 것은 반도체 공정에서와 같이 패턴을 통한 광감응 반응을 이용하여 절연체가 입혀지게 한다. 원하는 두께의 판이 얻어지면 롤러 음전극과 판 사이에 칼날을 넣고 판을 잡아끌어 떨어져 나오게 한다.

전기 면도기의 면도날 포일, 식품용 필터, 프린터용 가는 구멍이 있는 관, 도파관(waveguide) 등을 이런 기술로 만들 수 있다. 그림 11.3.2에 이런 제품들의 사진을 보였다.

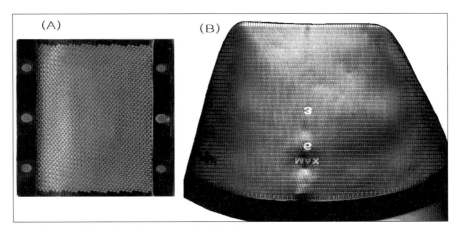

그림 11.3.2 전기 금속성형 기술로 만든 제품들.
(A)는 면도날 포일 (B)는 커피 필터.

금속의 **양극처리**(anodizing)는 금속 표면을 양극 산화시켜 두꺼운 산화물의 막이 생기게 하여 부식에 대한 저항성, 기계적 강도 등을 향상시키고 미관상 좋아지게 하는 처리이다. 주로 알루미늄에 많이 사용하나 강철, 티타늄, 구리 등에도 사용할 수 있다. 알루미늄은 무른 금속이나 건축 자재로 쓰는 알루미늄 재료는 표면이 단단하고 여러 가지 색을 나타내는데, 이는 양극처리를 하고 착색을 한 것이다. 양극처리를 하면 두꺼운 ($10 \sim 100\ \mu$m) 산화물 층이 생기는데, 바닥은 치밀한 산화물이나 그 위에 다공성의 막이 자란다. 이 다공성 부분은 표면에 수직이고 바깥쪽이 열린 관들이 나란히 배열된 구조를 하고 있다.

알루미늄을 양극처리하기 위한 전해질은 보통 10% 황산용액을 사용하는데, 때로는 크롬산 용액이나 황산/옥살산 혼합 전해질도 사용한다. 대전극은 강철로 하고 $10 \sim 20\ \text{mA cm}^{-2}$의 전류밀도가 유지되도록 두 전극간 전압을 0에서 50 V 근처까지 점차적으로 증가시킨다. 몇 분 내지 한시간 가량이 걸리는 이 과정 끝에 수산화나트륨 용액에 넣어서 수산화알루미늄의 침전이 일어나 다공성 구멍들이 막히고 더 튼튼한 표면이 얻어지도록 한다. 착색은 유기 염료를 써서 하는 방법도 있고 교류전류를 이용하여 주석이나 니켈, 코발트 등의 금속 침전이 다공성 구멍 속에 들어가서 간섭에 의한 색깔이 나타나게 하는 방법도 있다. 예컨대 2% 황산에 1% SnSO_4를 넣고 교류로 주석을 석출시키면 전류밀도와 시간에 따라 황금색으로부터 검은색까지 다양한 색을 나타내게 할 수 있다. 마지막으로 끓는 물에 넣어 표면의 산화물이 팽창하여 구멍들이 막히게 하는 **밀봉**(sealing) 과정으로 알루미늄의 양극처리를 끝낸다.

알루미늄의 양극처리는 커패시터(전해 콘덴서)를 만드는 데도 사용한다. 전해 콘덴서는 표면적이 넓게 거칠어진 알루미늄 표면과 전해질 사이에 전류를 차단하는 절연체로서 산화알루미늄의 층이 있는 구조를 갖는데, 건축자재로 쓰는 알루미늄과 달리 산화물 층이 치밀한 구조를 갖도록 인산염이나 붕산염으로 만든 중성 전해질과 500 V에 이르는 높은 전압을 가하여 만든다.

11.4 유기물질의 전기화학적 합성

유기물의 전해합성 공정 중에서 가장 큰 규모로 이용되는 것은 아크릴로니트릴의 환원 "**수소이합체화**(hydrodimerization)" 반응에 의하여 아디포니트릴을 생산하는 공정이다 (10.4 유기 전기화학 반응 참조).

$$\text{CH}_2 = \text{CHCN} + 2\text{H}^+ + 2e^- \rightarrow \text{NC}(\text{CH}_2)_4\text{CN}$$

이 생성물은 가수분해될 때는 아디프산이 되고 환원될 때는 헥사메틸렌디아민이 되는데 이 두 가지는 나일론-66의 원료이므로 이 공정은 공업적으로 대단히 중요하고 매년 30

만 톤 정도의 아디포니트릴이 이 공정으로 생산되는 것으로 추정된다. 아크릴로니트릴의 에멀전을 포함하고 전해질로 Na_2HPO_4와 사알킬암모늄염을 포함하는 수용액에서 음극 쪽 면을 카드뮴으로 입힌 철판 이중 전극들을 써서 $0.2\,A\,cm^{-2}$의 전류로 반응을 일으킨다. 1960년대에 Monsanto에서 처음 개발된 공정이 그간 많은 발전을 하여 지금은 생산 비용이 크게 절감되는 단계에 이르렀다.

글루코오스의 전해산화에 의한 글루콘산의 생산은 양극에서 Br_2를 만들어 이에 의한 간접산화를 이용하는 것이다.

$$2Br^- \rightarrow Br_2 + 2e^-$$

$$C_6H_{12}O_6(glucose) + Br_2 + H_2O \rightarrow C_6H_{12}O_7(gluconic\ acid) + 2H^+ + 2Br^-$$

그리니아 시약을 포함하는 전해질 용액에서 납 양극을 산화시켜 사알킬납(tetraalkyl lead)을 생산하는 것은 많은 생산량을 내는 공정이었다.

$$Pb + 4R\,MgCl \rightarrow PbR_4 + 4Mg^{2+} + 4Cl^- + 4e^- \qquad R = CH_3,\ C_2H_5$$

환경문제로 인하여 사에틸납을 개솔린에 넣는 것이 규제되는 오늘날에 와서는 산업적 이용이 안 된다. 이외에도 상당히 많은 유기화합물의 전기화학적 합성 반응을 쓰는 공정들이 있으나 아직 규모가 크지 않다. 전기요금이 크게 문제되지 않는 정밀화학 제품의 생산에 이용되고 있으며 앞으로의 발전도 있을 것이다.

11.5 환경 관련 기술

환경 오염물질의 검출에 전기분석화학의 기술이 이용되고 연료전지 등으로 환경친화적 에너지 변환이 전기화학적 기술로 이루어지는 것 외에도 폐수 등에서 오염물질을 제거하는 데, 배출수에서 금속성분을 회수하는 데, 오염 물질을 무해한 것으로 변환시키기 위하여 전기화학적 기술이 쓰이고 있으며 앞으로 이 방면의 발전이 기대된다.

■ 금속의 석출

금속 이온을 포함하고 있는 물로부터 금속을 석출시킴으로써 물을 배출수 기준에 맞게 정화하고 값진 금속들은 회수하여 재 사용할 수 있다. 주된 반응은 다음과 같이 나타낼 수 있다.

$$M^{z+} + ze^- \rightarrow M(s)$$

그러나 많은 경우 금속 이온은 다른 성분과 착이온을 만들어 존재하므로 위의 반응식은 단순화한 것이라고 이해해야 한다. 전극 전위가 지나치게 낮을 때는 다음과 같은 부차적인 반응도 일어나 전류효율을 낮춘다.

$$2H^+ + 2e^- \rightarrow H_2$$

$$N^{z+} + ze^- \rightarrow N(s) \quad N은 \text{ 목표로 하지 않는 다른 금속}$$

$$S_2O_3^{2-} + 8H^+ + 8e^- \rightarrow 2HS^- + 3H_2O$$

위의 마지막 반응은 사진 정착액으로부터 은을 회수할 때 일어날 수 있는 부반응인데, 여기서 생긴 HS^-는 전극인 은과 반응하여 Ag_2S를 형성하여 부도체화 함으로써 문제를 일으킨다. 효율적인 전기분해를 위하여 각종의 셀(전해조) 디자인이 개발되고 있다. 전력소모를 적게하기 위한 설계가 필요한데, 회수되는 금속이 금 은 등 값비싼 금속인 경우에는 전력소모가 크게 중요한 요인은 되지 않는다.

음극 환원 반응은 대체로 확산지배를 받게 되고, 전류는 환원될 물질의 농도와 전극 면적, 및 운반계수에 비례하는데, 운반계수(mass transfer coefficient)라 하는 것은 확산계수를 확산층의 두께로 나눈 것이다. 전극 면적이 큰 삼차원적 구조의 전극이 많이 쓰이고 용액을 흔들거나 대류 시키거나 또는 움직이는(회전) 전극을 쓴다.

■ 물의 정화

물의 정화와 소독을 위하여 쓰이는 강력한 산화제들을 전기화학적으로 생산할 수 있다. 현장에서 염소 Cl_2를 발생시키거나 또는 ClO^-, O_3, H_2O_2 등을 전기화학적 산화에 의하여 발생하는 장치를 쓴다. 위험 물질들을 생산지로부터 정화 시설이 있는 곳까지 운반하는 데 따른 부담과 비용을 줄일 수 있다.

배출 폐수에 들어있는 맹독성의 시안화물을 제거하기 위하여 다음과 같은 전극 산화가 이용된다.

$$CN^- + 2OH^- \rightarrow OCN^- + H_2O + 2e^-$$

$$OCN^- + 4OH^- \rightarrow 2CO_2 + N_2 + 2H_2O + 2e^-$$

때로는 생성된 하이포염소산 이온에 의한 간접산화가 이용되기도 한다.

$$2CN^- + 5ClO^- \rightarrow 2CO_2 + N_2 + 5Cl^- + 2OH^-$$

물 속에 있는 염분을 제거하기 위하여 전기투석(electrodialysis) 장치가 쓰인다. 이 것은 그림 11.5.1과 같이 음이온 교환막과 양이온 교환막을 번갈아 배치한 칸막이로 하고 양 끝에 전극을 배치한 장치이다. 이 이온교환 막들은 양이온 음이온 중 한 가지만 전기장의 방향에 따라 통과시킴으로써 염분이 제거된 칸과 염분이 농축된 칸이 생기게 한다.

전극 반응은 양쪽의 전극에서만 일어난다. 이 방법은 식수나 공업용수를 바다 물로부터 생산하는 탈염(desalination) 공정으로 사용될 뿐 아니라, 식용 소금의 정제에도 대량으로 쓰인다. 쥬스 음료로부터 과도한 산을 제거하는 데와 식품으로부터 염분을 제거하는 데에도 쓰인다고 한다.

전력 소모는 그리 크기 않을 수 있다. n쌍의 이온교환막이 있는 전기분해통을 쓰면 $1F$의 전기량이 통과할 때 n몰의 염이 이동한다. 막은 저항이 너무 크지 않아야 전력 손실을 최소화 할 수 있고, 양이온 음이온 중 원하는 한쪽에 대한 운반율이 1에 가까운 것을 써야 정제의 효율을 높일 수 있다. 막의 기계적 강도가 있어야 막 사이의 간격을 균일하게 유지할 수 있다. 한 단계의 전기투석 만으로 충분한 정화 정도에 도달할 수는 없기 때문에 보통 여러 단계의 전해조를 거쳐야 한다.

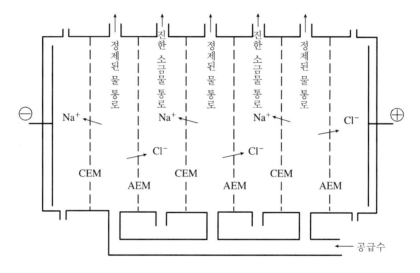

그림 11.5.1 물의 정제와 염분의 농축을 위한 전기투석 장치. CEM은 양이온 투과막, AEM은 음이온 투과막.

참고문헌

1. D. Pletcher and F. C. Walsh, *Industrial Electrochemistry*, 2nd Ed., Chapman-Hall, 1993.

2. D. Brynn Hibbert, *Introduction to Electrochemistry*, Macmillan, 1993, Chapters 11-14.

3. E. Heitz and G. Kreysa, *Principles of Electrochemical Engineering*, VCH, 1986.

4. C. H. Hamann, A. Hammett, W. Vielstich, *Electrochemistry*, Wiley-VCH, 1998, Chapters 8, 9.

5. H. Wendt and G. Kreysa, *Electrochemical Engineering*: *Science and Technology in Chemical Engineering and other Industries*, Springer, 1999.

연습문제

1. 아연과 브롬 전극을 써서 $Zn(s) + Br_2(aq) \rightarrow Zn^{2+}(aq) + 2Br^-(aq)$ 반응을 이용하는 전지의 전압은 얼마나 되겠는가? 실제로 이런 실용 전지를 만드는 데 어떤 문제가 있겠는가?

☞ 1.85 V

2. 연료전지와 일반 1차 전지들 사이의 공통점은 무엇이며 다른 점은 무엇인가? 또 연료전지와 열기관의 차이점은 무엇인가?

3. 프로판의 연소 과정의 Gibbs 자유에너지 변화는 $-2108.3\,kJ\,mol^{-1}$이다. 프로판을 연료로 쓰는 연료전지를 만들 수 있다면 가역 전압은 얼마나 되겠는가? 프로판 전극의 전위는 얼마인가?

☞ 1.09V, 0.14V

4. $0.10\,mol\,dm^{-3}$질산은 용액으로부터 은을 석출시키는 경우의 한계전류를 계산하여라. Ag^+이온의 확산계수는 $1.35\times10^{-9}\,m^2s^{-1}$이며 확산층의 두께는 1.0 mm로 잡아라.

5. 수소 발생 반응의 교환전류밀도는 백금 전극에서는 $8\,Am^{-2}$이고 아연 전극에서는 $5\times10^{-7}\,A\,m^{-2}$이다. 중성인 $0.01\,mol\,dm^{-3}$ 아연염 용액에서 아연을 백금 표면과 아연표면에 석출시켜 아연도금을 할 수 있을 것인가? 이 문제를 다루기 위하여 아연이 석출할 수 있는 전위에서 수소 발생의 전류 크기가 얼마나 되는가, 실제로 이 전위에 도달할 수 있는가 하는 문제를 검토해야 한다.

☞ 백금 표면에서는 불가능, 아연 표면에서는 가능

6. 어느 촉매가루의 비 표면적은 $23\,m^2\,g^{-1}$이다. 이 촉매를 테플론 접착제를 써서 전극 표면에 입혀서 $10\,mg\,cm^{-2}$의 촉매층을 만들었다. 이 전극의 겉보기 면적 $1\,cm^2$ 당 얻을 수 있는 실제 촉매 표면적의 최대값은 얼마인가? 실제로 이 넓이가 얻어질 것인가?

7. 고분자막 전해장치 설비로 세계 최대급의 연간 30만톤 염소 생산 능력을 갖춘 공장을 만들려 한다. 넓이가 $1m^2$인 고분자막 10개가 들어 있는 전기분해통을 사용하는 데 막을 통과하는 전류밀도를 $3000\,A\,m^{-2}$로 하려 한다. 전기분해통 몇 개가 필요한가?

☞ 862

8. 위 문제에서 사용한 장치에서 전극간 전압을 3.0 V로 한다면 전체 시설의 전력 용량은 얼마인가? 또 연간 소비 전력은 얼마인가? 연간 전기요금은 대략 얼마이겠는가? (참고: 한국전력의 1998년 산업용 전기요금은 수요자 규모에 따라 51.22~75.21원/kWh이었다.)

☞ $7.8\times10^4\,kW$, $6.8\times10^8\,kWh$, 약 500억원

12

생물 전기화학

12.1 머리말

생전기화학(bioelectrochemistry)의 시작은 우리가 이미 잘 알고 있듯이 전기적인 충격을 주면 동물의 근육의 수축이 일어난다는 사실을 보인 갈바니(Galvani)의 실험에서 시작되었다고 보아야 할만큼 오래 되었지만 그 발전은 최근에 이르러서라고 할 수 있다. 그러나 동물의 대사현상이나 식물의 광합성 반응이 전기화학적 성질을 가진다는 사실은 쉽게 인정되었고 이에 따라 생전기화학의 중요성이 부각되어 금세기에 많은 연구가 이루어졌다. 그러나 아직도 생전기화학은 그 범위를 정의하기가 쉽지 않으며 지금까지 얻어진 결과로만 본 연구의 현황은 매우 초기단계에 있다고 보아야 하겠다. 이는 생물체가 워낙 복잡한 시스템으로 이루어졌고 생체를 대상으로 해서 전기화학적 실험을 하기가 힘들거나 불가능해서 직접적인 실험을 통한 이해가 매우 어렵기 때문이다.

생전기화학을 정의하기란 쉽지 않다. 생화학에 연관된 화합물의 전기화학을 연구하는 분야라든가, 생명현상에 연관된 현상의 산화-환원 반응을 연구한다든가, 생체에서 일어나는 이온전달 현상을 연구한다든가 또는 생명체에 전극을 삽입하여 일어나는 현상을 연구하는 등의 일들은 모두 생전기화학에 속하기 때문이다. 예를 들어 발암물질이 암을 유발하는 원인에 대한 연구가 활발한 적이 있었는데, 현재로는 그에 대한 이해로 발암물질이 간에서 산화되어 그로부터 얻어진 생성물이 DNA(deoxyribonucleic acid)와 작용해서 유전자를 변형시킨다는 것이다. 이 과정에서 발암물질의 산화를 다루는 것도 생전기화학이라고 간단히 생각할 수 있다. 이와 같은 실험은 시험관에서는 가능하지만 생체 내에서는 불가능한 것이다. 매우 간단한 경우로는 전기화학적인 방법을 사용하여 생체 내에서 일어나는 산화-환원을 모방하려는 실험도 할 수 있으며 이도 생전기화학으로 분류해야 할 것이다. 때로는 생체 내의 세포 속에 전극을 넣고 실험을 하는 경우도 있는데 이와 같은 실험에는 매우 작은 전극이 요구되어 극미세 전극을 만드는 데 기여한 경우도 있다.

이처럼 생전기화학은 그 범위가 넓어 이를 정의하기란 쉽지 않다. 이런 이유로 생전기화학에 관한 단행본이 여러 권 나왔지만 대부분은 여러 사람들이 쓴 글을 모아놓고 있다. 이 장에서는 필자의 자의로 엉성하게 정의된 생전기화학을 간략히 기술하도록 하겠다. 흥미있는 독자들은 첨부한 참고문헌을 참고하기 바란다([1~9]).

12.2   생화학 반응의 모방과 생체시스템에서의 에너지 흐름

이 부류의 반응은 생체에서 일어나는 반응을 모방하는 전기화학 반응들의 실험이다. 예를 들어 우리가 입으로 섭취한 β-카로텐 (β-carotene)은 간 속에서 산화되어 우리의 몸에 필요한 만큼의 비타민 A가 된다. 즉, 아래의 반응에서 보인 바와 같이 β-카로텐 분자의 한 가운데의 이중결합이 잘라져 두 분자의 비타민 A를 만든다.

$$+ \, 2H_2O \rightarrow$$

$$2 \qquad\qquad OH \; + \; 2H^+ \; + \; 2e^-$$

$$(12.2.1)$$

위의 반응은 정확하게 분자의 한 가운데인 15,15′-위치의 이중결합이 산화를 받는다는 사실이 경이롭다. 즉 비타민 A를 생합성하기 위해서는 반응의 선택성이 정확해야 한다는 점이다. 생화학 반응에서의 이와 같은 선택성은 일찍부터 알려져 왔으며, 이를 전기화학적인 방법으로 모방할 수 있는가가 연구되었다. 그러나 이 화합물을 소량의 수분이 존재하는 아세토니트릴을 용매로 사용하고 백금 전극에서 산화시키면 15,15′-위치에서 산화가 일어나지 않고 β-아포-12-카로텐알 (β-apo-12′-carotenal)이 생성됨이 관찰되었다.[1] 즉 생체 안에서 이루어지는 반응의 선택성을 전기화학적 방법으로 재생하는 데 실패한 것이다. 이 β-아포-12-카로텐알은 쥐의 대사 중간화합물이라는 증거가 있다.[2] 아마도 이 화합물은 우리 몸에서도 산화 반응의 중간화합물일지도 모르며 더욱더 산화시키면 최종 생성물인 비타민 A가 생성될지도 모른다. 이와 같은 반응은 산화효소의 선택성을 간단한 전극으로는 모방하기 힘든다는 사실을 보여준다. 아마도 탄소 전극과 같은 물질의

---

1) S.-M. Park, *J. Electrochem. Soc.*, **125**, 216 (1978).
2) J. Glover and E. R. Redfearn, *Biochem. J.*, **58**, XV (1954).

표면을 간 속에 있는 cytochrome c와 같은 산화효소로 변성시키면 생체 내에서 일어나는 반응과 같은 선택성을 재현시킬 수 있을지도 모른다. 이와 같은 노력은 전기화학 연구자들에 의하여 꾸준히 이루어지고 있다.

생체 반응을 모방하려는 전기화학적 시도는 조금은 다른 방향에서도 이루어졌다. 런던에서 굴뚝 청소하는 직업을 가진 사람들이 피부암에 많이 걸린다는 사실로부터 벤조[a]피렌(benzo[a]pyrene: BaP)이 발암성 화합물임을 일찍이 밝혀낸 뒤 생화학자들의 많은 연구 끝에 BaP의 산화물이 DNA의 염기화합물을 공격하여 유전자의 돌연변이를 일으킨다고 생각하기에 이르렀다. 이와 같은 사실을 확인하기 위한 전기화학 실험이 수행된 경우도 있다.[3] 이 실험에서는 DNA가 존재하는 용액 속에서 BaP를 전기화학적으로 산화시킨 결과 형광 및 흡수 분광법에 의한 검출이 가능한 첨가화합물(adduct)이 생성됨이 관찰되었다. 이런 반응이 생체 반응과 같다는 보장은 없으나 그렇다고 의미가 없지는 않다고 보며 생전기화학의 기초를 제공한다고 보겠다.

이들보다는 한 단계 전진한 생전기화학 실험에서는 생체화합물의 산화-환원 반응을 이해하기 위하여 이들 화합물을 생체조건과 비슷한 환경하에서 전기화학적인 거동을 관찰하는 것이다. 일례로 시토크롬 c (cytochrome c) 또는 P450 그리고 미오글로빈(myoglobin)과 같은 화합물은 거대 산화-환원 단백질로 생체 내에서 산화-환원 반응을 담당하고 있다. 이 화합물의 산화-환원을 전기화학적인 방법으로 관찰하고자 하는 노력은 일찍부터 이루어졌으나 산화-환원에 중심이 되는 이온인 Fe^{2+} 또는 Fe^{3+}가 분자 안에 깊숙이 박혀 있는 관계로 대부분의 전극으로부터의 전극 반응의 속도가 매우 느릴 뿐만 아니라 또한 비가역적이다. 뿐만 아니라 이들 전기화학적인 거동은 전극의 영향을 심하게 받는다. 이들의 산화-환원 전위는 생체 반응의 열역학적인 에너지 관계를 수립하는 데 중요하며 전자전달 반응의 속도 또한 이들 반응의 효율을 평가하는 데 중요한 자료를 제공한다. 이런 이유로 순환 전류전압 곡선을 그리는 실험을 하지만 특정한 경우를 제외하고는 잘 정의된 전기화학적인 거동이 얻어지기 힘들다. 이런 어려움을 해결하기 위하여 전자전달 매개체를 용액종으로 사용하거나 전극의 표면을 매개체 화합물로 변형시켜서 전기화학 실험을 하는 경우가 많다. 이를테면 시토크롬 c 산화효소(cytochrome c oxidase, cyt_{ox})를 환원시키기 위해서 메틸비올로겐(methyl viologen, MV^{2+})을 전자전달의 매개체로 사용하는 예가 보고되었다.[4] 즉,

$$MV^{2+} + e^- \rightleftharpoons MV^{+\cdot} \tag{12.2.2}$$

$$4MV^{+\cdot} + cyt_{ox} \rightleftharpoons 4MV^{2+} + cyt_{rec} \tag{12.2.3}$$

3) D. A. Tryk and S.-M. Park, *J. Am. Chem. Soc.*, **103**, 2123 (1981).
4) E. Steckhan and T. Kuwana, *Ber. Bunsenges. Phys. Chem.*, **78,** 253 (1974).

이와 같은 경우에 원하는 생체화합물을 환원시키거나 산화시키기 위해서는 어려움 없이 목적을 달성할 수 있다고 하겠으나, 시토크롬 c 산화효소의 산화-환원 전위를 정확히 얻을 수는 없다. 왜냐하면 위와 같은 반응이 가능한가의 여부는 전자전달 매개체의 산화-환원 전위에 달려 있기 때문이다. 시토크롬 c 산화효소의 산화-환원 전위의 측정을 위해서는 이 화합물이 전극에 의하여 산화되거나 환원되어야 한다. 따라서 이의 측정을 위해서는 전극을 변형시켜 직접 산화-환원 반응 실험을 수행해야 한다.

이와 같은 목적을 위해서 근래에는 전자전달을 할 수 있는 능력이 있는 화합물의 자기조립 박막을 형성해서 이를 매개체로 사용하는 방법이 보고되고 있다. 이를테면 티올(thiol)이나 아미노산의 하나로 $HSCH_2CH(NH_3^+)CO_2^-$의 분자식을 가지는 L-시스테인(L-cysteine)과 같은 분자는 분자 한쪽에 있는 $-SH$기가 금 표면에 강한 흡착을 보여 자기조립 박막을 형성한다. 이 분자의 길이가 전자를 전달하기에 충분히 짧아 시토크롬 c 산화효소와 같은 거대분자에로의 전자전달을 도와 전극으로 또는 전극으로부터의 전자전달을 가능케 한다.

끝으로 위에서 든 예들보다는 실험하기가 더 용이한 생체화합물들도 많이 있다. 이를테면 폴피린(porphyrin)이나 그 유도체들은 생체 내에서 쉽게 발견되지만 전자의 수용이나 전자를 잃는 것이 비교적 쉬워 쉽게 환원되거나 산화될 수 있다. 이와 같은 이유로 이에 관한 전기화학적인 자료는 다른 경우에 비하여 비교적 방대하다[2].

이와 같은 측정으로부터 얻어진 이들 화합물들의 산화-환원 전위는 곧 생체시스템의 에너지 흐름을 알 수 있도록 해준다. 지금까지 알려진 광합성 과정에서의 에너지의 흐름은 광화학적 및 전기화학적 측정결과로부터 얻어진 결과를 종합해서 얻은 결과이다. 그러나 전기화학 실험에서 얻는 데이터는 그 측정이 가역적일 때만 열역학적인 의미를 가지므로 전기화학 측정시에 일어나는 산화-환원 반응을 지금까지 기술한 여러 가지 방법을 사용하여 가역적이 되도록 하는 것이 아주 중요하다.

12.3 생체화합물 간의 계면과 그들의 에너지 관계

생체계에서는 **생체막**이 많이 존재하며 이 막은 고상과 액상의 경계를 이루므로 이들 간에는 계면이 존재하고 이에 따른 에너지 관계를 이해할 필요가 있다. 생체막은 그림 12.3.1에 보인 바와 같이 소위 이중층 지질막(bilayer lipid membrane, BLM)으로 되어 있다. BLM은 그 안쪽에는 소수성인 지방족 탄화수소(hydrocarbon)로 되어있으나 밖에는 친수성 기들로 되어 있어 이중층의 막을 만드는 것이다. 이렇게 만들어진 막은 바로 세포(cell)간의 경계를 제공하고 있다. 이런 막의 성분은 지방질 또는 단백질들이다. 지방질은 분자의 커다란 부분이 지방족 탄화수소로 되어 있으며 유기용매에만 녹을 수 있는

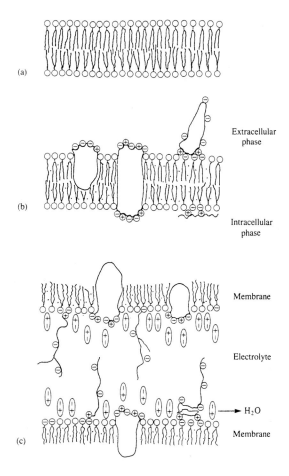

그림 12.3.1 생체막의 모형 : (a) 지질 이중층막, (b) 지질−단백질 이중층막
(c) 두 개의 마주보고 있는 조직막의 표면

지방족 쪽과 물에 녹을 수 있는 극성을 가진 친수성 부분으로 되어 있다. 이들 지방질의 화합물은 이처럼 생체막에 절대적으로 필요한 성분으로써의 역할뿐 아니라 생체 내에서 다른 중요한 기능을 하기도 한다. 다른 분자들과는 비교적 강한 공유결합 또는 아주 약한 반데르 발스 힘을 통해서 이루어진다.

우리가 잘 아는 바와 같이 단백질들은 많은 숫자의 L-아미노산들이 카르복실기와 아미노기 간에서 물 한 분자가 빠져 나와 이루어진 펩티드 고리(-CONH-)에 의하여 연결되어 있다. 단백질은 세포의 구성 성분이 되기도 하지만 세포의 막을 이루기도 한다. 단백질에는 엄청나게 많은 종류가 있으며 이들 중 전기화학적인 활성을 가지는 경우도 많다. 전기화학적 활성을 가지는 단백질 몇 가지를 표 12.1에 나열하였다. 이 표에서 보는 바와 같이 이황화 결합(disulfide), 아황산수소염(bisulfite)이라든가 또는 다른 보결원자 또는 **분**

자단(prosthetic groups: Fe^{3+}, Cu^{2+}, FAD 등), 방향족 기 또는 탄소의 이중결합 등이 단백질 분자 중에 존재하는 경우 이들은 전기화학적인 활성을 띠게 된다. 단백질은 아민기와 카르복실 산기를 가지며 인산기를 가지는 핵산과 함께 **여러 자리의 이온**(polyion)을 형성하며 이로 인해서 수용액 속에서 여러 자리 전해질로 행동한다. 단백질과 지질은 이와 같은 분자의 성질로 인해서 생체막의 전기화학적인 성질을 결정한다. 세포막은 약 40%의 지질과 60%의 단백질로 되어 있기 때문이다. 물론 경우에 따라서 성분비는 이로부터 차이가 나는 때가 많다. 예를 들어 미토콘드리아(mitochondria)의 내벽막은 지질 약 20%에 단백질이 약 80%인 반면, 미엘린(myelin)의 경우에는 지질 약 80%에 단백질 20%로 되어 있다.

그림 12.3.1(a)에서 보는 바와 같이 이중층 지질막은 잘 정의되어 안쪽에는 소수성, 밖

표 12.1 전기화학적으로 활성인 단백질의 예

단백질	분자량/10^3	전자수용체	$E_{1/2}/V$ vs. SCE pH = 7.0 에서
Insulin	6(12)	S−S	−0.6
Ribonuclease	13.6	S−S	−0.8
Lysozyme	14.5	S−S	−0.8
Trypsin	23.8	S−S	−0.49
Chymotrypsin	25	S−S	−0.45
Ovalbumin	40	S−S	−0.8
Human serum albumin	69	S−S	−0.6
Bovine serum albumin	69	S−S	−0.63
Cytochrome c	13	Fe^{3+}	−0.13
Cytochrome c3	14	Fe^{3+}	−0.53
Cytochrome b5	~14	Fe^{3+}	−0.58
Methaemoglobin	64	Fe^{3+}	−0.60
Metmyoglobin	16	Fe^{3+}	−1.05
Bacteriorhodopsin		R=CHCH=R	−0.97
Cytochrome oxidase	200	Fe^{3+}, Cu^{2+}	−0.2
Tryptophan oxygenase	67	Fe^{3+}, Cu^{2+}	−0.2
Glycogen phosphorylase	200	R−CH=N−R	−0.82 (pH 4.9)
Xanthine oxidase	200	FAD, SH	−0.59
Cholesterol oxidase		FAD	−0.33
Glucose oxidase	186	FAD, S−S	−0.36
Ferredoxin (spinach)	13.5	Fe^{3+}	−0.6
Ferritin	700	Fe^{3+}	−0.38 (pH 2)

에는 친수성 기로 되어 있지만, 단백질로 이루어진 막은 이만큼 잘 정의되지는 않는다.

실제로 이들 막은 그림 12.3.1(a)에서 보인 것 같이 깨끗하게 정돈된 2차원 막인 경우는 거의 없다. 특히 지질벽에서 수용액 쪽으로 계면을 이루는 단백질의 경우에는 막의 내부 또는 외부에 상당한 거리까지 확장될 때가 많다.

세포벽의 안팎의 벽을 이루는 이온들이 비대칭적으로 배열되어 있고 이로 인하여 쌍극자(dipole)들이 배열되어 벽의 안팎에 전위의 차가 생기는데, 이를 표면 전위라고 부른다. 이 표면 전위는

$$E_S = E_D + E_{DL} \qquad (12.3.1)$$

로 표현되는데, 여기서 E_D는 쌍극자들의 서로 다른 배열로 인하여 생기는 전위차이고 E_{DL}은 계면의 전기이중층(electric double layer)으로 인하여 생기는 전위차이다. 실제 실험적으로 관측되는 전위차는 **막횡단 전위**(transmembrane potential)인데, 이는 세포의 내부와 외부간의 전위차이다. 막횡단 전위 E_m은 곧 세포 내부의 전위 ϕ_i와 세포 밖의 전위 ϕ_o간의 차이이며 다음과 같은 표현을 가진다.

$$E_m = \phi_i - \phi_o = E_{i,DL} - E_{o,DL} + \Delta E_D \qquad (12.3.2)$$

이며, 여기서 $E_{i,DL}$과 $E_{o,DL}$은 각기 세포벽 내·외의 전기이중층 전위이고 ΔE_D는 세포 안팎의 이온 종류나 농도의 차이로 인하여 생기는 이온 확산의 추진력을 제공하는 원인이 되는 전위차이다. 따라서 전기이중층 전위가 같으면 막횡단 전위는 막의 양쪽의 이온의 종류와 농도의 차이로 결정될 것이다. 그러나 전해질의 종류나 농도에 차이가 있으면 전기이중층 전위 또한 다르므로 사실상 이런 가정은 정당화되지는 않는다. 어떻든 막 양쪽의 전해질 종류는 같고 농도만 다르며 그 전하가 ±1가의 전해질이라면 막횡단 전위는

$$E_m = \frac{RT}{F} \ln \frac{C_o}{C_i} \qquad (12.3.3)$$

가 되며, 여기서 C_o와 C_i는 각기 세포의 밖과 안의 전해질 농도이다. 양쪽이 평형을 이루면 이 전위는 안정해지며, 이를 휴지 전위(resting potential)라고 부른다. 전해질로는 Na^+ 또는 K^+가 주종을 이루며 이들의 상대적인 농도에 따라 전위의 차이는 수십에서 수백 mV까지 변할 수 있다. 이 전위를 식 (12.3.3)에서와 같이 비교적 간단히 표시하려 했지만 실제로는 식 (12.3.2)에서처럼 여러 성분으로 이루어졌으므로 2.6절에서 논의했던 것 같이 Donnan 전위로 표시하기는 적합치 않다. 실은 이 막횡단 전위만이 막의 내부에서 관측되는 전위도 아니다. 따라서 생체막을 가로지르는 전위차는 막의 표면을 이루는 이온들과 용액에 있는 상대이온간의 작용으로 형성된 전기이중층에 의하여 결정된다. 이들 막횡단 전위에 관한 이해는 식물의 엽록체라든가 근육섬유 또는 신경섬유 등에서 일어

나는 전기적 성질을 이해하는 데 중요한 역할을 한다.

생전기화학자들은 생체막의 성질을 모방할 수 있는 인공 BLM을 만들어 실험했으나, 이들의 전기 전도도는 $10^{-14} \sim 10^{-12}$ S/cm 정도로 실제 생체막의 전도도에 비하여 약 백만 배 정도나 작다. 그러나 생체막의 표면에서 발견되는 성분과 비슷한 표면의 전자 수용체나 단백질을 적절히 인공 지질막에 도입시키면 그 전도도가 생체막의 그것과 비슷하게 만들 수도 있다.

인공 지질막에서 물질의 이동을 연구할 때에는 소위 **전위차증발**(electroporation) 실험을 사용한다[4]. 이 실험에서는 막의 한쪽을 기준 전위로 놓고 그 반대쪽에 $0.1 \sim 30$ kV/cm의 전기펄스를 가한 뒤 막의 양쪽에서 생기는 **순간 투과성**(transient permeability)을 측정한다. 이로부터 투과성에 관한 자료도 얻지만 전위차증발 실험을 한 생체막의 경우에 두 세포를 접촉시키면 세포 두 개가 접합되기도 하고 때로는 이 막을 통해서 DNA나 글리코단백질(glycoprotein)같은 커다란 생체분자를 삽입시킬 수도 있음이 밝혀졌다. 이 현상들을 세포의 **전기접합**(electrofusion) 또는 **전기삽입**(electroinsertion/electrotransfection)이라고 부른다. 이런 현상들의 메카니즘이 잘 알려진 건 아니지만 막의 표면에 이온이 축적되어 계면간의 편극이 일어나는 것은 확실하다. 이로부터 얻어지는 막횡단 전장으로 인하여 지질이 재배치되고 이로 인하여 세공(pores)이 생기며 이들을 통하여 전기접합이나 전기삽입이 이루어지는 것이 아닌가 생각된다. 전기펄스가 제거된 뒤에는 세공이 서서히 아물게 된다.

전위차증발 실험으로 유전자, 즉 DNA를 세포에 옮겨 세포를 변형시키는 실험은 분자생물학이나 유전자공학, 병의 치료법 및 생명공학에서 매우 중요하다. 다른 핵산이나 단백질을 세포나 미생물 또는 조직(tissue) 속에 삽입시켜 이들의 생물학적인 성질을 변화시킬 수도 있다. 이 전위차 증발에 의한 유전자의 전이는 화학적으로 변성되지 않은 세포 속으로 고효율로 삽입시킬 수 있다는 장점을 가진다. 변성되지 않은 박테리아나 효소 그리고 식물세포들을 전위차를 이용해서 안정하게 변형시키는 방식은 생물학과 생물공학에 커다란 도전을 제공할 것이다.

12.4 신경신호전달에 관한 전기화학

12.4.1 신경신호의 전달

지금까지의 기술로부터 세포의 내부와 외부가 전해질의 농도의 차이로 어떤 일정한 전위차를 유지함을 알았다. 별다른 섭동이 없을 때는 생체시스템이 평형에 도달하여 이 전위차, 즉 휴지 전위가 유지된다. 그러나 외부로부터 갑자기 전류를 흘리거나 커다란 자극

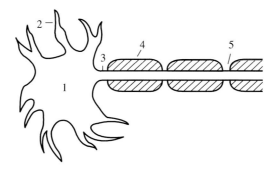

그림 12.4.1 신경세포의 구조: 1. 신경세포본체(neuron body), 2. 가지돌기(dendrite), 3. 축색(axon), 4. 수초(myelin sheath), 5. 랑비에 마디(node of Ranvier)

을 주면 그에 대응하는 소위 자극 전위가 발생되며 생체 전기화학 셀의 평형이 깨어지게 된다. 이 절에서는 이 과정을 간단히 살펴보기로 하자.

신경세포에서도 다른 세포나 마찬가지로 외부와 내부의 전해질이 분리되어 있다. 신경세포 안팎의 전해질 용액도 대부분 Na^+와 K^+로 이루어져 있으나 그들이 농도가 매우 다르다. 세포 밖의 용액은 약 90%의 NaCl로 이루어져 있는 반면 세포 속에는 약 10%의 NaCl과 나머지 90%는 대부분 K^+와 얼마간의 유기이온으로 이루어져 있다. 신경세포의 구조를 그림 12.4.1에 도시하였다. 신경세포막은 실질적으로 K^+에 대하여 투과성을 가지며 마치 이온교환 수지와 비슷하다고 이해하면 될 것이다. 오징어의 신경세포의 경우에는 그 **축색**(軸索: axon)의 지름이 1mm 정도나 되며 이 축색에는 K^+와 Na^+ 그리고 Cl^-로 이루어진 axoplasm이라고 부르는 겔(gel)이 들어 있다. 오징어의 신경세포가 이렇게 큰 이유로 지금까지 생전기화학자들의 연구에 많이 사용되었다.

Hodgkin과 Katz[5)]는 오징어의 신경세포의 축색 안과 밖에 각기 하나씩의 전극을 넣고 작은 단계 전위를 가해주고 전기화학적인 측정을 함으로써 세포의 밖에 있는 Na^+의 농도가 신경신호전달의 속도를 제한함을 보고하였다. 세포의 안과 밖의 전위의 차가 충분히 커지면 Na^+가 밖에서 안으로 들어가는 반면에 K^+는 안에서 밖으로 나온다. 즉 **감극 전류**(depolarization current)를 흘림으로써 전위차가 커지는 것을 막는다. 이때 전류 i와 전위차의 관계는

$$i = g(V_{\text{inside}} - V_{\text{outside}}) \qquad (12.4.1)$$

로 표현되는데 여기서 비례상수 g는 전도도의 단위를 가지며 다음과 같은 표현을 가진다. 즉

---

5) A. L. Hodgkin and B. Katz, *J. Physiol.* (*London*), **108**, 37 (1949).

$$g_{Na} = g^*_{Na} + m^3 h \qquad (12.4.2)$$

과

$$g_K = g^*_K n^4 \qquad (12.4.3)$$

인데 여기서 m, n, 및 h는 어떤 특정한 전위에서 막의 통로(channel)를 여는 과정을 기술하는 파라미터이다. 여기의 m과 n은 소위 "여는 분자(gating molecules)"에 연관되어 있다. Na^+ 통로를 영향하는 h는 이 통로를 닫을 때 쓰이는 소위 "봉쇄물질(blocker)"로 행동하는 유기화합물이다. g^*_{Na}와 g^*_K는 Na^+와 K^+가 세포 속에서 가지는 고유의 전도도이다.

신경세포에 어떻게 **신경 충동**(nerve impulse)인 **자극 전위**(action potential)가 발생하는지에 관한 과정과 이때 위에 기술한 g 및 h 파라미터들이 어떤 거동을 보이는가를 그림 12.4.2에 보였다[8]. 이 그림에서 볼 수 있는 바와 같이 막전위(V_m)가 어떤 값에 접근하면(아래 부분의 증가) Na^+ 통로가 열리기 시작하고 Na^+가 들어오며(즉 g_{Na}가 증가하며) 동시에 K^+가 막의 밖으로 나간다(g_k의 증가). 이 단계를 지나면 Na^+가 들어오는 속도가 K^+가 나가는 속도를 능가하게 되며 전위차는 더욱 더 크게 된다. 이렇게 되면 Na^+ 통로는 닫히기 시작하고 **편극** 현상, 즉 V_m은 줄어들기 시작한다. 이 때 K^+ 통로가 열리면 K^+가 들어오기 시작하며 전위차는 급격히 떨어지고 급기야는 원래의 평형값보다 더 떨어지게 된 뒤 평형 상태로 되돌아오게 된다. 이 그림의 h는 소위 비활성화 게이트(inactivation gate)라고 불리며, 활성화되지 않은 이온통로(channels)의 분율을 나타낸다. 즉 이온 통로가 활성화 되면서 전도도가 올라 갔다가 다시 원상태로 돌아가는 과정을 보인 것이다. 신경 충동의 전달은 이처럼 몇 종류의 여기(excitation) 신호의 전달 과정이다. 이들은 신경세포의 주위에 있는 수용액을 통한 이온의 이동, 전해질이 아닌 운반물질(예를 들면 신경 **연접부**(synapse)의 acetylcholine)에 의한 전기신호의 전달, 때로는 반도체와 같은 신호의 전달[6] 등과 같은 과정이다(다음 절 참조).

위에서 기술한 바와 같이 신경 충동은 자극 전위의 값이 어느 전위값 이상으로 되면 Na^+의 통로가 열림으로써 시작되며 신경 충동이 통과한 뒤에는 원상태로 돌아온다. 이 전체의 과정은 Na^+, K^+- ATPase (adenosine triphosphatase)라는 효소에 의하여 이루어지며 이 과정을 그림 12.4.3에 도시하였다. 그림에서 보는 바와 같이 막의 ATPase 효소에서 떨어져 나온 ATP (adenosine triphosphate) 각 분자로 인하여 세 개의 Na^+는 신경세포 밖으로 나가는 반면 두 개의 K^+는 세포 속으로 들어온다. 이 과정을

---

6) A. Szent-Györgi, *Nature*, **148**, 157 (1941).

electrogenic sodium pump라고 부르며, 이 과정으로 인하여 K^+의 농도 구배를 일정히 유지시키고 또한 막 안팎의 휴지 전위를 유지토록 한다.

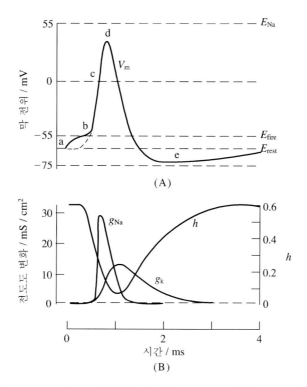

그림 12.4.2 자극 전위(A)와 해당하는 전도도 변화(B). 본문참조.

신경신호의 전달에 관한 위의 간단한 기술로부터 우리는 국부 마취제나 진통제가 어떻게 작용하는가를 짐작할 수 있다. Hille[5]에 의하면 프로카인(procaine)이나 리도카인(lidocaine)과 같은 마취제는 Na^+를 막음으로써 신경 충동의 발생을 방지한다는 것이다 (그림 12.4.4).

근육의 수축 과정도 이와 비슷하게 기술할 수 있다. 충동이 전달되는 과정이 비슷하지만 이 경우에는 Na^+나 K^+ 대신 Ca^{2+}가 이동한다.

12.4.2 신경세포 물질의 분석

뇌신경과 그의 기능에 관해서는 상당한 기간 동안 연구해 왔고 여러 가지 분석기술을 사용해 왔다. 그 중 하나가 바로 분석전기화학적 방법이다. 그러나 신경세포가 매우 작으므로 전극도 작아야 하며 이로 인하여 이미 7.7.2절에서 기술한 바와 같이 극미세 전극의 발전을 촉진하게 되었다. 이미 지적했던 대로 University of Kansas의 Adams 교수가 원숭이의 뇌세포 속의 물질들을 분석하기 위하여 극미세 전극을 제작했었고 이로 인하여 분

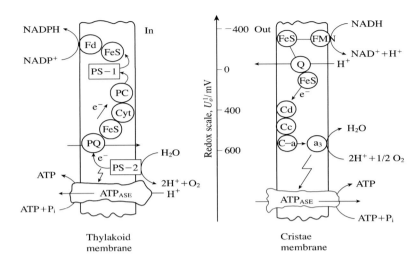

그림 12.4.3 산소가 환원되고 NADPH가 산화되면서 에너지 변환이 일어나는 과정

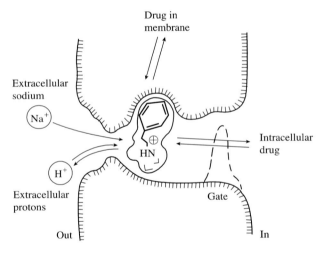

그림 12.4.4 유기물로 이온통로를 막음으로써 국부마취를 시키는 개념을 나타낸 가상 모형

석전기화학에 극미세 전극을 다루는 새로운 분야가 생겨났던 것이다.

뇌를 이루는 기본 단위는 뇌세포(neuron)이다. 인간의 뇌를 이루는 뇌세포는 10^{10}-10^{12}개 정도로 추산되고 있다. 이들은 서로 간에도 통신을 할 능력이 있을 뿐 아니라 다른 세포와도 통신할 능력이 있는 것으로 알려져 있다. 그 구조는 이미 그림 12.4.1에 보인바와 같이 신경세포 본체(neuron body)와 가지돌기(dendrites) 및 축색(axon)으로 이루어져 있다. 일반적으로 가지돌기는 신호전달물질의 유입경로로 알려져 있고 축색은 신경세포가 다음 세포로 신호를 전달하는 출구로 알려져 있다. 이처럼 신호전달 물질이 축색을 통해 방출된 뒤 가지돌기를 통해 다음 세포(cell)로 전달되어 정보가 전달되며 이를 연접

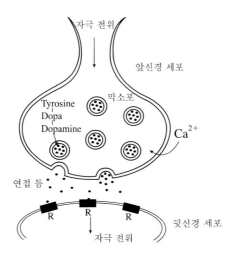

그림 12.4.5 신경전달이 이루어지는 과정. 여기서 R은 가지돌기들로써
수용체(receptor)를 의미한다.

(synapse)이라고 부른다. 이 연접은 세포 사이의 조그만 틈(gap)이며, 이 거리는 1내지
100 nm 정도 된다. 연접이 이루어 지기 전의 소위 "앞신경세포"(presynaptic neuron)
속에는 신경전달물질이 1 M 또는 그 이상의 농도로 농축되어 있는 저장 칸이 있는 데 이
를 소위 막소포(vesicle)라고 부른다. 앞 절에서 소개한 바와 같이 외부로부터 도입된 자
극 전위에 의하여 이 막소포가 세포막 가까이로 움직이기 시작하며 막소포가 세포막과 결
합하는 순간 이들이 세포 밖으로 방출된다. 이를 세포외유출(exocytosis)이라고 부른다
(그림 12.4.5).

세포외유출이 일어난 뒤 신경전달물질은 다음 세포의 가지돌기로 확산해가서 다음 세
포와 결합한다. 신경전달물질이 세포막과 결합하면 세포막의 Na^+ 또는 다른 조그만 이온
의 투과성의 변화가 생기게 되고, 이는 연접 "뒷신경세포(postsyanptic neuron)"의 전위
형성을 유발한다. 이 전위의 크기는 연접전 세포가 방출한 신경전달물질의 양에 달려 있
으며, 이는 여기성(excitatory) 또는 저해성(inhibitory)일 수 있는데 이 기간은 수 ms에
서 수십 초 걸린다. 수백 개의 연접합이 일어난 뒤 연접 뒷신경세포가 이들을 모두 합해
서 새로운 자극전위를 시작해야 될지가 결정된다. 이 과정을 그림 12.4.5에 나타내었다.
이렇게 방출된 과잉의 신경전달물질은 연접합 뒷신경세포의 지속적인 자극을 피하기 위
하여 비활성화 되어야 하는 데 이 비활성화는 세 가지 중의 하나의 방법으로 이루어진다.
즉 신경전달물질이 연접지역으로부터 확산해 나가거나, 앞신경세포로 다시 돌아가거나,
또는 대사에 의하여 파괴되는 데 대부분의 경우에 두번째의 과정으로 비활성화 된다.

신경세포에 따라 신경전달물질이 다르며 표 12.2에 그 중 몇 개를 보인다. Acetylchol-
in은 콜린성 신경계의, catecholamine과 norepinephrine은 아드레날린성 신경계의, 그

리고 dopamine은 운동성 기능(motor function) 및 기분과 감정을 조절하는 데의 신경전달물질로 각기 쓰인다. Dopamine은 또한 파킨슨씨병이나 정신분열증 및 우울증 등에 관련되는 것으로 알려져 있다. Indoleamine인 serotonin(5-hydroxytryptamine)은 잠자는 기능을 조절하는 데 중요한 역할을 한다고 알려져 있다. 이들 대부분은 쉽게 산화될 수 있어 전기화학적으로 분석이 가능하다. 이미 수차 지적한 대로 70년대에 Adams 등은 동물의 뇌 속의 dopamine의 양을 측정했으며[7] 이는 여러 과학자들에게 뇌신경 연구에 대하여 충분한 동기를 부여했다고 보아야겠다.

이 신경전달 화합물들의 전기화학적인 분석에는 이미 지적했던 바와 같이 신경세포가 매우 작은 이유로 극미세 전극을 사용해야 하며, 그 전극재료로는 탄소섬유로 만들어진 전극이 많이 사용된다. 백금이나 금 전극을 사용할 수도 있지만 이들은 수소나 산소 발생 반응에 대하여 비교적 낮은 과전압을 가져 전기화학적 주사 범위가 좁고, 또한 유기화합물에 대하여 강한 흡착을 보여 재현성 있는 결과를 얻기도 쉽지 않다. 신경세포가 다른 세포에 비해 비교적 크긴 하지만 그래도 세포 안·밖의 신경전달물질을 분석할 수 있으려면 아무래도 그 크기가 $10\mu m$ 이하이어야 한다. 이렇게 작은 전극은 7.7.2절에서 논의했듯이 이중층 전하충전 전류가 작아 신호 대 잡음비가 크고, 전류의 양이 pA에서 nA에 이르는 작은 양이므로 저항성 전압강하가 작아 따로 전해질을 가할 필요가 없으며 측정된 전위의 값이 정확하다.

표 12.2에서 보는 바와 같이 acetylcholine은 양이온이며 수용액 속에서는 전기화학적인 활성을 가지기 힘든 구조를 가지고 있다. 따라서 전위차법을 사용해서 분석하는 방법을 개발하기 위하여 acetylcholine에 높은 선택성과 감도를 보이는 주인분자를 개발하려는 연구가 여러 연구자들에 의하여 진행되고 있다. 반면에 dopamine을 비롯해서 그 유도체인 norepinephrine 및 epinephrine 등과 같은 화합물은 다음과 같은 반응에 따라 쉽게 산화된다. 즉

Serotonin 또한 단계적이지만 다음 반응에 의하여 산화시킬 수 있다.

7) P. T. Kissinger, J. B. Hart, and R. N. Adams, *Brain Res.*, **55**, 209 (1973)

표 12.2 몇 가지 신경전달 물질과 그들의 화학구조

신경전달 물질	화학구조
Acetylcholine	$(CH_3)_3\overset{+}{N}CH_2CH_2-O-\overset{\overset{\displaystyle O}{\|}}{C}-CH_3$
Dopamine	(구조식)
Norepinephrine	(구조식)
Epinephrine	(구조식)
Serotonin (5-Hydroxytryptamine)	(구조식)
γ-Aminobutyric acid	$NH_2CH_2CH_2CH_2COOH$
Glutamate	$HOOC-CH_2CH_2CH-COOH$ 아래 NH_2
Glycine	NH_2CH_2COOH

(반응 도식)

이들 반응으로 인하여 이 화합물들을 순환 전압전류법 등을 사용하여 정량적으로 분석할 수 있다. 그러나 문제는 생체액체 속에는 많은 양의 ascorbic acid(vitamin C)가 존재하여 이들 분석대상 화합물들과 비슷한 위치에서 산화되어 방해물질로 작용한다. 더욱이 이 방해물질의 농도가 분석대상물질에 비하여 매우 높아서 그 분석을 어렵게 하고 있다. 그러나 vitamin C의 산화반응의 속도가 dopamine의 유도체에 비하여 매우 느리므로 이를 이용해서 이 방해물질을 피해서 분석할 수 있다. 즉 주사속도를 높이면 dopamine은

거의 제자리에서 산화되지만 vitamin C의 산화 봉우리는 높은 양전위로 밀려서 dopamine이 산화되는 전위에서는 그 산화전류가 거의 나타나지 않는다. 극미세 전극에서는 주사속도를 매우 **빠르게** 증가시킬 수 있으므로 이 방법으로 만족스럽지는 않지만 vitamin C를 따돌리고 분석할 수 있다.

또 한가지 방법은 ascorbic acid는 중성인 생체액 속에서 ascorbate, 즉 음이온으로 존재하는 반면 dopamine은 그 amine 기에 양성자 첨가반응이 일어나 양이온이 된다. 따라서 양이온과 음이온을 분리하기 위하여 전극표면에 양이온 교환막을 입히면 dopamine 만 선택적으로 전극에 도달하게 할 수 있다. 실제로 Wightman 등은 극미세 탄소전극 표면에 Nafion 박막을 얇게 입혀서 사용하여 그림 12.4.6에 보인 바와 같이 0.12 V (vs. SCE) 쯤에서 산화되는 아주 잘 정의된 dopamine의 산화 전류 봉우리를 얻었다.[8] 이온교환 막을 통과하는 속도는 교환 가능한 이온이 그 반대 이온에 비하여 그 이동속도가 1000 배 이상 빠르다.

Dopamine의 분석에 순환전류 전압법을 사용하는 예를 들었지만, 초창기에 Adams는 대시간 전류법을 사용하는 방법을 사용하기도 했다. 어떤 방법을 사용하던 이와 같은 분석은 그리 쉬운 작업은 아니다. 현재에도 이 분야는 활발한 연구분야이며 신호대 잡음비를 높이고 분석의 선택성을 높이기 위한 연구는 많은 이들에 의해 진행되고 있다[9]. 아마도 nm 크기의 전극으로 어떤 기능을 가지던 원하는 세포 속에 넣어서 세포의 안·밖에

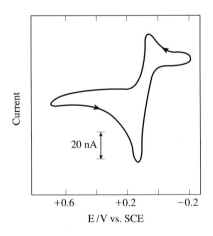

그림 12.4.6. Nafion으로 덮인 탄소 극미세 전극을 사용하여 pH 7.4의 생체 완충용액에서 얻은 dopamine의 순환전압전류곡선

---

8) R. M. Wightman, L. J. May, and A. C. Michael, *Amal. Chem*, **60**, 7694(1988)

있는 생체기능물질을 높은 감도로 분석할 수 있는 방법을 개발한다면 이는 생명과학의 신비를 푸는 가장 빠른 지름길이 될 것이다.

12.5 대사에 의한 에너지의 발생과 저장

우리의 몸에서는 음식물을 태워서 CO_2와 H_2O를 생성하고 그로부터 나오는 에너지로 체온을 유지하고 기계적인 에너지로 바꾸어 우리가 활동하는 데 사용한다. 이와 같은 과정은 내연기관에서도 일어나지만 내연기관에 비하면 우리가 섭취하는 음식물이 에너지로 변환되는 효율이 엄청나게 높은 편이다. 들어오는 음식물과 우리가 의지해서 살고 있는 에너지의 효율을 계산해 보면 약 50%라고 하는데, 이는 내연기관의 약 25%의 효율에 비하여 매우 높은 편이다. 이와 같은 사실은 우리의 대사과정에서 에너지를 생성하고 저장하는 방법이 간단한 내연기관과 같은 방식이라기보다는 연료전지에서와 같이 전기화학적인 방법에 의한 산화반응에 의해서 에너지 변환을 하는 것이 아닐까 하는 생각의 근본이 된다.

실제로 미토콘드리온(mitochondrion)에서 일어나는 전기화학 반응이 생체 내에서 일어나는 에너지 변환 반응일 것이라는 데에는 설득력이 있다. 가령 그림 12.4.3에 보인 것처럼 생체막(thylakoid membrane)의 한쪽에서는 산소의 환원 반응으로 물이 생성되고 다른 한쪽에서는 니코틴아미드 디뉴클레티드 인산염(nicotinamide dinucleotide phosphate, NADP)의 환원된 형태인 NADPH가 산화되어 $NADP^+$로 된다는 반응은 많은 설득력을 가진다.[9) 여기서 환원 반응은 우리가 잘 아는

$$O_2 + 4H^+ + 4e^- \rightleftharpoons 2H_2O \qquad (12.5.1)$$

이고 산화 반응은

$$NADPH \rightleftharpoons NADP^+ + H^+ + e^- \qquad (12.5.2)$$

일 것이다. Bockris와 Khan은 이에 대한 실제의 에너지 변환 효율 계산을 제시하고 있으며 이에 의하면 약 50%의 효율을 얻고 있지만 계산 도중에 많은 가정과 단순화 그리고 근사법(approximation)을 사용하고 있어 실제로 이 숫자가 어떤 의미를 가지고 있을지는 의문된다.[10)

생화학에서 오랫동안 알려져 왔던 Krebs cycle에서는 에너지 저장 메카니즘으로 아래의 반응에 의하여 adenosine diphosphate(ADP)로부터 adenosine triphosphate(ATP)

9) H. Tien, *Bioelectrochemistry & Bioenergetics*, **15**, 19 (1986).
10) J. O'M. Bockris and S. U. Khan, *"Surface Electrochemistry,"* Plenum, New York, 1993, Chapter 7.

를 생합성한다는 것이다. 즉,

$$ADP + H_2PO_4^- + H^+ \rightarrow ATP + H_2O \qquad (12.5.3)$$

이다. 여기서 에너지는 ATP라는 형태의 화합물에 화학결합 하나를 더 만듦으로써 에너지를 저장한다는 개념이다. 그러나 이 반응이 어떻게 CO_2가 생성되는 대사 반응이나 근육 활동과 연결될 것이냐 하는 의문이 남는다. 이 반응은 아마도 두 개의 산화-환원 반응으로 나뉘는 것이 아닌가 한다. 즉,

$$H_2PO_4^- + H^+ + e^- \rightarrow HPO_3^- + H_2O \qquad (12.5.4)$$

및

$$ADP + HPO_3^- \rightarrow ATP + e^- \qquad (12.5.5)$$

일 수 있다. 이와 같은 반응은 우리가 짐작해서 쓰기는 했지만 이에 대한 실험적 증거는 없다. 이런 반응이 전기화학적 성질을 가질 것이라는 가설이 설득력이 있지만 실제의 생체시스템에서 중간물질인 HPO_3^-를 검출한다든가 또는 다른 실험으로 위와 같은 반응의 실체를 증명해야 할 것이다.

12.6 맺음말

지금까지 우리가 살펴본 것은 지난 세기말까지 이루어진 연구의 극히 일부분이었다. 생전기화학의 연구가 다른 분야의 전기화학에 비하여 어려웠던 점은 분자가 커서 전극에 쉽게 흡착되어 전기화학적 성질을 직접 연구하는 과정이 60년대까지 매우 부진했었다. 이 문제는 **변형 전극**(modified electrodes)을 사용하기 시작하고부터 많이 해결되었지만 아직도 만족 할만한 정도라고 보기는 힘들다. 또 한가지 어려웠던 점은 **생체 내**(*in vivo*) 실험의 수행이 사실상 불가능했었던 것이다. 이 문제를 해결하기 위하여 미국의 University of Kansas의 R. N. Adams 등은 70년대 탄소섬유를 사용하여 극미세 전극을 만들어냈고 이로 인하여 전기화학에 새로운 장을 여는 계기를 마련했다. 요즘에는 극미세 전극을 사용해서 뇌 세포 등에서 대사물질을 검출·확인·분석하는 등의 연구가 활발히 진행되지만, 아직도 걸음마 단계에도 미치지 못한다고 보아야 하겠다.

위의 절에서 간단히 생화학에서의 에너지 변환 문제는 전기화학적 성질을 가지고 있을 것이라는 생각은 쉽게 할 수 있지만 그 증명은 매우 어렵다. 모델시스템을 만들어 실험을 해야 할 것이나 효소의 취급, 생체막과 같은 성분의 BLM의 준비 등에 너무 큰 어려움이

있어 연구를 전진시키기가 여간 어렵지 않다.

또 하나의 분야는 위에서도 잠깐 언급했지만 약이 인체에 어떤 역할을 하는가 하는 문제도 많은 부분은 전기화학적 문제이다[1]. 아직까지는 이 분야에 대해서 지극히 적게 알려졌지만 앞으로는 그 작용 메카니즘을 알아내는 일도 전기화학자의 몫이 될 것으로 믿는다. 그리고 전극의 크기를 충분히 적게 만들고 8.6절에서 기술한 이동탐침 현미경(SPM, scanning probe microscopy)을 적절히 이용하면 유전자 조작 등의 생명과학의 혁명에도 전기화학자들이 중심적인 역할을 할 수 있을 것으로 기대된다. 위 12.4.2절에서 본 바와 같이 생체물질의 정확한 분석이 이 계통의 과학 발전에 커다란 영향을 미칠 것이라는 것은 재삼 지적할 필요가 없을 것이다. 이들과 많은 다른 생전기화학 문제는 모두 장차 전기화학자들의 커다란 도전의 대상이 될 것임을 믿어 의심치 않는다.

참고문헌

1. H. Keyzer and F. Gutmann Ed., *Bioelectrochemistry*, Plenum Press, New York, 1979.

2. K. M. Kadish Ed., *Electrochemical and Spectroelectrochemical Studies of Bilogical Redox Components*, Advances in Chemistry Series 201, American Chemical Society, Washington, DC, 1982.

3. D. Walz, H. Berg, and G. Milazzo Ed, *Bioelectrochemistry of Cells and Tissues*, Verlag, Boston, 1995.

4. E. Neumann, A. E. Sowers, and C. A. Jordan Ed., *Electroporation and Electrofusion in Cell Biology*, Plenum, New York, 1989.

5. B. Hille, *Ionic Channels of Exictable Membranes*, Sinnauer Publishing, Sunderland, Massachusetts, 1984.

6. M. Blank and I. Vodyanoy, Eds., *Biomembrane Electrochemistry*, Advances in Chemistry Series 235, American Chemical Society, Washington, DC, 1994.

7. R. Birge, Ed., *Molecular and Biomolecular Electronics*, Advances in Chemistry Series 240, American Chemical Society, Washington, DC, 1994.

8. R. Eckert and D. J. Randall, *Animal Physiology*, 2nd Ed., W. H. Freeman, San Francisco, 1983.

9. R. A. Clark, S. E. Zerby, and A. G. Ewing, *in Electroanalytical Chemistry*, **20**, A. J. Bard and I. Rubinstein Ed., Marcel Dekker, New York, 1998

연습문제

1. 생체에서 일어나는 산화-환원 반응의 예를 들고 어떻게 생체반응과 같은 반응이 일어나도록 실험을 할 수 있는가를 기술하라.

2. 시토크롬-c나 미오 글로빈과 같이 거대 생체화합물의 산화-환원 반응의 전기화학적 거동을 기록하기 위해서는 어떻게 실험해야 하는가를 기술하라.

3. 생체지질막을 어떻게 구성할 수 있으며 어떤 전기화학 실험을 할 수 있는가를 기술하라.

4. 신경신호 전달과정을 설명하라

5. 반응 12.5.2 및 12.5.5에 관한 표준전위를 계산하라. 또한 반응 12.5.3에 대한 에너지 계산을 하여라.

부 록

부 록 1

표준전극전위 표
(25℃ 수용액에서의 값)

ABC 순

$Ag^+ + e^- \rightleftharpoons Ag$	$+0.80$
$Ag^{2+} + e^- \rightleftharpoons Ag^+$	$+1.98$
$AgBr(s) + e^- \rightleftharpoons Ag + Br^-$	$+0.07$
$AgCl(s) + e^- \rightleftharpoons Ag + Cl^-$	$+0.2223$
$AgI(s) + e^- \rightleftharpoons Ag + I^-$	-0.15
$Al^{3+} + 3e^- \rightleftharpoons Al(s)$	-1.68
$As(OH)_3 + 3H^+ + 3e^- \rightleftharpoons As(s) + 3H_2O$	$+0.240$
$As(s) + 3H^+ + 3e^- \rightleftharpoons AsH_3(g)$	-0.225
$AsO(OH)_3 + 2H^+ + 2e^- \rightleftharpoons As(OH)_3 + H_2O$	$+0.560$
$Au^+ + e^- \rightleftharpoons Au$	$+1.83$
$Au^{3+} + 3e^- \rightleftharpoons Au$	$+1.52$
$Ba^{2+} + 2e^- \rightleftharpoons Ba(s)$	-2.92
$Be^{2+} + 2e^- \rightleftharpoons Be(s)$	-1.97
$Br_2(aq) + 2e^- \rightleftharpoons 2Br^-(aq)$	$+1.087$
$Br_2(1) + 2e^- \rightleftharpoons 2Br^-(aq)$	$+1.0652$
$BrO^- + H_2O + 2e^- \rightleftharpoons Br^- + 2OH^-$	$+0.76$
$BrO_3^- + 6H^+ + 5e^- \rightleftharpoons \frac{1}{2}Br_2 + 3H_2O$	$+1.484$
$BrO_4^- + 2H^+ + 2e^- \rightleftharpoons BrO_3^- + H_2O$	$+1.853$
$CO_2(g) + 2H^+ + 2e^- \rightleftharpoons CO(g) + H_2O$	-0.106
$CO_2(g) + 2H^+ + 2e^- \rightleftharpoons HCOOH$	$-0,199$
$CO_2 + 2H^+ + 2e^- \rightleftharpoons CO + H_2O$	-0.11
$CO_2 + 2H^+ + 2e^- \rightleftharpoons HCOOH$	-0.20
$CO_2 + H^+ + e^- \rightleftharpoons \frac{1}{2}H_2C_2O_4$	-0.48
$Ca^{2+} + 2e^- \rightleftharpoons Ca(s)$	-2.84
$Cd(OH)_2 + 2e^- \rightleftharpoons Cd + 2OH^-$	-0.82

$Cd^{2+} + 2e^- \rightleftharpoons Cd$	-0.40
$Ce^{3+} + 3e^- \rightleftharpoons Ce$	-2.34
$Ce^{4+} + e^- \rightleftharpoons Ce^{3+}$	$+1.72$
$Cl_2(aq) + 2e^- \rightleftharpoons 2Cl^-$	$+1.396$
$ClO^- + H_2O + 2e^- \rightleftharpoons Cl^- + 2OH^-$	$+0.89$
$ClO_3^- + 2H^+ + e^- \rightleftharpoons ClO_2 + H_2O$	$+1.175$
$ClO_3^- + 3H^+ + 2e^- \rightleftharpoons HClO_2 + H_2O$	$+1.181$
$ClO_4^- + 2H^+ + 2e^- \rightleftharpoons ClO_3^- + H_2O$	$+1.201$
$ClO^- + H_2O + 2e^- \rightleftharpoons Cl^- + 2OH^-$	$+0.89$
$Co(C_2O_4)_3^{3-} + e^- \rightleftharpoons Co(C_2O_4)_3^{4-}$	$+0.57$
$Co(NH_3)_6^{3+} + e^- \rightleftharpoons Co(NH_3)_6^{2+}$	$+0.06$
$Co^{2+} + 2e^- \rightleftharpoons Co(s)$	-0.277
$Co^{3+} + e^- \rightleftharpoons Co^{2+}$	$+1.92$
$Cr^{2+} + 2e^- \rightleftharpoons Cr(s)$	-0.90
$Cr_2O_7^{2-} + 14H^+ + 6e^- \rightleftharpoons 2Cr^{3+} + 7H_2O$	$+1.36$
$Cr^{3+} + e^- \rightleftharpoons Cr^{2+}$	-0.424
$Cr^{3+} + 3e^- \rightleftharpoons Cr(s)$	-0.74
$Cs^+ + e^- \rightleftharpoons Cs(s)$	-2.923
$Cu(NH_3)_4^{2+} + 2e^- \rightleftharpoons Cu + 4NH_3$	0.0
$Cu^{2+} + 2e^- \rightleftharpoons Cu(s)$	$+0.34$
$CuCl(s) + e^- \rightleftharpoons Cu(s) + Cl^-$	$+0.121$
$F_2(g) + 2e^- \rightleftharpoons 2F^-$	$+2.866$
$Fe(CN)_6^{3-} + e^- \rightleftharpoons Fe(CN)_6^{4-}$	$+0.361$
$Fe(CN)_6^{4-} + 2e^- \rightleftharpoons Fe + 6CN^-$	-1.16
$Fe(phen)^{3+} + e^- \rightleftharpoons Fe(phen)^{2+}$	$+1.13$
$Fe^{2+} + 2e^- \rightleftharpoons Fe(s)$	-0.44
$Fe^{3+} + e^- \rightleftharpoons Fe^{2+}$	$+0.771$
$Fe^{3+} + 3e^- \rightleftharpoons Fe$	-0.04
$H^+ + e^- \rightleftharpoons \frac{1}{2}H_2(g)$	$0\,(정의)$
$H_2O_2 + 2H^+ + 2e^- \rightleftharpoons 2H_2O$	$+1.76$

$$H_2O_2 + H^+ + e^- \rightleftharpoons HO\cdot + H_2O \qquad +0.71$$

$$HClO_2 + 2H^+ + 2e^- \rightleftharpoons HOCl + H_2O \qquad +1.701$$

$$HOBr^- + H^+ + e^- \rightleftharpoons \frac{1}{2}Br_2(1) + H_2O \qquad +1.604$$

$$HOCl + H^+ + e^- \rightleftharpoons \frac{1}{2}Cl_2(g) + H_2O \qquad +1.630$$

$$HOI + H^+ + e^- \rightleftharpoons \frac{1}{2}I_2(s) + H_2O \qquad +1.44$$

$$HPO(OH)_2 + 2H^+ + 2e^- \rightleftharpoons H_2PO(OH) + H_2O \qquad -0.499$$

$$Hg_2Cl_2(s) + 2e^- \rightleftharpoons 2Hg(1) + 2Cl^- \qquad +0.26816$$

$$I_2(aq) + 2e^- \rightleftharpoons 2I^- \qquad +0.621$$

$$I_2(s) + 2e^- \rightleftharpoons 2I^- \qquad +0.5355$$

$$I_3^- + 2e^- \rightleftharpoons 3I^- \qquad +0.536$$

$$IO(OH)_5 + H^+ + 2e^- \rightleftharpoons IO_3^- + 3H_2O \qquad +1.60$$

$$IO_3^- + 6H^+ + 5e^- \rightleftharpoons \frac{1}{2}I_2(s) + 3H_2O \qquad +1.20$$

$$K^+ + e^- \rightleftharpoons K(s) \qquad -2.926$$

$$Li^+ + e^- \rightleftharpoons Li(s) \qquad -3.045$$

$$Mg^{2+} + 2e^- \rightleftharpoons Mg(s) \qquad -2.356$$

$$Mn^{2+} + 2e^- \rightleftharpoons Mn(s) \qquad -1.18$$

$$Mn^{3+} + e^- \rightleftharpoons Mn^{2+} \qquad +1.5$$

$$MnO_2(s) + 4H^+ + 2e^- \rightleftharpoons Mn^{2+} + 2H_2O \qquad +1.23$$

$$MnO_4^- + e^- \rightleftharpoons MnO_4^{2-} \qquad +0.56$$

$$MnO_4^- + 8H^+ + 5e^- \rightleftharpoons Mn^{2+} + 4H_2O \qquad +1.51$$

$$NO_3^- + 10H^+ + 8e^- \rightleftharpoons NH_4^+ + 3H_2O \qquad +0.875$$

$$NO_3^- + 3H^+ + 2e^- \rightleftharpoons HNO_2 + H_2O \qquad +0.94$$

$$NO_3^- + 4H^+ + 3e^- \rightleftharpoons NO(g) + 2H_2O \qquad +0.96$$

$$Na^+ + e^- \rightleftharpoons Na(s) \qquad -2.714$$

$$NiO_2(s) + 4H^+ + 2e^- \rightleftharpoons Ni_2^+ + 2H_2O \qquad +1.68$$

$$Ni(OH)_2(s) + 2e^- \rightleftharpoons Ni(s) + 2OH^- \qquad -0.72$$

$$O_2 + 4H^+ + 4e^- \rightleftharpoons 2H_2O \qquad +1.229$$

$$O_2 + 2H_2O + 4e^- \rightleftharpoons 4OH^- \qquad +0.41$$

$$O_2(g) + 2H^+ + 2e^- \rightleftharpoons H_2O_2 \qquad +0.695$$

$O_3(g) + 2H^+ + 2e^- \rightleftharpoons O_2 + H_2O$	$+0.207$
$O_3(g) + H_2O + 2e^- \rightleftharpoons O_2 + 2OH^-$	$+2.07$
$P(s, \text{ white}) + 3H^+ + 3e^- \rightleftharpoons PH_3$	$+0.06$
$PO(OH)_3 + 2H^+ + 2e^- \rightleftharpoons HPO(OH)_2 + H_2O$	-0.276
$Pb^{2+} + 2e^- \rightleftharpoons Pb(s)$	-0.1251
$PbO_2 + 4H^+ + 2e^- \rightleftharpoons Pb^{2+} + 2H_2O$	$+1.70$
$Rb^+ + e^- \rightleftharpoons Rb(s)$	-2.925
$S(s) + 2H^+ + 2e^- \rightleftharpoons H_2S(aq)$	$+0.14$
$Sn^{2+} + 2e^- \rightleftharpoons Sn$	-0.14
$Sn^{4+} + 2e^- \rightleftharpoons Sn^{2+}$	$+0.15$
$S_2O_8^{2-} + 2e^- \rightleftharpoons 2SO_4^{2-}$	$+1.96$
$S_4O_6^{2-} + 2e^- \rightleftharpoons 2S_2O_3^{2-}$	$+0.08$
$SO_2(aq) + 4H^+ + 4e^- \rightleftharpoons S(s) + 2H_2O$	$+0.50$
$SO_2(aq) + H^+ + 2e^- \rightleftharpoons \frac{1}{2}S_2O_3^{2-} + \frac{1}{2}H_2O$	-0.40
$SO_4^{2-} + H_2O + 2e^- \rightleftharpoons SO_3^{2-} + 2OH^-$	-0.94
$V^{2+} + 2e^- \rightleftharpoons V(s)$	-1.13
$V^{3+} + e^- \rightleftharpoons V^{2+}$	-0.255
$VO_2^+ + 2H^+ + e^- \rightleftharpoons VO^{2+} + H_2O$	$+0.999$
$VO^{2+} + 2H^+ + e^- \rightleftharpoons V^{3+} + H_2O$	$+0.34$
$Zn^{2+} + 2e^- \rightleftharpoons Zn(s)$	-0.76
$Zn(OH)_4^{2-} + 2e^- \rightleftharpoons Zn(s) + 4OH^-$	-1.286

전위순 ──────────────────────────────────────

$Li^+ + e^- \rightleftharpoons Li(s)$	-3.045
$K^+ + e^- \rightleftharpoons K(s)$	-2.926
$Rb^+ + e^- \rightleftharpoons Rb(s)$	-2.925
$Cs^+ + e^- \rightleftharpoons Cs(s)$	-2.923
$Ba^{2+} + 2e^- \rightleftharpoons Ba(s)$	-2.92
$Ca^{2+} + 2e^- \rightleftharpoons Ca(s)$	-2.84
$Na^+ + e^- \rightleftharpoons Na(s)$	-2.714
$Mg^{2+} + 2e^- \rightleftharpoons Mg(s)$	-2.356

$$Ce^{3+} + 3e^- \rightleftharpoons Ce(s) \qquad -2.34$$

$$Be^{2+} + 2e^- \rightleftharpoons Be(s) \qquad -1.97$$

$$Al^{3+} + 3e^- \rightleftharpoons Al(s) \qquad -1.68$$

$$Zn(OH)_4^{2-} + 2e^- \rightleftharpoons Zn(s) + 4OH^- \qquad -1.286$$

$$Mn^{2+} + 2e^- \rightleftharpoons Mn(s) \qquad -1.18$$

$$Fe(CN)_6^{4-} + 2e^- \rightleftharpoons Fe + 6CN^- \qquad -1.16$$

$$V^{2+} + 2e^- \rightleftharpoons V(s) \qquad -1.13$$

$$SO_4^{2-} + H_2O + 2e^- \rightleftharpoons SO_3^{2-} + 2OH^- \qquad -0.94$$

$$Cr^{2+} + 2e^- \rightleftharpoons Cr(s) \qquad -0.90$$

$$Cd(OH)_2 + 2e^- \rightleftharpoons Cd + 2OH^- \qquad -0.82$$

$$Zn^{2+} + 2e^- \rightleftharpoons Zn(s) \qquad -0.76$$

$$Cr^{3+} + 3e^- \rightleftharpoons Cr(s) \qquad -0.74$$

$$Ni(OH)_2(s) + 2e^- \rightleftharpoons Ni(s) + 2OH^- \qquad -0.72$$

$$HPO(OH)_2 + 2H^+ + 2e^- \rightleftharpoons H_2PO(OH) + H_2O \qquad -0.499$$

$$CO_2 + H^+ + e^- \rightleftharpoons \frac{1}{2} H_2C_2O_4 \qquad -0.48$$

$$Fe^{2+} + 2e^- \rightleftharpoons Fe(s) \qquad -0.44$$

$$Cr^{3+} + e^- \rightleftharpoons Cr^{2+} \qquad -0.424$$

$$SO_2(aq) + H^+ + 2e^- \rightleftharpoons \frac{1}{2} S_2O_3^{2-} + \frac{1}{2} H_2O \qquad -0.40$$

$$Cd^{2+} + 2e^- \rightleftharpoons Cd \qquad -0.40$$

$$Co^{2+} + 2e^- \rightleftharpoons Co(s) \qquad -0.277$$

$$PO(OH)_3 + 2H^+ + 2e^- \rightleftharpoons HPO(OH)_2 + H_2O \qquad -0.276$$

$$V^{3+} + e^- \rightleftharpoons V^{2+} \qquad -0.255$$

$$As(s) + 3H^+ + 3e^- \rightleftharpoons AsH_3(g) \qquad -0.225$$

$$CO_2(g) + 2H^+ + 2e^- \rightleftharpoons HCOOH \qquad -0.199$$

$$AgI + e^- \rightleftharpoons Ag + I^- \qquad -0.15$$

$$Sn^{2+} + 2e^- \rightleftharpoons Sn \qquad -0.14$$

$$Pb^{2+} + 2e^- \rightleftharpoons Pb(s) \qquad -0.1251$$

$$CO_2 + 2H^+ + 2e^- \rightleftharpoons CO + H_2O \qquad -0.11$$

$$CO_2(g) + 2H^+ + 2e^- \rightleftharpoons CO(g) + H_2O \qquad -0.106$$

$$Fe^{3+} + 3e^- \rightleftharpoons Fe \qquad -0.04$$

$$H^+(aq) + e^- \rightleftharpoons \frac{1}{2} H_2(g) \qquad\qquad 0\,(정의)$$

$$Cu(NH_3)^{2+} + 2e^- \rightleftharpoons Cu + 4NH_3 \qquad\qquad 0.0$$

$$Co(NH_3)_6^{3+} + e^- \rightleftharpoons Co(NH_3)_6^{2+} \qquad\qquad +0.06$$

$$P(s,\ white) + 3H^+ + 3e^- \rightleftharpoons PH_3 \qquad\qquad +0.06$$

$$AgBr + e^- \rightleftharpoons Ag + Br^- \qquad\qquad +0.07$$

$$S_4O_6^{2-} + 2e^- \rightleftharpoons 2S_2O_3^{2-} \qquad\qquad +0.08$$

$$CuCl(s) + e^- \rightleftharpoons Cu(s) + Cl^- \qquad\qquad +0.121$$

$$S(s) + 2H^+ + 2e^- \rightleftharpoons H_2S(aq) \qquad\qquad +0.14$$

$$Sn^{4+} + 2e^- \rightleftharpoons Sn^{2+} \qquad\qquad +0.15$$

$$AgCl(s) + e^- \rightleftharpoons Ag(s) + Cl^- \qquad\qquad +0.2223$$

$$As(OH)_3 + 3H^+ + 3e^- \rightleftharpoons As(s) + 3H_2O \qquad\qquad +0.240$$

$$Hg_2Cl_2(s) + 2e^- \rightleftharpoons 2Hg(l) + 2Cl^- \qquad\qquad +0.26816$$

$$VO^{2+} + 2H^+ + e^- \rightleftharpoons V^{3+} + H_2O \qquad\qquad +0.34$$

$$Cu^{2+} + 2e^- \rightleftharpoons Cu \qquad\qquad +0.34$$

$$Fe(CN)_6^{3-} + e^- \rightleftharpoons Fe(CN)_6^{4-} \qquad\qquad +0.361$$

$$O_2 + 2H_2O + 4e^- \rightleftharpoons 4OH^- \qquad\qquad +0.41$$

$$SO_2(aq) + 4H^+ + 4e^- \rightleftharpoons S(s) + 2H_2O \qquad\qquad +0.50$$

$$I_2(s) + 2e^- \rightleftharpoons 2I^- \qquad\qquad +0.5355$$

$$I_3^- + 2e^- \rightleftharpoons 3I^- \qquad\qquad +0.536$$

$$MnO_4^- + e^- \rightleftharpoons MnO_4^{2-} \qquad\qquad +0.56$$

$$AsO(OH)_3 + 2H^+ + 2e \rightleftharpoons As(OH)_3 + H_2O \qquad\qquad +0.560$$

$$Co(C_2O_4)_3^{3-} + e^- \rightleftharpoons Co(C_2O_4)_3^{4-} \qquad\qquad +0.57$$

$$I_2(aq) + 2e^- \rightleftharpoons 2I^- \qquad\qquad +0.621$$

$$O_2(g) + 2H^+ + 2e^- \rightleftharpoons H_2O_2 \qquad\qquad +0.695$$

$$H_2O_2 + H^+ + e^- \rightleftharpoons HO\cdot + H_2O \qquad\qquad +0.71$$

$$BrO^- + H_2O + 2e^- \rightleftharpoons Br^- + 2OH^- \qquad\qquad +0.76$$

$$Fe^{3+} + e^- \rightleftharpoons Fe^{2+} \qquad\qquad +0.771$$

$$Ag^+ + e^- \rightleftharpoons Ag \qquad\qquad +0.80$$

$$NO_3^- + 10H^+ + 8e^- \rightleftharpoons NH_4^+ + 3H_2O \qquad\qquad +0.875$$

$ClO^- + H_2O + 2e^- \rightleftharpoons Cl^- + 2OH^-$	$+0.89$
$ClO^- + H_2O + 2e^- \rightleftharpoons Cl^- + 2OH^-$	$+0.89$
$NO_3^- + 3H^+ + 2e^- \rightleftharpoons HNO_2 + H_2O$	$+0.94$
$NO_3^- + 4H^+ + 3e^- \rightleftharpoons NO(g) + 2H_2O$	$+0.96$
$VO_2^+ + 2H^+ + e^- \rightleftharpoons VO^{2+} + H_2O$	$+0.999$
$Br_2(1) + 2e^- \rightleftharpoons 2Br^-$	$+1.0652$
$Br_2(aq) + 2e^- \rightleftharpoons 2Br^-$	$+1.087$
$Fe(phen)^{3+} + e^- \rightleftharpoons Fe(phen)^{2+}$	$+1.13$
$ClO_3^- + 2H^+ + e^- \rightleftharpoons ClO_2 + H_2O$	$+1.175$
$ClO_3^- + 3H^+ + 2e^- \rightleftharpoons HClO_2 + H_2O$	$+1.181$
$IO_3^- + 6H^+ + 5e^- \rightleftharpoons \frac{1}{2} I_2(s) + 3H_2O$	$+1.20$
$ClO_4^- + 2H^+ + 2e^- \rightleftharpoons ClO_3^- + H_2O$	$+1.201$
$O_2 + 4H^+ + 4e^- \rightleftharpoons 2H_2O$	$+1.229$
$MnO_2(s) + 4H^+ + 2e^- \rightleftharpoons Mn^{2+} + 2H_2O$	$+1.23$
$Cr_2O_7^{2-} + 14H^+ + 6e^- \rightleftharpoons 2Cr_3^+ + 7H_2O$	$+1.36$
$Cl_2(aq) + 2e^- \rightleftharpoons 2Cl^-$	$+1.396$
$HOI + H^+ + e^- \rightleftharpoons \frac{1}{2} I_2(s) + H_2O$	$+1.44$
$BrO_3^- + 6H^+ + 5e^- \rightleftharpoons \frac{1}{2} Br_2 + 3H_2O$	$+1.484$
$Mn^{3+} + e^- \rightleftharpoons Mn^{2+}$	$+1.5$
$MnO_4^- + 8H^+ + 5e^- \rightleftharpoons Mn^{2+} + 4H_2O$	$+1.51$
$Au^{3+} + 3e^- \rightleftharpoons Au$	$+1.52$
$IO(OH)_5 + H^+ + 2e^- \rightleftharpoons IO_3^- + 3H_2O$	$+1.60$
$HOBr^- + H^+ + e^- \rightleftharpoons \frac{1}{2} Br_2(1) + H_2O$	$+1.604$
$HOCl + H^+ + e^- \rightleftharpoons \frac{1}{2} Cl_2(g) + H_2O$	$+1.630$
$NiO_2(s) + 4H^+ + 2e^- \rightleftharpoons Ni^{2+} + 2H_2O$	$+1.68$
$PbO_2 + 4H^+ + 2e^- \rightleftharpoons Pb^{2+} + 2H_2O$	$+1.70$
$HClO_2 + 2H^+ + 2e^- \rightleftharpoons HOCl + H_2O$	$+1.701$
$Ce^{4+} + e^- \rightleftharpoons Ce^{3+}$	$+1.72$
$H_2O_2 + 2H^+ + 2e^- \rightleftharpoons 2H_2O$	$+1.76$

$$Au^+ + e^- \rightleftharpoons Au \qquad\qquad +1.83$$

$$BrO_4^- + 2H^+ + 2e^- \rightleftharpoons BrO_3^- + H_2O \qquad\qquad +1.853$$

$$Co^{3+} + e^- \rightleftharpoons Co^{2+} \qquad\qquad +1.92$$

$$S_2O_8^{2-} + 2e^- \rightleftharpoons 2SO_4^{2-} \qquad\qquad +1.96$$

$$Ag^{2+} + e^- \rightleftharpoons Ag^+ \qquad\qquad +1.98$$

$$O_3(g) + 2H^+ + 2e^- \rightleftharpoons O_2 + H_2O \qquad\qquad +2.07$$

$$F_2(g) + 2e^- \rightleftharpoons 2F^- \qquad\qquad +2.866$$

부 록 2

정전기에 관한 기초

두 개의 전하 Q_1과 Q_2 사이의 전기적 상호작용의 힘은 그들 사이의 거리가 r일 때 다음과 같다 (Coulomb's law).

$$F = \frac{Q_1 Q_2}{4 \pi \varepsilon r^2}$$

ε은 **유전율**(permitivity)로서 진공의 경우는 SI 단위로 $\varepsilon_0 = 8.854 \times 10^{-12}\,\mathrm{N}^{-1}\mathrm{m}^{-2}\mathrm{C}^2$ 이다 ($(1/4\pi\varepsilon_0) = 8.99 \times 10^9\,\mathrm{N}^1\mathrm{m}^2\mathrm{C}^{-2}$). 유전상수가 ε_r인 일반 매질의 경우는 $\varepsilon = \varepsilon_r \varepsilon_0$ 이다.

전하 Q_1 때문에 그로부터 r거리에 생기는 **전기적 퍼텐셜** ϕ는 단위 전기량을 무한히 먼 거리로부터 그곳까지 가져오는 데 드는 에너지 $\int_{\infty}^{r} -F dr$, 즉 $\int_{\infty}^{r} \frac{-Q_1}{4\pi\varepsilon r^2} dr$이다. 이는 또한 그 위치에 전하를 단위 크기가 되도록 생기게 하는 데 드는 에너지 $\int_0^1 \frac{Q_1}{4\pi\varepsilon r} dQ_2$와도 같다.

$$\phi = \frac{Q_1}{4\pi\varepsilon r}$$

어떤 방향, 예컨대 x방향으로의 **전기장**(field) (E_x)은 퍼텐셜의 위치에 따른 변화율 $\mathrm{E}_x = -\dfrac{d\phi}{dx}$ 이고, 일반적으로 3-차원 공간에서 벡터로서의 전기장 $\mathbf{E}$는 다음과 같이 $-\operatorname{grad}\phi$이다.

$$\mathbf{E} = -\nabla\phi$$

$$\left(\nabla = \mathbf{i}\frac{\partial}{\partial x} + \mathbf{j}\frac{\partial}{\partial y} + \mathbf{k}\frac{\partial}{\partial z} \right)$$

($\mathbf{i}, \mathbf{j}, \mathbf{k}$는 각각 x, y, z축 방향의 단위 벡터)

또한 전기장의 위치에 따른 변화율은 퍼텐셜의 2차 도함수와 같은 것이며, 이 공간의 전하밀도의 크기에 의해서 다음과 같다 (Poisson equation).

$$\nabla \cdot \mathbf{E} = -\nabla^2\phi = -\left(\frac{\partial^2\phi}{\partial x^2} + \frac{\partial^2\phi}{\partial y^2} + \frac{\partial^2\phi}{\partial z^2} \right)$$

$$\nabla \cdot \mathbf{E} = \frac{\rho}{\varepsilon}\,;$$

$$\nabla^2\phi = -\frac{\rho}{\varepsilon}$$

이 결과는 전기이중층과 전해질의 열역학 성질은 다룰 때 쓰이는 중요한 관계이다.

두 금속판이 마주서서 만들어지는 평판 축전기(electrical capacitor)(그림 A2.1)는 단위 면적당 전기량(평면전기밀도 q)에 비례하는 전기장을 그 안에 형성한다(평판 사이의 거리에 비하여 평판의 가장자리에 가깝지 안은 곳). 두 평판 사이의 전기장의 세기 E는 $-d\phi/dx$이므로 평면의 전기밀도와의 관계는 다음과 같다.

$$E = \frac{-q}{\varepsilon}$$

평판 사이에서는 전기장이 일정하기 때문에 평판사이의 퍼텐셜 차이는 평판간 거리 x에 비례하고, 넓이가 S인 평판들 사이의 **커패시턴스** C는 $S\varepsilon/x$이다.

$$\Delta\phi = \frac{qx}{\varepsilon}$$
$$= \frac{Q}{C} = \frac{qS}{C}; \qquad C = \frac{\varepsilon S}{x}$$

단위 평판 면적당의 커패시턴스는 $C = \varepsilon/x$이다.

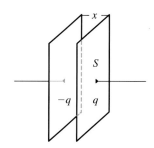

그림 A2.1 간단한 평판 축전기

전극/전해질 계면에서 조밀 이중층의 두께를 약 3Å으로 보고 유전상수 ε_r은 약 6으로 보는 것이 타당하다(ε_r이 물 내부의 값 70~80보다 작은 이유는 전기장이 세고 전극 수화의 영향이 있는 이중층에서는 물 분자의 쌍극자들이 뭉치를 이루지 않으며 전위의 작은 변화에 따라 개별적 쌍극자들의 배향이 바뀌지 못하기 때문이다). 그러면 조밀 이중층의 면적당 커패시턴스 C_i의 크기는 $6 \times 8.85 \times 10^{-12} \mathrm{Cm^{-1}V^{-1}}/3 \times 10^{-10} \mathrm{m} = 0.18\ \mathrm{F\,m^{-2}}$ $= 18 \mu \mathrm{F\,cm^{-2}}$ 정도이다.

부 록 3

실험에 이용되는 연산증폭기[1]

   하나의 **트랜지스터**는 이미터(E), 콜렉터(C), 및 베이스(B)를 가지고 있다. 그림 A3.1
의 아래 왼쪽의 예 (emitter follower)에서와 같이 전원의 ＋, － 두 극 사이에 npn-트랜
지스터의 이미터와 콜렉터를 연결하면 베이스에 어떤 전압이 걸리느냐에 따라, 만일 그
전압이 이미터와 거의 같거나 역방향 전압일 때는 전류가 흐르지 않고, 베이스와 이미터
전압이 약 0.6 V 이상 차이나면 이미터 전류가 이미터와 콜렉터 사이를 화살표 방향으로
흐른다. 즉 베이스 전압으로 조절할 수 있는 스위치와 같은 기능을 한다. 그림의 아래 오
른쪽의 예(inverting amplifier)에서와 같은 경우는 pnp-트랜지스터의 이미터보다 베이
스의 전위가 약 0.6 V 이상 낮아져야 전류가 흐른다.

npn 트랜지스터　　　　pnp 트랜지스터　　　전계효과 트랜지스터

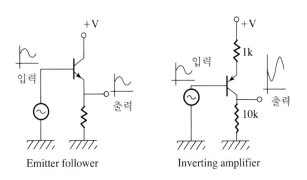

그림 A3.1　간단한 기능을 위한 트랜지스터의 쓰임

   그림에서 보는 것처럼 하나의 트랜지스터를 전원과 회로에 연결하여 베이스의 입력 전
위와 이미터가 나타내는 출력 전위 사이에 일정한 관계가 있도록 할 수 있다. 이 중
emitter follower 의 경우는 베이스에 연결된 **입력 전위**(input)가 변하는 데 따라 이미터
에 나오는 출력 전위 (output)가 같이 변하여 입력 전압의 변화와 출력 전압의 변화가 모

1) J. H. Moore, C. C. Davis, and M. A. Coplan, *Building Scientific Apparatus*, Addison-Wesley, 1983 ; P.
   Horowitz and I. Robinson, *Laboratory Manual for the Art of Electronics*, Cambridge University Press, 1981

양이나 크기에 있어서 같다. 한편 inverting amplifier 회로에서는 입력 전위가 올라갈 때 출력 전위는 반대로 내려가며 변화의 크기는 확대된다. 즉 입력신호는 뒤집혀서 증폭된다.

이런 회로를 여러 개 연달아 연결함으로써 실험장치의 핵심 부품으로 쓰이는 **연산증폭기**(operational amplifier)를 구성할 수 있다.   연산증폭기는 내부에 많은 트랜지스터 등의 소자가 들어 있으며 이들 소자들이 연결되어 하나의 단위로서 기능한다. 연산증폭기는 그림 A3.2와 같이 삼각형의 한 변에 2개의 입력 단자가 연결되어 있고 반대편 꼭지점에 출력 단자가 연결된 모양으로 나타낸다. 그림에서 두 개의 입력단자에 걸리는 전위를 e_{i1}, e_{i2}로 나타내고 출력 전위를 e_o로 나타내었다. 삼각형으로 나타낸 하나의 연산증폭기의 내부에는 수십 개의 트랜지스터와 저항, 커패시터 등의 소자가 들어 있지만 고밀도 집적회로를 만드는 기술의 발달로 인하여 보통 하나의 크기는 손톱 만한 크기의 것들이 많다.

연산증폭기는 다음과 같은 기능을 하도록 설계된 것이다.

① 2개의 입력 단자에 전달되는 전압에 따라 출력 단자의 전압이 결정된다.

② 입력 단자와 출력 단자 사이에 아무런 연결이 없으면 $e_o = A(e_{i2} - e_{i1})$와 같이 두 입력 전위 사이의 차이에 비례하는 출력 전위가 나오는데 [그림 A3.2(A)], 아무런 연결이 없을 때의 증폭률 A는 이상적인 연산증폭기에서는 무한대에 가까운 큰 값을 갖는 것인데 실제의 것들은 약 1만배 정도의 값을 가진다. 두 개의 입력 단자 중 위쪽의 입력은 출력을 반대 방향으로 가게하고 아래쪽 입력은 출력 전위를 같은 부호의 방향으로 가도록 하므로 위쪽 입력 단자를 inverting input이라 하여 − 표시를 달았고, 아래쪽 입력 단자를 non-inverting input이라 하여 ＋ 부호를 달았다.

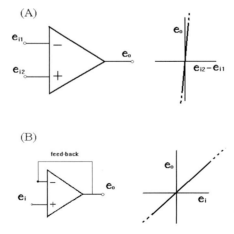

그림 A3.2   연산증폭기와 그 간단한 이용

연산증폭기의 입력 부분과 출력 부분을 저항 등으로 연결하면 출력 전압이 입력에 전달된다. 이를 **되먹임**(feedback)이라 한다. 어떤 되먹임을 연결해 주느냐에 따라 여러 가지 다양한 연산기능을 나타내는 장치들을 만들 수 있다. 몇 가지 간단한 응용 예를 그림 A3.2와 그림 A3.3에 나타내었다. 그림 A3.2(B)는 출력 단자와 inverting input 사이를 도선으로 연결한, 다시 말하면 0의 저항으로 되먹임한 것이다. 출력 전위가 되먹임되어 출력 전위는 정확히 +(non-inverting) 입력과 같게 된다. 즉 출력은 정확히 입력을 따라 가기 때문에,

$$e_i = e_o$$

이런 장치를 voltage follower라고 한다. 전류가 미약하게 밖에 나올 수 없는 신호원, 즉 내부 저항이 큰 곳에서 나오는 전기적 신호를 강력한 신호로 만들어 주기 위한 목적으로 쓰이는 중요한 장치이다. 이처럼 follower는 신호원의 큰 내부 저항의 영향을 막아주는 역할을 하므로 완충기(buffer)라고도 부른다. 이런 목적으로 쓰는 연산증폭기는 전계효과 트랜지스터(FET)를 입력 단계에 넣어 만든 것이 보통이다.

그림 A3.3(A)를 보면 R_f라는 저항이 되먹임 회로에 들어 있고 + 입력은 그라운드에 매어 있다. 그라운드는 전위값의 기준 (0 V)이다. Inverting input 쪽에 연결된 입력 전압 e_i가 어떤 값을 갖더라도 inverting input 자체, 즉 s점의 전압은 되먹임의 영향에 의하여 0 V에 아주 가까운 전압을 갖는다. s점을 그러므로 실효접지 (virtual ground)라고 한다.

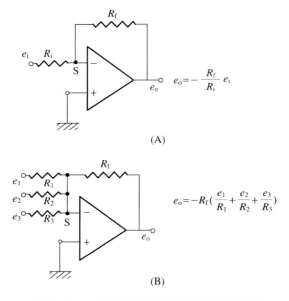

$$e_o = -\frac{R_f}{R_i} e_i$$

(A)

$$e_o = -R_f\left(\frac{e_1}{R_1} + \frac{e_2}{R_2} + \frac{e_3}{R_3}\right)$$

(B)

그림 A3.3 연산증폭기를 이용한 증폭 장치들

입력 저항 R_i를 통하는 전류는 전부 R_f를 통과한다 (증폭기 입력 단자는 전류를 통과 시키지 않으므로). 두 저항을 통과하는 전류값이 같다는 조건으로부터 다음 관계를 얻는 다.

$$e_o = -\frac{R_f}{R_i} e_i$$

이것은 입력 전압의 부호를 바꾸고 크기는 R_f/R_i배로 곱한 결과를 출력 전압으로 만 든 것이다. 그러므로 이 장치는 뒤집기 증폭장치(inverting amplifier)이다. 그림 A3. 3(B)는 입력 저항을 여러 개 병렬로 연결한 것이다. 여기서도 R_f를 통과하는 전류는 모 두 여러 개의 입력과 출력 사이를 통과한다는 사실과 s점이 실효접지 (0 V)라는 점을 고 려하면 간단히 다음 결과를 얻는다.

$$e_o = -R_f\left(\frac{e_1}{R_1} + \frac{e_2}{R_2} + \frac{e_3}{R_3}\right)$$

그러므로 이 장치는 여러 개의 입력 전압을 입력 저항값에 따른 비중을 주어 합한 것을 출력으로 내놓는다. 즉 이 장치는 더하기 증폭장치이며, s 점은 합산점 (summing point) 이라고 한다.

다음으로 역시 간단한 응용 회로들은 그림 A3.4에 나타낸 것인데 (A)는 미분 장치 회 로이고 (B)는 적분 기능을 한다. 이런 적분기는 직선적으로 증가 또는 감소하는 퍼텐셜 프로그램을 만드는 데 이용될 수 있으나 요즘은 정밀한 조절이 필요한 때는 디지털 회로 를 쓰는 것이 보통이다.

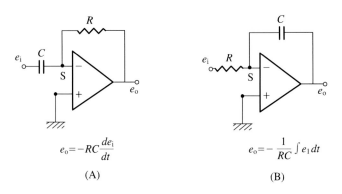

그림 A3.4 연산증폭기를 이용한 미분기(A)와 적분기(B)

부 록 4

교류회로

전기회로에 들어가는 기본적인 세 가지 요소, 저항 (R)과 커패시턴스 (C)와 인덕턴스 (L)를 다음 그림에 나타내었다.

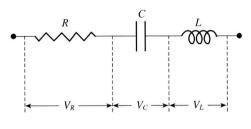

그림 A4.1 간단한 RCL 회로

저항의 양 끝에 걸리는 전압 V와 그를 통하여 흐르는 전류 I 사이의 관계는 저항값에 의하여 간단히 결정된다(Ohm의 법칙).

$$V_R = RI$$

커패시턴스 C와 인덕턴스 L의 경우에는 V와 I 사이의 관계가 각각 다음과 같다.

$$V_C = \frac{Q}{C} = \frac{1}{C} \int I dt \qquad Q는 \ 커패시터의 \ 두 \ 극판 \ 각각에 \ 모인 \ 전기량$$

$$V_L = L\frac{dI}{dt} 는 \qquad\qquad t 는 \ 시간$$

회로의 구성 요소 R, C, L의 각각에 주파수 ν인 사인파의 전류 $I = I_0 \sin 2\pi\nu t$ 가 흐른다면, $2\pi\nu$를 각속도 ω로 바꿔쓰면

R, C, L 각각에 걸리는 전압은 다음과 같다.

$$V_R = IR = I_0 R \sin \omega t$$

$$V_C = \frac{1}{C} \int I dt = \frac{-I_0}{\omega C} \cos \omega t$$

$$V_L = L\frac{dI}{dt} = I_0 \omega L \cos \omega t$$

이들 세 요소가 첫째 그림과 같이 직렬로 연결되었다 하여도 위 각각의 관계는 그대로 성립할 것이며, 회로 양단간에 걸리는 전체 전압 V는

$$V = V_R + V_C + V_L$$

그런데 여기서는 V와 I 사이 관계를, 저항 한 가지만 있을 때의 $V = IR$과 같이, 간단한 관계로 나타내는 것은 쉽지 않다. 복소수로 나타내는 **임피던스**의 개념을 도입하면 비교적 쉽게 다룰 수가 있다. 전류를 다음과 같이 복소수로 나타낸다.

$$I = I_o\, e^{j\omega t} \qquad j = \sqrt{-1}$$

그리고 허수 부분과 실수 부분을 갖는 복소수에서 허수 부분만이 실제의 물리적 양을 나타낸다고 가정한다. $e^{jx} = \cos x + j\sin x$임을 생각하면 허수 부분이 앞에서 삼각함수로 전류를 나타낸 것과 같음을 알 수 있다.

V_R, V_C, V_L은 각각 다음과 같이 역시 복소수로 나타내면 그 허수 부분이 위의 삼각함수로 나타낸 것과 같다.

$$V_C = \frac{1}{j\omega C}\, I$$

$$V_L = j\omega L I$$

Ohm의 법칙에서의 저항 R과 같이 커패시턴스에 의한 임피던스 Z_C와 인덕턴스에 의한 임피던스 Z_L을 각각 $V_C = Z_C I$, $V_L = Z_L I$로 정의하면

$$Z_C = \frac{1}{j\omega C}$$

$$Z_L = j\omega L$$

또한 $V = V_R + V_C + V_L$이므로 V와 I 사이에는 전체 임피던스 Z에 의하여 Ohm의 법칙과 같이 간단한 관계가 성립한다.

$$Z = R + Z_C + Z_L$$

$$V = ZI$$

또한 $Z = R + j\left(\omega L - \dfrac{1}{\omega C}\right)$이고 $I = I_o\, e^{j\omega t}$이므로

$$V = I_o[R\sin\omega t + \left(\omega L - \frac{1}{\omega C}\right)\cos\omega t]$$

$$= I_o[R^2 + \left(\omega L - \frac{1}{\omega C}\right)^2]^{1/2}\sin(\omega t - \phi)$$

$$\tan\phi = \frac{1}{R}\left(\frac{1}{\omega C} - \omega L\right)$$

즉, V와 I 사이에 위상차 ϕ가 생긴다.

전체 임피던스 Z의 실수 부분과 허수 부분을 각각 Z', Z''으로 나타내면

$$Z = Z' + jZ''$$

이고, 첫째 그림과 같은 $L-R-C$의 직렬 연결의 경우

$$Z' = R, \quad Z'' = \omega L - 1/(\omega C)$$

이다.

두 개의 임피던스가 병렬로 연결되었을 경우에는 임피던스 각각의 역수(admittance)들이 더해진다. 예컨대 두 개의 임피던스 Z_2, Z_3가 병렬로 연결되면 병렬회로의 임피던스 Z_p는

$$\frac{1}{Z_p} = \frac{1}{Z_2} + \frac{1}{Z_3}$$

그러므로 세 개의 임피던스 Z_1, Z_2, Z_3가 다음 그림 A4.2와 같이 연결되었을 경우에는 전체 임피던스는 다음 식으로 계산된다.

$$Z = Z_1 + Z_p$$
$$= Z_1 + \left(\frac{1}{Z_2} + \frac{1}{Z_3} \right)^{-1}$$

전기화학적 계에서는 흔히 인덕턴스가 거의 없으므로 위의 관계식들에서 $L=0$에 해당하는 경우가 흥미의 대상이 된다.

고주파 교류와 같이 전류의 부호가 빠르게 바뀌는 교류 전압 e_i를 그림 A4.3(a)와 같은 RC 회로에 보내면 출력 전압 e_o는 진폭이 작아진 교류가 된다. e_o는 커패시턴스 C의 양단간에 걸리는 전압인데 C의 임피던스가 주파수에 역비례하는 $1/(\omega C)$이므로 고주파에 대하여는 임피던스가 매우 작기 때문이다. 이것은 커패시턴스의 양단에 전압이 걸리려면 흐르는 전류에 의하여 전하가 모일 시간이 필요함을 생각해도 이해된다.

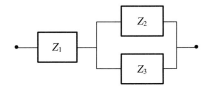

그림 A4.2   세 개의 임피던스가 직·병렬로 연결된 경우

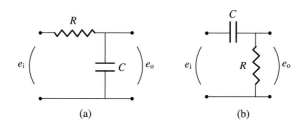

그림 A4.3   *RC* 조합을 이용한 필터회로. (a)는 저주파 통과 필터, (b) 고주파 통과 필터

그러므로 고주파 교류는 이 회로를 잘 통과하지 못한다 ($e_o \ll e_i$). 반면 저주파의 교류나 직류에 대하여는 C의 임피던스가 크기 때문에 전압은 잘 전달이 된다 ($e_o \cong e_i$). 그러므로 그림 A4.3(a)와 같은 회로는 저주파 통과 필터 (low pass filter)라 한다. (b)회로는 반대로 고주파 회로는 잘 통과시키나 저주파 신호에 대하여는 장벽의 역할을 한다. 그러므로 이것은 고주파 통과 필터 (high pass filter)이다. 전기화학 실험에서 고주파 잡음을 제거할 필요가 있을 때 저주파 통과 필터를 사용하며, 반대로 dc 전위를 억제하면서 빠르게 변하는 고주파 신호를 취할 필요가 있을 때는 고주파 통과 필터를 사용한다.

그림 A4.3(a)와 같은 회로에 입력 전압으로 퍼텐셜 계단(step)을 가할 경우 출력전압은 다소 완만한 변화를 나타낸다. 퍼텐셜 계단의 크기를 e_s라 하면 출력 전압 e_o는 커패시턴스가 충전되는 시간에 따라 변한다. 즉

$$e_o = \frac{Q}{C}$$

$$= \frac{1}{C} \int \frac{(e_s - e_o)}{R} \, dt$$

$$\frac{de_o}{dt} = \frac{1}{RC}(e_s - e_o)$$

$t = 0$일 때 $e_o = 0$이고, $t = \infty$일 때 $e_o = e_s$가 될 위 식의 해는 다음과 같다.

$$e_o = e_s\left(1 - e^{-\frac{t}{RC}}\right)$$

즉 RC 가 퍼텐셜의 상승 속도를 좌우하는 오름시간(rise time)이다.

부 록 5

수학적 준비

(1) Laplace 변환과 그 응용[2]

Laplace 변환은 적분변환의 한 가지로서 t의 함수 $F(t)$의 Laplace 변환은 $\mathcal{L}[F(t)] = \int_0^\infty F(t)e^{-st}dt$ 로 정의되는 변환이다. 이 적분을 0에서 ∞까지 함으로써 변환된 함수는 t의 함수가 아닌 s의 함수가 된다. 이 함수를 $f(s)$로 나타내면 원래의 함수 $F(t)$는 $f(s)$의 역 Laplace 변환이다. 즉 $\mathcal{L}[F(t)] = f(s)$이면 $\mathcal{L}^{-1}[f(s)] = F(t)$이다. 몇 가지 전형적인 함수에 대한 Laplace 변환들을 다음 표에 실었다.

표 A5.1 몇 가지 유용한 Laplace 변환

$F(t)$	$f(s)$
A	A/s
t	$1/s^2$
$t^{n-1}/(n-1)!$	$1/s^n$
$1/\sqrt{\pi t}$	$1/\sqrt{s}$
$2\sqrt{t/\pi}$	$s^{-3/2}$
t^{k-1}	$\Gamma(k)/s^k \ (k>0)$
$\exp(-at)$	$(s+a)^{-1}$
$t\exp(-at)$	$(s+a)^{-2}$
$\sin at$	$a/(s^2+a^2)$
$\cos at$	$s/(s^2+a^2)$
$\sinh at$	$a/(s^2-a^2)$
$\cosh at$	$s/(s^2-a^2)$
$\dfrac{k}{2\sqrt{\pi t^3}}\exp\left(\dfrac{-k^2}{4t}\right)$	$\exp(-k\sqrt{s}) \quad k>0$

---

2) G. B. Arfken and H. J. Weber, *Mathematical Methods for Physicists*, 4th ed., Academic Press, 1995; Mary L. Boas, *Mathematical Methods in the Physical Sciences*, 2nd ed. Wiley, 1983.

표 A5.1 (계 속)

$F(t)$	$f(s)$
$\operatorname{erfc} \dfrac{k}{2\sqrt{t}}$	$\dfrac{1}{s}\exp(-k\sqrt{s}) \qquad k\geq 0$
$\dfrac{1}{\sqrt{\pi t}}\exp\left(\dfrac{-k^2}{4t}\right)$	$\dfrac{1}{\sqrt{s}}\exp(-k\sqrt{s}) \qquad k\geq 0$
$2\sqrt{\dfrac{t}{\pi}}\exp\left(\dfrac{-k^2}{4t}\right)-k\operatorname{erfc}\dfrac{k}{\sqrt{t}}$	$\dfrac{1}{s^{3/2}}\exp(-k\sqrt{s}) \qquad k\geq 0$
$\dfrac{1}{a}\exp(a^2 t)\operatorname{erf} a\sqrt{t}$	$[\sqrt{s}\,(s-a^2)]^{-1}$
$\exp(a^2 t)\operatorname{erfc} a\sqrt{t}$	$[\sqrt{s}\,(\sqrt{s}+a)]^{-1}$

이 중의 대부분은 부분적분을 실행함으로써 간단히 얻을 수 있는 것들이다. 확산에 대한 편미분방정식과 같이 t와 x를 변수로 가지고 있는 방정식의 모든 항에 대한 Laplace 변환을 하면 t변수가 없는 방정식이 얻어져서 취급을 쉽게 한다. 마지막 단계에서 역 Laplace 변환을 함으로써 t와 x를 포함하는 해를 얻을 수 있다. Laplace 변환을 이용하여 편미분방정식을 푸는 세 단계를 요약하면 다음과 같다.

1. 편미분방정식의 각 항에 대하여 Laplace 변환을 한다. 방정식의 양변의 Laplace 변환은 서로 같다. 이 변환에 의하여 한 가지 변수만의 상미분방정식을 얻는다.
2. 경계조건을 넣어 단순화한다.
3. 결과로 얻은 식에 대하여 역 Laplace 변환을 한다.

실제 적용하는 예들을 6장과 7장의 확산 문제 취급에서 찾아보기 바란다. 또한 8장의 임피던스 실험법을 다루는 데서도 Laplace 변환이 사용된다. 이런 복잡한 문제를 다루는 과정에서 다음과 같은 컨벌루션(convolution) 적분의 성질이 이용될 때가 있다. 함수 F와 G에 대하여 $f(s) = \mathcal{L}\{F\}$, $g(s) = \mathcal{L}\{G\}$일 때,

$$g(s)f(s) = \mathcal{L}\int_0^{\tau} G(\tau)\,F(t-\tau)\,d\tau$$

$$\mathcal{L}^{-1}[g(s)f(s)] = \int_0^{\tau} G(\tau)\,F(t-\tau)\,d\tau$$

(2) 유용한 적분 공식[3]

과학적인 문제를 다루는 데서 흔히 다음 형식의 정적분으로 정의되는 **감마함수** (Γ

---

3) H. B. Dwight, *Tables of Integrals and Other Mathematical Data*, 4th ed., Macmillan, 1966; G. B. Arfken and H. J. Weber, *Mathematical Methods for Physicists*, 4th ed., Academic Press, 1995; Mary L. Boas, *Mathematical Methods in the Physical Sciences*, 2nd ed. Wiley, 1983.

-funtion)가 편리하게 쓰인다.

$$\int_0^\infty x^n e^{-x} dx \equiv \Gamma(n+1)$$

부분적분에 의하여 $\Gamma(n+1) = n\Gamma(n) = n(n-1)\Gamma(n-1) \cdots$ 와 같은 관계는 쉽게 찾을 수 있고, n이 정수인 경우는 $\Gamma(n+1) = n(n-1)(n-2)\cdots 3 \cdot 2 \cdot 1 = n!$가 됨도 쉽게 알 수 있다. 또 특수한 몇 가지 n값에 대하여 $\Gamma(2) = \Gamma(1) = 1$, $\Gamma(1/2) = \pi^{1/2}$, $\Gamma(1/3) = 2.6789$ 등의 값이 있음을 기억하면 좋다.

$$\int_0^\infty x^n e^{-ax} dx = \frac{n!}{a^{n+1}}$$
$$= \frac{\Gamma(n+1)}{a^{n+1}}$$

예컨대

$$\int_0^\infty e^{-ax} dx = \frac{1}{a} ; \quad \int_0^\infty x e^{-ax} dx = \frac{1}{a^2}$$

등이다.

또한 이와 관계된 다음 적분도 흔히 쓰인다.

$$\int_0^\infty x^n e^{-ax^2} dx = \frac{\Gamma\left(\dfrac{n+1}{2}\right)}{2a^{(n+1)/2}}$$

이를 써서 예컨대 다음과 같은 적분값을 쉽게 구할 수 있다.

$$\int_0^\infty e^{-ax^2} dx = \frac{1}{2}\left(\frac{\pi}{a}\right)^{\frac{1}{2}} ; \quad \left(\Gamma\left(\frac{1}{2}\right) = \pi^{1/2} \text{를 이용}\right)$$

$$\int_0^\infty x e^{-ax^2} dx = \frac{1}{2a} ; \quad (\Gamma(1) = 1 \text{을 이용})$$

$$\int_0^\infty x^2 e^{-ax^2} dx = \frac{\pi^{1/2}}{4a^{3/2}} ; \quad \left(\Gamma\left(\frac{3}{2}\right) = \frac{1}{2}\Gamma\left(\frac{1}{2}\right) = \frac{\pi^{1/2}}{2} \text{ 를 이용}\right)$$

등의 값을 구할 수 있다.

전기화학에서 쓰이는 통계함수로 오차함수(error function, erf)와 상보오차함수(complementary error function, erfc)가 있다.

$$\text{erf } x = \frac{2}{\sqrt{\pi}} \int_0^x e^{-t^2} dt$$
$$\text{erfc } x = 1 - \text{erf } x$$

(3) Fourier 변환

우리는 전기화학의 확산 문제를 푸는 데는 Laplace 변환법이 아주 강력한 도구를 제공함을 앞의 여러 장에서 경험했다. 비슷한 경우로 근래에 개발된 기기 실험방법에서는 Fourier 변환법이 흔히 이용된다. 그 이유는 프랑스의 수학자인 Fourier가 sine과 cosine 항들의 합으로 어떤 주기함수라도 나타낼 수 있음을 증명했기 때문이다. 전기화학 실험에서 요구되는 여기함수(excitation function)들도 sine과 cosine 항들의 합으로 나타낼 수도 있거나 적절한 조건하에 얻어진 결과를 Fourier 변환법을 사용하면 시간 영역의 데이터를 주파수 영역으로 또는 그 반대의 변환이 가능하며 이 원리를 이용하면 어렵거나 불가능한 실험도 쉽게 할 수 있을 때가 많다. 이와 같은 이유로 이 절에서는 Fourier 변환법을 간단히 소개하고자 한다.

가령 주기가 $\tau(=2L)$가 되며 그 기본주기 간격이 $-L$에서 L까지인 함수 $f(t)$에 관한 Fourier 계열을 생각해 보자. 이 함수는 Fourier의 발견에 따라

$$f(t) = \frac{a_0}{2} + \sum_{n=1}^{\infty} \left(a_n \cos \frac{n\pi t}{L} + b_n \sin \frac{n\pi t}{L} \right) \tag{A5.1}$$

으로 표시될 수 있으며 여기서 계수 a_n 및 b_n은 각기 다음과 같이 정의된다. 즉

$$a_n = \frac{1}{L} \int_{-L}^{+L} f(t) \cos \frac{n\pi t}{L} \, dt \qquad n = 0, 1, 2, 3, \cdots$$

및

$$b_n = \frac{1}{L} \int_{-L}^{+L} f(t) \sin \frac{n\pi t}{L} \, dt \qquad n = 1, 2, 3, \cdots$$

이다. 여기의 함수 $f(x)$가 $f(-t) = f(t)$의 성질을 가지는 경우에는 cosine 항들만 전체 합에 기여하게 된다. 즉,

$$f(t) = \frac{a_0}{2} + \sum_{n=1}^{\infty} a_n \cos \frac{n\pi t}{L} \qquad a_n = \frac{2}{L} \int_0^L f(t) \cos \frac{n\pi x}{L} \, dt \tag{A5.2}$$

인 반면 $f(-x) = -f(t)$의 성질을 가지면 sine 항들만이 중요해진다. 즉,

$$f(t) = \sum_{n=1}^{\infty} b_n \sin \frac{n\pi t}{L} \qquad b_n = \frac{2}{L} \int_0^L f(t) + \sin \frac{n\pi t}{L} \, dt \tag{A5.3}$$

이 되는데 그 이유는 sine과 cosine 계열은 서로 완전한 직교성(orthogonal), 즉

$$\int \sin mx \cdot \sin nt \cdot dt = \int \cos mt \cdot \cos nt \cdot dt = \int \sin mt \cdot \cos nt \cdot dt = 0$$

이기 때문이다. 이 성질을 이용하고 $f(t)$가 sine 또는 cosine의 형태인 경우를 생각하면 (A5.2)식과 (A5.3)식의 계수를 쉽게 구할 수 있다. 그 이유를 간단히 살펴보자. 예를 들어 (A5.3)식의 양변에 $\sin(m\pi t/L)$을 곱한 뒤 적분하면 위에서 보인 직교성으로 인하여 $m = n$인 경우만 살아 남게 되어

$$\int_0^L \sin^2 \frac{n\pi t}{L} \, dt = \frac{L}{n\pi} \int_0^{n\pi} \sin^2 y \cdot dy = \frac{L}{n\pi} \left[\frac{n\pi}{2} \right] = \frac{L}{2}$$

이 된다. 여기서 $y = (n\pi t)/L$이고 따라서 $dy = [(n\pi)/L] \cdot dt$이다. 따라서

$$\int_0^L f(t) \sin \frac{n\pi t}{L} \, dt = b_n \int_0^L \sin^2 \frac{n\pi t}{L} \, dt$$

가 되고 b_n의 값을 구한다. (A5.2)식의 계수도 같은 방법으로 구할 수 있다.

Fourier 계열을 Euler 방정식을 사용하여 좀더 편리한 지수함수로 나타내면

$$f(t) = \frac{1}{2} \sum_{n=-\infty}^{+\infty} c_n e^{i\omega_n t} \qquad c_n = \frac{1}{L} \int_{-L}^{+L} f(t) e^{-i\omega_n t} dt \tag{A5.4}$$

이 되며 여기서 $\omega_n = n\pi/L$이고 $n = 0, \pm 1, \pm 2, \cdots$ 이다. 실제 계산에서는 대부분 이렇게 정의된 식들을 사용한다.

일례로 전기화학 실험 중 가역적 대시간 전류법 실험에서 흔히 사용하는 주기적 단계함수 (periodic step function)를 Fourier 계열함수로 어떻게 표시할 수 있는가를 생각해 보자. 이 단계함수의 크기는 $x = 0$에서 L까지는 $+1$의 값을 가지다가 $x = L$에서 $2L$일 때 -1로 변한다고 하자. 이 함수는 그림 A5.1의 두꺼운 선으로 표현되어 있다. 이 함수는 $f(-t) = -f(t)$의 성질을 가지므로 식 (A5.3)의 형태인 sine 항으로 이루어진다. 즉 n이 홀수인 경우에 한하여

$$b_n = \frac{2}{L} \int_0^L f(t) \sin \frac{n\pi t}{L} \, dt = \frac{2}{L} \left(\frac{L}{n\pi} \right) \int_0^{n\pi} \sin y \cdot dy = \frac{2}{n\pi} [-\cos y]_0^{n\pi} = \frac{4}{n\pi}$$

가 되므로

$$f(t) = \frac{4}{\pi} \sum_{n=1,3,5,\dots} \frac{1}{n} \sin \frac{n\pi t}{L}$$

의 형태를 취하게 된다. 이 식으로 정의되는 값들을 그림 A5.1에서 $n = 1$일 때와 $n = 1, 3$일 때, 그리고 $n = 1, 3, 5$일 때의 세 경우를 도시했다. 그림에서 보는 바와 같이 n의 숫자가 커질수록 단계함수에 가까워지며 n이 무한대일 경우에는 단계함수와 정확히 같아지리라고 예측할 수 있다.

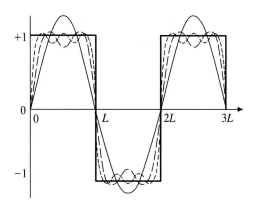

그림 A5.1 주기적인 단계함수(굵은 실선)와 그의 Fourier 계수 표현: $n=1$일 때(가는 실선), $n=1, 3$일 때 (길게 끊어진 선) 및 $n=1, 3, 5$일 때(짧게 끊어진 선)

 이 예를 통하여 우리가 알 수 있는 것은 조화파(harmonic wave)들을 적절히 합함으로써 어떤 함수를 "합성"할 수 있다는 사실이다. 우리가 잘 아는 바와 같이 분광학에서 관측되는 양은 시간의 함수로 얻어진다. 예를 들면, 우리가 잘 알고 있는 Fourier 변환 적외선 분광법(FTIR)에서는 Michelson 간섭계를 사용하여 주파수 영역의 데이터를 얻은 뒤 이를 Fourier 변환시켜 시간, 즉 주파수 영역의 흡수 데이터로 바꾸는 방법이다. 또한, Fourier 변환 핵자기공명 흡수 분광법(FT-NMR)에서는 자기장 속에 있는 시료에 강한 라디오 주파수 펄스를 가한 다음 이로부터 얻어지는 신호를 Fourier 변환거쳐 시간 영역의 신호로 바꾸고 있다. 이와 같은 실험이나 또는 많은 다른 실험에서 주파수 영역의 데이터를 시간 영역으로 바꾸거나 그 반대의 과정을 이용한다. 시간 영역의 데이터 $h(t)$를 주파수 영역의 데이터 $H(f)$로 변환하기 위해서는

$$H(f) = \int_{-\infty}^{+\infty} h(t) \cdot \exp(-i2\pi ft)\, dt \tag{A5.5}$$

인 반면에 그 반대는

$$h(t) = \frac{1}{2\pi} \int_{-\infty}^{+\infty} H(f) \cdot \exp(i2\pi ft)\, df \tag{A5.6}$$

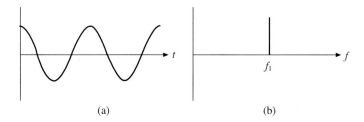

그림 A5.2 (a) 시간 영역의 sine 파, (b) (a)의 sine 파를 Fourier 변환시킨 뒤 주파수 영역의 sine 파

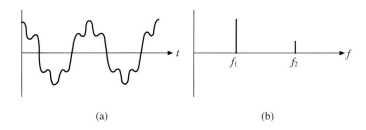

그림 A5.3 그림 A5.2에서와 같으나 f_1과 f_2의 두 sine 파가 섞였을 때

를 사용한다. 예를 들어 그림 A5.2(a)에 보인 바와 같이 f_1의 주파수를 가지는 시간 영역의 cosine 파를 Fourier 변환시키면 그림 A5.2(b)에 보인 바와 같이 주파수 f_1에서 수직선의 신호가 얻어진다.

만일 그림 A5.3(a)에 보인 바와 같이 주파수가 다른 두 개의 cosine 파를 합친 파를 Fourier 변환시키면 그림 A5.3(b)에 보인 것 같은 신호가 얻어진다.

우리가 잘 아는 바와 같이 FTIR 스펙트럼은 Michelson 간섭계를 통해 나오는 빛의 간섭으로 인하여 그림 A5.2(b) 또는 그림 A5.3(b)에 보인 바와 같은 형태로 얻어진다. 이를 식 (A5.6)에 따라 변환시키면 시간 영역의 스펙트럼으로 바뀐다. 전기화학에서도 이와 같은 예를 이용하여 Smith 등은 몇 개의 ac 파를 혼합해서 얻은 전위신호를 전해조에 걸어준 뒤 그로부터 얻어진 전류신호를 시간 영역의 신호로 변환시켜 임피던스를 계산하는 방법을 개발했다. 이에 관해서는 8.1절을 참조하기 바란다. 또한 같은 크기를 가지는 모든 주파수의 ac 파를 한데 겹쳐놓으면 Dirac delta 함수라는 밑변이 거의 0이고 높이가 무한대인 삼각형의 신호가 얻어진다. 이론상 이 Dirac delta 함수 모양의 전위를 가한 뒤 그로부터 얻어지는 주파수 영역의 전류신호를 시간 영역의 데이터로 바꾸면 모든 주파에서의 전류 파형을 얻으므로 이로부터 임피던스를 구할 수 있다.[4]

위의 식 (A5.5)와 (A5.6)들로부터 알 수 있는 바와 같이 $n = 0$에서부터 무한대까지 적

4) J.-S. Yoo and S.-M. Park, *Anal. Chem.*, **72**, 2035 (2000).

분을 한다는 것은 쉬운 일이 아니며, 커다란 전산력이 요구된다. 이런 점이 Fourier 변환 기술을 이용하는 실험방법을 개발하는 데 한계점을 제공했던 것이 사실이다. 그러나 요즘에는 조그만 PC(personal computer)를 사용해서도 비교적 짧은 시간 안에 복잡한 계산을 할 수 있어 Fourier 변환법의 이용에 커다란 발전을 가져왔다. 그럼에도 불구하고 전산력의 증가만으로는 그 걸리는 시간에 대한 부하가 너무 크므로, 근래에 개발된 소위 Fast Fourier Transform(FFT)이라는 알고리듬을 사용하면 빠른 변환이 가능하다. 이 방법은 Fourier 변환에 관한 책 또는 전산기 프로그램을 다루는 책에 기술되어 있으므로 그들을 참고하기 바란다.

찾아보기

■ 저자 소개 ─────────────────────

■ 白雲基
- 서울대학교 화학과 졸업('60년 학사, '65년 석사 물리화학 전공).
- Univ. of Utah에서 Ph. D.('68년 물리화학 전공).
- Univ. of Pennsylvania에서 박사 후 과정.
- 금속의 부식과 부동화 과정에 대한 전기화학적, 광학적인(ellipsometry) 연구와 전기이중층, 전극반응의 속도, 전도성 고분자의 전기화학, 자체조립 단분자막 형성 등에 대한 연구.
- 대한화학회 학술진보상 수상(1975년)
- 최규원 학술상 수상(1999년)
- 대한화학회 학술위원장, 술어위원장, 간사장(1989년) 및 회장(1997년) 역임.
- 서강대학교 화학과 교수(1972년-2002년)
- 서강대학교 명예교수(현재)
  e-mail: wpaik@yahoo.com

■ 朴壽文
- 서울대학교 화학과 졸업('64년 학사).
- Texas Tech Univ.에서 석사('72년 유기화학 전공).
- Univ. of Texas, Austin에서 Ph. D.('75년 전기화학 전공).
- Univ. of New Mexico 조교수, 부교수, 교수(1975년-1997년).
- 포스텍(POSTECH) 교수(1995년-2009년).
- 이태규 학술상 수상(대한화학회, 2000년), 최규원 학술상 수상(대한화학회, 2001년), Highly Cited Researcher in Materials Science 선정(ISI Thomson-Reuters, 2002년), The Khwarizmi International Award 수상(IROST & UNESCO, 2008년), 대한민국 근정훈장 도약장 수상(2008년) 및 제19회 수당상 수상(2010년).
- 한국과학기술한림원 정회원(~2011년), 원로회원(2011년-현재).
- 포스텍 과학재단 지정 우수연구센터(2000년-2009년) 센터장, 유니스트 World Class University (WCU) 사업단 단장(2009년-현재).
- 대한화학회 Bulletin of the Korean Chemical Society Associate Editor(1996년-2002년) 및 Editor-in-Chief(1999년-2003년).
- 한국전기화학회 회장(2004년-2005년).
- 전도성고분자, 에너지 변환, 부식, 전기분석화학, 전기분광학, 나노전기화학센서 등에 관한 연구.
- 유니스트(UNIST) 석좌교수(2009년-현재), 포스텍 및 Univ. of New Mexico 명예교수.
- http://home.unist.ac.kr/~smpark
- e-mail: smpark@unist.ac.kr

전기화학(개정 3판)

2012년 8월 25일 3판 1쇄 펴냄 | 2021년 2월 1일 3판 5쇄 펴냄
지은이 백운기 · 박수문 | **펴낸이** 류원식 | **펴낸곳** (주)교문사(청문각)

편집팀장 모은영 | **본문편집** 이투이디자인 | **표지디자인** 유선영
제작 김선형 | **홍보** 김은주 | **영업** 함승형 · 박현수 · 이훈섭

주소 (10881) 경기도 파주시 문발로 116(문발동 536-2)
전화 031-955-6111~4 | **팩스** 031-955-0955
등록 1968. 10. 28. 제406-2006-000035호
홈페이지 www.gyomoon.com | **E-mail** genie@gyomoon.com
ISBN 978-89-6364-144-7 (93430) | **값** 21,000원